"十三五"国家重点图书

湖北省学术著作出版专项资金

海洋测绘丛书

海洋地理信息系统

艾波 王瑞富 高松 王平 编著

Oceanic
Surveying And Mapping

武汉大学出版社
WUHAN UNIVERSITY PRESS

图书在版编目(CIP)数据

海洋地理信息系统/艾波等编著. —武汉:武汉大学出版社,2022.11
海洋测绘丛书
"十三五"国家重点图书　湖北省学术著作出版专项资金资助项目
ISBN 978-7-307-23068-2

Ⅰ.海…　Ⅱ.艾…　Ⅲ.海洋地理学—地理信息系统　Ⅳ.P72

中国版本图书馆 CIP 数据核字(2022)第 074406 号

责任编辑:胡　艳　　　责任校对:汪欣怡　　　版式设计:马　佳

出版发行:**武汉大学出版社**　　(430072　武昌　珞珈山)
(电子邮箱:cbs22@whu.edu.cn 网址:www.wdp.com.cn)
印刷:湖北恒泰印务有限公司
开本:787×1092　1/16　印张:22　字数:519 千字　插页:1
版次:2022 年 11 月第 1 版　　2022 年 11 月第 1 次印刷
ISBN 978-7-307-23068-2　　定价:88.00 元

版权所有,不得翻印;凡购买我社的图书,如有质量问题,请与当地图书销售部门联系调换。

学术委员会

主任委员 宁津生

委　　员（以姓氏笔画为序）

宁津生　李建成　李朋德　杨元喜　杨宏山　陈永奇

陈俊勇　周成虎　欧吉坤　金翔龙　姚庆国　翟国君

编委会

主　　任 姚庆国

副 主 任 李建成　卢秀山　翟国君

委　　员（以姓氏笔画为序）

于胜文　王瑞富　冯建国　卢秀山　田　淳　石　波

艾　波　刘焱雄　孙　林　许　军　阳凡林　吴永亭

张汉德　张立华　张安民　张志华　张　杰　李建成

李英成　杨　鲲　陈永奇　周丰年　周兴华　欧阳永忠

罗孝文　姚庆国　胡兴树　赵建虎　党亚民　桑　金

高宗军　曹丛华　章传银　翟国君　暴景阳　薛树强

序

现代科技发展水平，已经具备了大规模开发利用海洋的基本条件；21世纪，是人类开发和利用海洋的世纪。在《全国海洋经济发展规划》中，全国海洋经济增长目标是：到2020年，海洋产业增加值占国内生产总值的20%以上，并逐步形成6~8个海洋主体功能区域板块；未来10年，我国将大力培育海洋新兴和高端产业。

我国实施海洋战略的进程持续深入。为进一步深化中国与东盟以及亚非各国的合作关系，优化外部环境，2013年10月，习近平总书记提出建设"21世纪海上丝绸之路"。李克强总理在2014年政府工作报告中指出，抓紧规划建设"丝绸之路经济带"和"21世纪海上丝绸之路"；在2015年3月国务院常务会议上强调，要顺应"互联网+"的发展趋势，促进新一代信息技术与现代制造业、生产性服务业等的融合创新。海洋测绘地理信息技术，将培育海洋地理信息产业新的增长点，作为"互联网+"体系的重要组成部分，正在加速对接"一带一路"，为"一带一路"工程助力。

海洋测绘是提供海岸带、海底地形、海底底质、海面地形、海洋导航、海底地壳等海洋地理环境动态数据的主要手段；是研究、开发和利用海洋的基础性、过程性和保障性工作；是国家海洋经济发展的需要、海洋权益维护的需要、海洋环境保护的需要、海洋防灾减灾的需要、海洋科学研究的需要。

我国是海洋大国，海洋国土面积约300万平方千米，大陆海岸线约1.8万千米，岛屿1万多个；海洋测绘历史"欠账"很多，未来海洋基础测绘工作任务繁重，对海洋测绘技术有巨大的需求。我国大陆水域辽阔，1平方千米以上的湖泊有2700多个，面积9万多平方千米；截至2008年年底，全国有8.6万个水库；流域面积大于100平方千米的河流有5万余条，内河航道通航里程达12万千米以上；随着我国地理国情监测工作的全面展开，对于海洋测绘科技的需求日趋显著。

与发达国家相比，我国海洋测绘技术存在一定的不足：（1）海洋测绘人才培养没有建制，科研机构稀少，各类研究人才匮乏；（2）海洋测绘基础设施比较薄弱，新型测绘技术广泛应用缓慢；（3）水下定位与导航精度不能满足深海资源开发的需要；（4）海洋专题制图技术落后；（5）海洋测绘软硬件装备依赖进口；（6）海洋测绘标准与检测体系不健全。

特别是海洋测绘科技著作严重缺乏，阻碍了我国海洋测绘科技水平的整体提升，加重了从事海洋测绘科学研究等的工程技术人员在掌握专门系统知识方面的困难，从而延缓了海洋开发进程。海洋测绘科技著作的严重缺乏，对海洋测绘科技水平发展和高层次人才培养进程的影响已形成了恶性循环，改变这种不利现状已到了刻不容缓的地步。

与发达国家相比，我国海洋测绘方面的工作起步较晚；相对于陆地测绘来说，我国海洋测绘技术比较落后，缺少专业、系统的教育丛书，相关书籍要么缺乏，要么已出版20年以上，远不能满足海洋测绘专门技术发展的需要。海洋测绘技术综合性强，它与陆地测绘学密切相关，还与水声学、物理海洋学、导航学、海洋制图学、水文学、地质学、地球物理学、计算机技术、通信技术、电子科技等多学科交叉，学科内涵深厚、外延广阔，必须系统研究、阐述和总结，才能一窥全貌。

基于海洋测绘科技著作的现状和社会需求，山东科技大学联合从事海洋测绘教育、科研和工程技术领域的专家学者，共同编著这套《海洋测绘丛书》。丛书定位为海洋测绘基础性和技术性专业著作，以期作为工程技术参考书、本科生和研究生教学参考书。丛书既有海洋测量基础理论与基础技术，又有海洋工程测量专门技术与方法；从实用性角度出发，丛书还涉及了海岸带测量、海岛礁测量等综合性技术。丛书的研究、编纂和出版，是国内外海洋测绘学科首创，深具学术价值和实用价值。丛书的出版，将提升我国海洋测绘发展水平，提高海洋测绘人才培养能力；为海洋资源利用、规划和监测提供强有力的基础性支撑，将有力促进国家海权掌控技术的发展；具有重大的社会效益和经济效益。

《海洋测绘丛书》学术委员会
2016年10月1日

前　言

向海而兴，向海图强。浩瀚无垠的大海，不仅是地球生命的摇篮，而且为人类生存和发展提供了丰富的资源和广阔的空间。我国管辖海域面积约300万平方千米，大陆海岸线长约1.8万千米，是一个典型的海洋大国。党的十八大作出建设海洋强国的重大部署以来，海洋在我国经济发展格局中的作用日益重要，在维护国家主权、安全、发展利益中的地位更加突出，在国家生态文明建设中的角色更加显著。掌握瞬息万变的海洋动态，认知其变化规律，预测其发展趋势，是人类开发利用海洋和保护海洋的重要科学基础。近年来，随着海洋探测技术的不断进步，逐步形成了对海洋全方位、立体、连续的观测体系，为海洋科学研究积累了丰富的基础数据，促进了以数据管理、数据分析、数据可视化为特色的海洋地理信息系统的蓬勃发展。

海洋地理信息系统是集海洋科学、信息技术和地理分析技术于一体的服务工具和工作平台，在计算机软硬件系统的支持下，以海底、海面、水体、大气、海岸带与人类活动为研究对象，对多种来源的海洋数据进行采集、处理、存储、表达和分析，进而为用户提供数据查询、综合制图、动态可视化、空间分析、模拟预测和决策支持等服务。海洋地理信息系统具备强大的海洋数据管理、分析和服务能力，在海洋自然资源管理、海洋生态环境保护、海洋防灾减灾等领域的应用日益广泛，已经成为海洋科学研究和工程实践过程中重要的基础方法。

海洋数据所具有的多维、时空、动态、海量等特征，决定了海洋地理信息系统对数据的管理、表达、分析和应用不同于一般的地理信息系统。本书将阐述海洋多源数据获取手段和海洋时空数据模型构建方法，对海风、洋流、海浪、海温等海洋环境场以及大场景下海陆一体三维地形可视化方法进行叙述，并介绍了电子海图的相关标准及显示系统，最后结合实际案例，为海洋船舶轨迹数据分析、海上搜救和溢油应急处置决策支持以及海岸带自然资源时空演变分析等海洋应用需求提供有效解决方案。

全书共分10章，由山东科技大学、国家海洋局北海预报中心和国家海洋局南海信息中心的艾波、王瑞富、高松和王平共同编著完成，其中第1章、第5章、第7章、第9章由艾波撰写，第2章由王瑞富、高松撰写，第3章由王平撰写，第4章由艾波、高松撰写，第6章由王瑞富撰写，第8章由高松撰写，第10章由艾波、王平撰写。

本书的相关研究得到了国家自然科学基金重点项目(41930535)和国家自然科学基金面上项目(62071279)的支持。在编著本书的过程中，得到了山东科技大学阳凡林教授的大力支持，硕士研究生温振、王林云、田雨鑫、于梦超、徐翰文、史庆通、李苯帅、夏云航等参与编辑工作，青岛阅海信息服务有限公司的吕冠南、尚恒帅等为本书编写提出了宝贵建议，在此一并表示诚挚感谢。

前言

　　海洋地理信息系统属于地理信息科学与海洋科学相互融合形成的交叉研究学科，其理论和方法与作用手段密切相关，技术也随着相关学科的发展而发展。由于编者水平有限且时间仓促，书中难免有疏漏和不足之处，敬请专家和读者批评指正。

作者

2022 年 5 月

目 录

第 1 章 绪论 ... 1
1.1 海洋地理信息系统概述 ... 1
1.1.1 海洋地理信息系统的概念和特点 ... 1
1.1.2 海洋地理信息系统研究概况 ... 2
1.2 海洋地理信息系统的应用需求 ... 4
1.2.1 海洋管理需求 ... 4
1.2.2 海洋调查需求 ... 6
1.2.3 海洋测绘需求 ... 6
1.2.4 海图制图需求 ... 8
1.2.5 海洋防灾减灾需求 ... 8
1.3 海洋地理信息系统的研究内容 ... 11
1.3.1 数据采集 ... 11
1.3.2 数据存储 ... 12
1.3.3 数据表达 ... 13
1.3.4 数据分析 ... 14
1.3.5 应用服务 ... 15
1.4 海洋地理信息系统的研究意义 ... 15
1.4.1 战略意义 ... 15
1.4.2 现实意义 ... 16
1.4.3 理论意义 ... 17

第 2 章 海洋数据获取 ... 18
2.1 海基观测 ... 18
2.1.1 海洋调查船 ... 18
2.1.2 海洋台站 ... 19
2.1.3 浮标观测 ... 20
2.1.4 水下移动观测器 ... 21
2.1.5 海洋观测网 ... 25
2.2 海洋卫星遥感 ... 26
2.2.1 海洋水色卫星 ... 27
2.2.2 海洋动力环境卫星 ... 29

目录

  2.2.3 海洋监视监测卫星 ·· 30
2.3 海洋声学探测技术 ··· 31
  2.3.1 单波束测深仪 ··· 31
  2.3.2 多波束测深仪 ··· 33
  2.3.3 侧扫声呐 ·· 37
  2.3.4 浅地层剖面仪 ··· 40
  2.3.5 合成孔径声呐 ··· 43
2.4 海洋气象水文预报 ··· 44
  2.4.1 大气数值预报 ··· 45
  2.4.2 海雾数值预报 ··· 46
  2.4.3 海浪数值预报 ··· 46
  2.4.4 潮汐潮流数值预报 ·· 47
  2.4.5 风暴潮数值预报 ·· 48
  2.4.6 海洋环流数值预报 ·· 49

第3章 海洋时空数据模型 ··· 51
3.1 基于场的时空数据模型 ·· 51
  3.1.1 海洋场与海洋现象 ·· 51
  3.1.2 基于场的时空格网模型 ·· 53
3.2 基于特征的时空数据模型 ··· 55
  3.2.1 海洋特征数据 ··· 55
  3.2.2 基于特征的时空过程数据模型 ······························· 58
3.3 基于过程的时空数据模型 ··· 59
  3.3.1 海洋时空过程 ··· 59
  3.3.2 基于过程的海洋数据组织 ······································ 60
  3.3.3 海洋过程模型 ··· 60
3.4 常用海洋数据格式 ··· 63
  3.4.1 海洋数据格式类型 ·· 63
  3.4.2 NetCDF数据 ·· 64
  3.4.3 GRIB数据 ·· 69

第4章 海洋数据可视化 ··· 72
4.1 数据可视化概述 ·· 72
  4.1.1 数据可视化的分类 ·· 72
  4.1.2 数据可视化的基本流程 ·· 73
4.2 海洋标量场数据可视化 ·· 74
  4.2.1 概述 ·· 74
  4.2.2 二维可视化 ·· 76

		4.2.3 三维可视化	78

4.3 海洋矢量场数据可视化 … 81
 4.3.1 概述 … 81
 4.3.2 欧拉法 … 83
 4.3.3 流线可视化 … 87
 4.3.4 纹理可视化 … 89
 4.3.5 粒子系统法 … 92
4.4 流场特征提取 … 98
 4.4.1 矢量场拓扑结构分析 … 99
 4.4.2 涡旋特征提取 … 102

第5章 海陆一体三维地形建模与可视化 … 106
5.1 海陆一体数据融合处理 … 106
 5.1.1 数据预处理 … 106
 5.1.2 海陆地理空间数据融合 … 111
 5.1.3 基于自适应四叉树的并行构网 … 113
5.2 海陆一体多分辨率地形建模 … 120
 5.2.1 细节增量模型原理 … 120
 5.2.2 细节增量地形模型化简 … 120
 5.2.3 多分辨率地形模型重构 … 123
 5.2.4 基于最小可辨识目标的渐进式可视化 … 126
5.3 海陆一体三维地形可视化 … 128
 5.3.1 基于细节增量模型的多分辨率地形构建 … 128
 5.3.2 海陆一体三维地形渐进式表达 … 134
 5.3.3 海陆一体多分辨率三维地形渲染 … 136

第6章 电子海图 … 138
6.1 电子海图基础 … 138
 6.1.1 电子海图定义 … 138
 6.1.2 电子海图种类 … 139
 6.1.3 电子海图应用系统 … 141
 6.1.4 电子海图相关概念之间的关系 … 143
6.2 电子海图相关标准 … 144
 6.2.1 国际标准 … 144
 6.2.2 我国电子海图标准 … 151
 6.2.3 电子海图其他规范 … 152
6.3 电子海图显示与信息系统 … 153
 6.3.1 ECDIS数据种类与结构 … 154

6.3.2 ECDIS 组成 ………………………………………………… 159
6.3.3 ECDIS 基本功能 ……………………………………………… 162

第7章 船舶轨迹数据分析 ……………………………………………… 168
7.1 船舶轨迹数据 ……………………………………………………… 168
7.1.1 AIS 船舶数据 ………………………………………………… 168
7.1.2 雷达船舶数据 ………………………………………………… 172
7.1.3 北斗船舶数据 ………………………………………………… 173
7.2 船舶时空分布分析 ………………………………………………… 174
7.2.1 船舶密度时空分布 …………………………………………… 174
7.2.2 船舶大气污染空间分布 ……………………………………… 176
7.3 船舶运动行为分析 ………………………………………………… 179
7.3.1 船舶运动行为识别 …………………………………………… 179
7.3.2 船舶特殊运动行为识别 ……………………………………… 181
7.4 船舶数据轨迹模式分析 …………………………………………… 187
7.4.1 航迹分段 ……………………………………………………… 187
7.4.2 航迹相似性度量 ……………………………………………… 188
7.4.3 航迹聚类 ……………………………………………………… 190
7.4.4 船舶异常轨迹检测 …………………………………………… 191
7.5 基于 AIS 与雷达数据融合的船舶异常行为分析 ………………… 192
7.5.1 航迹匹配技术 ………………………………………………… 193
7.5.2 航迹匹配融合整体路线图及符号定义 ……………………… 194
7.5.3 基于分段时空约束的航迹匹配方法 ………………………… 195
7.5.4 船舶异常行为识别分析 ……………………………………… 200

第8章 海上搜救应急处置决策支持 …………………………………… 207
8.1 海上搜救事故应急响应 …………………………………………… 207
8.1.1 海上搜救组织体系 …………………………………………… 207
8.1.2 海上搜救险情接警与指挥 …………………………………… 208
8.1.3 海上搜救应急处置 …………………………………………… 209
8.2 海上搜救事故风险评估与分级 …………………………………… 213
8.2.1 事故易发区划分和风险分析 ………………………………… 213
8.2.2 典型搜救目标漂移特征及案例数据集 ……………………… 214
8.2.3 搜救事故等级划分 …………………………………………… 215
8.3 最优搜寻理论分析及搜寻区域确定 ……………………………… 215
8.3.1 海上最优搜寻理论概述 ……………………………………… 215
8.3.2 海上最优搜寻区域确定 ……………………………………… 218
8.3.3 搜救目标概率分布 …………………………………………… 222

8.4 基于遗传模拟退火算法的搜救力量调度模型 ·· 223
   8.4.1 遗传模拟退火算法原理概述 ··· 223
   8.4.2 目标函数分析 ··· 224
   8.4.3 约束条件分析 ··· 226
   8.4.4 遗传模拟退火算法设计 ··· 227
8.5 多搜救主体的任务分配 ·· 230
   8.5.1 基于最优搜寻理论的任务分配算法 ··· 230
   8.5.2 基于分治扫描的任务分配算法 ··· 231
   8.5.3 顾及时空特征的区域任务分配算法 ··· 234
8.6 典型案例分析 ·· 236
   8.6.1 事故案例描述 ··· 236
   8.6.2 力量调度算法分析与评价 ·· 237
   8.6.3 任务分配算法分析与评价 ·· 240
   8.6.4 海上仿真假人和救生筏漂移搜救试验 ·· 242
   8.6.5 国家海上搜救环境保障服务平台 ··· 243

第9章 海洋溢油应急处置决策支持 ·· 249
9.1 海洋溢油事故 ·· 249
   9.1.1 海洋溢油事故类型 ··· 249
   9.1.2 海洋溢油事故特征 ··· 250
9.2 海洋溢油应急响应体系 ·· 250
   9.2.1 海洋溢油应急响应概念 ··· 250
   9.2.2 海洋溢油应急体系 ··· 251
   9.2.3 海洋溢油应急处置流程 ··· 253
9.3 海洋溢油事故风险评估 ·· 257
   9.3.1 溢油事故风险评估原则 ··· 257
   9.3.2 溢油污染程度影响因素 ··· 257
   9.3.3 溢油事故评估指标分析 ··· 258
   9.3.4 溢油事故风险评估 ··· 261
9.4 海洋溢油扩散与漂移的数值模拟 ·· 262
   9.4.1 油粒子模型介绍 ·· 262
   9.4.2 海洋溢油的行为与归宿理论 ·· 263
   9.4.3 海洋溢油数值模拟 ··· 265
9.5 海洋溢油事故应急资源调度 ·· 267
   9.5.1 应急物资概述 ··· 267
   9.5.2 应急物资调度理论 ··· 272
   9.5.3 应急物资调配模型设计与求解 ··· 274
9.6 海洋溢油应急处置决策支持系统 ·· 279

  9.6.1 系统架构设计 ··· 279
  9.6.2 系统功能概述 ··· 280

第10章 海岸带自然资源时空演变分析 ·· 282
 10.1 海岸带自然资源信息提取 ··· 282
  10.1.1 海岸带 ··· 282
  10.1.2 海岸带自然资源及分布特征 ·· 283
  10.1.3 海岸带自然资源信息获取 ··· 283
 10.2 胶州湾海岸线时空演变分析 ·· 288
  10.2.1 胶州湾海岸带的环境特征 ··· 289
  10.2.2 海岸线分类与提取 ··· 291
  10.2.3 海岸线研究方法 ·· 293
  10.2.4 研究结果分析 ·· 296
 10.3 胶州湾湿地时空演变分析 ·· 302
  10.3.1 湿地分类与提取 ·· 303
  10.3.2 湿地研究方法 ·· 306
  10.3.3 研究结果分析 ·· 307
 10.4 胶州湾海岸带自然资源演变驱动力分析 ····································· 314
  10.4.1 自然因素 ··· 314
  10.4.2 社会经济因素 ·· 315
  10.4.3 政策因素 ··· 321

参考文献 ··· 323

第1章 绪 论

海洋是地球上最广阔水体的总称，是生命的摇篮，拥有丰富的水资源、生物资源和矿产资源等，对人类的生存发展具有极为重要的意义。近年来，随着海洋调查、观测、预报技术的不断进步，海洋数据迅猛增长。为了实现海量、多源海洋数据的综合管理和高效分析，满足海洋航运、海洋捕捞、海洋养殖、海洋油气资源开发等涉海行业信息技术需求，海洋地理信息技术快速发展。海洋地理信息系统是指在数据结构、分析方法、软件功能等方面经过一系列改造而适用于海洋的地理信息系统，具有强大的海洋时空数据处理分析能力，解决海洋管理、海洋调查、海洋防灾减灾、海洋测绘、海图制图等应用需求。

1.1 海洋地理信息系统概述

1.1.1 海洋地理信息系统的概念和特点

地理信息系统（Geographic Information System，GIS）是用于地理空间数据采集、存储、处理、分析和显示的计算机系统，是进行自然资源和生态环境综合管理的重要技术手段。海洋地理信息系统由 GIS 发展而来，是以海底、水体、海表面、海岸带和人类活动为研究对象，能够对海洋相关数据进行存储、管理、分析和可视化，并用于海洋资源开发、环境保护、防灾减灾、科学研究等应用服务的综合信息系统。

海洋 GIS 的主要特点有：

(1) 具有三维（深度）和四维（时间）空间数据处理能力。海洋中任意一个"点"的位置除了经度和纬度，还应包含在海洋中的深度。此外，海洋现象随时间快速发展变化，比如台风过程、海面溢油的漂移过程等。因此，与传统 GIS 相比，海洋 GIS 应具备强大的三维（深度）和四维（时间）空间数据处理能力。

(2) 具有多源数据的集成和融合能力。随着海洋科技水平的不断提高，海洋观测方式呈立体式发展的格局，形成包括天基平台、空基平台、岸基平台、船基平台和海基平台多位一体的观测体系架构。数据源的多元化决定了所获取的海洋数据在类型、维度、结构、标准与分辨率上的不统一。为实现多源海洋数据的一体化管理以及输出产品的一致性，海洋 GIS 需具备较强的多源数据集成与融合能力。

(3) 具有智能化和多功能性。海洋自然属性的多样性和复杂性，以及社会、经济、环境、资源等综合管理目标的多重性，均要求海洋 GIS 具有比常规 GIS 更强的智能化程度和多功能性。在策略计划制订、多目标优选决策、开发项目方案优化以及管理效果预测等方面，必然需要分析、评价、预测和决策等多种模型。

1.1.2 海洋地理信息系统研究概况

1. 国外海洋地理信息系统发展概况

20世纪80年代起,由于海洋需求和计算机软硬件的发展,GIS在海洋领域中的应用开始拓展。1987年,MRJ公司将ARC/INFO应用于海洋数据的可视化。20世纪90年代中期,开始从系统的角度讨论海洋地理信息技术,包括海洋用户需求定义、海洋数据管理等。关于海洋地理信息系统的第一篇文章于1990发表,由美国海洋学家Manley与图形软件专家Tallet合作完成,文章深入讨论了GIS的数据管理和显示功能,同时前瞻性地讨论了物理和化学海洋数据的真三维建模和可视化。随后,欧美国家在GIS海洋应用方面进行了多方面探索,比如搜索和发现海底沉船、加拿大风暴潮建模、英国数字海洋图集、斯堪的纳维亚地区海洋的污染排放和扩散等研究。这些海洋GIS系统具有较完善的时空数据模型、基本的空间分析功能、较好的海洋制图技术,海洋GIS开始逐步成熟。

1993年,Genamap和Erdas用ARC/INFO软件包定制了多种二次开发方案,推出了基于Arc-View的全球海洋影像和数据采集的应用软件Marine Data Sampler,以CD-ROM发行了全球海洋影像和数据集。环球系统公司与加拿大水文局以及纽布伦斯威克大学的海洋测绘团队合作,开发了商业化海洋GIS软件包CARIS GIS软件包,同时推出的还有海测资讯处理系统(Hydrographic Information Processing System),这两个软件产品侧重于测深数据的处理、可视化和高质量航海图产品的制作。随后推出的电子海图显示与信息系统(Electronic Chart Display and Information System,ECDIS),主要用于电子海图显示和船舶导航。

1999年,*Marine and Coastal Geographica Information System* 一书出版,这是第一本利用遥感和地理信息系统技术研究海洋与海岸科学的书,该书对海洋数据的表达、分析与可视化等方面进行了深入的研究。与此同时,各国纷纷利用GIS处理、分析和规划各自海域,许多区域性管理组织和研究组织也采用GIS作为协同工作的平台。比如SEAGIS项目由挪威、德国、荷兰和英国组成,目的是给北海区的海岸带管理和规划提供一个收集、分析和分发数据的通用平台;欧洲环境署(European Environment Agency,EEA)为了对欧洲海域进行评价,实施了EUMARIS(European Marine Information System)项目,建立了支持欧洲海域评估的地理信息系统原型,用于描述环境状况及其随时间的变化;波罗的海区域GIS(Baltic Sea Region GIS)则利用现代景观理论制图;全球生态系统(Large Marine Ecosystems of the World)利用生态系统的观点来评估和管理全球海岸带水域等。

2. 国内海洋地理信息系统的发展概况

我国在20世纪90年代初开始进行海洋GIS研究,陈述彭院士率先在国内提倡海岸与海洋地理信息系统的研究与开发,并提出了"以海岸链为基线的全球数据库"的构想。海洋GIS的综合分析和集成开始被讨论,由对海洋GIS的基础建设、科学讨论到实际应用,海洋GIS具有了较完整的数学模型系统、空间分析功能、海洋专业模型、数据库存储交换系统和制图功能等,并应用于渔业生产管理、海洋环境监测、海洋污染扩散、海洋矿产勘探等领域。

资源与环境信息系统国家重点实验室自20世纪90年代中期以来就开展了海岸带空间

应用系统预研究。众多研究者纷纷将海洋研究中的诸多模型与GIS技术相结合进行研究，例如，在GIS平台的基础上，根据潮流模型研究中国海域的潮波系统以及建立用于极端海面风速预测及其结果可视化的海洋GIS等。

"九五"期间，国家"863"计划海洋领域，海洋监测主题设立了"海洋渔业遥感信息服务系统技术和示范试验"专题，并以东海渔区为研究示范区，选取了东海的带鱼、马面鲀、鲳鱼三种经济鱼类为示范研究鱼种，开发了具有自主知识产权的海洋渔业遥感、GIS技术应用服务系统。"十五"期间，"863计划"设立"中国海岸带及近海遥感综合应用系统技术"课题，系统开展了海洋GIS的研究。国家海洋信息中心根据中国多年积累的海洋数据资料，建立了中国海洋信息基础网，对大量的海洋数据进行管理和分发。该时期海洋地理信息系统成为地理信息科学领域独特的研究方向。

在软件方面，2002年，中国研发成功第一个具有自主知识产权的海洋地理信息系统软件MaXplorer(Marine GIS Explorer)，该软件最早实现了对海洋动态过程的描述。2004年，中国又研发出海洋大气地理信息系统平台软件MAGIS(Marine and Atmospheric Geographical Information System)，其主要功能是把卫星遥感技术和GIS技术相结合，应用于海洋大气研究。同时期，哈尔滨工程大学、船舶系统工程部等单位先后自主研制了国产化电子海图应用系统(Electronic Chart System，ECS)，并大量推广到船舶导航技术领域中，为提升我国航海自动化水平做出了巨大贡献。进入21世纪，随着海洋科学的迅速发展，拥有资源丰富的广阔海洋已经成为国际竞争的重要领域。海洋地理信息系统作为地理信息系统理论技术的一个全新的分支，已经以一个相对独立的学科方向正式产生。

3. 海洋地理信息系统在海洋研究中的重要性

海洋地理信息系统充分考虑到了海洋数据的动态性，顾及完整地表达和分析海洋动态现象的特征与变化规律，使之具备对海洋动态过程的管理、处理和分析能力。例如海洋地理信息系统MaXplorer，以过程处理为核心，提升了海洋GIS对时空信息处理的能力，充分利用多维信息可视化和组件化技术，开发了三层体系结构的大吞吐量开放式GIS，改变了传统GIS主要以静态方式完成对地理空间"状态"的描述、操作和分析功能。海洋GIS是对传统GIS的发展和应用于海洋研究的适宜性修正，已成为现代海洋研究的重要科技手段和应用平台。

海洋地理信息系统是海洋学、遥感、数学、计算机科学以及信息科学等多学科的综合科学，可以对获取的原始海洋数据进行系统整理和标准统一。例如，对分布不规则和精度较低的原始数据进行插值等数学处理；由于海洋数据是多维的，研究剖面图、平面图有其局限性，有时不能直观或准确地揭示研究要素的海域特征和规律，应用海洋GIS开发三维立体可视图形，可以得到体积图形和切片图等立体直观的表达方式，并实现对空间分布的地物属性信息的可视化。海洋GIS是发展中的新兴学科，是适应海洋科学发展和海洋数据特点的信息系统，可以作为海洋产业建设和其他海事活动的辅助决策工具。

海洋地理信息系统具有强大的数据库存储功能和可供Web调用的能力。海洋研究的最终目的是海洋经济的可持续发展和保持良好的海洋生态环境，这就需要全球的海洋研究相关机构之间增强交流合作，提高有效海洋数据的利用率。海洋数据的获取，无论是经费消耗还是所需人力、物力资源均很高，凭借单个部门或国家对全海域进行研究是不可能的，同时，由于《联合国海洋法公约》的制定和颁布，各沿海国拥有200海里的专属经济区，在专属经济区内享有矿产勘探和科研等权利，为联合各国进行海洋研究提供了契机，海洋GIS则对研究提供了可行的技术基础。已有成果表明，海洋GIS在海洋科学研究中应用广泛，有很好的发展前景。

1.2 海洋地理信息系统的应用需求

1.2.1 海洋管理需求

1. 海域使用管理

海域使用是指人类根据海域的区位、资源与环境优势所开展活动对海域的占有和使用。海域作为重要的自然资源，是海洋经济发展的重要基础和载体，特别是在当今世界经济、科技高速发展、陆地资源减少、人口增多、环境恶化的情况下，世界各国对海洋的关注达到了前所未有的高度。为了顺应这一世界潮流，我国自1993年开始对海域使用进行规范化管理。经过8年多的探索和实践，初步形成了海域使用管理制度的基本框架，并在2001年出台了具有里程碑意义的《中华人民共和国海域使用管理法》。

自《中华人民共和国海域使用管理法》实施以来，人们始终用确权用海数据分析全国海域使用现状，但得到的结果较为片面。为加强海域使用管理和促进海洋资源的可持续利用，迫切需要全面掌握全国的海域使用现状。我国海域使用具有类型齐全，渔业用海比重较大，海域使用空间分布不平衡等特点；另外，海域使用在促进国民经济和社会发展的同时，也存在未确权用海较多、部分用海与海洋功能区划不一致、部门和行业间开发利用海洋资源矛盾突出、海洋开发给海洋环境带来负面影响等问题。

为了有效地贯彻实施《中华人民共和国海域使用管理法》第五条的规定"国家建立海域使用管理信息系统，对海域使用状况实施监视、监测"，我们需要研究并建立海域使用管理信息系统，为海域管理信息的采集、更新、管理、加工和使用提供一个完整的解决方案，实现海域管理的数字化与信息化。

2. 海洋倾废管理

海洋倾废是指利用船舶、航空器、平台及其他载运工具，向海洋处置废弃物和其他物质的行为。我国政府十分重视海洋倾废的管理工作，十几年来，我国的海洋倾废管理建立了较为完整的法规体系、海洋管理和监察队伍、倾倒许可证审批和倾倒区选划制度，规范了倾倒区选划和监测技术，但是在日常的管理工作中，仍然存在着许多问题值得研究。

在1982年颁布《中华人民共和国海洋环境保护法》以前，我国的海洋倾废基本处于无政府状态。立法之后，除了向海洋倾倒疏浚物之外，有不少企业提出了向海洋倾倒工业废弃物的要求，如碱厂的碱渣、电厂的粉煤灰以及其他固体、液体废弃物等。

继海洋环境保护法实施以后，1985年国务院颁布了《中华人民共和国海洋倾废管理条例》(以下简称条例)，同年人大常委会批准加入伦敦倾废公约。根据条例和公约的有关规定，将拟向海洋倾倒的废弃物按其有害物质的含量、毒性及其对海洋环境产生的影响分为三类：一类废弃物禁止向海上倾倒；二类废弃物需事先获得特别许可证，按要求采取特别注意的措施，在指定的区域内进行倾倒；三类废弃物需事先获得一般许可证，即可到指定区域进行倾倒。

国家海洋局是我国海洋倾废管理的主管部门，于1985—1986年对海洋倾废的现状进行了调查和整顿，查明了原有倾废区50多处，倾倒的物质主要是疏浚物和少量的工业废弃物；指出了应禁止的不合法的倾倒活动，宣布关闭了一些不合理的倾废区，同时选划了一批三类废弃物倾废区，自1986年以来，国务院已批准了3批共17个倾废区，并公布使用。

目前海洋倾废管理的重点是疏浚物倾倒的管理。这不仅仅是由于疏浚物倾倒数量大的缘故，更重要的原因是来自航道、港池的疏浚物受到陆源污染物污染的可能性很大。对原有倾倒点进行调查发现，疏浚物的倾倒已对海洋环境产生了有害影响。对疏浚物倾倒管理的必要性，已引起了国际海事组织和各国政府的关注。

海洋倾倒区管理存在着数据种类繁多、操作复杂，缺乏可视化的管理和对监测指标的定量分析等问题。海洋GIS的多源数据集成、可视化以及数据分析等功能可作为解决上述问题的重要技术手段。因此，研发与海洋环境管理相结合的海洋GIS可以为海洋环境管理部门对海洋倾废区使用情况的管理和决策提供可靠的决策支持。

3. 生态环境保护

生态功能保护区是指在涵养水源、保持水土、调蓄洪水、防风固沙、维系生物多样性等方面具有重要作用的生态功能区内，有选择地划定一定面积予以重点保护和限制开发建设的区域。建设生态功能保护区，保护区域重要生态功能，对于保持流域和区域生态平衡，防止和减轻自然灾害，保障国家和地区生态安全，均具有重要意义。《全国生态环境保护纲要》《国民经济和社会发展第十一个五年规划纲要》《国务院关于落实科学发展观加强环境保护的决定》《全国生态功能区划》等都对重点生态功能保护区建设提出了具体要求，《国务院关于编制全国主体功能区规划的意见》对编制全国主体功能区规划提出了具体实施意见，原国家环保总局印发的《国家重点生态功能保护区规划纲要》明确了我国重点生态功能保护区建设的主要目标和任务。目前，海洋生态环境不容乐观，部分海域生态系统结构失衡，传统渔业资源衰退；海岸工程、石油勘探开发、沿海养殖等海洋开发强度加大，水污染事件的概率增加；沿海海域普遍受到无机氮及活性磷酸盐的污染，化学需氧量和石油类在局部海域存在超标现象；赤潮发生的频率、影响范围、持续时间和危害程度逐渐增加。

生态红线是指为维护国家或区域生态安全和可持续发展，据生态系统完整性和连通性的保护需求，划定的需实施特殊保护的区域。国家生态保护红线即《国家生态保护红线——生态功能基线划定技术指南(试行)》(以下简称指南)，是中国首个生态保护红线划定的纲领性技术指导文件。指南规定，2014年，中国要完成"国家生态保护红线"划定工作。生态保护红线是指在自然生态服务功能、环境质量安全、自然资源利用等方面，需要实行严格保护的空间边界与管理限值，以维护国家和区域生态安全及经济社会可持续发展，保障人民群众健康。"生态保护红线"是继"18亿亩耕地红线"后另一条被提到国家层面的"生命线"。

与全国所有的保护区相比，海洋自然保护区只占到总数的十五分之一，面积只占到五十分之一。管理手段落后是制约海洋自然保护区发展的重要障碍，所以在加强现有海洋自然保护区管理的同时，运用先进的空间信息技术和网络通信技术等高新手段，研究符合海洋自然保护区管理现代化要求的科学方法和先进手段，以求尽快建成类型齐全、布局合理、管理方法科学、管理手段先进的海洋自然保护区体系。

1.2.2 海洋调查需求

海洋调查是快速、高效获取海洋环境信息的有效手段，是海洋前沿技术的具体应用领域，是整个项目实施的基础。海洋观测及监测技术融合了现代高科技成果，是知识密集、技术密集、资金密集的综合高技术领域。目前随着国内外海洋形势的发展，对我们全面开展全方位的海洋调查观测提出了更高的要求。

《中华人民共和国国民经济和社会发展第十二个五年规划纲要》(2011—2015 年)用专门的章节描绘了我国海洋经济发展规划，沿海地区占据着海洋资源和区位优势，为地方经济建设提供了强大的动力，经济建设重心进一步向滨海地区转移，沿海经济建设掀起了新一轮高潮。沿海各省市都制定了海洋发展战略，临海工业区越来越多，人口越来越密集，核电、钢铁、港口群、重化工业等国家重大项目纷纷向沿海聚集，产业链条不断向海洋延伸，海洋灾害风险程度进一步加剧，不断有新的海洋灾害脆弱区出现，海洋灾害一旦发生，将造成巨大的损失，故迫切需要解决全国范围内海洋防灾减灾海洋观测数据保障能力的不足，尤其是对经济建设热点地区、经济发达地区、人口密集沿海城市海洋观测数据的不足的问题。

世界各国越来越重视海洋的开发和利用。一是沿海各国在维护本国海洋现实利益的同时，更加注重外大陆架、公海、极地等区域潜在利益的争夺。二是世界各国在发展海洋石油与天然气、海洋渔业等传统支柱产业的同时，更加注重对海洋可再生能源等新兴高新技术的培育和扶持。三是国际社会在大力向海洋要空间要资源的同时，更加注重对海洋环境和生态的保护。如何构建有效的全球海洋观测系统，为开展海上安全合作、打击海盗和海上恐怖主义、确保海上通道安全和国家利益不受侵害提供连续、可靠的海洋环境观测数据保障，已成为非常紧迫的现实问题。

1.2.3 海洋测绘需求

海洋地理信息系统的研究对象包括海底、水体、海表面、大气以及沿海人类活动五个层面。目前，我国在海洋资源、海岸带资源开发利用方面面临着一系列问题，例如资源家底不清、不合理开发利用、生态环境恶化、生物种类骤减等。海洋 GIS 作为信息科学与传统测绘、制图领域结合的交叉学科，可以在海洋测绘及其延伸出的海洋国土资源管理，海洋不动产管理，海洋及近岸工程管理，海岛礁、岸线管理，生态环境保护，以及电子海图等众多应用领域发挥作用。

在我国，海洋地理信息系统在海洋测绘与基础地理信息管理方面的应用前景十分广阔。目前，海底地形地貌以及地质地球物理等专业资料的解释方面仍有巨大的研究空间，需要对海底进行迫切而深入的调查与研究。计算机、电子、声学、信息工程等高新技术在海洋领域的应用，极大地推动了海洋海底探查、测绘技术的快速发展，技术方法不断丰富，精度不断提高。海洋测绘既包括水深、水下地形测量等业务内容，又包含岸线测量、海岸地形测量、干出滩测量、海岛礁测量等与传统测绘领域相关的内容，还包含海域使用测量，如海域使用分类调查、权属调查、海籍测量等工作。从技术手段上，涉及全野外数字测图、数字航空摄影、三维激光扫描、无人机航测、机载激光雷达测量、船载激光测量技术、合成孔径雷达干涉测量、无人船测量、潮位观测、潮汐改正、单波束测量、多波束测量等诸多方法。随着业务领域的拓展和技术手段的丰富，海洋地理信息数据呈现出多源、异构、海量的特性，数据量激增，数据结构复杂，需要采用先进的计算机和信息化技术，将多来源、多类型、多层次的空间信息有效组织起来，实现空间数据的分析、管理、解释和成果显示。所以，海洋GIS在海洋、海岸带测绘领域的应用有着非常广泛的前景，是学科发展的必然方向。

海洋地理信息系统作为"数字海洋"的主要支撑技术，立足于海洋基础地理信息数据的标准化、可视化、信息化、网络化、系统化和国际化发展，建立海洋基础地理信息数据库，满足海底资源环境调查、国防安全、海洋工程和相关产业的需要。在国家重点研发计划、"国家高技术研究发展计划"（863计划）、"国家重点基础研究发展计划"（973计划）、"近海海洋综合调查与评价专项"（908专项）中均已立项海洋GIS研究，在建立海底地貌、声学探测剖面、重力场、地磁场、地热、底质类型与结构等各类测绘、地质海量数据数据库的基础上，构建海洋信息管理系统的基本框架，实现信息资料的快速检索和管理、信息可视化、常规空间分析，并研究综合成图成像技术，已成为海洋测绘、海洋地球等科学研究中的主导趋势。在应用层面，海洋GIS是在计算机软硬件平台的支持下，将海域内的基础地理信息数据进行输入、存储、检索、运算、显示、更新和综合分析的应用技术系统。其强大的空间分析能力使其有别于传统海图及单一的海洋数据库，它以海洋地理信息为基础，能够对海洋资源进行管理与分析，在水产养殖、生态平衡、灾情预报、污染治理等方面发挥重大作用。近年来，海洋经济、海洋政治、海洋科学等新问题的出现，促使政府、管理部门及学术界尽快地、系统地掌握海洋基础地理信息数据，在客观上促进了海洋GIS的发展。

海洋地理信息系统除了在海洋测绘、海岛礁领域有广泛研究与应用外，在海岸带测绘领域也有重要的研究和应用价值。全世界60%的人口和2/3的大中城市集中在沿海地区，海岸带环境演化直接关系到人类的生存空间、生存质量和社会可持续发展。因此，海岸带测绘旨在研究土地利用、海平面变化、海岸资源可持续利用与可持续发展，提高对于未来变化的认识和预测能力。

河口、近海系统处于沿海经济带，是陆海作用最强烈和活跃的地带，占我国陆域国土的13%的沿海经济带承载着全国42%的人口，创造着全国60%以上的国民经济产值。我国沿海经济带的快速发展对海岸带资源与环境有极大的依赖性，也赋予了海岸带沉重的环境压力。近年来，海岸带测绘技术的迅速发展为海岸带的科学规划、管理奠定了数据基础，海洋GIS可将各种海岸带现场测量数据和遥感数据融合为统一的数据集。根据人们对海岸带综合管理的需求，挖掘潜在的信息并辅助海岸带综合管理，如从大数据集中获取在一定空间范围内具有统一投影或高程基准的、具有一定数据质量的同期或准同期的分析数据；同时，以直观形象的方式输出成果，包括断面可视化、多维时空要素的多元表达和动态显示、结果的多元表达和输出等。

目前海洋地理信息系统基于海岸带测绘基础地理信息数据的主要应用有：

(1)海岸带规划。利用海岸带 GIS 决策管理、分析评价和模拟预测等多项功能，可以为我国海岸带综合管理制订中长期发展规划、行业规划、土地利用规划、功能区划及海域划界等奠定科学基础。

(2)海岸带资源管理。海岸带资源管理就是要摸清海岸带的自然属性和开发状态，包括海域使用有偿管理、土地利用状态和海域养殖物种等，在综合各类调查数据的基础上，实现海岸带基础地理信息管理、防灾与应急辅助决策等功能应用。利用海岸带 GIS 的制图功能，可以制作海岸带各类资源分布图和开发利用图，若利用不同时期的资源开发利用图进行拓扑叠加，可以制作资源动态变化图。有了这些基本图件以及资源、环境数据，人们就掌握了某一地区海岸带各类海洋资源的分布、数量、质量及开发利用现状等全面信息，为制订海岸带资源合理开发规划提供可靠的依据。

(3)海岸带生态环境管理。海岸带生态环境管理主要是利用海岸带 GIS 的分析评价功能和模拟预测功能，开展海岸带开发项目对社会、经济、生态环境和自然资源所产生的正面和负面影响进行定性和定量分析，从而对环境质量进行动态跟踪。

1.2.4　海图制图需求

海洋 GIS 实现的电子海图是以数字形式存储在介质上的航海图，具有较好的存储性和可读性。目前 GIS 系统中已经形成了成熟、完善的符号库和编码显示规则，如 S57-IHO 水道测量数据交换标准、S52 电子海图显示标准等。海洋 GIS 可以接入定位、探测、雷达等设备，综合反映船舶的行驶状态，为船舶驾驶人员提供各种信息查询、量算和航海记录专门工具，是一种扩展的专题 GIS。同时，基于海洋 GIS 实现的电子海图可以与各种专题地理信息数据结合，广泛应用于航海、船舶交通管理、港口管理、船舶调度、污染管理、搜救指挥、航标管理、渔业、引水、海洋工程等领域。

随着海洋 GIS 从二维向三维化发展，三维海图也逐渐成为研究和应用的热点。在三维可视化空间，陆地数字高程模型(Digital Elevation Model，DEM)有航天、航空遥感测图等获取手段，海底地形模型则由海洋测深数据或海图水深数据建立。海图符号通过矢量或者栅格纹理的形式附贴在三维化的地形中，具有形象直观的表达效果。同时，不同比例尺的栅格海图可以按照视点高低渐次显示，呈现出多比例尺海图渐变的三维效果，可以进一步丰富海图可视化应用的内容和价值。

1.2.5　海洋防灾减灾需求

海洋灾害是由于特定海洋过程的强度超过一定限度，或者局部海洋自然环境出现异常而在海洋上或沿岸区域出现的灾害，主要包括风暴潮灾害、海浪灾害、海冰灾害、海啸灾害、赤潮灾害、海平面上升、海岸侵蚀等。我国大城市、人口密集区大量集中在最易遭受海洋灾害袭击的沿海地区，因此海洋灾害在我国自然灾害总损失中所占比例较大，海洋灾害严重威胁着沿海地区的人民生命财产安全和社会经济建设发展。

1. 风暴潮灾害

由热带气旋、温带气旋等风暴过境所伴随的强风和气压骤变而引起局部海面振荡或非周期性异常升高(降低)现象，称为风暴潮。风暴潮、天文潮和近岸海浪结合引起的沿岸涨水造成的灾害，统称为风暴潮灾害。根据成因划分，风暴潮可分为温带气旋引起的温带风暴潮和热带风暴引起的热带风暴潮两类。风暴潮灾害居我国海洋灾害之首，分布广泛，遍及我国沿海，成灾率较高，它引起的增水不但危及海岸，还可直接由海岸向陆地深入造成灾害。

风暴潮也常被称作风暴海啸、海溢、海侵或大海潮，风暴潮灾害也被称为潮灾。海面上的强烈大气扰动是形成风暴潮的主要原因，但在风暴潮期间沿海验潮站所记录的海面水位升降，通常为天文潮、风暴潮及其他长波振动引起海面变化的综合特征。风暴潮的破坏作用十分巨大，空间范围一般为 $10\sim 10^3$ km，时间尺度在数十分钟至数十小时之间，一次风暴潮过程可对数千公里的海岸区域造成影响，影响时间长达数天之久。

风暴潮能否成灾，在很大程度上取决于其最高风暴潮位是否与天文潮高潮相重叠，如果最大风暴潮位恰与天文大潮的高潮相叠加，往往会带来特别严重的风暴潮灾害；风暴潮的强度也取决于受灾地区的地理位置、海岸形状、沿岸及海底地形等地理因素；滨海地区的防御潮灾基础设施状况和社会应急处置能力也对风暴潮灾害程度具有至关重要的影响。

2. 海啸灾害

海啸是由海底地震、海底火山爆发、海岸山体和海底滑坡等产生的特大海洋长波，在大洋中具有超大波长，但在岸边浅水区时，波高陡涨，骤然形成"水墙"，来势凶猛，严重时高达 $20\sim 30$ m 以上。海啸灾害指特大海洋长波袭击海上和海岸地带所造成的灾害。

海底地震是海啸灾害的最主要成因，但并非所有的海底地震都能引发海啸灾害。破坏性的地震海啸，只出现在垂直断层，里氏震级大于 6.5 级的条件下才能发生。海底没有变形的地震冲击或海底的弹性震动，可引起较弱的海啸。水下核爆炸也能产生人造海啸。海啸形成的"水墙"蕴含着巨大的能量，破坏力极大，冲上陆地后往往造成极大的人员伤亡和财产损失。海啸的发生频率很低，但影响巨大。2004 年 12 月 26 日印度尼西亚苏门答腊岛北部强烈地震引发的海啸，造成印度洋周边国家和地区近 30 万人死亡。

综合考虑我国沿海地理环境，发生大海啸的概率较小，但仍不能排除发生严重海啸灾害的可能性。我国的海啸防护措施也比较严密，预警预报设施比较完善，但是仍不能因此而掉以轻心。鉴于海啸强大的破坏作用，沿海地区应时刻保持警惕，保证海啸灾害应急系统的高效运转，以利于在海啸灾害发生时及时采取措施，力争将灾害损失降到最小。

3. 海冰灾害

海冰灾害是指海洋中出现的严重冰封，对海上交通运输、生产作业、海上设施及海岸工程等所造成的灾害。我国渤海和黄海北部海区纬度偏高，每年都有结冰现象出现，在黄河口附近也有一定河冰入海。渤海和黄海北部海冰的形成主要是与冷空气南下和海洋水动力条件以及天文等因素有关。每年冬季，渤海、黄海北部沿岸都有 3 个月左右的结冰期，从 11 月中、下旬相继出现初生冰，次年的 1 月下旬至 2 月上旬出现严重海冰，2 月下旬开始由南到北开始融化。在气候正常的年份，冰情并不严重，对船舶航行、海上作业危害不大，但是在某些年份，则会发生严重冰情。我国一般根据冰情分为严重冰年、偏重冰年、常冰年、偏轻冰年、轻冰年五个等级。根据20世纪30年代以来的海冰观测记录，偏重冰年占16%，重冰年占13%，重冰年和偏重冰年大约10年发生一次。

海冰是渤海及沿岸地区的主要自然致灾因子，主要危害体现在威胁船舶和海上构筑物的安全，影响渔业和航运等。一般在冰情比较轻的年份里，海冰对海上活动不会产生明显影响，而在海冰冰情严重的年份里则会造成灾害。主要表现为：①推倒海上石油平台，破坏海洋工程设施、航道设施，或撞坏船舶，造成重大海难；②阻碍船舶航行，破坏螺旋桨或船体，使之失去航行能力；③海冰封锁港湾，使港口不能正常使用，或大量增加使用破冰船破冰引航的费用；④使渔业休渔期过长，破坏海水养殖设施、场地等，造成经济损失。

4. 溢油灾害

海洋溢油尤其是重大溢油事故不但给海洋渔业、海水养殖业、滨海旅游业等海洋经济带来巨大损失，同时也使海洋环境、岸线受到严重污染，生态环境遭到破坏，海洋生态资源损失巨大，进一步会引起海洋生态系统异常变化，使海洋生态系统中的物质循环、能量流动受到严重干扰，最终可能影响到生态安全。

随着我国海洋经济的迅猛发展，沿海石油船舶运输、海上石油勘探开发、大型石油储备基地及石化项目的建设方兴未艾，加剧了我国海洋溢油的风险，海洋溢油的预防和应急任务异常艰巨。目前仅在渤海就有海洋油气田23个，海底输油管道1000余公里，经过30多年的开发运行，众多海洋石油勘探开发设施存在着溢油风险隐患，尤其是海底石油输运管线的溢油事故增多。辽宁沿海经济带和天津滨海新区等建设区域内石化项目和石油储备基地建设，均进一步加大了渤海溢油的风险，应急处置任务艰巨。我国沿海石化基地逐渐增多，苯系物等对海洋的潜在风险增加。

5. 绿潮/赤潮灾害

绿潮是在特定的环境条件下，海水中某些大型绿藻（如浒苔）爆发性增殖或高度聚集而引起水体变色的一种有害生态现象。2008年之后，我国绿潮灾害连年爆发，绿潮分布面积维持在20000~60000 km^2，2009年达到历史最大的58000 km^2，各级政府和国家海洋局每年动用大量的人力和物力进行绿潮灾害应急处置，造成了数十亿元的经济损失，对山东沿海的水上赛事、水产养殖、滨海旅游、海上交通运输等相关产业的影响严重；同时，也严重破坏了我国近海海洋生态环境。

赤潮（又称红潮）是在特定的环境条件下，海水中某些浮游植物、原生动物或细菌爆发性增殖或高度聚集而引起水体变色的一种有害生态现象。赤潮并不一定都是红色，主要包括淡水系统中的水华，以及海洋中的一般赤潮。海水富营养化是赤潮发生的物质基础和首要条件，水文气象和海水理化因子的变化是赤潮发生的重要原因，海水养殖的自身污染亦是诱发赤潮的因素之一。

随着海洋地理信息系统技术的发展，对各种海洋灾害数据有了高效的获取、分析和管理方式，海洋GIS已成为海洋防灾减灾的重要工具和手段，其具有其他技术方法所不具备的空间数据管理和空间分析功能，可以进行海洋灾害监测预警，对海洋灾害进行风险评估和损失评估，提供及时准确的应急处置决策支持服务。

1.3　海洋地理信息系统的研究内容

1.3.1　数据采集

海洋数据采集是利用海洋观测技术对发生在海洋中的各种过程以一定的时空间隔进行数据采样,以便获取对海洋原过程进行解析、统计或其他描述性研究的基础数据。其以卫星、飞机、船舶、潜器、浮标、平台及岸站为观测平台,实现了对海洋的立体观测和对海洋资源的快速探查。按观测方式的不同,海洋观测数据采集方式可分为岸基、船基、海基、空基和天基。

1. 岸基

海洋(台)站观测系统是海洋观测最早采用的方式,可以实时获取并提供近岸的海洋环境信息,是海洋环境观测的基础和重要组成部分,是正确认识和利用海洋的基础性工作。海洋(台)站为其他海洋观测手段,如岸基雷达、断面和志愿船、浮标和海气边界层监测、海上应急机动监测、海洋环境调查等,提供支撑平台。

岸基雷达观测系统是一种较新的观测手段,可以提高对海冰、海浪的自动化观测水平。它最主要的特点是对近岸、近海海域表层流场进行实时监测,能够大范围、快速、定时、长期和全天候地获取表层海流动态变化的实时监测资料,实现了海洋观测从单点观测向面的观测方式的转变、由近岸向近海的延伸。

2. 船基

常规断面调查系统是国家一项长期的基础性、公益性海洋业务工作,也是海洋观测的重要组成部分。其基本任务是在我国管辖海域及邻近海域规定的几条断面上采集、处理、分析和传输海洋要素的基础信息数据,了解海洋要素从近岸到中远海、海面到海底几条断面线路上的状况及变化趋势,为国防安全以及开发海洋经济提供科学依据。

志愿船观测系统是由商船、交通船、渔船以及其他从事海上活动的船舶承担的一项义务工作,在这些船只上安装船舶自动观测设备,以获取近岸、中远海和远洋航线上的海洋观测资料。发展志愿船观测可以弥补我国在中远海、大洋、重要通道和国际重要港口等实时监测能力的不足,获取的宝贵资料,对海洋科学研究、海上交通运输安全和国防军事建设等方面具有非常重要的意义。

3. 海基

浮标、潜标、海床基和海上平台等海基观测系统作为最直接的海洋要素测量手段,在海洋观测中具有不可替代的作用,其自动化、全天候观测与海上立体布阵观测等特点有助于较早发现海洋灾害,已经成为目前发展最快的成熟海洋监测手段之一。所有的国际大型海洋科学研究项目中,无不以浮标和海基监测为主,是岸基观测网向海上扩展必不可少的手段,同时也是天基、空基观测数据校正的重要手段。

对于海域军事敏感区、海上危险化学品污染区和核泄漏区等常规海洋观测手段无法触及的区域,水下移动观测平台是获取观测资料最有效的手段,主要采用搭载船只或海上平台的方式,开展隐蔽、机动观测。其优点有体积小、成本低、环境适应性强、有源噪声低、隐蔽性好，可做长时序水下观测、剖面观测、接近观测、预置程序观测等，近年来水下观测平台技术已成为海洋环境观测的重要技术发展方向之一。

4. 空基

航空遥感主要用于海岸带环境资源和近海赤潮、溢油等突发事件的应急监测、监视及卫星遥感器的模拟校飞和定标，具有离岸应急、快速、机动性强、分辨率高、较大的空间覆盖面积及较高的监测效率等特点与优势，是目前海上应急机动观测的重要手段之一。

5. 天基

海洋卫星遥感因其具备快速、同步、覆盖面广和全天候连续观测的特点，而成为海洋观测发展最快的技术领域之一。世界各国都非常重视卫星海洋遥感应用，遥感应用已从定性向定量发展，加强多源、多模态、多时相数据的融合和同化技术应用，注重高空间分辨率、高光谱分辨率和高时间分辨率及全天时、全天候和全频段监测技术研发，注重遥感数据真实性校验和地面定标技术研究，并与水面和水下的现场监测相结合，已成为解决全球或区域性环境和资源问题的一种不可或缺的监测手段。

1.3.2 数据存储

随着海洋科学与信息技术的快速发展，海洋数据快速积累，获取的海洋数据类型也更加多样化。海洋作为一个动态的、连续的及边界模糊的时空信息载体，通过海洋实测、卫星观测以及数值模拟等方式获取的多源海洋数据具有时空多维动态特征。海洋数据的动态性、模糊性、时空过程性以及时空粒度特性决定了所获取数据类型的多样性、时空多维性、结构与分辨率的不统一，给海洋数据的一体化管理、可视化表达、分析及共享等带来了极大的挑战。针对海洋环境数据的特点，需要研究以时空数据模型为核心的海洋环境数据时空动态建模的理论和方法，构建适合于海洋环境数据动态表达的时空统一数据模型。

常见的海洋时空数据模型包括基于场的数据模型、基于特征的数据模型和面向过程的时空数据模型。基于特征的数据包括两大部分，一部分是海洋中实际观测的数据，它又分为两类：离散点观测数据和连续扫描观测数据；另外一部分是从海洋现象等数据中提取出来的一些点、线、面和体的过程特征数据，这些现象或对象具有时间、空间、形态及属性动态的特性，这类数据模型是海洋 GIS 与常规 GIS 数据模型的根本区别。基于场的时空格网模型是一种多级格网数据模型，海洋中的场数据可以分为两大类：一类是标量场数据，另外一类是矢量场数据。标量场数据只有大小，而没有方向，例如温度、盐度，只需要一个量值就可以完成表达，而矢量场数据则既有大小，也有方向，就需要方向和量值两部分进行表达。面向过程的时空数据模型是以海洋过程为核心或以过程为对象，对海洋数据进行组织与管理的。

目前，海洋科学领域对多源异构海洋数据的存储及标准格式种类较多，如文本文件、NetCDF 通用网络数据格式、GrADS 格式、遥感影像文件、HDF 文件、Mat 文件和二进制通用气象数据表示格式 BUFR，以及格点化的二进制文件 GRIB 等。只有对海量的多维海洋环境数据进行有效的数据组织，提供方便的访问和查询，才能实现高效、便捷的数据分析。另外，为实现对多种数据格式的有效应用，需要对数据进行解译与预处理。通过海洋数据预处理工作，可以使残缺的数据变完整，将错误的数据进行纠正，将多余的数据加以去除，将所需的数据挑选出来并且进行数据集成，将不适应的数据格式转换为所要求的格式，还可以消除多余的数据属性，从而达到数据类型相同化、数据格式一致化、数据信息精炼化和数据存储集中化，提高数据质量，提高数据服务精度和决策准确度。

1.3.3 数据表达

对海洋数据的大数据量、多维性、多源性、多态性和时空性质等复杂特性的理解分析是目前海洋科学的一项重要挑战。对于繁杂的数据，人们很难用肉眼发现其中的一些规律，进而限制了人们对数据信息的发掘，造成数据资源大量浪费。可视化是 GIS 的一个重要功能，可以将人无法直接观察的数据转变为人容易接受的视觉信息。数据可以用图像、曲线、二维/三维图形和动画等多种形式来表示，并可对其模式和相互关系进行可视化分析。由于科学计算可视化可以将计算结果用图形或图像直观地表达出来，因而许多抽象的、难以理解的原理和规律变得容易理解，许多冗繁而枯燥的数据变得生动有趣。

海洋时空数据可视化是指以计算机多维动画、多媒体技术及仿真和虚拟现实技术等形式显示海洋环境要素的变化过程和空间结构，揭示海洋过程及变化规律。各种具体的或抽象的海洋数据模型可以通过可视化技术实时、形象且直观地展现出来。对海洋数据进行可视化表达，不仅仅是针对海洋数据的模拟与视觉表现，同时也是一种重要的分析手段，可以通过它完成可视化分析，获取蕴含在海洋环境中的物理、生物和化学特性、规律以及不同尺度的关系。

与海洋数据模型相似，海洋 GIS 可视化工作也从二维走向高维，从静态走向动态，从单一尺度向兼容多尺度过渡。计算机图形学及硬件技术的发展，也使海洋信息可视化进入更加直观、更加现实化的阶段。海量且复杂的海洋环境数据，只有通过可视化变为图形或图像，才能更好地激发人们的形象思维，凸显出信息的内涵与本质。同时，海洋时空数据场作为自然现象的离散采样，其每一个数值都具有明确的物理意义，对海洋时空数据场进行可视化表达，能够对自然现象进行模拟，重现海洋环境中某一特征的空间、时间分布，使研究人员能够随时对当时、当地的海洋环境进行还原，从不同的角度对其观察，从而实现对抽象数据的直观分析。海洋时空数据的可视化是理解、掌握海洋规律的重要手段，对认知海洋、利用海洋具有重要的现实意义。

随着计算机技术、图形图像处理技术和航海技术的迅猛发展，产生了以数字形式表示的描写海域地理信息和航海信息的电子海图以及电子海图应用系统。海图是以海洋为描绘对象的地图，它按照一定的数学规则，根据各自的具体用途，经过选择和概括，并用符号将海洋上的各种自然和社会现象的分布、状况和联系缩小表示在平面上。因此，海图是海洋区域的模型，也是海洋信息的载体。电子海图技术同地理信息系统技术一样，是随着当代电子计算机技术的飞速发展而发展起来的，使用计算机可以快速生产数字化形式的海图——电子海图，相对于静态的纸质海图，电子海图的显示有着无法比拟的优点，例如，可以迅速转换比例尺，以便详细观察航行中的关键航段；可以快速更换海图以及将海图信息与接收到的导航信息等叠加，在一个屏幕上显示，从而非常直观地为船舶的安全航行提供有力的保障。电子海图结合卫星定位设备、水声设备和无线电通信设备，组成电子海图显示与信息系统或电子海图系统，提高海上安全航行的自动化水平。航海图、海底地形图

第 1 章 绪　　论

等已成为综合评判海洋环境、海洋学专题内容研究所不可缺少的工具，同时，利用海图还可以进行海洋调查、海底勘探、资源利用、环境保护以及解释地球物理现象（地球板块学说、地壳运动、重力场等），海图已成为地球科学研究的重要工具。

1.3.4　数据分析

海洋 GIS 数据分析是以海洋时空数据为基础，以 GIS 空间技术为手段，对海洋地理要素、海洋现象、海上目标、海上人为活动和海洋自然环境进行时间和空间上的分析，目的在于揭示海洋地理要素与现象的时空分异、海洋地理过程的相互影响与制约，以及海上目标的运动规律等。海洋相对于陆地而言，更加强调的是其过程，且存在大量的时间序列数据。海洋现象和环境永远处于不断变化中，需要处理的是海洋动态现象，完整地表达和分析海洋动态现象的特征和变化规律，必须使 GIS 具备对海洋地理现象时空过程的管理、处理和分析的能力。海洋 GIS 数据分析在传统 GIS 的基础上，将时间作为一种属性对空间状态进行动、静态分析，将时间和空间作为动态变量，来分析时空状态下地理现象的分布、格局、模式、发展和变化规律，从而进行海洋地理时空现象模拟预测以及指导海洋实际应用，例如船舶数据分析、海岸带演变分析等。

船舶轨迹数据包含着丰富的海上交通行为特征，揭示了船舶运动的行为模式，近年来国内外众多专家学者致力于船舶轨迹大数据分析。现有的船舶轨迹数据分析基本上是以船舶自动识别系统（Automatic Identification System，AIS）信号作为分析数据，但 AIS 是一个自我报告系统，船员可以人为关闭 AIS 导致 AIS 信号丢失，当船舶试图通过 AIS 报告掩盖其活动时，将无法仅仅依靠 AIS 轨迹来识别其非法活动；而雷达作为一种主动探测方法，在关闭 AIS 系统的情况下，依然可以扫描并记录雷达探测范围内的船舶轨迹，可与 AIS 信号进行互补，共同实现海上船舶监控和监管。故而可以利用岸基雷达轨迹数据，通过分段时空约束的异步轨迹匹配方法实现航迹匹配进而实现数据融合，以此来重构 AIS 轨迹还原船舶在 AIS 关闭情况下的航行轨迹，更准确地发现船舶的异常行为。

海岸带是海陆交互作用、自然环境很不稳定的特殊的国土区域，地理类型多样、资源种类多、人口相对聚集及海洋污染集中，因此海岸带区域是典型的生态环境脆弱带之一。海岸带自然资源是指海岸带范围内，由于海洋因素以及由海洋和陆地因素共同作用而形成的自然资源，包括滩涂资源、生物资源、港口资源等，这些资源受自然因素与人为因素的影响，处在不停的变动之中，通过遥感影像提取海岸带多年各种地物资源数据，研究海岸带自然资源的时空变化，分析海岸带变迁的驱动力因素，监测海岸带的长期变化，可为海岸带开发与管理提供科学参考。目前，对于海岸带典型自然资源的地理学研究集中在海岸线的提取与演变和海岸带土地利用与土地覆盖类型的变化上。随着计算机技术在图像领域的发展，机器学习在遥感影像方面上的应用越来越广泛，海岸线与海岸带地物都可通过神经网络等方法进行提取与分类。通过分析海岸线的分形维数、类型多样性指数以及端点变化等，可以明晰海岸线的演变规律，海岸带生态景观的脆弱性与易变性，使得海岸带景观格局的研究逐渐兴起，人类土地利用的景观格局是影响海岸带生物和生境特征的重要指标，景观指标结合土地利用历史可以提高对海岸带生态系统健康的预测和评价。

1.3.5 应用服务

随着人类活动及海洋经济的快速发展，海上交通运输、海洋渔业和海上油气开采等各类涉海活动日益频繁，由于气象、通航条件和船岸管理水平等因素的影响，搜救、溢油等海上突发事件时有发生。在海上突发事件发生后，当务之急是迅速、准确地锁定遇险目标的位置或确定遇险目标所处的海域，及时进行处置，提高相关部门海上突发事故的应急决策效率。

目前，我国应急人员大多是根据当前突发事件的信息，结合已有的经验和预先制定好的应急预案，完善处置措施，进而形成行动方案，以辅助突发事件的处理。然而，人工处理突发事件的机动性不强，无法针对实时信息快速产生决策，其智能性和科学性亦待提高。海洋 GIS 作为解决海洋问题的有效工具，具有较强的时空处理能力，其发展为提升海上突发事件应急处置决策效率提供了新的思路，目前已广泛应用于海洋防灾减灾领域中，如针对溢油事故美国 ASA 公司开发的 OILMAP 系统、面向英国近海海域溢油预测预警任务研发的 OSIS 系统、针对海上搜救指挥决策的美国海岸警备队 SAROPS 系统等。

海难原因复杂多样，海洋环境瞬息万变，海上突发事件的应急处置决策面临着巨大的挑战。决策者需要根据事故现场的相关信息制定合理的应急处置方案，同时通过应急处置情况的实时反馈，及时调整处置方案，最大程度保证遇难者生命财产安全。海洋 GIS 为海上突发事件的应急处置决策提供了展示平台，对于海上搜救事故，可通过海洋 GIS 直观地展示海洋动力环境信息(包括海风、海浪、海流、海温等)，并实现海上搜救决策流程中各环节决策结果的可视化(包括事故风险评估、搜寻区域确定、搜寻力量调度、搜寻任务分配、搜寻结果输出等)。对于海上溢油事故，海洋 GIS 可作为其辅助决策平台对单点溢油、多点溢油及线性溢油等多种形式的持续性溢油动向和轨迹进行快速预测，并计算油污随时间变化的轨迹和油品的分布情况；同时，根据预测结果及应急基地的相关信息优化溢油处置资源调配方案，并选择合适的溢油处置技术实现溢油事故的快速处置响应。

1.4 海洋地理信息系统的研究意义

广阔的海洋拥有丰富的资源，是现在和未来世界各国经济发展的重点区域和争夺的焦点。由于 GIS 技术的迅速发展，强大的空间处理能力及其在各领域的广泛应用，海洋 GIS 也必将在海洋各领域的研究、管理、应用和决策等各层面起到重要的作用。海洋 GIS 是一个新的研究领域，大力加强海洋 GIS 技术的研究力度，深入开展其在海洋各领域的实际作用，将推动我国海洋科学的发展，具有战略、现实和理论意义。

1.4.1 战略意义

海洋是人类重要的生存环境，在当今世界，海洋体现出更多的现实与战略意义。"海洋是全球生命支持系统的一个基本组成部分，是一种有助于实现可持续发展的宝贵财富"(联合国《21 世纪议程》)。它占整个地球表面积的 2/3 以上，拥有丰富的生物资源、大量的矿产和动力资源，在人类生活中起着巨大的作用。地球上人口不断增长，陆地资源日益短缺，使人们对海洋的渴求越来越大，希望从海洋中获取生存与发展的新空间与新资源。许多沿海国家已把开发利用海洋作为国家重要发展战略。一系列重大国际行动也把国际关系的焦点逐步转向海洋领域，海洋成为国际争夺权利、利益的焦点。

我国人口众多，人均资源匮乏，社会发展和经济腾飞面临严峻的形势。同时，我国是海洋大国，大陆海岸线长18000km，海洋资源丰富。但大量海洋资源尚未开发，机遇与挑战并存，而且我国南海、黄海、东海都与相邻国家之间存在疆界划分和200海里专属经济区的权益之争问题。因而，应用高新技术，准确快速查明我国海域情况，主动保护海洋环境安全，既是维护我国海域合法权益、保护海域环境的需要，也是科学开发利用海域资源、发展海洋经济、促进我国整体经济腾飞的需要。

近些年，海洋科学的研究日新月异，许多先进的方法和仪器不断涌现，新数据增长异常迅速。大量多源数据向存储、管理、维护、快速访问、智能分析、可视化和自动制图提出了新的挑战。GIS作为对蕴涵空间位置信息的数据进行采集、存储、管理、分发、分析、显示和应用的通用技术以及处理时空问题的有力工具，愈来愈被海洋领域的专家所关注。然而，现有的GIS平台通常为陆地应用开发，需要针对海洋特性构建通用的海洋GIS平台。

为了高效有序地管理和研究海洋，海洋GIS成为海洋领域和地理信息科学领域交叉的新兴学科。随着海洋研究与开发的迅速发展，海洋观测技术与相关信息技术手段的推陈出新，长时间高密度海量数据的产生，海洋GIS作为海洋时空数据处理、分析与应用的基础理论、方法和技术，正加强在快速、时空互动的人机交互过程方面的研究，使历史的、实时的乃至虚拟的数据发挥应有作用。

1.4.2 现实意义

随着"数字海洋"的建设，集成海洋数据、遥感数据和数学模型的海洋GIS，将大大提高海洋领域的研究发展，同时推进海洋GIS的研究进展。伴随着现代科技的飞速发展，特别是现代空间技术、信息技术、计算机技术、通信技术和测量技术等的不断进步，海洋地理信息除在航运中更加广泛的运用外，各领域对海洋地理信息需求也不断扩大。

1. 海洋渔业方面

在可靠的海洋GIS软件的支持下，海洋渔业的发展速度正在加快。一些发达国家通过建立海洋环境模拟实验室，结合海洋GIS的优势，实现了海洋渔业的生产调度指挥，促进了海洋渔业的发展。

2. 海洋资源开发与管理方面

为了提高海洋资源的开发和利用效率，获取更多的矿产资源，应注重海洋GIS空间分析功能与虚拟现实技术的合理利用，全面提升海洋资源开发中的综合管理水平。海洋GIS可以为海洋资源综合评估提供可靠的参考依据，构建科学的海洋油气评价模型，确保海洋资源开发作业高效性，有效构建可靠的海洋数据库，全面提高海洋资源开发与管理工作质量。

3. 海洋环境评价与保护方面

海洋GIS能够以动态化、可视化的方式增强海洋环境评价结果的合理科学性，为海洋环境保护提供策略，为海洋环境质量评价提供科学的参考依据；通过设置基础平台的方式实现海洋环境动态分析、三维空间动态模拟分析、流场动态显示等为灾害预测、海洋环境保护提供参考信息。

4. 区域海洋综合管理方面

海洋 GIS 可以对海洋中蕴含丰富矿产及生物资源的专属经济区进行科学的考察、监测、规划与管理，有利于提升区域海洋综合管理水平。同时，可以对海域海图及相应功能的划分、海上石油平台和遥感影像等进行综合管理，为区域海洋综合管理提供强大的信息系统支撑。

综上，海洋 GIS 在"数字海洋"和"智慧海洋"中扮演了一个基础而核心的理论、方法和技术角色。其前端是一个交互可视的虚拟海洋，支撑它的是一个海洋地理信息完全多向流动的网络，以接纳海洋信息采集与传输，为海洋信息服务提供界面和途径，满足决策支持、公众信息服务的需要，为海洋开发、综合管理、执法监察和国家安全决策提供服务。海洋 GIS 将有效提高社会公益水平，实现社会可持续发展和与同类技术的大融合、大发展。

1.4.3 理论意义

海洋地理信息科学理论的不断丰富，为世界各国了解海洋地理环境提供了参考信息，确保地理信息相关问题的高效处理。提高对海洋地理信息的采集、分析与处理的正确认识，可以为海洋地理信息环境研究工作开展提供科学的参考资料。实现这样的发展目标，应构建功能强大的海洋 GIS，促使海洋地理环境相关工作中存在的问题得以快速处理，为海洋地理环境研究工作的推进注入活力。同时，GIS 经过多年的发展，在海洋渔业、资源开发等方面已取得了许多重要的成果，也为海洋 GIS 发展奠定了坚实的基础。海洋 GIS 作为一个新的领域，蕴藏着大量的理论、技术和应用创新的机会，在可变化相对位置和值的空间数据结构、零星数据的插值、体分析、大数据集管理和输入等方面仍然存在大量的难点问题，对这些问题的研究也将促进 GIS 基础理论及时空信息科学基础的发展。

第 2 章　海洋数据获取

海洋数据是海洋科学研究和信息服务的基础，主要通过现场观测、遥感反演、物理实验和数值模拟等手段获取。根据观测手段不同，海洋数据的获取可分为以水上与水下观测平台为基础的海基观测、以海洋卫星遥感为主的天基观测、以获取海底地形地貌为主的海洋声学探测，以及以数值模拟为基础的海洋气象水文预报。海洋数据的获取作为海洋科学和技术的重要组成部分，在维护海洋权益、开发海洋资源、预警海洋灾害、保护海洋环境、加强国防建设等方面起着十分重要的作用。

2.1　海基观测

海基观测的实现必须依靠搭载测量传感器的观测平台。观测平台的特征决定了观测的方式和方法，而被观测要素的主要特征也对观测平台提出特定的要求。即使对同一观测要素，由于其观测方法不同，对平台的要求也不相同，例如观测波浪，在浮标上观测波浪要求浮标的随波性要好，而用声学方法观测波浪，则要求平台稳定性要高。随着科学技术的发展，越来越多功能强大的观测平台已被成功研发。从最初的海洋调查船，到专用的海洋台站与浮标，再到集成多种先进技术的水下探测器，实现了水面到深水区域的高度覆盖。此外，综合运用多种海洋观测手段和现代信息技术的海洋观测网，也成为现代海洋观测技术发展的重要趋势之一。

2.1.1　海洋调查船

海洋调查船是专门从事海洋科学调查研究的船只，是搭载海洋仪器设备直接观测海洋、采集样品和研究海洋的工具。海洋调查船按调查任务，可分为综合调查船、专业调查船以及特种调查船。

海洋调查船的发展已有 100 多年的历史。第一艘海洋调查船是英国的"挑战者"号（H. M. S. Challenger），它由军舰改装而成。在 1872—1876 年，"挑战者"号进行了为期 3 年 5 个月的大洋调查，将人类研究海洋的进程推进到新的时代。此次考察活动首次利用颠倒温度计测量了海洋深层水温，同时测量了海底地形、环流、海水透明度、海水盐度等，采集了大量海洋动植物标本和海水、海底底质样品。此次海洋调查被西方的科学家誉为近代海洋科学的"奠基性调查"。

限于当时的技术条件，后续的海洋调查船都是以生物调查为主的综合性海洋调查船，直到1925年德国海洋调查船"流星"(Meteor)号问世，综合性海洋调查船才由以生物调查为主的时代进入了以海水理化性质和地质地貌调查为主的时代。"流星"号首次装载电子回声测深仪，获得了7万个以上的海洋深度数据；首次清晰地揭示了大洋底部起伏不平的轮廓，揭示了海洋环流和大洋热量、水量平衡的基本概况。"流星"号开启了继"挑战者"号之后的海洋调查船的新时代，调查方法更科学，观测精度更高。

随着海洋科学的发展，20世纪50年代以后，综合性海洋调查船已不能满足海洋学各分支学科深入调查的需要，陆续出现了各种专业调查船和特种调查船。20世纪60年代是新建海洋调查船的大发展时期，1962年美国建造的"阿特兰蒂斯 II"(Atlantis II)号首次装载电子计算机，标志着现代化高效率海洋调查船的诞生。20世纪70年代以来，随着科学考察的深入，南北极的奥秘和环境资源价值不断被发现，极地领域的竞争愈发激烈，权益争端不断加剧，美苏两国竞相建造极地考察船。其中最著名的是1973年美国建成的"极星"号，其次是苏联1975年建造的"M. 萨莫夫"号大型极地考察船。

1956年，中国第一艘海洋调查船"金星"号由远洋救生拖轮改装而成，适用于浅海综合性调查。1965年，中国第一艘自行设计和建造的海洋科学调查船"东方红"号下水。1986年，中国第一艘极地科学考察船"极地"号前往南极进行科考活动。2020年4月，中国新一代极地考察船"雪龙"号和"雪龙2"号船返回上海码头，标志着中国南极考察暨首次"双龙探极"圆满完成。目前中国已有近50艘海洋调查船，全球超过40个国家拥有海洋科考船，总数量超过500艘。

2.1.2 海洋台站

海洋台站是建在沿海、岛屿、海上平台或其他海上建筑物上的海洋观测站的统称。其主要任务是在人们经济活动最活跃、最集中的滨海区域进行水文气象要素的观测和资料处理，以便获取能反映出观测海区环境的基本特征和变化规律的基础资料，为沿岸和陆架水域的科学研究、环境预报、资源开发、工程建设、军事活动和环境保护提供可靠的依据。海洋台站是海洋观测的一个最基本、最重要的组成部分，在整个海洋工作中占有相当重要的位置。

目前，我国现有海洋观测站点100多个，依据《海洋观测规范 第2部分：海滨观测》(GB/T 14914.2—2019)、《地面气象观测规范》和《海洋自动化观测通用技术要求》等观测工作执行标准开展各类观测项目和要素的数据采集处理、传输等工作，主要观测要素包括潮汐、表层水温、表层盐度、海浪、风向风速、气压、气温、相对湿度、能见度和降水量等。

观测仪器设备的测量准确度应满足各要素测量技术指标，包括测量范围、分辨率、准确度、采样频率等。表2-1说明了当前海洋台站表层海水温度、表层海水盐度、潮汐、海浪及地面气象观测所使用的观测仪器测量范围和准确度等，这类数据确定了所获取观测数据的质量等级，为观测资料应用范围提供了准确的参考。

表2-1　　　　　海洋台站自动监测系统观测要素测量范围、准确度

观测要素	准确度				记录数据
	一级	二级	三级	四级	
表层海水温度	±0.05℃	±0.2℃	±0.5℃	—	1min平均值
表层海水盐度	±0.02	±0.05	±0.2	±0.5	1min平均值
潮位	±1cm	±5cm	±10cm	—	1min平均值
波高	±10%	±15%	—	—	17~20min 平均值
波向	±5%	±10%	—	—	
周期	±0.5s				
风向	±5°				3s平均值
风速	±(0.5+0.03V)m/s ±(0.3+0.03V)m/s(基准气候观测)				1min平均值 2min平均值 10min平均值
气温	±0.2℃				1min平均值
相对湿度	±4%(≤80%); ±8%(>80%)				1min平均值
气压	±0.3hPa				1min平均值

我国现代海洋环境台站监测正在从人工向自动化的方式转变,对于海洋台站实时监测到的大量环境数据的智能化管理的需要越发紧迫。为满足海洋台站实时监测系统中数据管理的应用需求,科研人员通过网络通信和数据库技术,整合多种类型的监测台站设备。海洋台站监测系统通过众多分布在不同海域的各类型台站来监测海洋气象、水文及其他各类情况,并将采集的数据上传,实现集中管理。由于台站类型多样、站点数量可变,以及智能化程度不同,决定了海洋台站监测数据库应该是一个可扩充的、开放式的系统。

海洋台站主要包括前端监测部分、数据处理部分和数据上传部分。其中,前端监测部分实现对气象信息和水文信息测量数据的实时获取,需要配置相应的数据采集设备来完成;数据处理部分将不同类型传感器采集的气象和水文信号,包括气象六要素、潮汐、海浪以及海面表层温度、盐度等数据交由计算机处理,得到有效的最终数据;数据上传部分通过通信系统将这些数据上传到海洋台站监测数据中心,建立相应的监测信息数据库。其他相关机构或海洋工作人员可以根据系统授权进行数据浏览,收集有用信息,提前安排海上作业时间,避免气象灾害,减少不必要的损失。

2.1.3　浮标观测

海洋浮标是一类用于承载各类探测海洋和大气传感器的海上平台,是海洋立体监测系统中的重要组成部分。海洋浮标作为一种新兴的现代化海洋监测技术,在研究海洋和大气的相互作用及全球气候变化、预报全球性和地区性海洋灾害、监测海洋污染、校验卫星遥感数据的真实性等方面发挥了重要作用。相比其他监测手段,海洋浮标在工作寿命时间

内,可在恶劣的海洋环境条件下对海洋环境进行自动、连续、长期的同步监测,是海洋观测岸站、调查船和调查飞机在空间上和时间上的延伸扩展,且费用比调查船低廉。根据浮标在海上所处位置不同,可分为锚定浮标、潜标、漂流浮标等。

海洋锚定浮标最早出现于第二次世界大战期间(1939年9月—1945年9月),德国在大西洋、英吉利海峡和北海等海区投放若干气象浮标,搜集有关温度、湿度、气压、风力和风速等气象信息。20世纪60年代初,美国开始研制多要素观测的海洋资料浮标,对海洋进行更有效的观测。其他海洋发展国家,如德国、英国、法国、加拿大、挪威、日本、意大利、苏联等,也相继开展了浮标的研制工作。1970年,美国率先成立了专门管理海洋资料浮标的国家资料浮标中心(National Data Buoy Center, NDBC)。NDBC的成立,使美国锚泊浮标趋于定型、完善,并进入实用阶段。20世纪70年代后期,随着计算机技术和卫星通信技术在浮标应用中的出现,浮标技术发展进入了飞跃期。

海洋潜标系统是对海洋水下环境进行长期、定点、多参数剖面观测的系统,是海洋环境立体观测系统的重要组成部分。20世纪50年代初,美国首先发展了潜标系统,用于次表层或深海的海洋环境监测。从60年代初到80年代初,美国平均每年布设50~70套潜标系统。在墨西哥湾和西北太平洋的一些观测站,经常保持20套左右的潜标系统。日本于70年代初开始研制和使用潜标系统,主要用于黑潮研究。80年代中期,潜标与锚泊浮标相结合形成绷紧式锚泊浮标系统,在"热带海洋大气阵列"中得到应用。

漂流浮标是根据各种科学试验和海洋环境监测计划的需要而发展起来的一种移动观测平台。从20世纪70年代初发展了单参数漂流浮标以来,经过几十年的努力,已形成了适合不同目的的漂流浮标,为海洋工程、海洋运输、海洋资源开发、海洋气象预报、海洋灾害预警以及各类海洋研究等提供服务。其中,著名的ARGO全球海洋观测网(Array for Real-time Geostrophic Oceanography)与全球海洋观测计划(Global Ocean Observing System, GOOS)所采用的浮标就是漂流浮标。热带大洋及其与全球大气的相互作用(Tropical Ocean and Global Atmosphere, TOGA)计划中也用了大量漂流浮标,为厄尔尼诺和南方涛动现象研究提供了非常宝贵的海流、海风、气压及温度资料。

海洋浮标在中国的开发研制始于20世纪60年代中期。1965年8月—1966年10月,中国海洋仪器会战期间,研制成功了第一台海洋浮标(H23)。经过起步阶段(1965—1975年)、研究试验阶段(1975—1985年)和实用化阶段(1985—1990年)的不断发展,20世纪90年代开始正式投入使用,到目前为止,中国已经进入了海洋浮标监测的大国俱乐部。

2.1.4 水下移动观测器

水下移动观测弥补了卫星遥感观测的不足,它是一种自带推动力的海洋考察设备,既能在水面行驶,又能在水下独立开展工作,主要用来执行水下考察、海底勘探、海底开发和打捞、救生等任务,并可以作为潜水员活动的水下作业基地。潜水器主要分为载人深潜器(Human Occupied Vehicles, HOV)、无人深潜器(Unmanned Underwater Vehicle, UUV),以及新型的水下滑翔器(Autonomous Underwater Glider, AUG)。

1. 载人深潜器

1554年,意大利人塔尔奇利亚发明的木质球形潜水器,对后来潜水器的研制产生了巨大影响。1717年，英国哈雷设计了第一个有实用价值的潜水器，此后直到20世纪60年代，人类对潜水器的研制主要致力于下潜深度。1960年，第一艘载人深海潜水器"曲斯特1"号在太平洋马里亚纳海沟下潜到10916m（海沟最深点为11034m），创造了目前为止人类下潜最深海沟的记录。

1964年美国建造的"阿尔文"号（Alvin）开创了人类探测海洋资源的历史。1974年经过改装后，"阿尔文"号的工作深度达到4500m，可搭载3名人员进行为期6~8小时的水下工作时间，完成了众多具有影响价值的作业。如1966年年初，"阿尔文"号和另一台遥控潜水器一起打捞起掉落在地中海的一颗氢弹；1977年，在将近2500m深处的加拉帕戈斯（Galapagos）断裂带首次发现海底热液和其中的生物群落；1979年，在东太平洋洋中脊发现第一个高温黑烟囱；20世纪80年代，成功地参与了对泰坦尼克号沉船的搜寻和考察。至今，"阿尔文"号已累计完成5000次以上的下潜作业，为深海研究做出了巨大贡献。

目前全世界有各种HOV 200多艘，有的最大作业深度达6000m，主要用于海洋油气开发。6000m以上的深度，显现了国际深潜器向大深度发展的技术能力。随着新技术以及新材料的不断涌现，极大地促进了深潜器技术的提高，如耐压材料新型化，浮力材料轻便化，观察设备高清化，作业工具模块化，水声通信可靠化，能源供给经济化。

"蛟龙"号是中国自行设计、自主集成研制的深海载人潜水器。2009—2012年，"蛟龙"号接连取得1000m级、3000m级、5000m级和7000m级海试成功。2012年7月，"蛟龙"号在马里亚纳海沟试验海区创造了下潜7062m的中国载人深潜纪录。"奋斗者"号是中国研发的万米载人潜水器，2020年11月，奋斗者号在马里亚纳海沟成功下潜突破10000m，达到10909m，创造了中国载人深潜的新纪录。

2. 无人深潜器

无人深潜器是一种能模仿人进行某些活动的自动机械，能够在人难以适应的深水环境中代替人进行工作。目前，UUV有无人遥控潜水器（Remote Operated Vehicle，ROV）和自主式水下机器人（Autonomous Underwater Vehicle，AUV）两种，前者需要水面母船传输动力并进行遥控；后者可以自行机动，具有一定的自主功能。

目前，研制AUV的国家有美国、法国、挪威、德国、加拿大、日本、中国、韩国。国际上现有设计工作深度6000m的AUV共5艘，包括美国的AUSS号、俄罗斯的MT-88、法国的PLA2和中国的CR-01、CR-02。

美国伍兹霍尔海洋研究所（Woods Hole Oceanographic Institution，WHOI）新建造的"岗哨"（Sentry）号于2008年初移交使用，并取代"自治式海底探测者"（ABE）号。德国研制的"DeepC"号AUV于2007年投入使用，最大潜深4000m，续航时间60小时，航程400km；目前，正着手试验用于探测南极冰层、可在浮冰下行驶的AUV。挪威研制的"Hugin3000" AUV，最大潜深3000m，是一种观测与作业功能兼备的、远程声遥控与智能自治相结合的混合型AUV，能够对深海海底进行近距离的高分辨率测绘。

日本制造的AUV-EX1，长为10m，直径为1.3m，可以搭载各种探测仪器，最大工作深度为5500m。动力系统为锂离子电池与固体高分子电解质型燃料电池，巡航速度为3Kn。高能电池可以支持在水下航行300km，这是一个很大的突破。AUV-EX1的导航系统，采用环形激光陀螺惯导系统和超声多普勒测速仪，上浮时可通过GPS定位，或利用水下海底声学信标进行方位修正。

我国从20世纪80年代开始发展自治潜水器技术。90年代,在国家"863计划"的支持下,研制成功"探索者"号自治潜水器,最大工作水深1000m,可在四级海况下正常回收,能在指定海域搜索目标并记录数据和声呐图像,可对失事目标进行观察、拍照和录像,并能自动回避障碍,具有水声通信能力,搭载超短基线和短基线定位系统、多普勒测速仪、计程仪、罗盘、摄像机等装备,如图2-1所示。

图2-1 "探索者"号1000m自治潜水器

20世纪90年代中期,中国科学院沈阳自动化研究所等单位合作设计和建造了CR-01深海自治潜水器,如图2-2所示,主尺度为0.8m(直径)×4.4m(长),最大工作水深6000m,航速2Kn。搭载设备:侧扫声呐、微光摄像机、长基线水声定位系统、计程仪、浅地层剖面仪、照相机。1995年和1997年,CR-01两次在太平洋下潜到5270m的洋底,调查了大洋底部锰结核的分布与丰度情况,获得了大量洋底地形地貌、底质数据,为我国在东太平洋国际海底管理区成功圈定$7.5×10^4 km^2$的海底专属开采矿区做出了突出贡献。

图2-2 CR-01深海自治潜水器

CR-02 于 1999 年开始设计和建造，与 CR-01 相比，它具有更好的机动性能，其垂直和水平面调控能力、实时避障能力有较大提高，并具有对洋底微地形地貌进行探测和对洋底地形的跟踪和爬坡能力，可绘制出海底微地貌地形图，可进行多种深海资源调查。首次研制并应用了非同轴的对转螺旋桨和双电机对转螺旋桨推力器，提高了纵垂面运动的机动性、潜水器的操纵性及在复杂海底安全航行的能力。2006 年 9 月，CR-02 成功完成南海试验。CR-02 将用于中太平洋和西太平洋，勘察海山区的地质地貌特征，调查海山区钴结壳的分布及其规律，为我国圈定富钴结壳矿区提供科学依据。

3. 水下滑翔器

水下滑翔器（Autonomous Underwater Glider，AUG）是一种无外部推进器的新型水下移动观测平台，通过改变自身浮力、重心位置、固定翼的攻角，实现在水下滑翔运动，它比自持式剖面浮标增加了机翼和重心调节装置。其浮力的调整有两种方式：利用海水表面与水体的温差所产生的温差能量作为驱动能源；利用电池的能量驱动。与电能驱动的有外部推进器的水下运载平台相比，它具有噪声小、续航时间长、成本低廉等优点。

AUG 在国外主要用于海洋温盐剖面观测、湍流测量、虚拟锚系剖面测量以及军事海洋应用，并成为区域海洋立体监测系统中的重要观测手段。

AUG 是实现剖面观测的重要手段，它具有一定的航迹控制能力。目前，美国、加拿大、法国、日本等国家开展了 AUG 相关技术研究，并纳入海洋观测计划。目前美国已研制了"SLOCUM""Spray""Seaglider"三种 AUG，并用于 AOSN（Autonomous Ocean Sampling Network）研究计划、长期海洋生态观测站（LEO-15）及墨西哥湾赤潮预报试验，如图 2-3 所示。

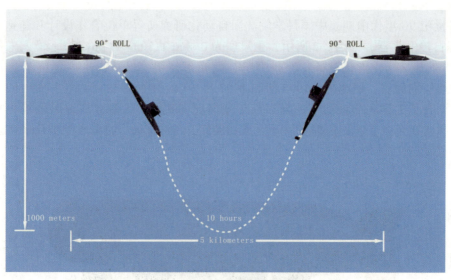

图 2-3 AUG 工作原理示意图

国内关于 AUG 的研究起步较晚，共有 6 家科研单位对此进行研究，分别为中国科学院沈阳自动化研究所、天津大学机器人与汽车技术研究所、华中科技大学、上海交通大学海洋研究院、浙江大学和中国海洋大学。

"海翼"是由中国科学院沈阳自动化研究所完全自主研发、拥有自主知识产权的水下滑翔机。自2003年起，中科院沈阳自动化研究所就开始进行我国水下滑翔机的研究工作。在2005年，我国首台水下滑翔机样机研制成功，2009年完成了海上试验。到了2014年，1000m级的水下滑翔机"海翼"在南海完成了1022.5km的作业里程。2016年7月，我国"海翼7000"完成了5751m的记录。2017年2月，"海翼7000"完成了6329m的水下无人滑翔机世界最深下潜纪录。2018年7月28日，"海翼"水下滑翔机首次应用于中国北极科考，在白令海布放。针对不同海上观测任务需求，"海翼"水下滑翔机已经发展形成最大作业深度从300m到7000m不等的系列水下滑翔机。"海翼"水下滑翔机可以搭载温度、盐度、溶解氧、浊度、叶绿素、硝酸盐、ADCP、水听器等海洋探测传感器，满足中国海洋观测应用需求。

2014年5月22日，天津大学自主研发的水下滑翔机在南海北部水深大于1500m海域通过测试，创造了中国水下滑翔机无故障航程最远、时间最长、剖面运动最多、工作深度最大等诸多纪录，突破国外技术封锁。天津大学自主研发的这款水下滑翔机名为"海燕"，采用了最新的混合推进技术，可持续不间断工作30天左右。相比于传统无人无缆潜水器（AUV），"海燕"可谓身轻体瘦，它形似鱼雷，身长1.8m，直径0.3m，重约70kg。它融合了浮力驱动与螺旋桨推进技术，不但能实现和AUV一样的转弯、水平运动，而且具备传统滑翔机剖面滑翔的能力（即进行"之"字形锯齿状运动）。

2.1.5 海洋观测网

综合运用多种海洋观测手段和现代信息技术，实施面向全球大洋的多参数、多维度和长时间序列的综合连续观测计划已成为现代海洋观测技术发展的重要趋势之一。

国际合作进一步深入，相继开展了世界大洋环流实验（World Ocean Circulation Experiment，WOCE）、全球海平面观测系统（Global Sea Level Observing System，GLOSS）、热带海洋与大气研究计划（Tropical Ocean-Global Atmosphere，TOGA）等国际海洋计划。WOCE计划是政府间海洋学委员会主导的一项大规模国际合作计划，该计划综合卫星观测、随船观测、浮标和锚系观测等多种手段，取得了许多科学成果，主要是利用观测数据极大地改进了对全球大洋环流和全球海洋热量传输的估计。GLOSS计划亦是在政府间海洋学委员会协调下建立的全球与区域潮汐观测网的一个观测计划，旨在全球范围内对海平面进行长期观测。该计划在海平面变化和海洋环流研究等领域具有重要作用，并且为风暴潮等事件期间的海岸带区域提供洪水预警和海啸监测。TOGA计划是世界气候研究计划的一部分，该计划主要关注热带海区海气相互作用过程。其结果直接推动了厄尔尼诺循环的理论解释的发展，尤其是信风变化和海表面温度之间的相互作用的理论进展，有助于解释厄尔尼诺事件的演变、发展和衰减过程，并成功地对1997—1998年厄尔尼诺现象进行了预测和监测。

进入21世纪以后，海洋观测技术进一步革新，其中最具有代表性的是Argo海洋观测系统。Argo计划是由美国等国家大气、海洋科学家于1998年推出的一个全球海洋观测试验项目，在全球大洋中每隔300km布放一个卫星跟踪浮标，总计为3000个，组成一个庞大的 Argo 全球海洋观测网，旨在快速、准确、大范围地收集全球海洋上层的海水温、盐度剖面资料，以提高气候预报的精度，有效防御全球日益严重的气候灾害给人类造成的威胁。Argo 计划被誉为"海洋观测手段的一场革命"。

2001 年 3 月召开的第三次国际 Argo 科学组会议上，澳大利亚和美国宣称已率先在东印度洋和东太平洋施放了 21 个 Argo 浮标，从而正式拉开了 Argo 全球海洋观测网建设的序幕。中国于 2001 年 10 月正式加入国际 Argo 计划，成为继美国、日本、加拿大、英国、法国、德国、澳大利亚和韩国后第 9 个加入 Argo 计划的国家。2007 年 11 月 1 日，国际 Argo 计划已经实现了其最初提出的在全球海洋上建成由 3000 个 Argo 剖面浮标组成的实时海洋观测网的目标。2012 年 11 月 4 日由印度布放的编号为"2901287"的 Argo 浮标，收集到具有里程碑意义的第 100 万条观测剖面数据，标志着包括中国在内的由世界多个沿海国家共同参与的大型海洋国际合作观测计划步入了一个新的发展阶段。

截至 2021 年 10 月，布放在全球海洋中仍处于工作状态的 Argo 剖面浮标已达 3698 个。未来，Argo 剖面浮标将增加到近 4000 个，在维持现有 Argo 观测内容的基础上，新的 Argo 浮标观测范围将扩大到 2000m 以下甚至海底，还有一些 Argo 浮标将安装生物地球化学等新的传感器。

美国海洋观测计划(Ocean Observatories Initiative, OOI)是一个集成观测网络，可以对全球海洋中相互联系的物理、化学、生物和地质过程进行科学调查，旨在回答海洋和地球科学中的基本问题，并为渔业、海上运输、公共安全、国土安全、灾害以及天气和气候预测等多领域提供数据支撑。OOI 在海洋与大气相互作用、气候多变性、海洋环流、海洋生态、湍流混合与生物物理相互作用、沿海海洋动力和与生态系统、流固相互作用、海底生物圈和板块尺度的海洋动力学等诸多领域发挥着重要作用。沿岸近海地区是与人们生活最密切相关的地区，具有多样的生物、物理、地质环境，且面临众多战略经济挑战和生态挑战。各国均在沿海开发集成观测系统，如美国集成海洋观测系统(U.S. Integrated Ocean Observing System, IOOS)、法国沿海海洋基础设施(Infrastructure de Recherche Littorale et Côtière, ILICO)等。以 ILICO 为例，该系统采用多学科方法，由 8 个分布式观测和数据分析网络系统组成，在法国海岸设置多个观测点以检测海岸线动态、海平面演变、水文参数、海洋化学、浮游植物和底栖生态系统健康等。该系统在了解沿岸海水物理、化学和生物过程，理解这些过程的气候效应，预测近岸系统中的罕见和极端事件，区分自然演变和人为效应等研究中，发挥着重要的作用。

2.2 海洋卫星遥感

国际上海洋卫星遥感始于 1960 年，美国成功发射了世界第一颗气象卫星"泰罗斯 1"号，从约 700km 高度的卫星上获得了海表温度场，从而开始了利用卫星资料开展海洋学研究。1978 年，美国发射了"雨云-7"号与"海洋卫星-1"号两颗卫星，分别利用光学遥感器和微波遥感器实现了对全球海洋生态环境和动力环境的卫星观测，从而揭开了海洋卫星遥感的序幕。海洋卫星大体上可以分为三类：海洋水色卫星、海洋动力环境卫星和海洋监视监测卫星。

2.2.1 海洋水色卫星

海洋水色卫星主要用于探测海洋水色要素,如叶绿素浓度、悬浮泥沙含量、有色可溶有机物等,也可获得海表温度、浅海水下地形、海冰、海水污染以及海流等有价值的信息。

1. 国外海洋水色卫星

"雨云"卫星(Nimbus)是美国早期的实验型气象卫星,其中1978年发射的"雨云-7"号(Nimbus-7)卫星上搭载有海岸带水色扫描仪,可用于测量海洋和海岸带水色、叶绿素浓度、沉积物分布等;海星(SeaStar)卫星是美国轨道科学公司的轨道观测系列卫星之一,于1997年8月1日发射,主要用于海洋水色观测、海洋生物和生态学研究,为美国地球探测计划提供全球环境观测数据。

SeaStar卫星继承了Nimbus-7卫星上搭载海岸带水色扫描仪的特性,所获取的海洋遥感数据广泛应用于海洋研究的各个领域。"土"卫星(Terra)和"水"卫星(Aqua)是美国、日本和加拿大联合发展的对地观测卫星,分别于1999年和2002年发射,卫星搭载的中分辨率成像光谱仪(Moderate-resolution Imaging Spectroradiometer,MODIS)可以获取海面温度和海洋水色信息。

通信、海洋和气象卫星(Communication, Ocean and Meteorological Satellite,COMS)是韩国发展的地球静止轨道卫星,用于朝鲜半岛及周边区域的海洋和气象监测。COMS于2010年6月26日发射,提供海岸带资源管理和渔业信息。

2. 国内海洋水色卫星

1988年9月7日,发射的"风云一号",是我国首个带有两个海洋水色通道的气象卫星。

中国第一颗海洋卫星"海洋一号A星"(HY-1A)于2002年5月15日,顺利发射升空。该卫星作为试验型业务可实现对中国邻近海域每3天重复观测的能力,以及境外部分海域的选择性观测。所获取的连续2年海洋环境数据在海洋资源开发与管理、海洋环境保护与灾害预警、海洋科学研究及国际与地区间海洋合作等多个领域发挥了重要作用。

2007年4月11日,HY-1B卫星成功发射,HY-1B搭载的海洋水色水温扫描仪(Chinese Ocean Color and Temperature Scanner,COCTS)的成像质量明显好于HY-1A,观测幅宽增加,实现了中国邻近海域的每天重复观测,并可获得更精细的水体物质区分。

2018年9月,中国海洋系列卫星的首颗业务卫星HY-1C成功发射。在轨测试表明,HY-1C卫星技术状态达到了国际先进水平,使中国成为继美国之后能提供每天全球海洋空间全覆盖海洋水色卫星资料的国家。

除了发展专用海洋水色系列卫星之外,中国在第二代极轨气象卫星"风云三号"(FY-3)系列上也装载了兼具全球海洋水色观测能力的中分辨率成像光谱仪MODIS,并于2008年5月、2010年11月、2013年9月、2017年11月成功发射了FY-3A、FY-3B、FY-3C和FY-3D卫星,提供了丰富的全球海洋水色卫星观测资料。国内外部分海洋水色卫星参数统计如表2-2所示。

表 2-2　　　　　　　　　　国内外部分海洋水色卫星参数统计表

卫星	发射时间	国家/机构	轨道高度(km)	传感器	地面分辨率
Nimbus-7 雨云-七号	1978年10月	美国	—	海岸带水色扫描仪	—
SeaStar 海星卫星	1997年8月	美国	705	海洋宽视场水色扫描仪	1.1km/4.5km
Terra "土"卫星	1999年12月	美国、日本、加拿大	705	中分辨率成像光谱仪（MODIS）	250m 500m 100m
Aqua "水"卫星	2002年4月	美国、日本、加拿大	705	中分辨率成像光谱仪（MODIS）	250m 500m 100m
HY-1A 海洋一号A星	2002年5月	中国	798	海洋水色水温扫描仪（COCTS）	1100m
				CCD成像仪	250m
HY-1B 海洋一号B星	2007年4月	中国	798	海洋水色水温扫描仪（COCTS）	≤1100m
				海岸带成像仪（CZI）	250m
COMS-1 通信、海洋和气象卫星	2010年6月	韩国	—	地球静止海洋水色成像仪	500m
HY-1C 海洋一号C星	2018年9月	中国	782	海洋水色水温扫描仪（COCTS）	≤1100m
				海岸带成像仪（CZI）	≤50m
				紫外成像仪	≤550m
HY-1D 海洋一号D星	2021年5月	中国	782	海洋水色水温扫描仪（COCTS）	≤1100m
				海岸带成像仪（CZI）	≤50m
				紫外成像仪	≤550m

注：CCD成像仪(Charge Coupled Device, CCD)、海岸带成像仪(Coastal Zone Imager, CZI)。

2.2.2 海洋动力环境卫星

海洋动力环境卫星主要用于探测海洋动力环境要素,如海面风场、浪场、海冰等,还可以获得海洋污染、浅海水下地形、内波、海平面高度等信息。

1. 国外海洋动力环境卫星

1999 年发射的 ERS-1 卫星是欧空局的第一颗对地观测卫星,也是世界上最早的海洋动力环境卫星;ENVISAT 是欧空局发射的对地观测卫星,用于综合性环境观测,ENVISAT-1 卫星于 2002 年 3 月由欧空局发射,是 ERS 卫星的后继星,该卫星载有先进的合成孔径雷达、中等分辨率成像频谱仪、先进的跟踪扫描辐射计、先进的雷达高度计(RA-2)等多个传感器,可以对海洋颜色、海表温度、风速、海岸线等信息进行观测。

Coriolis 卫星于 2003 年 1 月由美国发射升空,搭载了 WindSat 微波辐射计和太阳质量喷射成像仪 SMEI,可以对风场信息进行监测。

RADARSAT 是加拿大航天局的成像雷达卫星,主要用于地球环境监测和资源调查。RADARSAT 系列的 RADARSAT-1 和 RADARSAT-2 于 1995 年和 2007 年成功发射,两卫星主载荷为合成孔径雷达(Synthetic Aperture Radar,SAR),可用于海洋溢油和海冰监测。

2. 国内海洋动力环境卫星

中国首颗海洋动力环境卫星"海洋二号 A 星"(HY-2A),于 2011 年 8 月 16 日发射成功,HY-2A 卫星集主、被动微波传感器于一体,具有高精度测轨、定轨能力与全天候、全天时、全球探测能力。

"海洋二号 B 星"(HY-2B)卫星于 2018 年 10 月 25 日在太原卫星发射中心用长征四号乙运载火箭成功发射。HY-2B 卫星数据稳定连续,数据精度比 HY-2A 有明显改善,海面高度、有效波高和海面风场(风速和风向)精度优于国外同类卫星技术水平,海面温度数据精度接近国外卫星技术水平。

HY-2C 和 HY-2D 分别于 2020 年 9 月 21 日和 2021 年 5 月 19 日成功发射,与 HY-1A 和 HY-1B 构成我国海洋动力环境卫星星座,为海况预报、风暴预警、降水预报、地表分析和全球气候变化研究等领域提供有力支撑。

中法海洋卫星(CFOSAT)于 2018 年 10 月 29 日成功发射。CFOSAT 可获取全球海面波浪谱、海面风场、南北极海冰信息,预测洋面风浪,监测海洋状况,同时还能在大气-海洋界面建模,在大气-海洋界面进行作用分析,以及研究浮冰与极地冰性质研究等方面发挥作用,并可以对陆地表面参数进行观测,帮助人们更好地了解海洋动力以及气候变化。国内外部分海洋动力环境卫星参数统计如表 2-3 所示。

表 2-3 国内外部分海洋动力环境卫星参数统计表

卫星	发射时间	国家/机构	轨道高度(km)	传感器	地面分辨率
ERS-1 欧洲遥感卫星一号	1991 年 7 月	欧空局	785	SAR	30m

续表

卫星	发射时间	国家/机构	轨道高度(km)	传感器	地面分辨率
RADARSAT-1 雷达卫星一号	1995年11月	加拿大	793	SAR	8~100m
RADARSAT-2 雷达卫星二号	2007年12月	加拿大	798	SAR	1~100m
HY-2A 海洋二号A星	2011年8月	中国	973	雷达高度计	—
				微波散射计	—
HY-2B 海洋二号B星	2018年10月	中国	—	雷达高度计	—
				微波散射计	25km
				扫描微波辐射计	—
CFOSAT 中法海洋卫星	2018年10月	中国、法国	—	旋转扫描扇形波束散射计	25km/12.5km
				海浪波谱仪	—
HY-2C 海洋二号C星	2020年9月	中国	—	雷达高度计	—
				微波散射计	25km
HY-2D 海洋二号D星	2021年5月	中国	—	雷达高度计	—
				微波散射计	25km

注：旋转扫描扇形波束散射计（Rotating Fan-beam SCATterometer, RFSCAT）、海浪波谱仪（Surface Waves Investigation and Monitoring, SWIM）。

2.2.3 海洋监视监测卫星

海洋监视监测卫星用于全天时、全天候监视海岛、海岸带、海上目标，并获取海洋浪场、风暴潮漫滩、内波、海冰和溢油等信息。

"高分三号"（GF-3）卫星是中国第一颗海洋监视监测卫星，于2016年8月10日成功发射。GF-3卫星是中国首颗分辨率达到1m的C频段多极化SAR卫星，具备12种成像模式，涵盖传统的条带成像模式和扫描成像模式，以及面向海洋应用的波成像模式和全球观测成像模式，是世界上成像模式最多的合成孔径雷达卫星。卫星成像幅宽大，与高空间分辨率优势相结合，既能实现大范围普查，也能详查特定区域，可满足不同用户对不同目标成像的需求。GF-3卫星显著提升了中国对地遥感观测能力，其提供的可靠、稳定的高分辨率微波图像数据，极大地满足了国内用户对高分辨率民用微波遥感卫星数据的需求。

GF-3 结束了中国微波遥感数据图像长期依靠外国的历史，不仅可节省大量国家外汇资金，而且为建立中国独立自主的微波遥感数据系统，实现中国各业务领域独立自主的应用和国家海洋安全提供了可靠保证。

根据《陆海观测卫星业务发展规划》，"海洋三号"卫星星座规划为：继承高分三号卫星技术基础，1 米 C-SAR 卫星、干涉 SAR 卫星（2 颗编队干涉小卫星或 1 颗）同轨分布运行，构成海陆雷达卫星星座。"海洋三号"卫星将具备海陆观测快速重访、干涉重访能力，能够进行 1∶5 万 ~1∶1 万全球 DEM 数据获取、毫米级陆表形变监测，结合"海洋二号"动力环境卫星可实现厘米级海面高度测量，实现对海上目标、重要海洋灾害、地面沉降、全球变化信息的全天候全天时观测，满足海洋目标监测、陆地资源监测等多种需求。

作为中国海洋卫星业务体系的重要组成部分，海洋监视监测卫星在海洋权益维护、海洋执法监察、海域使用管理、海洋防灾减灾等方面均有重要应用，是国家海洋卫星业务体系后续规划发展的重点。

2.3　海洋声学探测技术

受海水介质的影响，光波与电磁波在水中衰减迅速，而声波在水中则能远距离的传播，因此，海洋中多采用声学探测手段获取水下环境场、海底地形地貌和浅地层等信息。常用的海洋声学探测技术主要包含单波束测深、多波束测深、侧扫声呐地貌探测、浅地层测量和合成孔径声呐探测等。其中，单波束与多波束主要用于海底地形测量；侧扫声呐和合成孔径声呐的高频部分除能获得海底大致三维信息外，还可绘制高分辨率的海底地貌声学图像；浅地层剖面仪和合成孔径声呐的低频部分则主要用于探测海底表面下几米至上百米间地层和掩埋物的信息。借助各种海洋声学探测技术，充分获取水面至水底乃至浅地层间的全方位、立体式海洋空间地理信息，为海洋 GIS 应用和发展提供基础数据。本节主要针对上述几种常用的声学探测手段进行简要介绍，各技术手段详细情况可参考其他相关教材。

2.3.1　单波束测深仪

20 世纪 20 年代，随着电子传感器技术和声学技术的发展，声学测量取代了传统的铅锤（水砣）测深法，出现了最早的回声探测仪器即单波束测深仪。应用单波束进行水深测量，实际上是采用水下地形的断面抽样测量模式。

1. 深度测量基本原理

单波束测深的基本原理为通过垂直向下发射单一波束的声波，然后接收自水底返回的声波，利用收发时间差和已知的声速确定深度。单波束测深属于点状测量。当测量船在水上航行时，船上的测深仪可测得一条连续的剖面线，即地形断面，如图 2-4 所示。

回声测深仪主要由发射机、接收机、发射换能器、接收换能器、显示设备、电源等部分组成。根据频段个数，单波束测深仪分为单频测深仪和双频测深仪。单频测深仪仅发射一个频段的信号，仪器轻便，而双频测深仪可发射高频、低频信号，利用其特点可测量出水面至水底表面与硬地层面的距离差，从而获得水底淤泥层的厚度（图 2-5）。

第 2 章 海洋数据获取

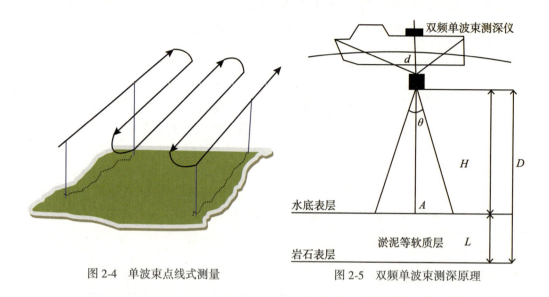

图 2-4 单波束点线式测量　　　图 2-5 双频单波束测深原理

就单频单波束测深而言，假设换能器吃水为 d，声波在水中的传播速度为 c、传播时间为 t，则测得的水深值为：

$$H = \frac{1}{2} \cdot c \cdot t + d \tag{2.1}$$

同理，通过双频测深仪测得的两个水深值 H 和 D 便可求出淤泥等软质层的厚度，即：

$$L = D - H \tag{2.2}$$

其中，水中的速度 c 与水介质的体积弹性模量及密度有关，而体积弹性模量和密度又是随着温度、盐度及压力变化而变化的。在实际工作中，可通过使用声速剖面仪直接测量各水层的声速。因为单波束波束角较大且测深基本可保证垂直向下发射声波，因此不需要考虑声线的弯曲影响。

2. 单波束测深仪基本组成

单波束测深仪的基本组成由发射机、接收机、发射换能器、接收换能器、显示记录设备和电源等部分组成，这些功能模块及工作机制如图 2-6 所示。

控制器：通过发布指令信号，控制整个仪器协调工作的控制单元，由相关电路和软硬件组成。早期的测深仪主要通过模拟电路实现有关功能。现代产品则主要以数字电路和软件代替。

发射机：产生电脉冲的装置。在控制器的控制下周期性地产生一定频率、一定宽度、一定功率的电振荡脉冲，激发发射换能器向水中发射声波。发射机一般由振荡电路、脉冲产生电路和功率放大电路所组成。

发射换能器：将电能转换为机械能，进一步通过机械振荡转换为声能的电声转换装置。正是换能器的机械振荡推动水介质的周期性波动，在水中传播声波。

接收换能器：将声能转化为电能的声电转换装置。水底返回的声波使得接收换能器的接收面产生机械振动，并将该机械振动转化为电信号送达接收机。

2.3 海洋声学探测技术

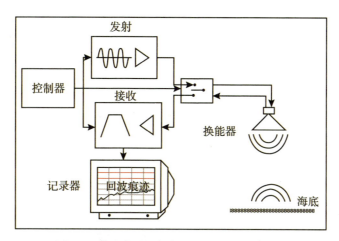

图 2-6 单波束测深仪各功能模块及工作机制

接收机：处理返回的电信号的装置。将换能器接收的微弱回波信号进行检测放大，经处理后送达记录及显示设备。一般采用现代相关检测技术和归一化技术，采用回波信号自动鉴别电路、回波水深抗干扰电路、自动增益电路和时控放大电路等实现回波信号的接收功能，使处理后的回波信号不论从强度上还是从波形的完好性上，都能满足记录显示的要求。

显示设备：测量时实时显示及记录水深数据的装置。以往的记录设备多为模拟式的，即在记录纸上用记录针以一定的比例（取决于走纸速度）绘出断面上的水深曲线，同时它也一般作为实时显示设备。当今的新型测深仪上带有数字显示屏，同时也可以进行数字记录，如记录在磁盘、磁带上，大多具有标准 RS-232 等接口，易于与定位仪器等一起组成自动水深测量系统。

T/R 开关：控制发射与接收的转换。

电源部分：用于提供全套仪器所需要的电能。

应当指出，换能器为防止发射时产生的大功率电脉冲信号损坏接收机，通常在发射机、接收机和换能器之间设置一个自动转换电路。当发射时，将换能器与发射机接通，切断与接收机的联系；当接收时，将换能器与接收机接通。另外，为了减小发射和接收声波传播路径不同引起的测深误差，现代测深仪的收、发换能器多采用一体化结构。

2.3.2 多波束测深仪

当前国际上的多波束系统根据波束形成方式主要分为两类：电子多波束测深系统（如 SeaBat7125）和相干多波束测深系统（如 GeoSwath Plus）。本节主要对使用广泛的电子多波束进行阐述。

1. 多波束测深系统组成

多波束测深系统工作时发射换能器以一定的频率发射沿测船航向开角窄、沿垂直航向开角宽的波束。对应每个发射波束，接收换能器获得多个沿垂直航向开角窄、沿航向开角宽的接收波束。通过将发射波束和若干接收波束先后叠加，即可获得垂直航向上成百上千个窄波束。利用每个窄波束的波束入射角与旅行时可计算出测点的平面位置和水深，随着测船的行进，得到一条具有一定宽度的水深条带。

与单波束相比，其系统组成和水深数据处理过程更为复杂。除多波束测深仪本身外，还需外部辅助设备，包括姿态仪、电罗经、表层声速仪、声速剖面仪和全球导航卫星系统(Global Navigation Satellite System，GNSS)定位仪等(图2-7)，来提供瞬时的位置、姿态、航向、声速等信息。

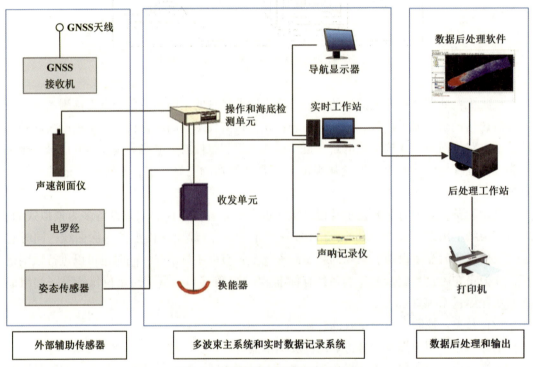

图2-7 多波束测深系统组成示意图

2. 多波束工作原理

(1)波束形成。米尔斯交叉(Mills Cross)阵在多波束换能器基阵中被广泛采用，下面以其为例来介绍波束形成原理。多波束换能器工作时，发射或接收基阵产生沿垂直基阵轴线宽、沿水平基阵轴线窄的发射或接收波束。发射和接收基阵以米尔斯交叉配置，发射波束与接收波束相交获得单个窄波束(图2-8)。该窄波束沿航向和沿垂直航向的波束宽度直接受对应发射波束和接收波束束控结果的影响。

一个完整的发射接收周期(Ping)内，发射换能器只激发一次以产生发射波束，接收换能器通过对接收基阵阵元多次引入适当延时获得多个接收波束。发射波束与接收波束相交获得多个窄波束，它们之间时间间隔很小，如图2-9所示。

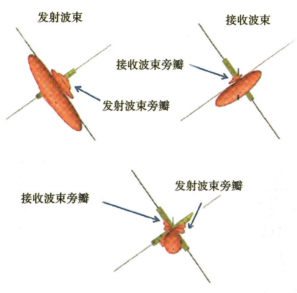

图 2-8　发射波束和接收波束相交获得单个窄波束

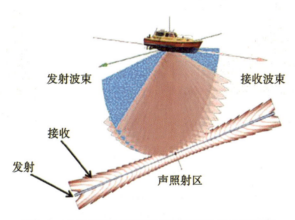

图 2-9　发射波束与接收波束相交获得多个窄波束

(2) 波束束控。换能器阵发射或接收到的声波信号包括主瓣、旁瓣、背叶瓣等，主瓣的测量信息基本上反映了真实的测量内容，旁瓣、背叶瓣则基本上属于干扰信息，其中旁瓣影响更大。旁瓣的存在会影响多波束的工作，过大的旁瓣不仅使空间增益下降，而且还可能产生错误的海底地形。为了得到真实的测量信息，减少干扰信息的存在，在设计多波束声呐系统时，需采取措施尽量压制旁瓣，使发射和接收的能量都集中在主瓣，这种方法称为束控。

束控方法有相位加权法和幅度加权法。相位加权指对声源阵中不同基元接收到的信号进行适当的相位或时间延迟。相位加权法可将主瓣导向特定的方向，这时，每个声基元的信号是分别输出的；幅度加权是指给声源基阵中各基元施加不同的电压值。采用幅度加权法时,声基元的信号是同时输出的,只要保证基阵灵敏度中间大,两边逐渐减小,就能使旁瓣得到不同程度的压低。

相位加权法束控可将主瓣导向特定的方向,并保持主瓣的宽度,但对旁瓣没有明显抑制;幅度加权法对旁瓣抑制效果明显,但会增加主瓣宽度。幅度加权通常采用的方法是三角加权、余弦加权和高斯加权。实践证明,高斯加权是比较理想的加权函数。图 2-10 所示为线性幅度加权函数的束控效果图,图中上部为极坐标形式的波束能量图,下部为直角坐标形式的波束能量图。

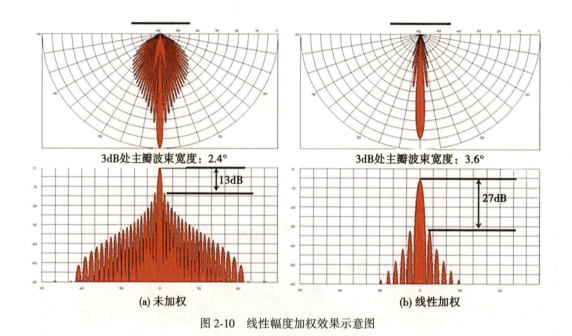

图 2-10　线性幅度加权效果示意图

(3)波束导向。下面以直线列阵多波束的形成为例,讨论多波束系统波束导向的原理。根据基阵形成波束的特点,当线性阵列的方向在 $\theta=0°$ 时,各基元接收到的信号具有相同的相位,因此输出响应最大;当入射声波以其他方向到达线列阵时,若此时未对各基元引入适当延时,则无法获得最大输出响应。因此,如要在其他方向形成波束,则需引入适当的延时,以保证各基元在输出信号时仍能满足同向叠加的要求(图 2-11)。

由于波束数多,实时计算量大,为了加快波束形成速度,可利用快速傅里叶变换(Fast Fourier Transform,FFT),FFT 波束形成实际上是基于对相位的运算。

(4)多波束底部检测。一般采用幅度检测、相位检测以及幅度相位相结合的检测方法。当入射角较小时,波束在海底的投射面积小,能量相对集中,回波持续时间短,主要表现为反射波;当入射角较大时,波束在海底的投射面积也随之增大,能量分散,回波持续时间长,回波主要表现为散射波。因此,幅度检测对于中间波束的检测具有较高的精度,而对边缘波束的检测精度较差。随着波束入射角的增大,波束间的相位变化也越明显。利用这一现象,在检测边缘波束时,采用相位检测法,通过比较两给定接收单元之间的相位差来检测波束的到达角。新型的多波束系统在底部检测中同时采用幅度检测和相位

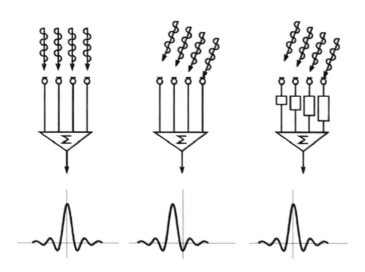

图 2-11 线列阵输出响应与平面波束入射角和引入延时的关系示意图

检测，不但提高了波束检测的精度，还改善了 Ping 断面内测量精度不均匀所造成的影响。

（5）实时运动补偿。由于测船在海上会受到风浪、潮汐等因素的影响，所以在测深过程中测船的姿态随时都在发生变化。实时运动补偿就是指对测船的摇摆运动进行分解，通过控制发射或接收波束反向转动补偿因测船摇摆引起的声基阵转动，从而使发射或接收波束面相对地理坐标系稳定。以前的多波束系统大都采用后置处理的方法，现在很多新型的多波束仪器采用实时运动姿态补偿技术，从而较好地解决了测深过程中测船姿态变化引起的测点不均匀问题。

2.3.3 侧扫声呐

多波束和侧扫声呐系统是海洋测量与调查中常用的工具。前者主要用于测深，但也可以成像；后者主要用于成像，一些相干型声呐也可测深；前者测深精度更高，但成像分辨率比后者低。

1. 侧扫声呐系统组成

侧扫声呐（Side Scan Sonar，SSS）又称为海底地貌仪、旁侧声呐或旁扫声呐。顾名思义，侧扫声呐是运用海底地物对两侧入射声波反向散射的原理来探测海底形态和目标，直观地提供海底声成像的一种设备，在海底测绘、海底施工、海底障碍物和沉积物的探测等方面得到广泛应用。

侧扫声呐系统由几个子系统组成，主要包括拖鱼、甲板单元、拖缆、计算机和 GNSS 等（图 2-12），有时为满足精确测定目标位置等需要，还会有辅助的外围传感器，如姿态仪、声速仪等。

拖鱼：收发换能器以一定的倾角安装在拖鱼两侧，负责波束的接收和发射，换能器基阵中还包括前置放大器、滤波器等信号调节器，用于实现波束的"声-电"和"电-声"转换。

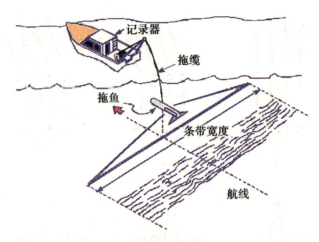

图 2-12 侧扫声呐的系统组成

甲板单元和计算机：甲板单元也被称为工作站，通过拖缆连接拖鱼，对采集的数据进行实时的处理，最后显示于计算机上。

拖缆：拖缆通常和绞车配合使用，拖缆两端分别连接甲板单元和拖鱼，实现采集信号的实时传输并起到拖曳拖鱼的作用，绞车辅助拖缆的收放，多用于大洋。

GNSS 接收机：GNSS 的主要作用是导航和定位，保证测量数据位置改正。

2. 侧扫声呐成像原理

如图 2-13 所示，拖鱼两侧的换能器中每个发射器向水柱区发射一个以球面波方式向外传播的短促声脉冲，发射波束在航向上很窄，在侧向上很宽。根据波的特性，当声脉冲被水中物体或海底阻挡时，便会产生反射或散射，一些反向散射波（也叫回波）会沿原路返回到换能器端，接收方向与发射波束正好相反，在航向上很宽，在侧向上很窄，接收到的回波，经过检波、滤波、放大，用一个时序函数对连续返回的散射波进行处理，并转换成一系列电脉冲，将同一时刻的回波数据进行求均值处理，完成一次数据采集。当测船沿测线行进时，多次数据采集则形成了声呐图像。

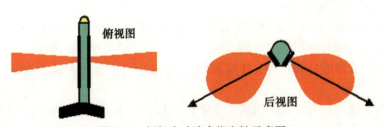

图 2-13 侧扫声呐波束指向性示意图

由于海底的凹凸不平使得海底或者海底目标有的地方被照射，有的地方被遮挡，反映到图像上就是有的地方为黑色，有的地方为白色。图 2-14 所示为一架海底失事飞机的声呐图像，高亮区为飞机外形图像，飞机右侧暗区为飞机阴影，即为被遮挡处。由于声呐数据是在有信号反射时对其进行记录的,当信号没有到达海底时,对于水层一般是没有强回波信息的,所以图 2-14 中,左右舷发射线与海底线之间的阴影部分即为水层,也叫做水柱(Water Column)盲区。

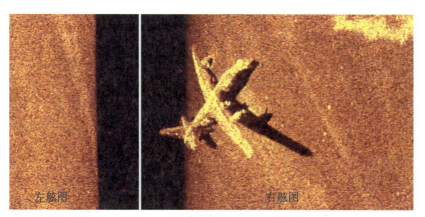

图 2-14　侧扫声呐图像显示飞机残骸

通常情况下,硬质、粗糙、凸起的海底回波强;软质、平滑、凹陷的海底回波弱;被遮挡的海底不产生回波;距离声呐发射基阵越远,回波越弱。如图 2-15 所示,第①点为发射脉冲,正下方海底为第②点,因该点声波垂直入射,回波是正反射,回波很强;海底从第④点开始向上凸起,第⑥点为顶点,所以第④⑤⑥点间的回波较强,但是这 3 点到换能器的距离不同,第⑥点最近,第④点最远,所以回波返回到换能器的顺序是⑥→⑤→④,这也充分反映了斜距和平距的不同;第⑥点与第⑦点之间的海底是没有回波的,这是

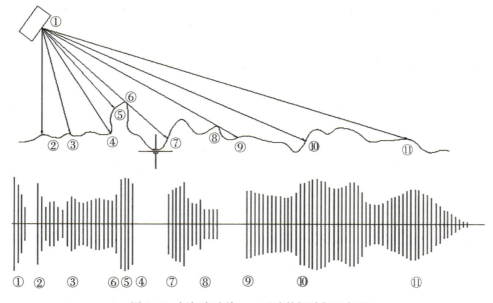

图 2-15　侧扫声呐单 ping 回波数据采集示意图

被凸起海底遮挡的阴影区。第⑧点与第⑨点之间的海底也是被遮挡的，没有回波，也是阴影区。

通过对接收到的强弱不同的脉冲信号进行数字信号处理，每个回波数据按时间先后顺序显示在显示器的一条扫描线上，每点显示的位置与回波到达的时刻相对应，即先返回的数据记录在前面，每点的亮度与回波幅度有关。随着测船的行进，将周期地接收数据并逐行纵向排列，在显示器上就构成了二维的海底地貌声图。声图的一般结构如图 2-16 所示，零位线是换能器发射声脉冲同时接收其信号的记录线，也可以表示拖鱼运动轨迹；海面线表示拖鱼的入水深度；海底线是拖鱼到海底的高度；扫描线是声图的主要部分，其图像色调随接收声信号强弱变化而变化，反映具有灰度反差的目标或地貌影像。侧扫声呐得到的图像是斜距成像，如将海底看做平坦地形，或利用测深仪等其他设备获得海底地形，则可进行斜距改正得到反映平面位置的图像。

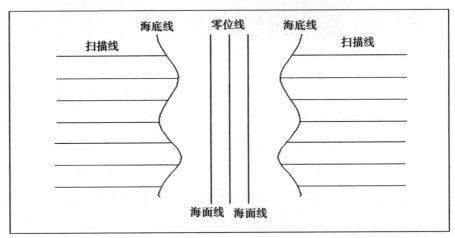

图 2-16　声图结构示意图

侧扫声呐的工作方式一般为拖曳式，但考虑到测区地形条件和操作之便，拖鱼也可在船侧固定安装，即舷挂式，类似于多波束安装方式。拖曳式作业，拖鱼受船体噪声影响小，成像分辨率高，但由于作业中换能器被拖缆拖拉在测船后一定的位置和深度，除声速的不准确外，船速、风、海流等均会给声呐图像中目标位置的计算带来影响，对船舶驾驶速度、航向等要求较高；舷挂式作业，由固定杆等装置固定拖鱼，拖鱼吃水深度等几何参数可人工量取，与定位装置的位置关系容易换算，且不受风、流和拖缆弹性误差的影响，但是受船体噪声和姿态变化的影响较大。两种方式各有利弊，可结合具体工作环境条件，选择合适的安装方式。

2.3.4　浅地层剖面仪

浅地层剖面仪是一种连续性走航式的地球物理勘测方法，它的直接测量成果是双程反射时间剖面，其物理本质是地层界面间声波阻抗的反映。浅地层剖面仪现已广泛应用于海洋地质调查、港口建设、航道疏浚以及海底管线布设等方面。

1. 浅层剖面仪的工作原理

浅层剖面仪与测深仪工作原理相似,都是由发射单元向海底发射一定频率的声呐脉冲,接收单元接收其反射声呐信号。主要区别是测深仪发射声呐频率高(如高频为200~400kHz),其声波穿透能力差,主要用于测量海水深度;而浅地层剖面仪发射声呐频率低(如2~15kHz),产生声波的脉冲能量大,声波穿透能力强、分辨率高,可穿透海底一定深度的淤泥层、砂质层和基岩层。

根据声学传播理论,声波的传播速度主要由传播介质的密度和声波所处环境的压强决定,即不同介质层中,声波的传播速度自然也是不同的。海底底质结构在模型上可认为是层状分布的,每层物质的密度和压强都是存在差异的,因此,声波在进入下一层介质中,声波特性会发生改变。当声波到达两种介质的分界面时,由于声波会发生反射和折射现象,声波的强度会发生改变。

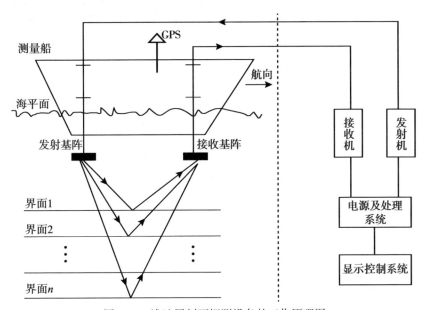

图 2-17 浅地层剖面探测设备的工作原理图

如图 2-17 所示,我们将海水作为第一层介质,假设海水密度为 ρ_0,海水中的声速为 v_0,海底各层介质密度和声波传播速度依次为 ρ_1, v_1, ρ_2, v_2, $\cdots$, ρ_n, v_n。其中,声波的反射强度与反射系数 R 密切相关,R 的值随反射声波的强度增大而增加。反射系数 R 可用下式表示:

$$R = \frac{\rho_2 v_2 - \rho_1 v_1}{\rho_2 v_2 + \rho_1 v_1} \tag{2.3}$$

由于相邻的介质各不相同,所以对应的 R 的大小也各不相同,即声波发生反射的强度也不相同,从而使得接收处理器接收到的回波信号也会随之变化。因此,接收到的反射信号,携带了海底地层的大量有用地质信息,通过观测记录并分析海底沉积物对于声波的反射影像,可以了解沉积物的地质属性,并可直观地识别地层的地质构造。

常用的浅地层剖面仪有线性和非线性声源两类。线性声源功率大，穿透能力强，但体积大，携带不方便。非线性声源体积小而轻，使用方便，但穿透能力差。如 EdgeTech 公司生产的一种高分辨率宽带调频浅地层剖面仪 3100P 系统采用全频谱 CHIRP 技术，其分辨率可达 4cm，穿透能力可达 80m，如图 2-18 所示。

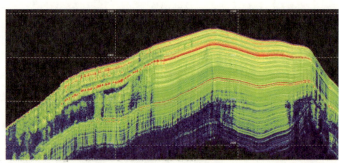

图 2-18　浅地层剖面仪及海底地层成像

2. 浅地层剖面仪图像判读分析

浅地层剖面探测是海底管道探测的重要手段之一，管道无论是裸露于海底，还是埋藏于海底面以下，浅地层剖面探测都能简洁、直观地探测出管道在海底的状态信息。

浅地层剖面仪探测海底管道可得到如图 2-19 和图 2-20 的声呐图像。图 2-19 为管道裸露于海底的声呐剖面图，海底界面明显，管道图像清晰圆滑，剖面声呐记录中海底管道因较强的反射而形成颜色较深声影，且管道下方信号屏蔽现象明显，而海底底质对声波反射均匀且较弱，形成的剖面声影颜色较浅且均匀。根据公式 $h=h_2-h_1$，可得管道裸露于海底的高度 h，其中 h_2、h_1 可由测深仪精确测出，h 也可由声呐剖面图上直接量取。在已知管道直径 D 的情况下，若 $h>D$，则管道悬跨于海底；若 $h<D$，则管道裸露于海底。图 2-20 为管道埋藏于海底面以下的声呐剖面图，海底底质剖面图像均匀较浅，弧状管道信号清晰，而管道的埋深 H 可由声呐剖面图上准确量出。

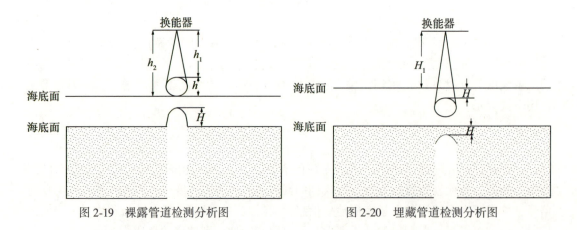

图 2-19　裸露管道检测分析图　　　　图 2-20　埋藏管道检测分析图

在对实际工程海域进行探测时，往往使用到侧扫声呐、浅地层剖面仪和多波束等探测设备，但是考虑到多波束测深仪价格昂贵等因素，当实际工程无多波束测深仪并且对水深精度要求不高的情况下，可结合侧扫声呐探测仪和浅地层剖面仪综合计算出目标海域的水下地形。

2.3.5 合成孔径声呐

合成孔径声呐(Synthetic Aperture Sonar，SAS)是一种具有高分辨率特点的成像声呐，它通过利用尺寸小的实孔径基阵在航迹线上做匀速直线运动，从而合成一个大的虚拟孔径，用这个虚拟大孔径代替大的实孔径，进而获得方位向上的高分辨率。相比于传统声呐而言，SAS 可以对远距离的物体实现高分辨率的成像，方位向分辨率恒定，不随距离远近而改变。现如今，SAS 已广泛应用于海洋测绘、海洋探测、水下物体的搜索与打捞、海底能源管道的测量等诸多方面。如图 2-21 所示。

图 2-21　合成孔径声呐设备(左)以及水下声呐成像(右)

图像清晰是图像声呐最基本的要求，这主要靠图像分辨率提供保障。声呐图像的分辨率分为距离向分辨率和方位向分辨率。距离向分辨率是指声波传播方向的分辨能力，取决于信号的脉冲宽度或频带宽度；方位向分辨率是指与声波传播方向垂直的分辨能力，与声呐基阵的大小(也称为孔径)有关。要提高方位向分辨率，可以采取加大声呐基阵尺寸的办法。但是加大声呐基阵尺寸又受到基阵载体、工程实现等方面的限制。

合成孔径声呐采用虚拟孔径代替真实孔径的原理如图 2-22 所示。声呐基阵在运动航迹上产生一系列虚拟阵元(如图中 A、B、C 所示)，当声呐发射基阵位于 A、C 两处时，目标位于发射波束的前沿和后沿，位置 A 和位置 C 之间为合成孔径长度在此距离内各个虚拟阵元接收到的回波信号可相干叠加，得到方位向的一个窄带波束，从而得到方位向上的高分辨率。合成孔径技术的实质就是以时间上的累加来换取空间增益。

合成孔径技术可使方位向上的分辨率仅与声呐基阵孔径的物理尺寸有关，和目标的距离及信号频率无关。因此，方位向上高分辨率的获得只需要采用小尺寸孔径的基阵即可实现。

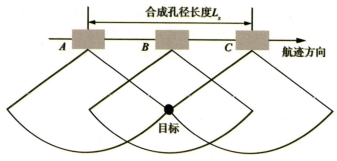

图 2-22　合成孔径技术原理

合成孔径声呐在水下目标探测方面，具有非常突出的优点和优越的性能：

（1）在水下目标探测方面，在较宽的测绘带内实现高分辨率成像，目标识别率比传统声呐大大提高。由于较高的测绘效率和识别率，探测平台的工作时间大大缩短。

（2）在掩埋物（掩埋电缆和管线等）探测方面，SAS 探测具有不可替代的优势。30kHz 甚至更低频段的 SAS，具有很好的掩埋物探测能力。传统的侧扫声呐不能在此频段工作；而浅剖声呐测绘条带宽度极窄，大范围扫测的效率远远低于 SAS。因此，低频 SAS 被认为是掩埋物探测最可行、最有潜力的手段。

2.4　海洋气象水文预报

世界气象组织（World Meteorological Organization，WMO）规定了海洋气象预报业务是向海上或岸上的用户提供其所需的海洋气象和海洋水文情报，用以保证海洋作业的安全及在可能的条件下提高海洋作业的效率和减少费用开支。海洋气象预报实际上是海洋水文预报和海洋气象预报的统称，由于历史上首先发展了海洋气象预报，而且许多国家的海洋水文预报业务统一设立在气象机构内，因而习惯上把海洋水文气象预报称为海洋气象预报。

海洋气象数值预报是采用海洋气象观测系统收集和处理的数据作为近实时高质量的输入场，通过高效的资料同化系统和数值模式对多种时空尺度上的海洋气象状况和现象提供未来环境演替的预测。对于复杂的非线性和多时空尺度海洋和气象过程的数值模型构建与定量分析，需要高性能计算机系统的支撑，是对海量数据存储、快速处理、高效访问和实时分析的需求。高速度、大容量的高性能计算机及存储系统的快速发展，加快了海洋气象数值预报的发展步伐。

在海洋气象预报领域，海量数据充分体现了体量巨大、类型多样和处理速度快等大数据的基本特征。在体量上，数值预报相关数据和产品的数据总量非常庞大。在类型上，数值预报系统所应用的数据涉及观测资料、预报产品和分析产品等多类数据。随着大数据时代的到来，需要对观测及模拟的海量数据进行快速、及时地分析和处理，以在较短的时间内构建准确的、实时的预报数据。

海洋气象预报主要包括海洋天气预报和海雾预报等。海洋水文预报主要包括海浪、潮汐潮流、风暴潮和海洋环流预报等。

2.4.1 大气数值预报

在复杂的海洋环境中,大气与海洋之间存在着十分频繁且复杂的物质、能量交换,在这其中,大气往往扮演着驱动者的角色,例如台风引起的台风风暴潮或者由于温带气旋引起的温带风暴潮等。此外,由于大气运动所造成的降雨变化、长短波辐射变化等,都会对海洋环境产生影响,而与此同时,海水温度的变化、海面粗糙度的变化等又会对大气造成影响。所以说,大气与海洋是紧密不可分的,在进行海洋研究的同时,必须重视气象要素对于海洋所造成的影响作用,而在这众多的气象要素中,对于海洋影响最为明显的就是海面风场。海面风场将会直接影响海水的运动状态。对于海面风场的研究方法可以分为三类:诊断分析方法、经验方法、数值模式。

诊断分析方法即使用实测得到的风场数据基于网格进行内插或者外推,从而获得符合网格的风资料,然后根据一定的物理约束对风场进行调整,使得风场数据与实测的数据更为匹配,减小误差。该方法相对较为简便,对于计算能力的要求并不高,但是该方法不具有普遍适用性,需要根据风场情况的不同选择不同类型的插值方式以及不同的约束条件。诊断分析方法的基础是已有了部分站点的实测风数据,从而能够在这些风数据的基础上进行插值计算,但是获取大面积的海上气象数据十分困难,且成本昂贵,很难真正实现。

经验方法是指根据风场模型进行风场的计算,此方法常用于对台风风场的推算。针对台风过程的风场模型一般具有两个组成部分:圆对称风场模型和移动风场模型,其中圆对称风场模型是用于模拟静止时台风的旋转风场,而移动风场模型,顾名思义是用于对台风的整体移动进行了模拟。目前,被学者们普遍采用的风场计算方法是以台风气压场为依据,根据梯度风进行台风风场的计算,应用较为广泛的圆对称台风风场模型有藤田气压模型、Myers 气压模型、Jelesnianski 气压模型、V. Bjerknes 气压模型、高桥气压模型、Holland 气压模型等。经验方法对于台风风场能够有相对准确的模拟,可反映台风的特征,并且计算相对简单。但是采取经验方法对风场进行计算时,忽略了地形的影响作用,而在实际情况下,尤其是台风的运动过程中,地形的影响十分重要,不容忽视,虽然针对风场模型进行了很多的调整,但是依旧无法弥补这个缺陷。

伴随着计算机的发展、计算能力的提高,采用数值模拟的方法进行风场的计算逐渐被推广应用。该方法不仅能够获得较为准确的风场数据,并且能够进行大气其他要素的数值模拟,例如降雨、长短波辐射、湿度、温度等,获得更为全面的大气环境数据。大气模式经历了从大尺度至中尺度的发展历程,最初的大尺度大气模式被用于进行气象灾害的预报以及大气-海洋相互作用的研究,但是时空精度较低,无法反映局部区域的气象特征。针对此,中尺度大气模式逐渐发展,近几年来,中尺度大气模式发展已经进入了较为成熟的阶段,并被多地区用于实际的运用。目前正在被广泛运用的中尺度大气模式有第五代中尺度模式(Mesoscale Model5,MM5)模式、天气预报模式(Weather Research and Forecasting Model,WRF)模式、区域数值模式(Regional Eta-coordinate Model,ETA)模式等,各模式各有优缺点,适用于不同区域、不同研究目标。

2.4.2 海雾数值预报

雾是一种气溶胶系统,指大量空气中悬浮的小水滴(或小冰晶)接近大气下垫面,而使空气能见度下降到 1km 以下的天气状态。海雾是雾的一种,指发生在海上或者海滨的雾,若陆地上先起了雾而由于气流或其他因素影响将雾气输送到海面,这种雾严格意义上来说并不算海雾。海雾作为海洋上一类灾害性气候,它能导致大气能见度下降从而严重影响海上交通运输的安全,根据统计,60%～70%的海上船只碰撞事故都与海雾有关。

对于雾模拟的研究经历了从粗糙的一维模型到较为精细的二维模型,最后发展成为复杂但更加灵活准确的三维模型的过程,同时也是从陆地雾到海雾的过程。1976 年,Brown 利用数值模型模拟并分析了一次陆地辐射雾的形成机制。Koračin(2017)的数值模拟研究工作揭示了较为精细复杂的动力与物理作用,如湍流与辐射相互作用导致海雾的形成。国外对于海雾的研究多集中于加利福尼亚海岸。我国对于雾数值模拟的起步较晚。1992 年,李子华等建立了一个包含动量方程、热量方程等,考虑辐射、微物理过程方案的一维模型以用于辐射雾的研究。胡瑞金、周发琇在"八五"期间曾经研究过二维海雾数值模式,这一时期也有学者对建立的三维数值模式做过尝试。国外已有学者对雾的三维结构进行了很好的模拟,各国针对自己需要的有限区域已建立相应三维模式。随着技术的不断进步,三维模式逐渐取代二维模式,成为雾模拟的主要手段,现阶段 WRF 为最常用的海雾数值模拟手段。在海雾数值模拟中垂直分辨率的提高对模拟海雾垂向发展的精度有十分重要的作用。高山红等利用 WRF-3DVAR 循环同化初始场数据并取得了显著的效果,不同配置的参数化方案对模拟效果也有着不同的影响。影响海雾生成发展消散的因素有很多,SST 的梯度增大会加速海雾的形成,适宜的垂直风切变也有利于海雾垂向发展,长波辐射冷却往往是海雾发生的主要因素,适合的湍流有助于海雾的发展,但湍流过大反而会抑制海雾的发展。

2.4.3 海浪数值预报

波浪由外海传播至近岸过程中,除了包含波浪生成、耗散、波波非线性相互作用等物理过程外,由于受到水深、地形变化、岛屿、岛礁或近岸建筑物阻挡,会发生折射、绕射、反射、浅水变形、底摩擦、破碎等一系列复杂的变形。

20 世纪 50 年代至今,海浪数值预报模式得到了迅速发展。目前的主要计算模型可以分为三类:第一类是基于 Boussinesq 方程的计算模型,它直接描述海浪波动过程水质点运动的模型;第二类是基于缓波方程的计算模型,它是基于海浪要素在海浪周期和波长的时空尺度上缓变的事实;第三类是基于能量平衡方程的计算模型,主要用于深海和陆架海的海浪计算,但是在近岸较大范围波浪计算也有很大优势。总体来看,海浪数值预报技术的发展过程可以分为三个阶段。第一阶段的典型代表是 Phillips 平衡域谱、PM 谱和第一代海浪模式,其特点是海浪谱各分量独立传播和成长,海浪谱不会无限成长,存在一个人为设定的限制状态。1957 年法国 Geli 基于微分波谱能量平衡方程,完成了 DSA 海浪模式,这也是海浪数值预报的一个开创性的工作,成为第一代海浪模式的典型代表。第二个阶段的典型代表是 JONSWAP 谱和第二代海浪模式,其主要特点是在能量平衡方程源项中考虑了波波非线性相互作用，并用较为简单的参数化方案考虑了该非线性项。美国国家环境预报中心(National Centers for Environmental Prediction，NCEP)第一个用做业务化的海浪谱模式是 Cardone 和 Ross 发展的第二代的 SAIL 模式。20 世纪 80 年代中期，由美国、日本、英国、德国、荷兰等国的海洋专家组成的海浪模拟计划(Sea Wave Modelling Project，SWAMP)研究组对第一代和第二代模式进行了全面的比较，发现所有第二代海浪模式的非线性能量转换的参数化方法都具有明显的局限性，尤其当风、浪的条件迅速改变时，SAIL 等第二代海浪模式未能给出令人满意的结果。第三个阶段即第三代海浪模式的研究和业务化应用。1983—1986 年，德国、荷兰、英国、法国、挪威等西欧国家 40 多名海洋专家研究发展了适用于全球深水和浅水的海浪数值计算模式，采用当今各种海浪理论研究和海浪观测新成果，应用了物理上较合理、计算上较精确的源函数，在计算时对算法进行优化，使它成为代表当今海浪预报技术世界水平的海浪数值计算模式。第三代海浪模式的特征是直接计算波波非线性相互作用，将海浪模拟归结为各源函数的计算。目前应用较为广泛的第三代海浪模式主要有 WAM 模式、SWAN 模式和 WAVEWATCH 模式等。

20 世纪 70 年代中期，我国科研工作者研发了能够应用于我国海域的海浪数值预报方法。文圣常较为详细地讨论了海浪模式和海浪理论，为中国海洋数值模拟研究提供了可靠的理论依据。接着，文圣常又研制了新的混合型模式，该模式与 CH 模式的不同点在于：一是将风浪部分进行采样并将其参数量化，二是通过谱风浪方法对涌浪部分采样。王文质等介绍了一种能够应用于深、浅海的海浪数值预报方法，该方法的预报值与实际值之间误差较小，应用广泛。隋世峰等提出了应用于台风浪的数值预报方法，该方法的特点是在原有的数值预报模式中添加了一项风浪成长参数，即平均波龄，其优点是可以使风浪充分成长为谱模式，继而有效地计算出波高。袁业立等引入更加复杂的区域性海浪模式和特征嵌入的数值预报模式(Laboratory of Geophysical Fluid Dynamics，LGFD)，该模式以能量平衡方程式为基础，预报数据与实际值误差较小，在我国南海区域得到了很好的应用。夏璐一等依据台风移动路径与有效波高距离成反比的关系提出一种数值预报模型，其预报数据与实际值吻合较好，为海浪预报研究提供了参考依据。

2.4.4 潮汐潮流数值预报

潮汐潮流的数值模拟不仅是近岸工程及海洋环境研究中的基础支撑，也是描述近岸海域潮流流态变化、泥沙输移与海床冲淤变化、温度盐度的分布与变化、污染物的迁移变化规律、水质变化及生态环境的重要方法。

根据潮流模型的发展来看，主要有三种：(1)经验模型：根据验潮站或卫星高度计的观测资料提取出各个分潮的调和常数，通过获得的调和常数来分析研究相关海域的潮汐、潮流分布特征；(2)水动力模型：是潮汐潮流模型的数值化，是未来的主要趋势；(3)数据同化模型：是指利用变分伴随、数据同化等数学方法并结合水动力模型来进行潮汐、潮流的数值模拟研究，使得模拟结果与实测数据的吻合度较高。

20 世纪 60 年代末，数学模型逐步发展起来，国外众多学者也开始逐渐使用数学模型来进行学术研究，用于近海岸区域的实际工程问题的解决，以前流行使用的物理模型试验逐步被数学模型代替。20 世纪 70 年代初期，数值计算试验已经开始逐渐进行，重点放在了利用数值预报方法来进行潮汐研究及其数值模拟探究中，到了20世纪80年代中期，潮汐二维数学模型的建立和使用技术也逐渐开始成熟起来。二维潮流数学模型已被广大学者应用于各个海域。潮流的三维数值模型最早源于Leendertse(1973)提出的一种分层的三维数值模式，此后三维海洋数值模拟方法研究开始兴起。随着读入数值模式的实测数据种类的增多以及模式自身的发展，开源代码形式的数学模型逐渐涌现，比如最初三维的POM模型，随后慢慢完善和进步，学者们陆续发布了HAMSOM模型以及现在较为普及流行的FVCOM模型等，同时也涌现了一批面向工程用户的商业软件诸如DELFT3D、MIKE3、EFDC等。世界气候研究计划(World Climate Research Program, WCRP)做过一次大概的调查统计，统计数据显示，至今，学者们已陆续发布了40多种大洋数学模式，相比较而言，POM模型是一个相对较为传统，但是一直被使用的经典的海洋模式，这是因为其模型的结构较为清晰，关于其模式介绍的说明书也简单明了，模型模拟海洋物理过程也很完善；HAMSOM运用的是特意为陆架浅海所开发的简化物理过程模型模式，因而导致其在边缘海以及陆架海域的数值模拟上具有独特的优势；HYCOM则通过灵活地对垂向进行分层处理，使得其在应用于层化效应显著的面积范围广的海洋具有更好的实用性和适用性；FVCOM采用的是非结构网格划分设计和有限体积离散方法，因而使其能够在近岸高分辨率以及小尺度计算问题上取得较为明显的优势。

2.4.5 风暴潮数值预报

风暴潮通常会造成严重的自然灾害，准确的预报风暴潮成为海洋科技工作者的一项重要任务。目前经验预报和数值预报是风暴潮预报的两大类方法。经验预报就是利用历史观测的台风数据，结合统计规律以及预报员对风暴潮认知的程度，对台风风暴潮增水进行预测。风暴潮数值模式预报是对原始方程进行一系列简化，并带入台风关键参数，利用计算机进行方程求解，从而获得风暴潮增水时空变化的一种方法。1954年，H. Kivisild用手摇计算机进行数值计算获得了美国Okeechobee湖风暴潮增水的时空变化。随着电子计算机的问世，1956年，W. Hansen用新型计算机模拟了欧洲北海的风暴潮事件。1972年，美国将SPLASH(Special Program to List Amplitudes of Surges from Hurricanes)模式投入业务化运行，之后在该基础上开发了SLOSH(Sea, Lake and Overland Surges from Hurricanes)风暴潮数值预报二维模型，该模型可以对海上、陆上以及湖上的台风风暴潮进行准确的预报，并且包含了海水漫滩和漫堤模块。英国气象局(the UK Met Office)在1978年开始业务化运行二维风暴潮数值预报模式Sea Models，该模式由POL(Proudman Oceanographic Laboratory)海洋研究所开发，之后英国的风暴潮业务化数值模式逐渐得到了改进和完善。DCSM(Dutch Continental Shelf Model)模式在20世纪80年代中期由荷兰开发并使用，后来采用同化技术将观测到的潮位资料同化到模式中去，从而大大改善了模式的准确度。Delft3D模型则是由荷兰Delft大学开发的水动力数值模拟软件，由水流(Flow)、波浪(Wave)、水质(Wap)、生态(Eco)、泥沙(Sed)等多个模块组成。许多国家也都开发了自己的风暴潮模型，如澳大利亚的GCOM2D/3D模式、加勒比海地区的TAOS模式、丹麦的MIKE12模式、美国的ECOM、POM、FVCOM以及ADCIRC模式(Advanced Circulation Model)等。ADCIRC风暴潮数值模式是由美国北卡罗来纳大学Luettich等(1992)和

Westerink 等(1992)共同开发并不断完善的有限元模式,目前在国际上应用广泛。该模式主要基于有限元方法以及垂向平均、正压的水动力学模式,其采用的非结构网格允许在地形复杂的近岸区域采用较高的分辨率,而在地形平坦的外海区域采用较低的分辨率,因此具有计算快且精确、稳定的特点。Dietrich 等(2011)首次开发了 SWAN 与 ADCIRC 耦合模式,并将其应用到路易斯安那州南部飓风 Gustav(2008)的模拟。模式模拟的海浪和风暴潮增水在路易斯安那州南部的多个站点得到了充分的验证。

我国从 20 世纪七八十年代开始对风暴潮进行研究。"七五"期间,我国建立了第一代风暴潮数值模式,"八五"期间青岛海洋大学建立了第二代风暴潮数值模式。冯士筰(1982)撰写的《风暴潮导论》是世界上第一部系统论述风暴潮机制和预报的专著。孙文心等(1979)对渤海寒潮风暴潮进行了数值计算,检验了超浅海风暴潮理论。之后,孙文心等(1980)又对超浅海风暴潮模型进行了改进与完善。尹庆江等(1997)采用 SLOSH 模式模拟了杭州湾地区 9 个台风风暴潮事件,验证了该模式在我国的适用性。于福江等(2002)通过 Kalman 滤波资料同化技术在二维线性风暴潮模式中融入了水位观测资料,改进了风暴潮水位的后报。王培涛等(2010)利用 ADCIRC 环流模型在福建沿海区域建立了台风风暴潮精细化数值预报模式,采用集合数值预报技术,减小了风暴潮模拟水位的误差。赵长进(2014)采用 ADCIRC 水动力模型,双向耦合 SWAN 模型,建立了适用于长江口及邻近海区的风暴潮预报模式。王凯等(2020)基于 SWAN+ADCIRC 耦合模式构建福建沿海精细化漫堤风险等级评估系统。从结构网格到非结构网格,从低分辨率到更高分辨率,从考虑单一要素到考虑天文潮、海浪等多要素非线性相互作用,以及同化技术的引入,使得风暴潮预报技术逐渐成熟与完善。

2.4.6 海洋环流数值预报

首个全球业务化海洋环流模式于 20 世纪 90 年代末 21 世纪初应用于短期海洋预报,其全球水平分辨率为 1/4°~1°。这个范围的水平分辨率不足以精确预报赤道以外地区的中尺度过程。高分辨率的业务化海洋学系统,需要采用水平涡分辨率和较高垂向分辨率的全球模式,并使用先进的上层海洋物理过程以及高性能的数值代码和算法。为了能很好地表现中尺度变化过程,水平网格距必须足够小,能够分辨斜压不稳定过程。在全球观测系统和超级计算技术进步的基础上,具有涡分辨能力的全球海洋环流模式的开发和业务化应用成为现实。目前,业务化全球海洋预报系统的模式通过采用 1/10°或更高分辨率,解决了分辨中尺度过程的问题。

采用海洋动力模式进行海洋三维温盐流预报开始于 20 世纪 80 年代。到 20 世纪 90 年代中期,科技的发展使全球中尺度海洋预报成为可能,随着 1997 年 GODAE 计划的实施,在国际上提供技术支持,全球数值模拟和数据同化系统得以逐步建立和发展,并建立全球海洋预报系统。目前,多国海洋预报机构发展并建立各自的全球海洋预报业务系统。英国气象局(Met Office)、美国海军研究实验室(United States Naval Research Laboratory,NRL)和欧洲中期天气预报中心(European Centre for Medium-Range Weather Forecasts,ECMWF)在 1997 年开发建立了第一批全球预报系统。英国气象局建立全球构架的海洋预报同化模式系统(Forecasting Ocean Assimilation Model System,FOAM),并开发全球再分析系统

GLOSEA，其分辨率由1°发展到目前的1/4°。到2000年年初，全球预报系统在法国、日本等国家得到发展。法国全球业务化海洋预报由麦卡托海洋中心(Mercator Ocean)负责，从过去的全球2°分辨率到目前已经发展为1/12°，现有PSY4全球1/12°海洋预报系统业务化运行。2008年3月，日本气象厅气象研究所研发的全球业务化海洋资料同化系统替换了原有的预报分析系统，与之匹配的同化系统基于三维变分方法搭建，系统更名为MOVE/MRI. COM-G。基于混合坐标海洋模式(HYbrid Coordinate Ocean Model，HY-COM)的全球海洋实时预报系统(The NCEP Global Real-Time Ocean Forecast System，RTOFS)是NOAA开发的第一个涡识别(1/12°)分辨率的海洋预报系统，于2011年10月在美国NOAA的海洋预报中心(Ocean Prediction Center，OPC)投入业务化应用。同年，美国海军实验室研制的1/12°水平分辨率的全球海洋预报系统(Global Ocean Forecast System，GOFS)投入运行。澳大利亚和加拿大在2000年下半年开发了自己的系统。国家海洋环境预报中心以普林斯顿海洋环流模式(Princeton Ocean Model，POM)为基础，开发了三维海洋数值预报模式，建立了西北太平洋、中国海、渤海、中国台湾周边海域的业务化数值预报系统，并基于全球海洋环流模式(Modular Ocean Model version-4，MOM4)，初步建立赤道太平洋上混合层海温7天数值预报系统，是我国首个涵盖全球大洋的业务化系统。

第3章 海洋时空数据模型

数据模型和数据结构是信息系统的基石,它们从抽象层次上描述了系统的静态特征、动态行为和约束条件,为信息的表示与操作提供一个抽象的框架。海洋数据种类繁多、结构复杂,具有动态性、模糊性、多维性、多尺度性等特征,现有的 GIS 时空数据模型大多面向陆地应用,难以满足海洋时空数据的管理需求。构建稳定、高效的海洋时空数据模型,对海洋数据进行组织和分析,是海洋 GIS 建设的基础和关键。本章将阐述基于场、基于特征和基于过程的海洋时空数据模型,并对海洋业务中常用的 NetCDF、GRIB 等数据格式和解析方法进行介绍。

3.1 基于场的时空数据模型

3.1.1 海洋场与海洋现象

场是物理学领域的概念,有其严格的数学描述和定义,在地理学中也有场的概念的应用。海洋物理要素的场分布称为海洋场,对应到海洋地理信息系统中,也可称为海洋数据的场分布海洋。物理要素种类繁多,可以是海水温度、盐度等,也可以是若干基本物理要素的函数;空间可大可小,大到全球,小到港湾。

场可以分为两种基本类型:对象场和连续场。海洋场是一个连续场,海洋场表现为海洋要素场(温度、盐度、密度、海流等)和现象场(潮汐、风暴潮等)。常用数学上针对场数据的分类方法,海洋场可以分为标量场和矢量场两类。标量是指无方向的量,可以用一个数值表征其性质,例如温度的高低。矢量是既有大小又有方向的量,一般以两个数值分别表示其大小和方向(例如海流的流速和流向)。标量场和矢量场都具有时空多维的性质。

所谓海洋现象,是指在对海洋场的分析和研究基础上,物理要素的特殊空间和时间分布规律的总称。一种海洋现象,在外在表现上必然对应着某个或某些物理要素的特殊分布。某些海洋现象,其本身或许不发生明显的动力学变化,但它的发展变化必然受动力学变化的制约。

海洋地理信息系统中,若将海洋场理解为背景,隐藏在其中的则是各种海洋现象,研究海洋世界的表达则需进一步理解各种海洋现象。海洋现象非常丰富,这里仅阐述部分种类。

1. 海流

海流是指海洋中海水水平或垂直大规模的非周期性运动。海流形成的原因有很多,可归纳为风力原因及非风力原因两大类。海面上的风力驱动,可以形成风海流或漂流。由于海水黏滞性对动量的消耗，这种流动随深度的增大而减弱，直至可以忽略，其所涉及的深度通常只有几百米，这相对于几千米深的大洋来说仅仅是一薄层。海流形成的非风力原因是海水的温度变化，如热盐海流。海水密度的分布和变化受温度、盐度的直接支配，而密度的分布又决定了海洋压力场的结构。海洋中的等压面往往是倾斜的，即等压面与等势面并不一致，这就在水平方向上产生了一种引起海水流动的力，从而导致海流的形成。另外，海面上的增密效应又可直接引起海水在迁至方向上的运动。海流形成后，由于海水的连续性，在海水产生辐散和辐聚的地方将导致升、降流的形成。

2. 海洋水团

水团经常作为海洋动力学现象（例如海流）的原因或者结果出现。对浅海和大洋，其水团定义略有区别。大洋水团是在世界大洋中的某一确定区域内形成的较大体积的水体，它具有独特的物理、化学和生物特征，这些特征几乎是长期恒定不变和连续分布的，它是一个综合整体，并作为统一的整体进行传播。浅海水团定义的内容应该包括形成或来源、特征和时空尺度三个方面，如形成于浅海，在较大时间内具有独特的理化特征和演变规律的宏大水体，对生物特征也应当给予较大的关注。中国大百科全书定义水团为："源地和形成机制相近，具有相对均匀的物理、化学和生物特征及大体一致的变化趋势，而与周围海水存在明显差异的宏大水体。"这一定义对于大洋和浅海都比较适用。

3. 海洋锋

类似于水团借鉴于气象学中的气团概念，海洋锋也借鉴于气象学中的锋面概念。海洋锋是特性明显不同的两种或几种水体之间的狭窄过渡带。它们可用温度、盐度、密度、速度、颜色、叶绿素等要素的水平梯度，或它们的更高阶微商来描述。也就是说，一个锋带的位置可以用一个或几个上述要素的特征量的强度来确定它。尽管海洋要素的种类可能不确定，海洋研究区域的空间尺度、地形特征不明朗，该区域的动力学情况也千差万别，但最终体现在观测数据上的是较高的微商数值。因此，把握海洋要素场的空间连续变化的特征是最简单、实用和可靠的方式。

海洋空间作为一个连续的域，无论是物理上还是格网的数据形式上，都具有变化相对剧烈的地带，这些地带变化的剧烈程度是它们能否成为海洋锋的最重要判断依据。海洋锋是一个相对的概念，根据研究应用目的和区域等的不同而不同，例如，大洋的海洋锋和浅海的海洋锋之间概念具有较大差别。

由此，锋面可以用海洋要素场，如海水表层温度、海水表层盐度、海面高度或者动力学高度要素等的多级格网来表示，也可对象化为线、面或体来表示。在利用海洋锋的动力学特性表示时，也可以用海洋锋附近的流场分布表示，如常见的平行于锋面的流分量，或垂直于锋的方向上常有的强烈水平切变。影响这种切变的动力因素，在大尺度上可能是处于地转平衡，在浅海小尺度锋附近的流，则局地加速度应力及边界摩擦力的影响要比地转偏向力的影响更为显著。对于海洋锋的发生和发展过程，可用其出现的时间、地点及当时的特性进行表述。

4. 海洋波动

海洋波动是海水运动的重要形式之一。周期性的海洋波动现象，重点关注时间的周期性，即周期时间长度、强度、空间分布等。从海洋要素场，尤其是遥感数据出发，根据适当的理论，选取不同尺度波动的分析方法，提取波动相关参数，以实现周期性波动现象的技术指标表达。其中，海浪的表达重点在于海浪谱的总结和提炼，从本质上讲，它是对短周期性海洋动力过程的一种统计过程，由于是出于统计的意义，因而有别于一般的周期性海洋动力现象，在进行海浪统计表达时需要额外予以关注。

综上所述，海洋场和海洋现象概念既有联系又有区别，它们的关系主要体现在：海洋场是海洋科学研究的基本对象，海洋现象相对于海洋场来说，实际上是海洋场的特征表达和概念提炼。对象视图到场视图的转换或逆转换过程，可以用特征函数（对象到场）或反函数（场到对象）建立。海洋现象包含着大量的柔性信息，表现出模糊性、复杂性和不精确性，因此，在海洋 GIS 研究中场的概念显得尤为重要。

3.1.2 基于场的时空格网模型

基于场的时空格网模型是一种多级格网数据模型。在该模型中，对海洋环境数据或现象进行空间、时间、属性三方面剖分：空间栅格离散化、时间离散分段以及属性合理分层，具体的划分标准需综合考虑研究区的范围、研究对象、研究目的等因素确定。

基于场的时空格网模型既可以描述全球范围海洋环境数据，也可以描述局部海洋区域，但采用该模型首先需要对所描述的空间范围进行离散格网化。目前，主流的网格化解决方案有两种，即等角格网系统和等面积格网系统。

1. 等角格网化方案

等角格网化方案是以全球经纬度作为基本格网来构建全球的格网系统，空间范围最大可以达到全球尺度，也可以小到非常狭小的研究海域，每个格网的大小根据具体问题而定。

等角化格网方案实际上是一种地球投影方法，目前已经得到大量实际应用。在这种投影变化中，经线和纬线之间永远保持垂直，如图 3-1 所示。赤道、子午线的长短都不会发生变化；但是其他的特点则会发生变化，例如，除赤道外的纬线长度都会发生很大的变化，特别是在高纬度地区，变化尤为剧烈，这样就使格网的面积和形状等发生非常大的变化。

这一投影方法在解决大尺度问题以及中、低纬度问题时能够满足要求，但是研究某些高纬度海域的问题时不能满足要求，因为在高纬度区变形太大，完全违背了直观和易于使用的原则。当对格网面积和形状的视觉要求非常严格以及对中、低纬度海域表达不尽如人意等特殊情况下，一般会选用第二种投影方案，即等面积的格网系统。

等角格网化方案一般采用 9km 格网系统，这种方法在忽略椭球效应的前提下，将子午线划分成等距离的 2048 份，将赤道和纬线等分为 4096 份。由此，生成了一个以经度和纬度为格网系统的坐标系，在这个坐标系内，经线和纬线形成边长"相等"的小格子。在 9km 格网系统中，经常会用到位图坐标与经纬度坐标的转换计算。

2. 等面积格网化方案

等面积格网化方案的重要特点在于它不但具有基本排列规律的矩形格网体系，并且兼顾到以后数据处理和存储能力的结合，它一方面需要考虑到潜在空间海洋数据的应用，另一方面还需要设定常用的最小空间分辨率，如图 3-2 所示。

第3章 海洋时空数据模型

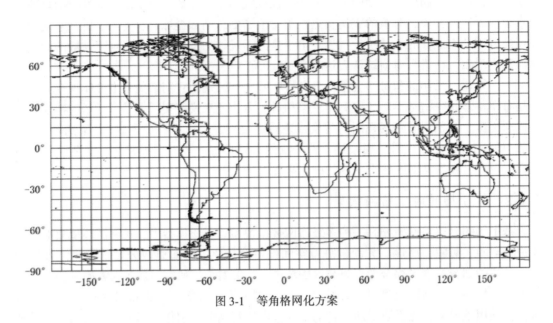

图 3-1 等角格网化方案

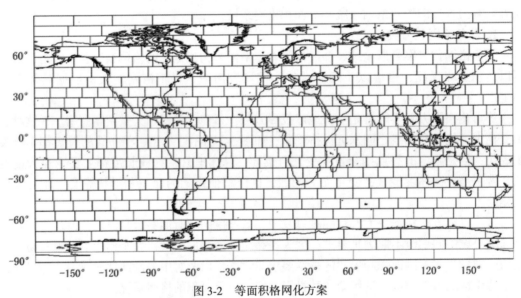

图 3-2 等面积格网化方案

在这个格网系统中整个行数是偶数,没有格网是跨域赤道两侧的,在赤道两侧格网数据完全相同,这种设计可以有效地防止在海洋数据分析中科氏力参数为零的情况,因此对于包括数值模拟在内的海洋数据存储和处理都非常适合。

NOAA 的 AVHRR Pathfinder SST 数据就是采用这种数据格网化方法,它最初是由迈阿密大学的研究小组发明并得到广泛应用,这一方法在扫描式遥感数据存储方面具有非常好的效果,并且适宜向其他数据类型推广。

时空格网模型的优点体现在以下两个方面:

(1) 符合数据获取及存储规律。海洋数据中各种遥感观测数据以及通过数值模拟获得的数据，都是以栅格形式获取和存储的。遥感观测所获取的数据是比较标准的格网数据，每一个观测值都代表了某一个瞬时视场的平均状况，例如 MODIS、AVHRR 等遥感数据的观测原理、数据获取存储等都是以栅格为基础的。由数值模拟获得的数据一般也是栅格形式，这是因为在数值模型初期就必须进行计算网格的剖分，而且需要给出一定的时间步长，在此基础上完成各个要素的位置分配，通过不断的循环迭代计算后，给出一个代表网格平均结果的数值。根据目前的计算结果来看，无论这个要素值是定义在网格的什么位置，是在中心或者顶角等，都可以归纳为网格的平均状况。

对于现场实测数据通常是离散点形式，具有一定的规律性，即采用大面或者断面调查的方式，时间（准）同步，一般是三维立体结构。严格地说，该类数据不具有格网特点，但是在处理很多研究和应用问题过程中，离散采样实际代表的是断面或者大面等的平均状况。也就是说，对实测数据的处理通常有一步操作，是从采样数据推断未知数据的过程。这个过程最常用的仍然是统计学，并发展了空间统计学的研究分支。通过处理以后的数据，也能符合这种栅格存储模型。

对于非成像式遥感观测数据，可以作为二维的实测数据，是散点状的平面（海表面）数据，这些数据的存储规律可以参考实测数据的形式。

对于时间上的分段，则更能反映海洋数据的过程性特征，符合海洋的时变性特征，而且可以通过对多时间数据的叠加来研究其变化规律。

(2) 格网形式简单直观、高效灵活。时空格网模型中的格网形式直观、简单、实用，但仍然保持了严密性和各种可扩展功能，可以灵活地运用，满足当前的各种需要。

格网形式除了形式比较简单以外，在图形计算处理方面，算法更容易实现，便于叠加及其多要素的综合分析；格网形式拓扑关系简单，更容易实现拓扑分析功能，并具有比较强的并行处理计算能力，此外，还具有很强的表达空间变换的能力。因此，格网形式在空间分析、图形运算处理等方面也都更容易实现，功能也更加强大。格网形式的这些特点是矢量形式数据所不容易实现的，由此也更受到使用者的青睐。

格网形式同矢量形式相比，缺少了矢量构图的精确性。理论上，格网大小可以无限细分，但是在实际中是不可能的。一般来讲，应该在能够保证一定精度的情况下，来确定网格的大小。反之，如果对格网进行细分，则需要的存储空间会非常巨大，当网格细分到一定程度后，这一问题就更加突出。

3.2 基于特征的时空数据模型

3.2.1 海洋特征数据

在海洋 GIS 研究领域，特征概念是对传统 GIS 中对象概念的进一步发展，它以现实世界实体为对象进行基于时、空、属性及其关系的建模，具有对各种事物与现象进行高度抽象与全面表达的能力。特征适合于表达海洋中的实测数据和从海洋现象等数据中提取出的过程数据（点、线、面、体）、海洋实体数据（海岸线、海底底质、航标、渔场）等；而场的概念则适合于表达波浪场、温度场、盐度场、叶绿素浓度场等海洋现象。另外，这两种概念具有动态和静态之分。

基于特征的数据包括两部分：一部分是海洋中实际观测的数据，如航线或漂流浮标进行的"线"测量，可以认为是由系列点构成；另一部分是从海洋现象等数据中提取出来的一些点、线、面、体的过程特征数据。这些现象或对象具有时间、空间、形态、属性动态的特性。事实上，一旦海洋现象抽象成点、线、面、体，则可以与测量数据进行类同表达，或者可以借鉴传统地理信息系统中的点、线、面的表达方法，并加以改造。可以将海洋测量的测量点、测线、大面和断面等，与代表海洋现象的点、线、面归纳成一些具有一定几何特征的对象，利用对象模型完成其表达，进而完成海洋信息的存储、管理、分析和显示。

1. 海洋测量和特征表达

海洋调查数据主要是指通过观测获取的数据，这些数据的获取都是通过各种海洋调查手段得到的。常用的海洋数据既包括海洋实测或各种遥感手段，也包括其他方式方法（如海洋数值模拟）得到的海洋数据。在特征表达中，主要指产生点、线、面、体特征的测量或现象数据。

由于海洋是时刻变动的，因此海洋调查的要素数据具有鲜明的原始不可再生特点。同时，海洋要素数据的观测是非常确定的，不存在模棱两可的情况，例如表层水温测量，以及测量的深度、水温以及测量时间和空间等。站台测量的波高数据虽然是目测，也遵循海洋调查规范，在误差允许范围内，由专业测量人员进行估计，所测得的波高等级也能满足特定的需求。不可重复性和客观性决定了这是非常宝贵的数据。这些数据可能提供的价值不仅仅在于它当初获得的单一或多个目的。任何基于这些数据以及配合其他数据所产生的新信息，都凸显这些数据的重要性，因此，如何合理保存、再利用这些数据，都是海洋科学中非常重视的问题，同时也给海洋地理信息系统提出了新的要求。

海洋要素数据的保存应该以海洋数据的原本面目进行，不能进行过多的处理，尤其是针对其重要属性值的处理，都要在一定精度范围内进行。存储这些海洋要素数据的数据库设计应该作为最底层数据，并严格保证这些数据的安全不会受到中间处理过程的干扰、删除和替换。与此对应的是，根据原始海洋要素数据获得的中间要素数据，不具有这么宝贵的特性，而且由于处理步骤和方法不同，具有多级别的特性，这些数据的处理也是海洋地理信息系统中需要面对的问题。

2. 海洋现象和特征表达

对于海洋现象，我们可以用定性语言描述，也可以用数值模型描述，还常用图形图像或动画来描述，GIS则属于最后一种。海洋地理信息系统要完成海洋现象的特征化和对象化工作。特征化正是将海洋现象抽象成GIS的点、线、面、体等几何图形或图像来表达。从现象中提取特征，可利用相关的特征提取技术来客观地获取海洋现象的几何形态特征。在何种尺度下可以表达现象并获取其特征，是表达海洋现象和提取几何特征的基础问题。

这里的海洋现象数据不同于海洋要素数据，它一般不是直接观测得到的，而这种数据在海洋学中是不作为"数据"对待的，有时称为"海洋现象"，有时称为海域"特性"，具有推理性、模糊性和多级性。

同时，根据不同的应用目的，采取不同的技术手段获得的海洋现象数据也是不完全相同的。有时，在一定范围内可以忽略这种差别，但是需求最佳的技术方法和算法仍然是海洋数据处理分析研究的内容，关于这些技术方法的研究，在一定程度上，可以解决海洋现象数据模糊性问题。这也说明推理性、模糊性和多级性特点，都是从不同侧面提出的，最终解决方法往往相通。

因此，海洋现象在海洋信息系统中，可以根据其特征对其进行抽象或特征提取，从而完成其对信息的表达、存储和管理分析等。这里的特征指点、线、面及其组合，为了获取、存储和分析这些特征，需进行现象的对象化抽象。海洋特征表达主要包括：

(1)海洋现象对象化。海洋现象的表达问题，可以归结为海洋现象的对象化，即探讨如何从海洋要素(场)数据中抽象出具体的海洋现象，包含两方面内容：一是海洋现象的对象定义；二是抽象所用的技术方法。这里主要探讨前者。这些海洋现象有海流、水团、锋面、涡旋、海洋波动、潮汐和潮流等。由于海洋现象相差较大，因此它们所要求的海洋要素场也是不同的，假设在研究开始的时候，这种海洋要素场都是已知的。获取这样的海洋要素场，除了现场调查外，可利用卫星遥感资料结合实测数据通过反演而获得，也可通过数值模式进行同化获得。在实际应用过程中，如果这些要素场是未知的或者是缺失严重的，则需要直接针对海洋现象的研究成果，从中提取海洋现象的各种参数，用于建立某一海洋现象的表达模型。

海洋现象的对象化实际上是将海洋科学最丰富多彩的内容具体化和数值化。海洋科学的核心，就是对这些海洋现象的提炼和把握；海洋科学的重要目的之一，是能够完全掌握这些海洋现象的内涵、外延，以及它们的生消变化。因此，海洋现象的表达体现了海洋科学重要精髓，也是海洋科学的重要需求。利用海洋现象的对象化成果，就可以比较轻松地实现对海洋数据全面且准确的描述，而不再仅仅是以往那些观测数据，海洋现象的每个对象的扩展和扩充可以体现海洋科学研究的进展，从而将海洋地理信息系统和海洋科学的方方面面都紧密联系在一起。

(2)对象化方法。在现阶段海洋数据量一定的情况下，实现海洋现象对象化的方法主要是海洋现象概念的总结，并从中获取合适的指标体系进行描述。表达一个海洋现象，需要掌握它的核心概念，这样才能从基础概念层次上对这些海洋现象进行准确的表达。

因此，这里的海洋现象对象化方法主要是从概念出发，结合现象本身固有的特点，进行总结和提炼，其结果的形式主要体现为现象的指标体系集合。

(3)海洋现象的两种表达方式。欧拉方式和拉格朗日方式是物理海洋研究的两种基本表达方式。在海洋地理信息系统中，这两种方式对于解决海洋数据，尤其是海洋现象(如海流)问题，具有非常重要的启发意义。欧拉方式更多体现了一种欧拉场的表达方式，立足于空间场，在空间场的范畴下建立海洋要素场，从而进一步发现更多的海洋现象。拉格朗日方式则有所不同，在拉格朗日方式中，场的概念被弱化了，但是海洋现象的空间位置变动成为一种易于表现的东西。

在海洋现象的对象化中，欧拉方式的作用主要体现在从要素场到海洋现象这样一个现象的空间提取过程。在海洋现象的对象化中，拉格朗日方式的作用主要体现在时间提取过程。这两种提取过程同时体现了海洋学的理论、技术和方法，前者更重视空间场，后者更重视时间序列的变化。

在对象的时空组织中，欧拉方式的海洋现象可以多使用空间组合形式或空间的时间序列方式，拉格朗日方式则需要使用时空组织方式，因此比欧拉方式更为复杂。为了实现空间和时间操作，两者都需要对数据进行降维，降维的方法和思路仍然采用面向对象的概念。

3.2.2 基于特征的时空过程数据模型

基于特征的时空模型是一种面向对象的技术，对空间对象以类和实例对象两个层次来表达，基于特征的时空数据模型的基本思想是把特征看做基本单元，采用面向对象技术设计特征的空间、时间和时空的属性、功能和关系及其实例间的关联。

在研究中，根据特征数据的形状将其分为点、线、面、体四类，下面分别对这四类特征数据进行说明。

1. 点特征数据

点特征分两大类：点观测数据和点过程数据。所谓的点观测数据，主要是指那些可离散成点的观测，对于这类数据，可以进一步根据有无纵深和时间序列划分为以下四类观测点：无纵深，无时间序列测点；无纵深，有时间序列测点；有纵深，无时间序列测点；有纵深，有时间序列测点。

而海洋点过程数据，主要是指海洋现象中提取出来的一些特征点数据，如涡旋的中心点，对于这种海洋过程数据，有时候可以用一些特征点来标识，这些点的数值和空间位置随着时间的变化而变化。

2. 线特征数据

按照与点数据相同的分类方法，可以将线数据同样分为两大类：一类是线观测数据；另外一类是线过程数据。所谓的线观测数据，是指那些由点观测数据聚合而成的数据，例如一条水深的测线数据。

对于线过程数据，可以根据线上各点属性值是否相同，再进一步分为两类：一类是线上属性一致的海洋过程的线描述数据，在这类数据中，线的属性值和空间位置是随着时间的变化而变化的；另一类是线上每点的属性不一致的海洋过程的线描述数据，在这类数据中，线上点的属性值和空间位置是随着时间的变化而变化的。

3. 面特征数据

海洋中的面状数据则相对复杂，一方面，面状数据可以看做是由一系列的观测点数据聚合而成；另一方面，也可以把面状数据看做面状的过程数据；此外，这些数据还可能是一些扫描数据，如声呐、照片和卫星资料等。

对于其中海洋面状的过程数据，可以进一步细分为面上属性一致的海洋过程数据和面上每一点的属性不一致的海洋过程数据，即面上的属性值和空间位置是随着时间的变化而变化的数据，以及面上点的属性值与整个面的空间位置是随着时间的变化而变化的数据。

4. 体特征数据

按照与海洋点、线、面同样的分类方案，可以将体数据分为两大类。首先，可以认为海洋体数据，即立体观测数据，是由点观测、线观测和面观测构成的，是它们组成的一个整体；其次，可以把体状数据看成是体状的过程数据。

对于海洋过程的体数据，同样可以根据体上属性是否一致再详细地划分为两类。一类是体上的属性值和空间位置是随着时间的变化而变化的数据；另一类是体上点的属性值和整个体的空间位置是随着时间的变化而变化的数据。前者体上属性一致，而后者体上属性不一致。

3.3 基于过程的时空数据模型

3.3.1 海洋时空过程

1. 海洋现象的过程特性

海洋现象时刻发生变化，具有"高速"动态特性。海洋现象的动态变化，从其产生至消亡的生命周期内，是渐变连续的，呈现过程特性，与陆地上的瞬时变化（离散事件）存在明显差异，主要区别为：(1)海洋现象的动态性要比陆地上的动态性更加剧烈；(2)海洋现象的变化是渐变的过程，有其产生、成熟和消亡的生命阶段，而陆地上的变化是事件性的，事件一旦发生，则变化完成；(3)海洋现象的动态特性及变化的连续性具有时空过程特性。海洋现象的前后时刻（阶段）的空间、属性信息存在明显差异，但又存在内在联系。比如涡旋，上一时刻（阶段）与下一时刻（阶段）涡旋的中心、边界、面积、涡度等都会发生变化，而且每个要素的变化都具有时态前后的连续性，且每一要素对涡旋的时空分析都至关重要。

海洋现象的过程特性是海洋数据的 GIS 存储设计的基础，基于离散事件或离散过程的时空数据模型都无法从根本上解决海洋数据的表达与分析，因而需要以过程为核心进行海洋数据的 GIS 组织。

2. 海洋过程

海洋过程是一个逻辑缩小的、高度信息化的对象，从视觉、计量和逻辑上对过程对象在功能形态等方面进行模拟，信息的流动以及信息流动的结果完全由计算机程序运行和数据变换来仿真。过程的组织与处理的目的在于：(1)认识有限时间段内的变化规律。在一定的时间间隔内，尽可能详细地记录现象的依时行为，从中发现现象变化规律，以便作为推测该时段之前或之后的变换状况；(2)对于未来可能发生的行为进行模拟和预测。这是过程研究的最高层次，也是海洋 GIS 科学技术性与实用性的集中体现；(3)研究过程与过程间、过程与事件间、过程与状态间的耦合关系，从而把规律统一于时间与空间的共同基础之中。

3. 海洋时空过程类型

在海洋领域内，具有点状特性的现象或实体可抽象为点对象，具有线状特性的实体或现象可抽象为线对象，具有面状特性的实体或现象可抽象为面对象，具有体状特性的实体或现象可抽象为体对象。在统一的时空参考框架体系下，海洋领域内的基本时空过程归纳为海洋点时空过程、线时空过程、面时空过程与体时空过程。

(1)海洋点时空过程，是指在统一的时空框架体系下，具有点状特性的现象或实体在生命周期范围内连续渐变的演变序列，其空间位置与物理属性时刻都在发生变化。比如水团核心、涡旋中心的移动变化轨迹等。

(2)海洋线时空过程，是指在统一的时空框架体系下，具有线状特性的现象或实体在生命周期范围内连续渐变的演变序列，其线空间位置与物理属性时刻都在发生变化。根据线上物理属性值是否相同，海洋线时空过程又可进一步细分为：线上各点在固定的时刻状态具有相同属性值的同质线时空过程与线上各点在固定时空时刻具有不同属性值的异质线时空过程。同质线时空过程的典型案例是海岸线的变迁；异质线时空过程的典型案例是海洋锋在其生命周期的历史演变。

(3)海洋面时空过程，是指在统一的时空框架体系下，具有面状特性的现象或实体在生命周期范围内连续渐变的演变序列，其面上的空间位置与物理属性时刻都在发生变化。根据海洋实体或现象在面上各点的属性值是否发生变化，海洋面时空过程又细分为：海洋同质面时空过程，即海洋面对象上的各点具有相同的属性值，其空间位置与物理属性值随时间整体发生变化；海洋异质面时空过程，即海洋面对象上的各点具有不同的属性值，且其空间上每一点的物理属性值时刻都在发生变化。

(4)海洋体时空过程，是指在统一的时空框架体系下，具有体状特性的现象或实体在生命周期范围内连续渐变的演变序列，其体上的空间位置与物理属性时刻都在发生变化。根据海洋实体或现象在体上各个点的属性值是否发生变化，海洋体时空过程又细分为：海洋同质体时空过程，即海洋体对象上的各点具有相同的属性值，其空间位置与物理属性值随时间整体发生变化；海洋异质体时空过程，即海洋体对象上的各点具有不同的属性值，且其空间上每一点的物理属性值时刻都发生变化。

四种基本时空过程在海洋领域并不是孤立存在的。根据研究目的，需要把几种时空过程放置在统一的时空框架体系下分析。根据时空过程则包含对象实体的个数，海洋时空过程分为简单海洋时空过程与复杂海洋时空过程。简单海洋时空过程包含一个对象实体，可以是点对象、线对象、面对象或体对象；而复杂的海洋时空过程则包含多个对象实体，也可包含多个简单的海洋时空过程对象。

3.3.2 基于过程的海洋数据组织

海洋现象的过程特性与 GIS 数据的离散存储存在矛盾，因而海洋数据的过程存储前必须进行时态离散化。离散的时态海洋数据信息与海洋现象的时间尺度密切相关，适宜的时间尺度的确定对海洋数据的过程化组织至关重要。海洋现象过程的生命周期阶段(产生、发展、稳定、削弱、消亡阶段)为海洋过程数据的离散化提供了时态间隔参考，根据具体的主题应用，利用时空聚合或插值实现适宜时态间隔的确定。此外，根据现象的过程特性，采用事件、规则、动力模型等多种演变机制，进行离散的海洋时空数据组织。

3.3.3 海洋过程模型

海洋现象的连续渐变表达是海洋数据模型构建的核心内容，其采用海洋过程对象的分级抽象与逐级包含的思想，依据海洋过程内部的演变机制实施。过程对象的分级抽象与逐级包含刻画了过程对象内部的层次结构与序列关系，是过程内部动力模型、事件机制与时空操作设计的前提，为连续渐变表达机制的实施奠定了基础。该模型中，以过程对象为基本单元，记录海洋要素或现象本身及其发展变化，其状态信息通过空间、时间、属性和关系这四种信息综合描述。该模型将时空过程分解为状态集的融合，有利于分级实现不同时态尺度的海洋要素或现象的表达，更显式地描述了其状态的变化，所记录的变化规则信息有效反映了变化的机制。时空对象的变化是由过程反映的，状态是一系列记录的数据，不同的状态集合构成了一个完整的时空过程。

基于过程的海洋对象组织结构不仅包括海洋过程对象系列，还包括海洋过程对象间的关联关系(包含与序列关系)和海洋过程对象的演变机制。海洋过程对象采用过程对象集表达，分别为过程对象、过程阶段对象、过程序列对象和过程状态对象；海洋过程关联关系用关联集表达，海洋过程对象的演变机制采用函数集表达，并集成于过程对象内部。

1. 海洋时空过程语义

在地球信息科学领域，海洋时空定义为海洋领域空间范围内时间演变序列，海洋过程定义为海洋现象或实体在整个生命周期内的连续渐变序列。海洋时空过程定义为海洋领域内具有生命周期的连续渐变的海洋实体或现象的一种抽象概念，其内涵可以从以下几个方面理解：

(1)海洋时空过程是对满足特定条件的实体或现象的概念抽象，在现实世界中并不存在地理实体或现象与之对应；

(2)海洋时空过程具有连续渐变的过程特性，这种过程不是特定的突发事件序列，也不是离散过程，是海洋数据模型构建的背景，也是其必须考虑的核心内容；

(3)海洋时空过程的外在表现形式是海洋实体或现象连续渐变序列，信息能量的渐变则是其内在本质，需要海洋动力模型、海洋事件机制、海洋时空操作等实现；

(4)海洋时空过程具有完整的生命周期，即：产生、扩展、稳定、削弱、消亡五个阶段，且在不同的生命阶段，信息能量的渐变机制不同。

2. 海洋过程对象的生命周期

面向过程的时空数据模型是将过程作为时空对象，设计和实现时空过程、时空对象特征和时空行为的数据组织和管理技术。根据过程对象的自身演变特性及上述对海洋时空过程分级结构语义的描述，从面向对象技术与数据组织的角度分析，海洋过程对象的生命演化包括产生、扩展、稳定、削弱与消亡阶段，称为生命周期阶段。生命周期阶段有若干个演变序列构成，原子单元则是演变序列的载体。生命周期阶段、演变序列阶段、演变状态阶段通过过程对象的演变机制关联，形成逐级包含的时空过程—生命周期阶段—演变序列—原子单元的分级结构。海洋过程对象分级抽象为时空对象、阶段对象、序列对象与状态对象，如图3-3所示。

(1)海洋时空过程阶段。根据海洋时空过程定义及内涵的描述，海洋时空过程包含产生、扩展、稳定、削弱、消亡的完整生命周期过程，且在生命周期的各个阶段，过程内部的演变机制存在本质差异，比如在发展阶段主要有过程的合并与扩展事件实现过程的连续，而在消亡阶段则有过程的分裂或缩减事件实现过程的连续。这种不同生命阶段具有不同演变机制的特性是连续时空过程的共性。海洋时空过程的语义涵盖整个海洋实体或现象的历史演变序列。

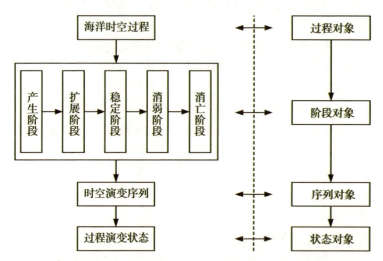

图 3-3 海洋时空过程分级抽象及其关系描述

(2)演变序列。时空过程由系列的演变序列构成。从本质上分析，时空过程生命周期的各个阶段也是一个时空粒度较大的时空演变序列。单独抽取出来与演变序列进行区分的原因在于在各个生命周期内，时空演变机制可归纳为一类，便于进行时空过程对象的组织及演变规律的探讨。

演变序列是过程的表现形式，它的实现依靠过程内部的演变机制：事件、复合事件序列、时空插值等。演变序列语义涵盖海洋实体或现象在特定的时空范围内的演变历程。

(3)原子单元。原子单元是海洋时空过程中最基本单元，是演变序列的载体。原子单元记录时空过程演变序列某一状态的空间与属性信息。根据原子单元属性变化特性，原子单元进一步分为原子状态与原子变元。原子状态是海洋实体或现象在某一时刻其属性值相同，原子变元则指海洋实体或现象在某一时刻其属性值不同。比如海岸线位置变迁和海洋锋的演变都属于海洋线时空过程。海岸线在时空过程范围内的某一时刻，其属性值是相同的，用原子状态表达，不仅利于实体表达，节省存储空间，而且易于时空过程操作；而海洋锋各个点上的属性值则完全不同，如利用原子状态表达，不仅造成表达的复杂性(时间表达的嵌套)，而且很难实现时空过程操作，而原子变元的表达却很好地克服了这一点。

(4)海洋过程事件及时空操作。海洋时空过程语义表明，构建的海洋时空过程数据模型不仅要显式地表达时空过程生命周期的各个阶段、过程的演变序列和原子单元，还要隐式地记录实现演变序列的过程机制：事件、复合事件和时空插值操作。时空过程数据模型显式与隐式双重表达不仅记录了实体与现象的历史演变序列，而且刻画了实体与现象的演变机理，为科学地预测预报与制定规划方案奠定了基础。

时空插值操作是时空过程数据模型构建的重要组成部分。这里的演变序列是渐变的，但受数据获取技术的限制，获取的过程数据是离散序列；另外，受计算机存储能力的限制，目前还无法实现连续渐变对象的存储，即过程对象必须离散化存储。因而，要想获取更精细时间粒度的数据，必须进行时空插值操作。

面向对象技术与方法的成熟应用，为时空操作内置于数据模型内部提供理论与技术上的支撑。把时空插值操作内置于时空过程数据模型内部，一方面保证了数据模型的完整性，另一方面也易于实现过程的渐变序列存储。

3. 海洋时空过程拓扑

拓扑关系是地理实体分析与操作的基础，时空拓扑与过程拓扑是实体的动态与过程的操作及分析的前提。因而，构建的海洋时空过程数据模型的内部必须实现时空拓扑与过程拓扑或提供拓扑分析接口。时空拓扑除表达空间实体的时变序列关系、某时刻的空间关系外，还能表达某时间段内实体的空间变化。而过程拓扑是地理实体或现象在整个生命周期中其产生、发展、稳定、削弱和消亡的抽象。过程拓扑不仅要描述过程在整个生命周期的时空关系，还要描述过程的某一阶段与另一过程的某一阶段间的时空关系，因为后者具有更重要的科学意义和应用意义，比如海洋锋的产生阶段、发展阶段、稳定阶段、削弱阶段及消亡以后对周围渔场的影响分析比海洋锋的整个生命周期对渔场影响的分析更为重要。因而，构建的海洋时空过程数据模型不仅要考虑过程与过程间的关系，更要考虑过程内部与另一过程及过程内部间的时空关系。

4. 海洋时空过程对象化

过程是实体或现象从产生到消亡整个生命周期历史演变的抽象，而时空过程数据模型则是对过程的描述、组织与存储。面向对象技术的完善及在系统设计中的广泛应用，为实体的对象化提供了理论方法。利用面向对象技术，将过程抽象为时空对象，为进一步构建时空过程数据模型奠定基础。根据过程包含实体的个数，时空过程可分为简单时空过程与复杂时空过程。简单时空过程是指包括单一实体或现象的历史演变过程；而复杂时空过程则包括多个实体的历史演变序列或多个简单时空过程的序列。海洋领域的简单时空过程，如海岸线的变迁、海洋锋的演变；复杂时空过程，如同时包括海洋锋与涡旋在整个生命周期历史演变等。无论是简单时空过程还是复杂时空过程，抽象为对象后必须具有唯一的对象标识，直至对象消亡。

3.4 常用海洋数据格式

3.4.1 海洋数据格式类型

海洋环境要素是多维、时变的，其属性在经度、维度、时间、深度等维度上都是时刻变化的，不同的维度会组合出大量的数据。只有对海量的多维海洋环境数据进行有效的数据组织，提供方便的访问和查询，才能高效地实现直观的展示和便捷的数据分析。

目前，海洋科学领域已有很多不同的专业存储形式和标准格式，如 ASCII（文本）文件、二进制文件、NetCDF、HDF、GRIB 等。但是，有些数据格式是行业部门或业务单位自行定义的，使得统一管理困难，数据复杂度高，不便于交换共享；同时，由于有些数据格式本身的存储特点，会存在难以实现多维数据存取、检索、抽取等方面的缺陷。网络通用数据格式是一种通用的数据存取方式，可对网格科学数据进行高效地存储、管理、获取和分发等操作，由于其存储量小、读取速度快、自描述及读取方式灵活等，使其广受用户青睐。

海洋数据存储格式种类较多，总结下来主要有以下几种：

(1) 文本文件：由于其结构比较简单，容易阅读，被广泛地用于存储数据信息，也经常用于数据交换。文本文件是一种基于字符集编码的文件，它有4种编码方式，即 ASCII 编码、Unicode 编码、Unicode big endian 编码和 UTF-8 编码，而前两种比较常用。

(2) 二进制文件：存储利用率较高，但其是一种基于值编码的文件，多少个比特代表一个值，完全由数据保存者决定，因此存储比较灵活，处理起来有一定的困难。

(3) NetCDF 文件：NetCDF 作为多维数据交换标准，主要用于描述具有时空变化特性的多维地理空间信息，广泛用于海洋数据的组织管理。利用 NetCDF 组织网格化的海洋环境数据，可发挥 NetCDF 在管理、调度网格数据方面的优势，有效提高海洋数据的一体化管理、网络共享、多维表达与分析能力。

(4) GrADS 格式：GrADS 是一种数据处理和显示软件系统，目前在气象界得到了广泛使用，许多气象工作者都习惯性地把开发出来的各种产品保存为 GrADS 格式。GrADS 软件系统在进行数据处理时，所有数据在 GrADS 中均被视为纬度、经度、层次和时间的四维场，而数据可以是格点资料，也可以是站点资料；数据格式可以是二进制，也可以是 GRIB 码。

(5) 遥感影像文件：在遥感中遥感影像文件主要指航空像片和卫星像片。用计算机处理的遥感图像必须是数字图像。遥感影像中一般包括的信息有坐标系统、坐标、分辨率、时间、波段信息等。

(6) HDF 文件：HDF 文件可以存储不同类型的图像和数码数据的分层数据格式，并且可以在不同类型的机器上传输，它是由美国国家高级计算应用中心(National Center for Supercomputing Applications, NCSA)为了满足各领域研究需求而研制的一种能高效存储和分发数据的新型数据格式。

(7) Mat 文件：Mat 文件是 MATLAB 使用的一种特有的二进制数据文件。Mat 文件中不仅保存了各变量数据信息，还保存了变量名及其数据类型等。

本节接下来将分别对在海洋业务中应用较为广泛的 NetCDF 和 GRIB 数据进行详细介绍。

3.4.2 NetCDF 数据

1. NetCDF 概述

NetCDF(Network Common Data Form)网络通用数据格式是由美国大学大气研究协会(University Corporation for Atmospheric Research, UCAR)的 Unidata 项目科学家针对科学数据的特点开发的一种面向数组型并适于网络共享的数据的描述和编码标准。目前，NetCDF 广泛应用于大气科学、水文、海洋学、环境模拟、地球物理等诸多领域。用户可以借助多种方式方便地管理和操作 NetCDF 数据集。

近年来，随着网络和信息处理技术的发展，遥感资料、多普勒雷达和卫星图像等数据资料成为 Unidata 项目最为关注的数据资源，其高效、通用的数据组织格式得到了广泛应用。另外，随着可视化分析、模拟仿真等课题研究的深入和应用需求的加深，对应用于科学数据集的通用数据格式的要求将更高。目前，NetCDF 已成为多维数据交换的 OGC（Open Geospatial Consortium）标准，其应用前景将十分广阔。

NetCDF 数据具有下列特征：

(1) 自描述性：NetCDF 是一种自描述的二进制数据格式，包含描述自身信息的元数据；

(2) 可携带和可移动性：一个 NetCDF 文件能够通过计算机以不同的方式来存储整型、字符型以及浮点型数据，并支持 Unix、Windows、Mac OS X 等操作系统平台；

(3) 高可用性：可以高效率地从一个大型的数据集中提取感兴趣的小数据子集；

(4) 可追加性：对于新数据，可沿某一维进行追加，而不需要复制数据集或者重新定义它的数据结构；

(5) 平台无关性：NetCDF 数据集支持在异构的网络平台间进行数据传输和数据共享。可以由多种软件读取并使用多种语言编写，其中包括 C、C++、Fortran、IDL、Python、Perl 和 Java 等语言。

2. NetCDF 数据模型

NetCDF 数据模型主要包括经典数据模型和增强型数据模型两类，经典数据模型由维度、变量及属性三部分组成，如图 3-4 所示，各部分相互关联，有机组合，描述了数据集中数据的含义及字段间的关系，共有 6 种基本数据类型可供变量和属性选用，且只有一个维度可以是无限制长度的；该模型易于理解，简单易用，便于开发通用工具，适于网格数据描述，但其数据类型有限，缺乏对复合、多层次、嵌套多维数据的描述。

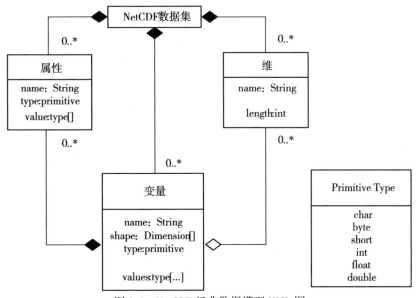

图 3-4　NetCDF 经典数据模型 UML 图

相比经典模型,增强型数据模型增加了组、可扩展的维度、更多的基本数据类型及用户自定义数据类型,它包含一个顶级的未命名组,每个组包含一个或多个命名的子组、用户自定义数据类型、变量、维以及属性;该模型很大程度上消除了经典模型的局限性,提供嵌套数据结构和递归数据类型,可与现有数据、软件及公约兼容,但该数据模型较为复杂,缺乏全面、通用的工具和公约等,目前尚未广泛使用。

通用数据模型(Common Data Model,CDM)是一个科学数据的抽象数据模型,是经典NetCDF 数据模型的扩展,由数据访问层、坐标系统层和科学要素类型层构成;整合了NetCDF、OPeNDAP 和 HDF5 数据模型,为大多数类型的科学数据创建了通用 API,而且NetCDF Java 函数库实现了对 CDM 文件的读写。

一个 NetCDF 数据集包含维(Dimensions)、变量(Variables)和属性(Attributes)三种描述类型,每种类型都会被分配一个名字和一个 ID,这些类型共同描述了一个数据集,NetCDF 库可以同时访问多个数据集,用 ID 来识别不同数据集。维给出了变量维度信息,变量存储实际数据,属性则给出了变量或数据集本身的辅助信息属性,又可以分为适用于整个文件的全局属性和适用于特定变量的局部属性,全局属性则描述了数据集的基本属性以及数据集的来源。一个 NetCDF 文件的结构包括以下对象:

```
NetCDF name{
    Dimensions:      … //定义维数
    Variables:       … //定义变量
    Attributes:      … //属性
    Data:            … //数据
}
```

NetCDF 文件数据以数组形式存储,可灵活方便地存储多维数据,如以一维数组的形式存储某个位置处随时间变化的温度,以二维数组的形式存储某个区域内在指定时间的温度。常见的三维数据(如某海域随时间变化的温度数据)和四维数据(如某海域随时间和高度变化的温度数据)均以一系列二维数组的形式存储,其存储示意图如图 3-5 所示。

NetCDF 对于海洋环境数据的管理具有显著的灵活性、良好的执行效率及高效的数据调度等优点,满足了海洋数据在存储方面的需求。组织网格化的海洋环境数据,可发挥NetCDF 在管理、调度网格数据方面的优势,有效提高海洋数据的一体化管理、网络共享、多维表达与分析能力。

3. NetCDF 数据解析

NetCDF 数据集采用 CDL(Class Description Language)进行解析,NetCDF 数据集可以将某一个变量看成是由多个维度构成的单值函数,函数形式如下所示:

$$value = f(x, y, z, \cdots) \tag{3.1}$$

式中,value 代表变量值,x、y、z 分别代表不同的维度,例如流场作为一个变量时,它可以看成是由经度、纬度和时间三个维度构成的单值函数:current = f(lon, lat, t),其中lon、lat 和 t 分别代表数据的经度、纬度与时间维。

一般采用 CDL 语言描述 NetCDF 的文件结构,CDL 包含着 NetCDF 数据集的维度、变量和属性的具体定义。如下展示了某潮流流场数据的 CDL 文件:

3.4 常用海洋数据格式

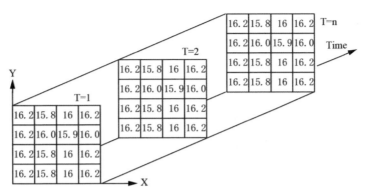

NC 三维存储结构

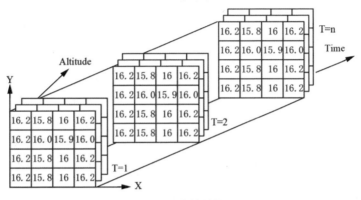

NC 四维存储结构

图 3-5 多维数据存储示意图

File type：NetCDF-3/CDM
netcdf file：{
   dimensions：
      jdim = 211；
      idim = 226；
      tdim = 24；
   variables：
      float tideU（tdim=24，jdim=211，idim=226）；
         :long_name = " meridional_tidal_velocity" ；
         :units = " m/s" ；
         :fillValue = 999.0f； // float

      float tideV（tdim=24，jdim=211，idim=226）；
         :long_name = " zonal_tidal_velocity" ；
         :units = " m/s" ；

:FillValue=999.0f;//float

float lon(jdim=211,idim=226);
  :long_name="Longitude";
  :units="degrees_east";
  :_CoordinateAxisType="Lon";

float lat(jdim=211,idim=226);
  :long_name="Latitude";
  :units="degrees_north";
  :_CoordinateAxisType="Lat";

// global attributes:
  :description="Published by NMFC for tidal velocity with POM, which starts running at 202009110800";
  :_CoordSysBuilder="ucar.nc2.dataset.conv.DefaultConvention";
}

通过以上CDL文件对数据结构的描述，可以看出此潮流流场数据包含三维数据信息：经度、纬度、时间。其中，lat轴和lon轴的长度分别为211和226，时间维长度为24，即对应包含211×226个网格点的24个小时数据。变量包含经度、纬度和U、V值，经度和纬度均以度为物理单位，U和V以m/s为单位，缺省值以999.0f表示。

（1）利用GDAL读取NetCDF数据。GDAL(Geospatial Data Abstraction Library)是一个用于栅格和矢量地理空间数据格式的解析库，由开源地理空间基金会在X/MIT风格的开源许可下发布。它为所有支持的格式向调用应用程序提供单个栅格抽象数据模型和单个矢量抽象数据模型，还提供了用于数据转换和处理的各种有用的命令行实用程序。

（2）利用SDS读取NetCDF数据。SDS(Scientific DataSet)是一个托管库，用来读取以阵列存储的科学数据，如时间序列、矩阵、卫星或医疗图像和多维数值网格。通过使用SDS，可以使程序具有更优良的互操作性和更好的可扩展性。SDS可以输入输出不同格式的数据，提高了系统的互操作性；在小规模的实验和调试中使用可阅读的文本文件，SDS可以将其转换成高性能的二进制数据格式，使系统具有更好的扩展性。

SDS包含一个可扩展的类库，用来操作多个数据格式的数据集，这个类库可以使用任何.NET语言，例如C#、C++、Visual Basic。

SDS有一系列特征：
① 支持几种常见的数据格式，如CSV、NetCDF、HDF5；
② 可以扩展支持其他数据格式；
③ 一个可视化的工具，可以作为一个独立的实用程序或程序的一个组成部分运行；
④ 能够创建自描述数据包，在数据集中包含丰富的元数据；
⑤ 能够执行一致性检查和事务更新。

SDS 库被设计为与现有的科学分析程序协作来读取和写入基于数组的数据集。库中包括 CSV 和 NetCDF 格式的数据支持,开发者可以扩展该库以支持其他的格式。SDS 能够读写多种格式的数据,然后把这些数据提供给程序、数据拟合模型,或者数据查看器,用来进行分析和可视化。

3.4.3 GRIB 数据

1. GRIB 文件概述

GRIB 是世界气象组织(World Meteorology Organization,WMO)开发的一种用于交换和存储规则分布数据的二进制文件格式。最初 GRIB 表示"二进制格点"(Gridded Binary),后来扩展为"二进制的通用规则分布信息"(General Regularly-distributed Information in Binary Form)。

GRIB 的主要优势是其自描述性。每个记录包含信息,如网格的分辨率、时间、变量、等级、属性的建立者。许多程序可以创建 GRIB 的详细目录。对于使用现代通信协议的高速通信链路来说,GRIB 是一种传送大批量网格化数据的有效工具。通过把各种相关数据打包压缩为 GRIB 码,使信息的组织方式比起基于字符的形式要紧凑得多,因此有利于资料的存储和加快计算机之间的传输速度。

GRIB 是与计算机无关的压缩的二进制编码,主要用来表示数值天气预报的产品资料。现行的 GRIB 码版本有 GRIB1 和 GRIB2 两种格式。GRIB1 被广泛用于 NWP 产品,或是 WAFS 产品。但是国际民用航空组织在使用 GRIB1 分发 WAFS 产品时遇到阻碍,因为 GRIB1 在传输或存档某些产品时还有如下缺陷:

(1)表示数据的局限性。这是由 GRIB1 的结构所决定的,在 GRIB1 中只能使用一个产品定义模板和网格描述模板。

(2)缺乏对谱数据的支持和对图像的支持。GRIB1 这方面的不足关键是因为数据压缩方式还比较少,GRIB1 仅支持对格点数据的简单压缩、二级压缩和对球谐函数的简单压缩、复杂压缩。

(3)不能对一些新的产品进行处理。因为 GRIB1 没有表示相应产品的模板,不能对集合预报系统的产品、长期预报产品和气候预测产品进行处理。

GRIB1 和 GRIB2 都采用二进制的编码分段的方式,将 GRIB 资料分成若干段,每一段都基本按照 8 位二进制为一组将数据分组,每一段都有对应的一系列代码表、标志表和模板表以解析该段中的二进制数据。GRIB2 大体继承了 GRIB1 的分段方式,并在此基础上加入一些新的分段,表 3-1 列出 GRIB1 与 GRIB2 分段的比较。

表 3-1 **GRIB1 与 GRIB2 的分段比较**

GRIB1	GRIB2
0 段:指示段	0 段:指示段
—	1 段:标识段

续表

GRIB1	GRIB2
—	2 段：（本地使用段）
2 段：网络描述段	3 段：网络定义段
1 段：产品定义段	4 段：产品定义段
—	5 段：数据表时段
3 段：位图段	6 段：位图段
4 段：二进制数据段	7 段：数据段
5 段：7777	8 段：7777

GRIB2 比 GRIB1 有更多优点而被广泛使用：

(1) 表示多维数据。GRIB2 能传输多个网格场数据，GRIB2 也能描述在时间和空间方面的多维网格数据。在 GRIB2 中若是 3 段到 7 段循环，即允许在一个 GRIB2 资料中包含多个格点场、多个产品、多个参数数据（如果本地使用段需要定义，2 段到 7 段也可循环）。如果需要在同一个格点场传送多个产品参数，就可以重复 4 段到 7 段。

(2) 更具模块性的结构。GRIB2 广泛使用模板，3 段使用网格定义模板，4 段使用产品定义模板，5 段使用数据表示模板。网格定义模板包含等距圆柱面(正方形平面)、墨托卡、极射赤面投影、兰伯特正形、高斯经纬度、球谐函数系数、空间观察的透视和正射、基于二十面体的三角形、赤道方位角的等距投影、在水平面上有相等间隔点的剖面、在水平面上有相等间隔点的槽脊图以及时间剖面等类型的网格。产品定义模板包含分析预报、单项集合预报、概率预报、导出预报、百分比预报、雷达产品、卫星产品等产品类型。在 GRIB2 中，模板、码表管理更清晰，它们都根据所在的段来进行编号，而且根据功能和方向的不同进行分离。这些丰富的模板使得 GRIB2 可以对一些新的产品进行编码，例如集合预报系统的产品，以及长期预报、气候预测、集合海浪预报或者交通模型、剖面段和槽脊类型图。GRIB2 能够展现目前可用的新产品，而且为扩展和增加新产品提供方便的途径。GRIB2 更具灵活性和可扩展性。在 GRIB2 中，当需要传输一个新的参数或者新的数据类型时，新的元素只需要添加到新的表中去，这样就充分体现了灵活性。不用开发新的软件，处理过程和流程是固定的，只要扩充表就可以，这使得当新产品或者新参数需要增加时软件维护更加容易，充分体现了可扩展性。

(3) 更多的压缩方式。GRIB2 提供更多的压缩方式，特别是对谱数据和图像数据的支持(体现在数据表示模板)，包含格点数据的简单压缩、复杂压缩和空间差分压缩方式，还有谱数据的简单压缩方式和对球谐函数数据的复杂压缩。最重要的是采用了图像压缩方式(JPEG2000 和 PNG 压缩算法)，这两种压缩算法不仅能够提供对图像数据的支持，例如雷达产品和卫星产品，而且其他格点数据也可以使用它们来对格点数据进行压缩，以获得理想的精度。

(4) IEEE 标准浮点表示法。在 GRIB2 中有一些数值是采用了 IEEE 标准浮点数表示法。单精度浮点数用 4 个 8 位组表示：

seeeeeee emmmmmmm mmmmmmmm mmmmmmmm

其中：s 为符号位，0 为正，1 为负；e…e 为有偏指数，用 8 个比特表示；m…m 为尾数，但不包含第 1 个比特位。其数值由表 3-2 给出。

表 3-2　　　　　　　　　　　　IEEE 浮点表示法

e…e	m…m	数　　　值
0	任意	$(-1)^s(m\cdots m)2^{-23}=(-1)^s(m\cdots m)2^{-149}$
1…254	任意	$(-1)^s(1.0+(m\cdots m)2^{-23})2^{((e\cdots e)-127)}$
255	0	正（s 为 0）or 负（s 为 1）无穷大
255	>0	NaN（取值无效）

数的存储是从高序列的 8 位组开始，符号位是第 1 个 8 位组的第 1 位，尾数的低序列位是第 4 个 8 位组的最后一位（第 8 位）。

2. GRIB 文件格式简介

GRIB 文件包含从 0 到 8 共 9 个 section，每个 section 用途不一样。

section0 有 16 个字节，分别表示 4 字节的字符串，接下来 5~6 字节保留备用，第 7 个字节表示 discipline 也就是所遵守的规范，第 8 字节表示版本号，一般为 2。第 9 到第 16 字节共 8 个字节（一个 long 型数字）表示整个 GRIB message 所占字节数。总之，section0 描述的是整个 message 的信息，是统领全文的作用。

section1 至少有 21 字节，表示一堆版本号和时间。总之，section1 描述的也是数据格式的元信息。

section2 是给用户自己用的，用户可以在这里自由发挥。

section3 是网格定义区域。

section5 是数据格式描述区域，描述了 section7 中数据的压缩方式。

section7 是最重要的部分，从第 6 个字节开始存储的是压缩的字节数据。

3. GRIB 编解码工具

当前主流的 GRIB 编解码工具有两种：第一种是 GRIB API，是由欧洲中期天气预报中心（European Centre for Medium-Range Weather Forecasts，ECMWF）开发的用于编解码 GRIB1 和 GRIB2 的工具，提供 C++、Fortran、Python 等语言的 API，并提供命令行工具。GRIB API 在 2019 年已不再作为 ECMWF 的主要编解码工具，已被 ecCodes 替代。第二种是 wgrib/wgrib2，是美国国家环境预报中心（National Centers for Environmental Prediction，NCEP）开发的分别用于解码 GRIB1 和 GRIB2 的工具，提供 C 和 Fortran 语言的 API，同时也提供命令行工具。GRIB API 和 wgrib/wgrib2 都是开源的，其中 wgrib/wgrib2 对 Windows 平台上的命令行工具功能支持得最好，提供了大量的命令行参数，以满足使用者对 GRIB 数据的不同处理需求。

第 4 章　海洋数据可视化

随着海洋科学技术的发展，海洋数据突显出高维、时变、海量、网格模型复杂化的发展趋势。快速、准确地对海洋数据进行制图与可视化表达，是海洋 GIS 的重要功能。海洋数据可视化是指以计算机多维动画、多媒体技术及仿真和虚拟现实技术等形式显示海洋环境要素的变化过程和空间结构，揭示海洋过程及变化规律。海洋环境要素主要包括海风、洋流、海浪、海温、盐度、密度等，按照数据是否具有方向特征，将上述要素划分为标量场和矢量场类型。本章将针对海洋标量场和矢量场，分别介绍其常用的数据可视化方法，包括标量场二维场景下的颜色映射法、等值线法、高度图法，三维场景下的间接体绘制法、直接体绘制法、光线投射法等；以及面向矢量场数据的欧拉法、流线法、纹理法、粒子系统等方法，并基于流场介绍了特征提取方法，在减少绘图数据量的同时，尽可能保留矢量场特征信息。

4.1　数据可视化概述

4.1.1　数据可视化的分类

在计算机学科的分类中，利用人眼的感知能力对数据进行交互的可视化表达以增强认知的理论、方法与技术，称为可视化。广义上，面向科学和工程领域的科学可视化研究，如带有空间坐标和几何信息的三维空间测量数据、计算模拟数据和医学影像数据等，重点探索如何有效地呈现数据中几何、拓扑和形状特征。信息可视化的处理对象则是非几何的抽象数据，如金融交易、社交网络和文本数据，其核心挑战是如何针对大尺度高维数据减少视觉混淆对有用信息的干扰。由于数据分析的重要性，将可视化与分析结合，形成一个新的学科——可视分析学。科学可视化、信息可视化和可视分析学三个学科方向通常被看成可视化的三个主要分支。

1. 科学可视化

科学可视化是可视化领域最早、最成熟的一个跨学科研究与应用领域。面向的领域主要是自然科学，如物理、化学、气象气候、航空航天、医学、生物学等各个学科，这些学科通常需要对数据和模型进行解释、操作与处理，旨在寻找其中的模式、特点、关系以及异常情况。早期的关注点主要在于三维真实世界的物理化学现象，因此数据通常表达在三维或二维空间，或包含时间维度。按照数据的类型，科学可视化可以分为标量场可视化、向量场可视化与张量场可视化三类。

2. 信息可视化

信息可视化处理的对象是抽象的、非结构化数据集合(如文本、图表、层次结构、地图、软件、复杂系统等)。传统的信息可视化起源于统计图形学，又与信息图形、视觉设计等现代技术相关。其表现形式通常在二维空间，因此关键问题是如何在有限的展现空间中以直观的方式传达大量的抽象信息。与科学可视化相比，信息可视化更关注抽象、高维数据。此类数据通常不具有空间中位置的属性，因此要根据特定的数据分析需求，决定数据元素在空间的布局。信息可视化的方法与数据类型紧密相关，通常按数据类型可以大致分为时空数据可视化、层次与网络结构数据可视化、文本和跨媒体数据可视化、多变量数据可视化等几类。

3. 可视分析学

可视分析学被定义为一门以可视交互界面为基础的分析推理科学。它综合了图形学、数据挖掘和人机交互等技术，以可视交互界面为通道，将人的感知和认知能力以可视的方式融入数据处理过程，形成人脑智能和机器智能的优势互补和相互提升，建立螺旋式信息交流与知识提炼途径，完成有效的分析推理和决策。可视分析学包含信息分析、科学分析、统计分析、地理分析、知识发现、感知与认知分析等研究内容。

4.1.2 数据可视化的基本流程

数据可视化的基本流程如图4-1所示，图中七个阶段描述了数据从数据空间到可视空间的映射，该过程可以概括为数据表示与变换、数据可视化呈现、用户交互三个部分。

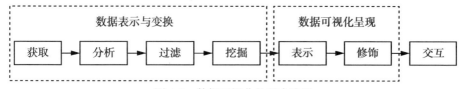

图4-1 数据可视化的基本流程

1. 数据表示与变换

该部分包含了流程中的获取、分析、过滤和挖掘。为了有效进行可视化和分析，输入数据必须从原始状态变换到一种便于计算机处理的结构化数据表示形式。通常这些结构存在于数据本身，需要研究有效的数据提炼或简化方法，以最大程度地保持信息和知识的内涵及相应的上下文。有效表示海量数据的主要挑战在于采用具有可伸缩性和扩展性的方法，以便如实地保持数据的特性和内容。此外，将不同类型、不同来源的信息合成进行统一表示，使得数据分析人员能及时聚焦于数据的本质也是研究重点。

2. 数据可视化呈现

将数据以一种直观、容易理解和操纵的方式呈现给用户，需要将数据转换为可视表示并呈现给用户。数据的可视化呈现过程包含了七个阶段的表示和修饰。数据可视化向用户传播了信息，而同一个数据集可能对应多种视觉呈现形式，即视觉编码。数据可视化的核心内容是从巨大的呈现多样性空间中选择最合适的编码形式。判断某个视觉编码是否合适的因素包括感知与认知系统的特性、数据本身的属性和目标任务。大量的数据采集通常是以流的形式实时获取的，针对静态数据发展起来的可视化显示方法不能直接拓展到动态数据。这不仅要求可视化结果有一定的时间连贯性，还要求可视化方法高效，以便给出实时反馈。因此不仅需要研究新的软件算法，还需要更强大的计算平台（如分布式计算或云计算）、显示平台（如一亿像素显示器或大屏幕拼接）和交互模式（如体感交互、可穿戴式交互）。

3. 用户交互

用户交互即流程中最后的交互过程。对数据进行可视化和分析的目的是解决目标任务。通用的目标任务可分成三类：生成假设、验证假设和视觉呈现。数据可视化可以用于从数据中探索新的假设，也可以证实相关假设与数据是否吻合，还可以帮助数据专家向公众展示其中的信息。交互是通过可视的手段辅助分析决策的直接推动力，有关人机交互的探索已经持续很长时间，但智能的、适用于海量数据可视化的交互技术，如任务导向的、基于假设的方法，还是一个未解难题，其核心挑战是新型的可支持用户分析决策的交互方法，这些交互方法涵盖底层的交互方式与硬件、复杂的交互理念与流程，更需要克服不同类型的显示环境和不同任务带来的可扩充性难点。

4.2 海洋标量场数据可视化

4.2.1 概述

海洋标量场数据是一类只有海洋要素测量值大小，没有方向信息的海洋环境数据，主要包括海水温度、盐度、密度、叶绿素浓度等。海洋标量场根据数据维度可以分为二维标量场和三维标量场。其中二维标量场可视化方法主要有颜色映射、等值线和高度图等；三维标量场常用的可视化方法为间接体绘制和直接体绘制。

海水温度、盐度、密度等作为海洋水文基本要素，是海洋环境分析的重要对象。对于海洋水文要素的可视化分析，根据所研究对象在欧式空间中对应维数的不同，主要分为点方法、线方法、面方法和体方法；当引入时间变量后，对应的方法变成过程方法，如点过程方法等。面方法以平面目标为研究对象，包括水平面、斜面和剖面。在海洋数据可视化过程中，可用不同的颜色相应表示面上各点的物理值，即颜色映射，也可以根据面上各点的物理值绘制等值线。

首先介绍几种海洋领域常用的标量场数据。

1. 海洋表面温度数据

海水的温度是海水温度计上表示海水冷、热的物理量，以摄氏度数表示。水温升高或降低，标志着海水内部分子热运动平均动能的增强或减弱。水温的高低取决于辐射过程、大气与海水之间的热交换和蒸发等因素。

海洋表面温度是一个重要的海洋环境参数，是重要的海洋环境基础信息。几乎所有的海洋过程，特别是海洋动力过程，都直接或间接与温度有关。例如，海温是划分水团的主要依据之一，是概括海洋锋面、流系的特征之一，也是全球气候变化模式的主要输入量之一；厄尔尼诺和拉尼娜现象、热带气旋、海-气交换等，都与海水温度密切相关；生物种群的分布、洄游、繁殖等生命过程都受水温的制约和影响，因此，它广泛应用于海洋动力学、海气相互作用、渔业经济研究、污染检测和海温预报应用等方面。

海表层水温是随机变化的，可以借助统计计算，得出其平均分布状况。大洋表层水温的分布主要取决于太阳辐射的分布和大洋环流两个因子。由于进入海洋中的太阳辐射能，除很少部分返回大气外，全被海水吸收，转化为海水的热能，其中约60%的辐射能被1m厚的表层吸收，因此海洋表层水温较高，对极地海域结冰与融冰过程产生重要影响。表层水温的差异是由其所处地理位置、大洋形状以及大洋环流的分布等因素造成的。

海水温度在垂直方向上大体上随深度的增加呈不均匀递减。冬半年在偏北向季风的吹掠之下，海水与大气的感热交换和强烈的蒸发使海洋的失热加剧，涡动和对流混和的增强可使这一过程影响到更大的深度。

2. 海洋盐度数据

海水中的含盐量是海水浓度的标志，海洋中的许多现象和过程都与其分布和变化息息相关。绝对盐度是指海水中溶解物质质量与海水质量的比值，但是要精确的测定海水的绝对盐度十分困难，长期以来人们对此进行了广泛的研究讨论，1978年国际专家组提出的实用盐标——PSU(Practical salinity units)是海洋学中表示盐度的标准，为无单位量纲，一般以‰表示，是以在15℃温度，一个标准大气压下，其电导率与盐度为35‰的标准海水精确相等的，质量比为 32.4356×10^{-3} 的高纯氯化钾溶液做参考的盐度标准。

海水盐度是海水的一项重要的物理参数。海表盐度在影响大洋环流、大气与海洋相互作用等全球性气候过程以及在决定蒸发与降水平衡等方面起着重要作用。海水的盐度是理解全球海洋循环和海洋在地球气候中作用的一个重要参数。有了海洋盐度数据，就可以估计密度和浮力，而浮力是海洋三维环境的动力。所以说，海水盐度是监测和模拟海洋循环的一个重要变量，也是气候变化的重要指标。

盐度的平面分布：海洋表层盐度与其水量收支有着直接的关系。经线方向海水蒸发与降水之差有极为相似的变化规律，纬线方向呈带状分布特征，但从赤道向两极却呈马鞍形的双峰分布。在寒暖流交汇区域和径流冲淡海区，盐度梯度特别大，这显然是由它们盐度的显著差异造成的。海洋中盐度最高与最低多出现在一些大洋边缘的海盆中。冬季盐度的分布特征与夏季相似，只是在季风影响特别显著的海域，盐度有较大的差异。由于多种因素的制约，盐度因子的影响随深度的增大逐渐减弱，所以盐度的水平差异也随深度的增大而减小。

盐度的铅直分布：海水盐度随深度呈层状分布的根本原因是大洋表层以下的海水都是从不同海区表层辐聚下沉而来的，由于其源地的盐度性质各异，因而必然将其带入各深层中去，并凭借它们密度的大小，在不同的深度上水平散布，同时受到大洋环流的制约。

3. 海洋密度数据

海水密度是温度、盐度和压力的函数，在表层主要取决于海水的温度和盐度分布情况。海水密度是海水的一种重要的物理性质，海水密度与盐度及温度的关系对于物理海洋学、环境海洋学及海洋物理化学的研究都有重要的意义。海水混合、大洋环流及水声传播等都与海水密度的分布和变化密切相关。

第 4 章 海洋数据可视化

密度的水平面分布：赤道区温度最高，盐度也较低，因而表层海水密度最小，由此向两极方向，密度逐渐增大。在副热带海域，虽然盐度最大，但因温度下降不大，所以密度虽有增大，但没有相应出现极大值。随着纬度的增高，盐度剧降，但因水温降低引起的增密效应比降密效应更大，所以密度继续增大，最大密度出现在寒冷的极地海区。

密度的铅直分布：温度的变化对密度变化的影响要比盐度大，故密度随深度的变化主要取决于温度。海水温度随着深度的分布是不均匀递降，因而海水的密度随深度的增加而不均匀地增大。

4. 海洋叶绿素浓度数据

叶绿素是光合作用的主要光合色素。海洋叶绿素存在于浮游植物中，是浮游植物现存量的表征。浮游植物的现存量是用来描述浮游植物利用光能进行光合作用，将无机物转变为有机物时，有机物生产力的一个重要指标。因此，海水叶绿素浓度直接反映了浮游植物数量，即反映海域初级生产者的现存生物量。叶绿素浓度是评价海洋水质、有机污染程度和探测渔场的重要参数。

5. 海洋表面高度数据

海洋表面高度描述了海洋表面的起伏大小，是海洋动力地形的表征，一般是由于海浪引起海洋表面的高低起伏，海浪是海面起伏形状的传播形式。通过海洋表面高度的测量，可以观测和分析海洋能量分布和预测台风、海啸等海面高度动态变化现象。

4.2.2 二维可视化

1. 颜色映射

颜色映射分为灰度映射和彩色映射，该方法通过构建以标量值作为索引的颜色对照表，将相应的标量值和相应的颜色对应进行表达。建立颜色对应关系的方法也称为传递函数（Transfer Function）。这些标量可以是温度、压强、矢量大小、矢量转角等信息。当原始数据空间小于映射空间时，需要采用插值算法，重建相邻数据点间缺省的信号。常用的插值方法有克里金法、自然邻域法、样条函数法、反距离权重法等。颜色映射图如图 4-2 所示。

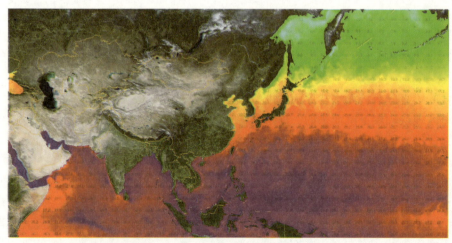

图 4-2　颜色映射图

2. 等值线法

等值线法是将标量场中数值等于某一指定阈值的点按顺序连接起来的可视化方法。假设 $f(x, y)$ 是在点 (x, y) 处的数值，等值线是在二维数据场中满足 $f(x, y) = c$ 的空间点集按一定顺序连接而成的线。值为 c 的等值线将二维空间标量场分为两部分：若 $f(x, y) < c$，则该点在等值线内；若 $f(x, y) > c$，则该点在等值线外。等值线图将数据与图像有机融合在一起，通过计算机模拟直观反映数据变化的趋势。该方法应用十分广泛，是气象、地质测绘与分析、工程计算和分析等众多领域的重要图件之一，例如航空测量的等高线地形图、大气气象水文中的等温线图、有限元分析过程中等效应力应变场的等值线图等。

等值线图具有如下的性质：

(1) 等值线通常是一条光滑的连续曲线；

(2) 对于给定的某个属性值，相应的等值线数量可能不止一条；

(3) 由于定义域是有界的，等值线可能是闭合的，也可能是不闭合的；

(4) 等值线不能互相交错。

等值线的模型一般有三种：用数学方程模拟的曲面模型、规则网格模型和不规则三角网格模型。曲面模型方法较为复杂，由于空间地形的复杂性，一般也不易用数学方程模拟。规则网格模型方法利用网格来生成等值线，对网格单元的大小有一定的要求。网格太小，则对内存消耗高，计算量较大；而网格太大，则易忽略微小的变化区域。不规则三角网格模型是利用三角网格来生成等值线。

3. 高度图

高度图是将二维标量场数据中的数据值映射为三维空间中的第三个纬度，以图像的角度看到数据间更多的关系。二维标量数据场中的数据大小，难以给人带来直观的感受，只能通过数字间的比较来判断数字的大小。而将数值转为高度图后，可以通过图像上的高低起伏，直观地感受数据的大小变化。如图 4-3 所示，二维标量场数据的大小变化表达"地形"的高低起伏。

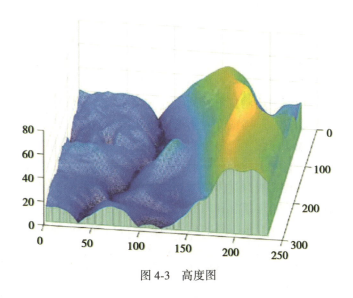

图 4-3　高度图

4.2.3 三维可视化

1. 间接体绘制

间接体绘制是使用最广泛的三维标量场数据可视化经典方法之一，它利用等值面提取技术，显式地获得特征的几何表面信息，并采用传统的曲面绘制技术，直观地展现特征的形状和拓扑信息。其中的关键是等值面提取，是指从三维标量场中抽取满足给定阈值条件的网格曲面，即抽取满足 $f(x, y, z) = c$ 的所有空间位置（x, y, z 为空间位置，c 为给定的标量阈值），并重建为三维连续的空间曲面，称为等值面(Isosurface)。

在三维标量场中构造等值面，有很多不同的方法，其中最具代表性的是移动立方体法（Marching Cubes），该方法由 W. Lorenson 和 H. E. Cline 在 1987 年提出。由于这一方法原理简单、易于实现，目前已经得到了较为广泛的应用。移动立方体法的基本原理为逐一遍历三维规则标量场的最小单位体素（立方体），生成立方体内部满足给定阈值条件的三角面片。在处理每个体素时，比较体素的 8 个顶点的值与给定阈值的大小关系，判断该立方体内部是否包含等值面。如果存在等值面，则根据相关边的两个端点的标量值计算等值面与该边的交点，按一定的规则连接每条边的交点形成一系列等值三角面。

算法细节如下：

体素标量值分布于体素（立方体）的 8 个顶点上，每个顶点通过比较阈值 c 和其标量值的大小关系，确定其是否位于等值面内部（$f(x, y, z) < c$）、等值面上或等值面外部（$f(x, y, z) \geq c$）。因此，等值面与立方体相交的情况共有 $2^8 = 256$ 种，可用查找表的方法确定交点连接关系。根据旋转和镜像对称性，这 256 种情况可以简化为 15 种，如图 4-4 所示。如果边与等值面相交，则边的一个端点位于等值面内部，另一个端点位于等值面上或外部。若两个端点的位置为 p_1 和 p_2，标量值为 v_1 和 v_2，则交点位置可通过线性插值得到：$p = (1-t)p_1 + tp_2$，其中，参数 $t = \dfrac{c - v_1}{v_2 - v_1}$。其后，遍历立方体的所有边，计算等值面与立方体的所有交点，并根据所属的相交情况（图 4-4 中的一种情况）连接这些交点，可获得该体素内的等值面。

使用移动立方体法对三维风场进行绘制的结果如图 4-5 所示。

2. 直接体绘制算法

直接体绘制是可视化研究中分析和处理三维数据的关键技术，是由离散的三维数据场直接产生对应二维图像的一种绘制技术。体绘制技术非常适合于地理环境中海洋环境、气象环境的模拟，同样适合复杂形体或不规则形体物体的绘制。和等值面方法不同，在这一过程中并不需要产生中间几何图元。体绘制法是依据光照模型成像的，其原理是一种基于光学映射的方法，该方法将三维数据场映射到一个具有透明特性，由体素作为基本造型单元的系统。通过该系统描述光线穿过体数据场，在一定光照条件下呈现出各种光斑、颜色等光学特性来反映数据场的整体信息和内部信息。

直接体绘制技术能产生三维数据场的整体图像，包括每一个细节，可观察到三维数据场的整体和全貌，并具有图像质量高、便于并行处理等优点。其主要缺点是计算量很大，当视点改变时，图像必须重新进行大量的计算，因此需要很强的计算能力和较大的存储空

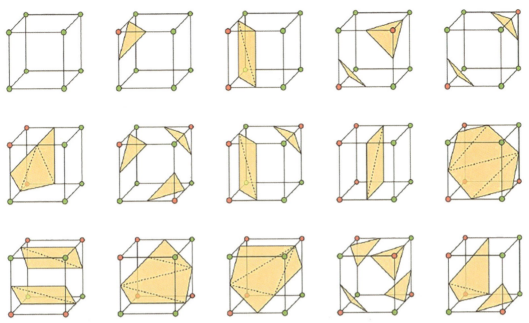

图 4-4　等值面与网格单元相交的 15 种情形

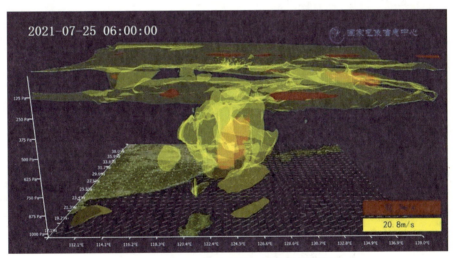

图 4-5　基于间接体绘制的三维海温场可视化

间才能有效实现。

直接体绘制算法很多，但绘制流程大致相同。

(1) 数据处理：对实测获得的或者计算机模式分析产生的海洋数据进行无效值剔除、插值等处理，并以恰当方式将数据组织成体数据，使数据适用于绘制方法。

(2) 对体数据进行重采样获取采样点上的属性值。

(3) 数据值与颜色值的映射：根据颜色映射规则，将属性值换算成对应的颜色值、不透明度等光学特征，在体绘制中颜色映射主要通过传输函数实现。

(4)颜色合成：根据光照模型对所有采样点的颜色值进行累计，获得最终屏幕上显示的图像。

直接体绘制算法主要有：光线投射算法(Ray-casting)、错切-变形算法(Shear-warp)、频域体绘制算法(Frequency Domain)和抛雪球算法(Salating)，其中以光线投射算法最为重要和通用。

(1)光线投射法，是以图像空间为序的，其基本原理是模拟射线穿过体数据，并按照一定间距对体素进行重采样，通过传递函数和光线积分最后得出叠加的颜色值。光线投射算法绘制效果好，通过简单优化之后就能显著减少计算量。缺点是定义的各种辅助变量占用的显存空间大。光线投射法是目前最为广泛应用的体绘制算法。

(2)错切-变形法，其解决问题的方式更为直接。其基本原理为：直接将体数据变换到错切后的物体空间。然后以物体空间为序，直接将从前至后的体素投射到二维中间平面。最后再将二维中间平面变形为视角比例图像。错切-变形法对显存要求低，而且运算速度快。缺点是视角方向必须能与坐标轴重合。

(3)频域体绘制算法，频域体绘制法的基本原理是首先用三维傅立叶变换将空间域的体数据 f(x)变换到频域得到离散频谱 f(s)，然后沿着经过原点并与视正交的抽取平面对离散频谱 f(s)进行插值，插值后的频谱再经过从新采样后得到一个两维的频谱，对其作两维傅立叶反变换即可得到该视方向上的空间域投影图。

(4)抛雪球法，是以物体空间为序的，又称为足迹表法。其基本原理是：定义一个足迹函数来计算每个体素的投影影响范围，最后再加以合成。抛雪球法计算过程对于体数据有效体素之外的区域不会有任何多余的数据扩充，因此能够比较明显地节省显存。缺点是计算量很大，如果视角变化频繁，则性能低下。

3. 光线投射法

光线投射算法是目前最主流、绘制质量最高、灵活度最高的体绘制算法，是以图形所在的世界空间为绘制基点的直接体绘制算法。如图 4-6 所示，从屏幕上每一个像素点出发，沿着视线方向发射出一条光线，光线穿越整个体数据空间，并在这个过程中，对体数据进行采样并通过传递函数计算出采样点处的光学属性信息(颜色、不透明度等)，同时

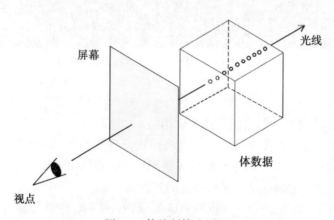

图 4-6 体绘制算法原理

依据光线吸收模型将颜色值和不透明度进行累加，直至光线穿越整个体数据空间，最后得到的颜色值就是渲染图像的颜色。

光线投射算法的融合计算过程是按照光线顺序对重采样点进行融合积分的一个过程，重采样点的融合规则一般由光学模型推导出的光线积分公式而来。体绘制的常用光线模型有光线吸收模型、光线发射模型、光线吸收-发射模型、散射-阴影模型、多重散射模型、全局光照模型。多重散射模型和全局光照模型的复杂度过高，并且对应科学研究一般情况下是不必要的，这里针对海洋标量场数据采用光学吸收与发射模型能够完全满足可视化需求，吸收与发射模型的递推公式为：

$$C'_i = C'_{i+1} + (1 - A'_{i+1}) \times C_i \\ A'_i = A_{i+1} + (1 - A'_{i+1}) \times A_i \tag{4.1}$$

式中，C 表示颜色值，A 表示透明度 alpha 值，C'_i 表示在当前位置采样点 i 处的累计颜色，C_i 表示采样点 i 处发射出的颜色增幅，$1 - A_i$ 表示当前采样点的吸收比例。

4.3　海洋矢量场数据可视化

4.3.1　概述

矢量可视化是科学计算可视化中极具挑战性的研究课题之一，它以直观的图形图像显示场的运动，透过抽象数据洞察其内涵本质和变化规律，而广泛应用于计算流体力学、航空动力学、大气物体和气象分析等领域。与标量场相比，矢量场的最大不同点在于每个物理量不仅具有大小，而且具有方向，这决定了矢量场的可视化与标量场完全不同。

海洋矢量场可视化方法主要有直接法、几何法、纹理法、特征法、粒子系统法等。

1. 直接法

直接法是用图标法或颜色映射等方法直接可视化矢量场。图标法包括点图标、线图标、面图标法。颜色映射通过建立矢量信息和颜色值间的映射关系，可以将它的部分信息展示出来，如通过基于纹理的矢量可视化法，再叠加颜色映射和矢量线，可以清晰地展示二维矢量数据的方向、大小和细节。

2. 几何法

几何法是用时线、脉线、迹线、流线等几何形体来可视化矢量场数据。流线的构造方法主要有基于流线微分方程的数值积分和流函数构造流线的方法。相较而言，前者由于每步需要计算积分，生成速度较慢，而且由于插值形式不同，调整积分步长策略不同等原因，可选生成流线计算的方式有很多；后者虽然不需要计算积分步长，不用解微分方程，但需要细化网格并样条拟合，计算量较大。几何法虽然可以在一定程度上观察矢量的连续变化，但是可视化的效果好坏取决于种子点的选择。如果选取不当，则会漏掉矢量场的重要特征，或给人凌乱的感觉。

3. 纹理法

纹理法是将矢量场信息以纹理的形式表现出来，具有空间连续性，而且可以通过颜色表达标量信息。基于纹理的映射方法主要包括点噪声法和线卷积积分（Line Integral

Convolution，LIC)法，其中，点噪声是将具有一定大小和形状的点沿矢量方向卷积，靠改变点的属性控制纹理，这些点具有随机分布的特性。Carbral 和 Leedom(1993)在点噪声法的基础上改进，并提出线积分卷积法，算法基本思路是：遍历矢量场中数据采样点，从该点开始向前向后依据相应的矢量进行线积分卷积，得到的结果作为该点的值，卷积核采用一维核函数。利用 LIC 方法得到的纹理图像，细致地描绘了图像的细节。

4. 特征法

特征法是指从流场数据集中分析并抽取有意义的结构，如漩涡等用户感兴趣的特征，得到高度抽象的场信息的方法。这种方法使用户能忽略大部分不感兴趣的冗余数据，减少绘制的数据量，具有简洁、直观的优点。然而，特征本身的复杂性导致三维流场中特征提取困难，算法计算量大，且准确度难以得到保证。

5. 粒子系统法

基于粒子系统的流场可视化方法可以看作几何可视化方法的变种，它在流场中随机而均匀地布设大量粒子(种子点)，驱使这些粒子在流场中运动，并对它们进行追踪，通过连续动态绘制粒子集的运动状态，可以直观而形象地对流场进行表达。粒子系统可视化通过大量随机粒子的运动对流场进行模拟和表达，符合人们对于流体的自然感受，通过动态的粒子运行轨迹，可以直观地表示流场的速度和方向，流场中的重要特征(如漩涡、激流)，以及重要临界点(如源点、汇点、鞍点等)都能在可视化过程中有效地展现出来。

下面介绍几种海洋领域常用的海洋矢量场数据。

(1)海流，是海洋中海水沿一定方向的大规模流动，又称为洋流，主要指沿水平和垂直方向的非周期性流动。海流的强弱和方向用流速和流向表示，表层海流的水平流速为每秒几厘米到几百厘米，深层的水平流速单位则在厘米每秒以下，垂直流速很小，最大约每小时几十厘米。

海流按成因，可分为风海流、梯度流和补偿流。风海流是在风的作用下产生的，由信风或盛行风的长期吹动而形成流向流速较稳定的"漂流"。梯度流是由海水密度水平分布不均或其他原因所导致的水平压强梯度力的作用下形成的，包括倾斜流和密度流。倾斜流的流速和流向不随深度变化，密度流随深度增加而变小。补偿流是由于某处海水流失，使另一方的海水流入补充而形成的，分为水平补偿流和垂直补偿流，后者又分为上升流和下降流。海流按其与流经海域的水温差异，分为寒流和暖流。水温低于流经海域水温的叫寒流，高于流经海域水温的叫暖流。此外，按海流与海岸的相对关系，还可分为沿岸流、离岸流和向岸流。

(2)潮流，是海水在潮汐涨落时产生的周期性水平流动。潮位上升过程发生的水平流动叫做涨潮流，潮位下降过程发生的水平流动叫做落潮流。它是影响舰船在海峡、水道、港湾航行和沿海军事活动的重要水文因素。

潮流按周期情况，可分为半日潮流、不规则半日潮流、日潮流和不规则日潮流。按运动形式，可分为往复流和旋转流。

①往复流，又称为来复流。其水体大致在一个水平方向上往复流动，一般发生在海峡、水道、港口和江河入海口处。它在涨潮流与落潮流的转换时刻，流速为 0～0.05m/s，叫做憩流(转流)。在半日潮流区相邻转流间隔为 6 小时，日潮流区为 12 小时。

②旋转流，潮流方向随时间的变化而逐渐转换，呈360°周期性的旋转运动，多发生在外海、海湾或广阔的海区，没有憩流现象。在北半球多为顺时针方向旋转，在南半球多为逆时针方向旋转。半日潮流一日内流向旋转两周，日潮流一日内流向旋转一周。潮流在大洋中流速很小，在海峡、水道或湾口等处，因沿岸和海底地貌等的影响，流速较大。最大流速通常出现在海面下约3m处。流速的垂直梯度较小，不同深度的流向比较接近，如在水道、海峡上下层的流向流速几乎相同，但在有些海区，不同深度的流速和流向差异明显。潮流流向转换（转流）的时刻和最大流速的时刻与潮波的性质有关。若该地的潮波是向前传播的前进波，则转流发生在高、低潮中间时刻，最大流速出现在高潮和低潮时刻附近；若潮波是反射波与原前进波起干涉现象而成的驻波，则转流发生在高、低潮时刻附近，最大流速出现在高潮和低潮的中间时刻。潮流流速与潮差成正比，潮差小，潮流较弱；潮差大，潮流较强。

(3)潮汐，是海水在月球和太阳等天体引潮力作用下发生的周期性涨落现象。海水水位上升的过程称为涨潮，下降的过程称为落潮。完成一次升降运动所需的时间叫潮汐周期，一般为12小时25分，有的海区是24小时50分。潮汐对舰船航行、沿岸工程建设、海水基准面测定等有重要影响，也是影响海上及沿岸军事活动的重要因素。

潮汐按涨落周期，可分为四种类型：①半日潮，在一个太阴日(24小时50分)中有两次高潮和低潮，相邻的高潮或相邻的低潮的潮高大体相等；②不规则半日潮，在一个太阴日中有两个高潮和低潮，但两次高潮或低潮的潮高不等，涨潮时间和落潮时间也不等，这种现象，称为潮汐日不等现象；③全日潮，在半个月中有连续7天以上的天数在一个太阴日内出现一次高潮和一次低潮，少数几天潮差较小，且呈现出半日潮现象；④不规则日潮，在半个月内的大多数时间为不规则半日潮，少数几天在一个太阴日内会出现一次高潮和一次低潮。

4.3.2 欧拉法

1. 简介

在数学和计算机科学中，欧拉法由莱昂哈德·欧拉的名字命名，是一种一阶数值方法，用以对给定初值的常微分方程求解。它是一种解决数值常微分方程的最基本的一类显式方法。

通常考察流体流动的方法有两种，即拉格朗日法和欧拉法。欧拉法是以流体质点流经流场中各空间点的运动，即以流场作为描述对象研究流动的方法。目前欧拉法是海洋流场常用的制图方法，欧拉法针对不同尺度下的洋流特征，将采样后的流场数据通过离散的箭头符号表征流向、流速等流体信息。如图4-7所示。

2. 基于欧拉法的多尺度表达

洋流是一种重要的海洋动力过程，制约着海洋中的多种物理、化学、生物和地质过程，并对海洋上空的气候、天气的形成和变化及海洋交通运输产生重要影响，因此充分了解和掌握海流的规律，对于军事、渔业、航运和排污等具有深远意义。不仅如此，洋流的空间尺度跨越的范围较大，从小尺度的海岸流、海岸涌升流，到中尺度的涡流、海洋锋面，再到全球尺度的长期周期涛动变化(如厄尔尼诺现象)等。因此，为满足用户在不同

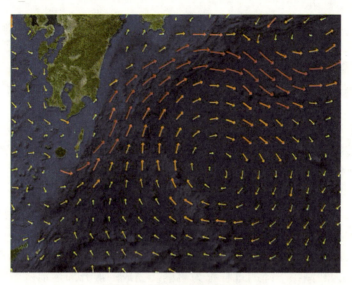

图 4-7 欧拉法流场可视化

尺度下观察、分析洋流的分布、特征和变化规律的需要，需对流场进行多尺度表达。

在电子地图中需要对欧拉法箭头符号进行动态抽稀或加密，以满足用户的多尺度表达需求，运用欧拉法对流场多尺度表达时会面临一个关键问题，即难以确定抽稀或加密的关键比例尺。现有的基础电子地图在确定关键比例尺时，多是根据以往的经验不断总结、反复实践得出，缺乏定量模型的支持和指导。如果关键比例尺选择不恰当，当地图缩放时，则可能造成地图符号的拥挤和混乱，即地图载负量的不稳定。

地图载负量(Map Load)是地图图廓内所有线划和符号注记的总和，可以定量获取地图中所包含的具体内容。在读图过程中，当单位地图面积内的符号过多，地图载负量超过了人类视觉承受阈值时，会导致读者视觉混乱，进而造成有效地图信息传递失败，所以地图载负量是地图内容选取的重要标准。因此，为保证流场欧拉法在不同尺度下表达的视觉稳定性，减小比例尺切换导致的视觉跳跃感，需根据地图载负量确定数据抽稀或加密时的关键比例尺，保证在不同比例尺下的地图载负量相对均衡。

地图载负量限制地图内容表达的数量，当地图符号确定以后，载负量越大，则地图的内容越多、越详细。根据地图载负量表达形式的异同，将其划分为面积载负量以及数值载负量。根据地图容量的大小，可以将地图载负量分为极限载负量和适宜载负量，其中极限载负量是指在充分考虑图幅内容各要素明显易读的前提下，尽可能多地表达最大地图容量。

海洋流场地图中主要的地图符号为箭头，量化地图上采用箭头符号表示具有移动性质的自然、社会经济事物，侧重表达事物移动的方向、路线及其运动速度、强度等特征。在流场中，箭头符号可以表现出海水的移动规律，箭头符号的大小与流场速度有关，速度越大，箭头符号越大。采用欧拉法对流场进行表达时，由于每个箭头符号代表相同大小的空间范围，因此在计算箭头符号要素所占的像素数目时，应将不同大小的箭头符号作为相同大小符号计算。计算地图载负量时，需要统计箭头符号的尺寸和数目，并计算箭头符号的平均面积。

地图载负量的计算：

(1) 底图像素数目：

$$\begin{cases} L_{bm} = \dfrac{B_{mH} \, k_1}{\text{pscale}} \\ W_{bm} = \dfrac{B_{mW} \, k_1}{\text{pscale}} \end{cases} \tag{4.2}$$

式中，L_{bm} 为底图转换为以厘米为单位的长度；W_{bm} 为底图转换为以厘米为单位的宽度；B_{mH} 为底图实际长度距离；B_{mW} 为底图实际宽度距离；k_1 为坐标单位转换参数；pscale 为底图比例尺。

$$C_{bm} = (L_{bm} \times k_2) \times (W_{bm} \times k_2) \times C_{oc} = C_{bm} - C_1 \tag{4.3}$$

式中，C_{bm} 为底图屏幕像素数目；k_2 为单位长度转换像素数目参数；C_{oc} 为底图海洋部分屏幕像素数目；C_1 为陆地部分所占屏幕像素数目。

(2) 箭头符号像素数目：

$$C_{ar} = A_1 \times k_2 \times A_w \tag{4.4}$$

式中，C_{ar} 为箭头像素数目；A_1 为箭头符号的长度；A_w 为箭头符号的宽度；k_2 为单位长度转换像素参数。

(3) 地图载负量：

$$L_a = \sum \dfrac{C_a}{C_{oc}} \times 100\% \tag{4.5}$$

式中，L_a 为地图载负量；C_a 为第 i 个箭头符号所占像素面积；C_{oc} 为海洋部分屏幕像素面积。

适宜载负量是指适合该地区的相应载负量，为表现出地图的用途、比例尺和地区条件等存在的差异，需根据具体地图确定其适宜载负量。流场地图的主要符号为箭头，可用箭头符号及对应颜色表示出海流运动等隐含信息，故计算地图载负量时，只需计算箭头符号在当前有效海洋地图范围内所占的面积比重，所以不同比例尺条件下流场地图的适宜载负量应当相同。

在制图综合时，由于地图比例尺缩小引起图形缩小，一部分图形会小到不能清晰表达的程度，但有时物体的重要性并非完全取决于图形的大小，因此要根据对制图物体的重要性来决定物体的选取。同时，读者在用图时，由于视觉和记忆的综合，考虑到读者的记忆综合和消除综合作用，不能机械地依据比例尺缩小地图上的图形，必须依据地物的重要性，而将地图符号夸张地表达到地图上。

为了在较小比例尺时更好地表达流场特征，可以采用鱼眼视图技术，将流场特征区域表达出来，实现小比例尺下流场特征的保留。

借助于数据场的扭曲变形技术，如非线性倍率放大算法，鱼眼视图技术在放大感兴趣区域的同时对背景区域进行缩小。该技术不仅将更多的屏幕资源提供给用户当前正在关注的区域，从而高效利用屏幕空间资源，还能够向用户提供更多的背景信息，以便为工作记忆提供视觉帮助。但如果采用扭曲技术，则需处理的规则流场数据虽然实现屏幕资源的有效利用，但是会导致用户对扭曲变形的流场数据产生误解。为确保最终数据场可视化的真实性，可采用夸张技术，即通过将关注区域与背景区域的数据可视图形维持相同尺寸，同时加密显示特征区域数据、常规显示特征区域数据，采用多分辨率表达方法，从而较好地反映原始数据场的特征。

某流场空间内，设置分为特征区域 B 和非特征区域 A，特征区域宽度为 X、高度为 Y 的矩形区域（$X \leqslant Y$），距离涡核小于 $X/2$ 的为特征核心区域 C，如图 4-8 所示。

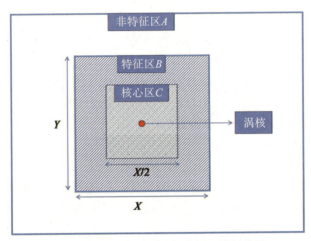

图 4-8　鱼眼视图绘制流场特征区域划分图

当特征区域数据占总的数据区域面积一半以上时，将流场区域分三级表达，A、B、C 三个区域数据的分辨率依次为 $step_A$、$step_B$、$step_C$。当特征区域数据占总的数据区域面积少于 1/3 时，若将流场区域分 3 级表达，会导致特征区域的过大夸张和符号的挤压，因此将流场区域分 2 级表达，A、$B \cup C$ 两个区域数据的分辨率依次为 $step_A$、$step_B$。$step_A$ 依据地图载负量根据比例尺计算得到，$step_B$ 为保留区域流场特征的最低分辨率，$step_C$ 为 $step_B$ 的 1/2。

鱼眼视图流场表达流程如下：

（1）确定当前比例尺下数据显示范围，当前显示范围内非特征区域 A 内数据抽稀步长；

（2）根据数据属性值统计特征区域数据个数，确定特征区域数据范围；

（3）根据特征区域所占显示范围内总数点的比例，确定特征区域分两级或者三级显示；

（4）分别依据抽稀步长，绘制非特征区域 A 和特征区域 B 的流场数据。依据抽稀步长选取数据点时，依然根据数据权重大小进行判断，确定每个点数据。基于鱼眼视图的流场区域图如图 4-9 所示。

利用鱼眼视图技术对特征区域加密表达，可以使流场的特征信息表达更为明显，解决因比例尺较小导致的特征信息被弱化或者被用户忽略的问题，使用户能迅速、准确地定位所关注流场特征的位置，给用户的工作记忆提供视觉帮助。

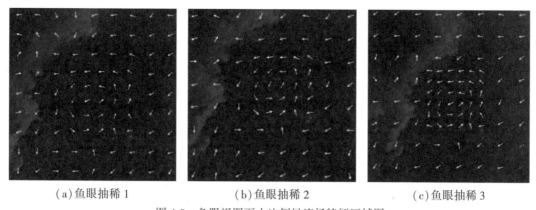

(a) 鱼眼抽稀1　　　　　　　(b) 鱼眼抽稀2　　　　　　　(c) 鱼眼抽稀3

图 4-9　鱼眼视图下小比例尺流场特征区域图

4.3.3 流线可视化

1. 矢量线方法

在流场中，用矢量线表示矢量场数据是很常见的可视化方式，在流场中，一条线上所有点的瞬时速度都与该线相切时，该线称为流线(Streamline)。流线描述在当前流场状态下，即假定流场不发生变化，粒子随时间运动形成的轨迹。如图 4-10 所示。

图 4-10　流线可视化

一个质点在流场中随时间变化所形成的轨迹，这种矢量线叫做迹线(Pathline)，与流线不同的是，此时的流场可能是随时间变化的时变流场；描述通过流场中某点的粒子形成的轨迹的矢量线叫做脉线(Streakline)，为了便于理解，可以想象成从流场中某一个固定位置投入染料，经过一段时间后所形成的一条有色线。对于定常流场来说，上述三种矢量线是等价的。对于时变流场而言，这三种矢量线通常是不同的。此外，需要注意的是，由于流线描述的是流场不改变情况下粒子的运动轨迹，因此，它只存在于时变流场的某个瞬时状态。如图 4-11 所示。

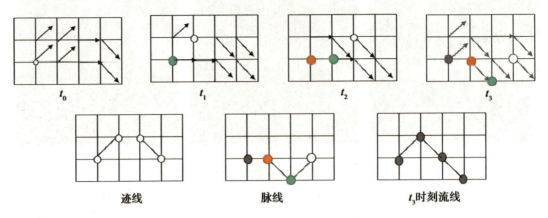

图 4-11 时变流场中的三种矢量线

流体质点的运动规律以速度矢量来描述时可表示为下列形式：
$$V = V(r, t) \tag{4.6}$$
式中，r 为点 P 的位置向量。在直角坐标系中，其各分量为：
$$\begin{cases} u = u(x, y, z, t) \\ v = v(x, y, z, t) \\ w = w(x, y, z, t) \end{cases} \tag{4.7}$$

如时间 t 固定，式(4.7)是定义在空间坐标点 x,y,z 上的。同一时刻不同质点所组成的曲线，给定了该时刻不同流体质点的运动方向，为流线。流线的方程为：
$$\frac{dx}{u(x,y,z,t)} = \frac{dy}{v(x,y,z,t)} = \frac{dz}{w(x,y,z,t)} \tag{4.8}$$

2. 种子点放置算法

矢量线方法需要考虑的一个重要问题是种子点初始位置的选取。通俗地讲，就是在矢量场中的哪些位置放置粒子，然后观察粒子运动的轨迹。如果种子点放置不好，得到的可视化效果可能比较混乱，不利于用户观察流场结构，更为严重的是，分布不好的流线有可能会丢失流场中某些重要的特征。目前有许多研究流线放置的方法，侧重点主要在两个方面：一方面是关注流线的均匀，以避免流场中出现大量空白；另一方面是注重流场的拓扑结构，其将重点放在流场的特征信息上。下面介绍几类典型的种子点放置方法。

(1) 随机种子点放置法。该算法主要通过设置种子点个数，并随机生成种子点位置，绘制相应的流线。该算法运行效率高，比较简单，但是不能保证流线的均匀分布。这种方法很可能会出现某个区域流线非常密集，而其他区域空白，关键特征点没有被准确表达出来的情况。

(2) 均匀分布种子点放置法。该算法主要根据流场大小设置合理的网格采样点来获得均匀分布的种子点，绘制相应流线。由于种子点是均匀分布的，得到的流线也是相对比较均匀的。但是这种情况还是可能会无法表达关键特征点，而且流线的密度和长度也存在一些问题。

（3）图像引导放置法。该算法由 Turk 和 Banks(1996)提出，通过能量函数来修改流线位置和长度，来获得均匀分布的流线放置效果。

（4）区域流线均匀分布放置法。该算法由 Jobard 和 Lefers(1997)提出，在生成流线时，在其两侧生成一系列种子点，并把它们保存在种子点集合中，作为候选种子点，从集合中选取一个种子点生成下一条流线，并从容器中移除。当集合为空时，算法停止。该算法保证了流线间隔，但是不能保证流线的长度。

（5）流场引导放置法。该算法是由 Verma(2000)提出的，主要思路是：在矢量场关键点附近选取种子点生成流线，其余区域通过随机放置种子点来生成流线。该算法可以很好地显示流场特征，但不能控制流线密度，也不能保证流线的长度。

（6）最远距离种子点放置法。该算法是由 Abdelkrim Mebraki 等(2005)提出的，主要思路是：每次生成新的流线时，选择矢量场区域的最大空白区域的中心点作为种子点。对于最大空白区域，依靠 Delaunay 三角剖分来进行最大空环检测来确定。

（7）拓扑驱动放置法。该算法主要思路是：先查找关键点，绘制流场拓扑结构，根据拓扑结构将流场划分若干个区域，遍历这些区域。当遍历到某个区域时，把该区域的重心作为流线的种子点，绘制该流线，并继续遍历被所生成的流线划分的两个子区域，重复遍历子区域绘制流线，直至子区域流线密度达到设定值。该算法能够体现流场特征，运行效率较快，但是有时拓扑结构中两个拓扑点的连线不一定是实际流线，这时所生成的拓扑结构会影响流线的生成。另外，当子区域变小时，流线非常短。

4.3.4　纹理可视化

纹理可视化是自 20 世纪 90 年代兴起的一种矢量场可视化方法，纹理是兼具形状和色彩两种属性的颜色排列图案，对应到矢量场中通常代表矢量的方向信息和大小信息。纹理可视化方法就是通过对噪声等纹理的计算，得到表现矢量场中的各种信息的纹理线条以及颜色变化的一种可视化方法。

纹理可视化方法中的纹理图案具有一定方向性，综合了几何形状和颜色映射两种方法的优点，能够细腻形象地表征流场信息，尤其适合于二维矢量场可视化显示。相比其他可视化方法，纹理可视化方法能够全局地表现矢量场的各种信息，以一种稠密的表现方式表现矢量场在全部空间范围上的各种信息，从而解决了其他可视化方法中的种子点选择问题。这种可视化的全局性主要得益于纹理显示结果计算的全局性，在全部流场范围内计算所有粒子的运动轨迹，使所有流场特征得以保留。也正是这种显示范围的全局性，使得纹理可视化深受研究者的青睐。但对于三维矢量场，纹理可视化方法存在着遮挡与算法性能问题。尽管研究人员针对这两个不足做了很多工作，提出了较多改进方法，但当流场比较复杂时，遮挡和性能问题还是可能会导致纹理可视化效果不尽人意。

可编程 GPU 的飞速发展是纹理可视化得到广泛发展与应用的助推剂，纹理可视化中需要对大量的数据点进行相同的数值计算操作，这使得可编程 GPU 在纹理可视化上得到了广泛的应用。正是可编程 GPU 的出现和发展，可交互的纹理可视化才得以实现。

自 20 世纪 90 年代纹理可视化问世以来，主要出现了三类比较重要的纹理可视化技术，分别是点噪声技术(Spot Noise)、线积分卷积技术(Line Integral Convolution，LIC)和纹理平流技术(Texture Advection)。其中，点噪声技术是最先出现的纹理合成可视化技术之一，该方法通过在流场空间范围内生成的点噪声集合产生纹理，每一个点表示粒子在很短时间内的移动并在该点处沿流场方向产生纹理条纹。点噪声的方法能够通过纹理表现流场速度的大小，相比于 LIC 具有一定优势，LIC 虽然不能表现流场速度大小，但是其纹理线条较点噪声更为细腻，可以清晰地表现流场速度的方向。纹理平流技术不仅适用于定常流场，也适用于非定常流场，该方法通过纹理在流场中流动所产生的形变表示流场的矢量信息。纹理平流方法效率较高，可以实现实时交互。

1. 点噪声法

点噪声方法以单点(通常表示为除一有限区域外处处为 0 的函数)作为生成纹理的基本单元，将随机位置(均匀分布)、随机强度的点混合形成噪声纹理，并沿向量方向对噪声纹理进行滤波，纹理图像中条纹的方向反映了向量场的方向，处理过程如图 4-12 所示。

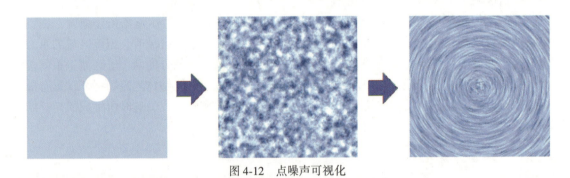

图 4-12 点噪声可视化

点噪声方法的扩展方法适用于复杂多样的应用情形，包括加强点噪声方法、并行点噪声方法和面时变向量场的点噪声方法等。

2. 线积分卷积法

线积分卷积与点噪声方法有一定的相似性，其基本思路是：以随机生成的白噪声作为输入纹理，根据向量场数据对噪声纹理进行低通滤波，这样生成的纹理既保持了原有的模式，又能体现出向量场的方向。与点噪声方法相比，线积分卷积方法成像质量较高，纹理细节清晰，能够精确地刻画向量场的特征，特别是汇点、漩涡、鞍点等拓扑特征，以及具有高曲率的局部区域。

1993 年，Cabral 和 Leedom 首次提出线积分卷积法，该方法利用一维低通卷积核双向对称地沿流线方向卷积整个噪声纹理。用卷积来表示矢量场的方向来源于一种运动模糊的思想。线性卷积算法实现非常简单，矢量场任意一点处的局部特征由卷积核函数 $k(W)$ 沿一条从该点开始向前向后跟踪出一段流线积分的结果而定。LIC 卷积的图像可以致密地表征整个流场矢量，比流线等几何可视化方法更具全局性。在 LIC 方法提出之后，许多学者提出了优化和扩展的 LIC 算法，致力于提高 LIC 卷积算法的效率、质量，并将算法拓展到三维曲面或三维矢量场或生成流场动画等。

下面重点介绍 LIC 的基本原理。LIC 的基本原理如图 4-13 所示，将图 4-13(a)中的噪声数据根据图 4-13(b)中的矢量场方向信息进行卷积,则可以得到在图像空间上连续的 LIC 纹理,该方法本质上是一种滤波方法。LIC 方法能够很好地表现流场的速度方向,这也使其成为纹理可视化方法中应用最多的方法之一。

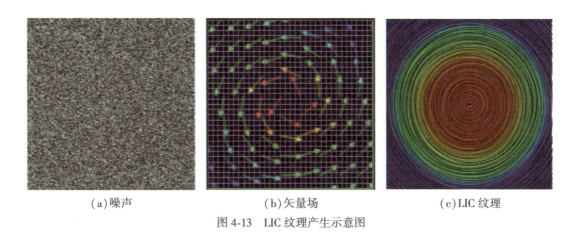

(a)噪声　　　　　　　　　(b)矢量场　　　　　　　　　(c)LIC 纹理

图 4-13　LIC 纹理产生示意图

以二维流场为例,LIC 具体计算过程如图 4-14 所示,对于向量场中任意一点 $p(x,y)$,沿该点流线方向进行前后积分 n 步,得到包括该点在内的 $2n+1$ 个采样点,则点 p 的局部特征可由以该点为中心的流线段描述。以此流线段为滤波核,对输入噪声纹理进行卷积计算,得到该点的输出纹理值为:

$$F_{\text{out}}(p) = \frac{\sum_{i=-n}^{n} F_{\text{in}}(p_i) h_i}{\sum_{i=-n}^{n} h_i} \tag{4.9}$$

式中,p_i 表示前后流线积分得到的采样点,其中 $p_0 = p$;$F_{\text{in}}(p_i)$ 表示点 p_i 处的输入纹理;h_i 为由滤波核函数得到的 p_i 对 p 影响的权重值,最简单的滤波核函数为常数(盒函数)。

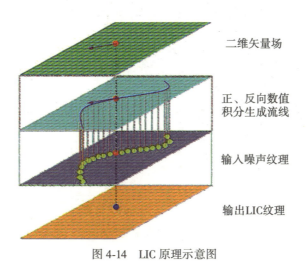

图 4-14　LIC 原理示意图

此外，二维 LIC 方法可轻松地用于曲面可视化，只需将曲面网格映射到二维空间，然后在二维空间上应用 LIC 可视化方法即可获得曲面的全局可视化效果。

为了克服算法存在的计算复杂度高、难以满足交互需求的问题，并将方法扩展到时变和三维向量场，研究人员设计了一系列方法，包括快速线积分卷积方法（Fast LIC）、面向时变向量场的线积分卷积方法（Unsteady LIC）、三维线积分卷积方法（3D LIC）和动态线积分卷积方法（Dynamic LIC）。

3. 纹理平流法

纹理平流法是时变流场可视化的标准方法之一。它根据向量场方向移动一个纹元（纹理单元，Texel）或者一组纹元，以达到刻画向量场特征的目的。此类方法中最具代表性的为 IBFV（Image Based Flow Visualization）和 UFLIC（Unsteady Flow LIC）。

IBFV 方法将之前的若干帧图像和一系列经过滤波的噪声背景图像作为输入，经过卷积生成下一帧图像。IBFV 是一种用宏观图形表现微观粒子运动的方法，对图形硬件要求不高，绘制速度较快，同时该算法获得的流场动画时间的一致性较高，但空间的一致性较低，纹理细节不清晰。

UFLIC 方法从质点平流的角度重新阐释了 LIC 思想。其思路是：初始白噪声纹理中的每个像素点沿向量场方向运动，在经过的像素位置以灰度值的方式留下"印记"。经过多次平流后，对每个像素点记录的"印记"进行卷积，获得最终的向量场纹理图像。

4.3.5　粒子系统法

1. 简介

粒子法的基本思想是：用大量具有一定属性、随机分布、运动的粒子组成的粒子集模拟模糊、不规则的物体，具有较强的真实感。通过粒子集中每个粒子的运动来表达模糊对象的变化，比如洋流、风场、火焰、水流等，能够展现无规律自然现象的动态变化和总体形态。粒子系统的结构如图 4-15 所示。

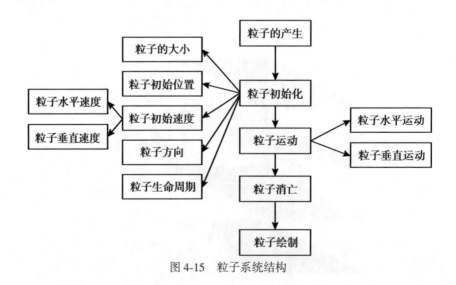

图 4-15　粒子系统结构

粒子系统的粒子会经历产生、运动和消亡三个阶段，这三个阶段模拟了研究对象的运动和变化情况。粒子从产生到绘制出图像需要五个步骤，即产生、初始化、运动、消亡和绘制。

（1）新粒子的产生。在产生新粒子时，需要确定粒子的产生区域和每帧粒子的数量。当模拟对象不同时，产生粒子的区域也是不同的。例如，模拟降雨和降雪时，产生区域是天空；模拟海洋风场时，产生区域是海洋上方的区域。每帧粒子的数量直接影响到模糊对象的表现密度，进而影响模拟对象的真实度。

（2）新粒子的属性初始化。新粒子的属性初始化是指对粒子系统中所有新粒子的属性进行初始赋值。系统为每个新生粒子赋予一定的属性，包括外观、位置、运动和生存属性等。粒子的外观属性一般包括形状、大小、颜色、透明度等。位置属性一般包括粒子的初始位置。根据粒子的产生区域可以确定粒子的初始空间坐标。运动过程中，当前帧中某个粒子的位置是由该粒子在前一帧的位置和其速度共同决定。运动属性一般包括粒子的初始速度（速度大小和方向）和加速度。粒子的速度由粒子的运动规律与运动算法决定。生存属性是指粒子的生命周期，它决定了粒子的存活时间，是判断粒子是否消亡的重要依据。

（3）粒子的运动。粒子的运动状态由所受的外力与当前的运动状态共同决定，所受外力一般为重力、风力等。粒子运动过程中需要更新粒子的相关属性，即粒子的运动是通过属性变化体现的。

（4）粒子的消亡。粒子的消亡是粒子从系统中删除的过程，是粒子经历的第三个阶段。粒子的消亡一般有两种情况：一种是粒子的生命周期使用完毕，随着粒子的运动，其生命值逐渐减少至零，粒子死亡；另一种是粒子的生命周期尚未使用完毕，但是粒子超出了预定的区域范围，或粒子的颜色和透明度达到了预先指定的阈值，这些粒子不再满足要求，就会消亡。

（5）粒子的绘制。当一帧中存在的所有粒子的位置和属性都确定后，就能进行粒子的绘制。粒子的属性随着时间在不断地变化，且旧粒子不断消亡的同时新粒子不断产生，这就使得粒子的分布也在时刻发生着变化。各个粒子的运动决定了粒子系统的整体运动，整个粒子系统在不断更新的同时，保持着一种动态平衡。

2. 粒子系统驱动流程

每个粒子都有其出生、发展、消亡的生命历程，整个粒子系统不断更新，保持一种动态平衡，虽然这种平衡可以保证粒子的总数量维持在一个稳定的范围，但在流场模拟中，由于流速大小及空间分布不均匀，在运动过程中粒子可能聚集在一起，如流场中有涡旋时，使整个流场内有的部分粒子很多，有的部分粒子很少，不利于流场演示的整体效果。因此，在制定粒子的出生规则时，通过遍历各个网格中的粒子个数，在粒子数为零的网格中随机生成粒子，这样既部分缓解了粒子密度不均的问题，也可使粒子系统能很快在全流场布满。对于粒子的消亡，为控制流场的粒子密度，同样通过对各网格中进出的粒子进行统计，当超过规定个数后，便随机清除该网格中多余的粒子。这样从出生和消亡两个方面控制整个流场中粒子的密度，使粒子能比较均匀地分布于全流场，达到较好的模拟效果。整个粒子系统的运行规则定义如下：

（1）每个网格中的粒子数必须在区间$[N, M]$内；

(2) 当网格中的粒子数目多于 M 时,随机删除多余部分粒子;

(3) 当网格中的粒子数目少于 N 时,随机添加一个粒子。

粒子随机生成的位置公式可以表示为:

$$\begin{aligned}\text{Particle.Lon} &= \text{Grid.Lon} + \text{Random} * \text{CellSizeX} \\ \text{Particle.Lat} &= \text{Grid.Lat} + \text{Random} * \text{CellSizeY}\end{aligned} \quad (4.10)$$

式中,Grid.Lon、Grid.Lat 分别代表当前粒子所在格网左下角的经纬度,CellSize$X$、CellSize$Y$ 分别代表网格的经纬度间隔。这种随机生成粒子的方式很好地表达了流场模糊、不确定的特性。

现有的粒子系统大部分不是根据数据去驱动的,这样计算的过程相对简单。但是,为了模拟真实可信的海洋流场,粒子需要全球的海流数据进行驱动,相应粒子的空间位置和空间索引的更新就相对复杂。

假定已经由优化欧拉法和当前的粒子速度计算出了该粒子下一时刻的位移 Δx 和 Δy,那么粒子下一时刻的位置为:

$$\begin{aligned}\text{Particle.Lon} &+= \Delta x \\ \text{Particle.Lat} &+= \Delta y\end{aligned} \quad (4.11)$$

如何判断 Δt 后粒子所在格网以进行空间索引的更新,这里给周围网格编号,如图 4-16 所示。

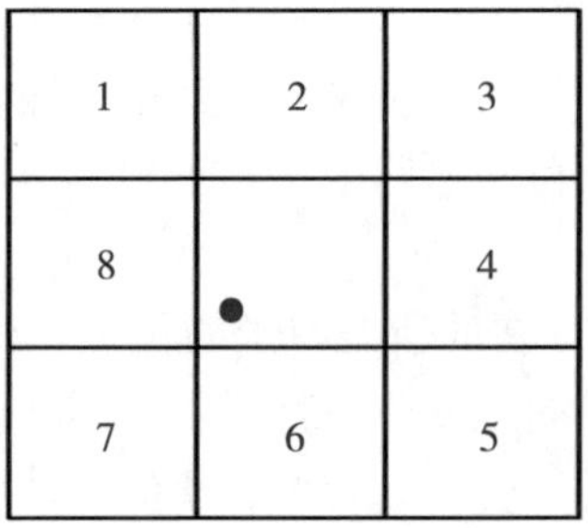

图 4-16 粒子空间位置格网编码

先计算该粒子是否在目前的格网。若在当前网格,则空间索引信息不用更新。若是不在当前格网,则遍历编号 1~8 个网格,计算位置更新后粒子点与网格的包含关系,直到找到该粒子所在的网格。将原先所在网格中该粒子的索引除去,再在新的网格中添加该粒子信息。

粒子系统利用三级层次结构,将粒子的空间位置更新和空间索引更新、粒子的增加和删除这一系列的过程管理起来。粒子系统维护流程如图 4-17 所示。

3. 基于 GPU 的并行粒子追踪与渲染

在普通 PC 上实现粒子系统可视化最大的瓶颈就是大数据量粒子的计算。传统的粒子系统受限于 CPU(Central Processing Unit,中央处理器)低效的计算能力,绝大部分是在二维、小数据量的基础上实现的,研究的内容多是从简化计算量入手。随着 GPU(Graphics Processing Unit,图形处理器)并行计算技术的发展,科学计算领域出现了翻天覆地的变化，GPU 的多通道处理性能同样被应用于粒子系统的研究中。

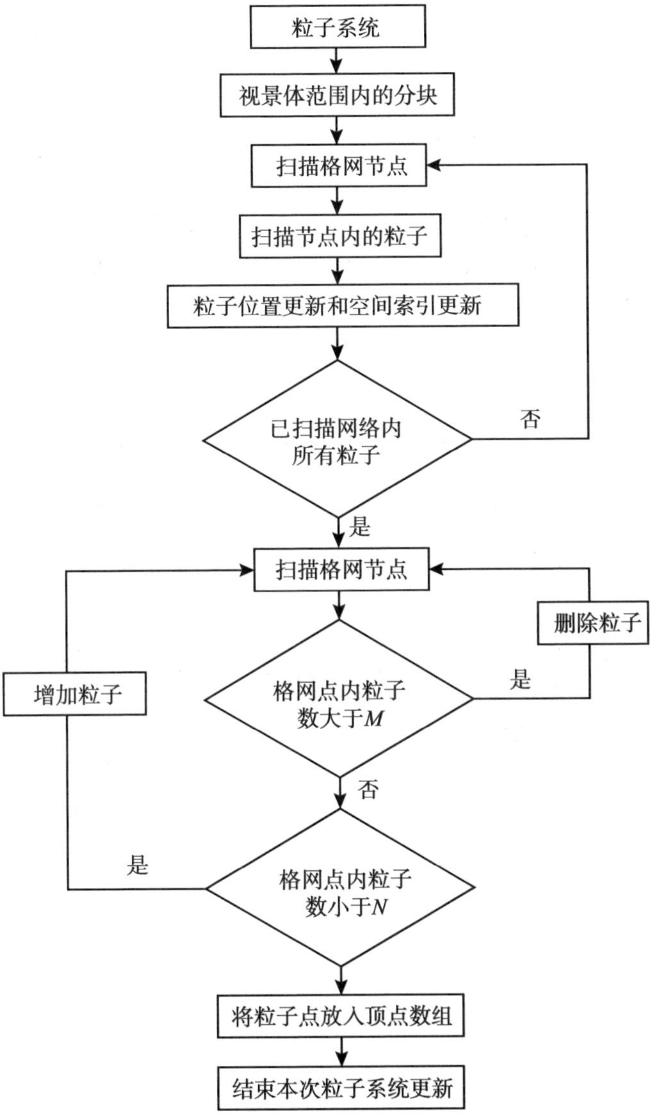

图 4-17 粒子系统维护流程图

基于 GPU 的粒子系统架构主要分为三个部分：数据准备、并行粒子追踪和粒子图形渲染，图 4-18 所示为架构图。数据准备主要是实现流场 u、v 值的纹理映射，以便于 GPU 读入显示内存。并行粒子追踪在片元着色器完成粒子从产生、运动、到消亡的过程，并在流场数值模拟算法的改进和缓存数据的保存环节做了相关探索。粒子图形绘制环节，解决了粒子在顶点着色器中实时进行地理坐标与三维图形坐标转换的问题。

基于粒子系统的全球流场可视化需要真实的流场数据，且数据是寄存在显存中可供 GPU 获取的，不同于通用的 GPU 计算平台(着色器语言侧重于计算机图形的可视化)，其

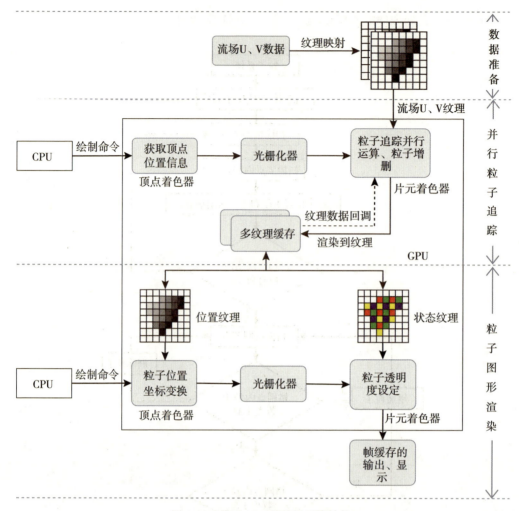

图 4-18 基于 GPU 的粒子系统结构

处理的对象也是每一帧纹理。因此，可以采用将流场数据映射到纹理，纹理读入显存，再由着色器反映射为流速值的思路。

以规则格网为例，每个格网的流场数据描述了该网格位置的流速大小及流动方向，并以数值的形式记录下来，其空间位置隐含在网格行列数中。纹理从结构上可以看做一个第三维深度(颜色通道的数量)确定的三维数组，其分辨率决定了数组的大小。结合上述两者的特点，要实现流场数据到纹理的映射，主要分为位置映射和数值映射两部分。

为了简化数据操作，以数据行列数为分辨率生成一张纹理，这样任一网格行列数 $grid(i, j)$ 可以直接对应纹理像元的行列 $pixel(i, j)$。利用一定规则，将流场数据数值映射到像元通道中。片元着色器中，利用反映射公式即可反映射为真实的流场值。如图 4-19 所示。

为了避免内存与显存之间频繁的传递数据，基于 GPU 模式应在显存中完成粒子的出生、运动、消亡以及粒子渲染的过程。虽然着色器语言并不能够自由的开辟显存数组供

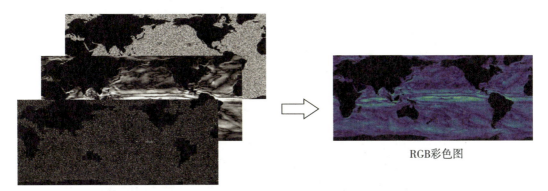

图 4-19　RGB 波段和合成的彩色图

GPU 读取和存储，但可以通过纹理 ID 对纹理进行控制，于是本节采用纹理来代替数组实现粒子数据的组织。

GPU 通用计算中一个重要概念就是：纹理=数组。对于一个二维纹理，如同创建了一个 texture［Height］［Width］［n］的数组，Height、Width 分别为纹理的高和宽，n 为通道数量，纹理的每个像素代表一个粒子，着色器中通过纹理 ID 确定 GPU 要进行操作的粒子。

基于 CPU 的粒子系统可以灵活地操控内存，实现粒子的增删，但 GPU 中以纹理形式记录的粒子并不能删除这个像素，而是将这些失效的粒子标记下来，通过标记状态来决定该粒子是否进行更新和渲染。因此，除去记录粒子的经度 lon、纬度 lat、深度 lev、速度 s 等位置信息外，还需要记录粒子的生命周期 s'、透明度 a、颜色 c 等状态信息。在 GPU 通用计算中，可以采用位置纹理和状态纹理来实现粒子数据的组织，如图 4-20 所示。

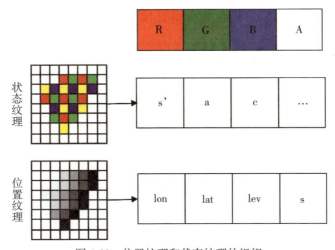

图 4-20　位置纹理和状态纹理的组织

基于粒子系统对全球流场进行可视化，使用 GPU 并行追踪与渲染结果如图 4-21 所示。

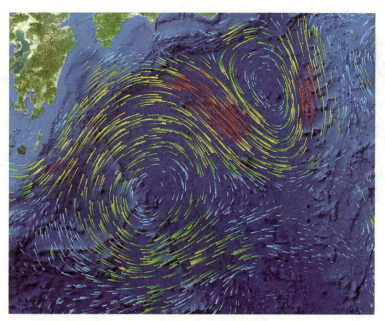

图 4-21 基于粒子系统的流场可视化表达

4.4 流场特征提取

海洋灾害包括许多种类,其引发因素也各不相同,有的是自然因素造成的,有的是人类活动破坏了海洋生态环境导致的。自然因素引发的海洋灾害,有些具有原生灾害的性质,如台风、海雾、厄尔尼诺现象等;有的则为次生灾害,如海浪、风暴潮、海冰、海啸等,大多是由大风、冷冻、地震等灾害产生的。因人类活动而引发的海洋灾害,主要有赤潮、海水污染等。

由于矢量场数据量包含的信息量十分庞大,不能在所有尺度下将所有数据中所包含的全部信息通过符号化展示在二维电子屏幕上。因此,相关学者考虑从庞大的数据量中提取数据,减少需要可视化的数据量,在提取数据时,要尽可能地抽取代表流场特征信息的数据。海洋流场的特征具有两方面的含义,一方面是指矢量场中自有的物理特征,如具有地理意义的形状、结构、变化和现象,比如涡流;另一方面指的是通过交互式选择从数据场中分离出来的用户感兴趣的区域。通过有效特征数据的提取,可以滤除无关数据,忽略掉大部分冗余的、不感兴趣的数据,有效地降低信息处理量,达到对流场中有重要意义的部分(即"特征")进行重点表达的目的。

流场特征提取分为基于拓扑分析的特征提取、基于物理特征的提取和基于交互选择的特征提取。1991 年,Helman 等提出利用一阶奇点(即简单临界点)的识别和分类进而提取矢量场拓扑的方法,随后该方法被应用到高阶奇点,以实现对非线性矢量场拓扑的可视化。非线性矢量场拓扑的可视化将自动抽取特征的范围扩大至流场中比较精细的特征结构,如慢速旋涡等,并可定量地描述特征属性。基于物理特征的提取考虑到每个特征都拥有独立和直接的定义模式，可以根据不同的定义采用不同的方法，如漩涡抽取、激波抽取、出线入线抽取等。基于交互选择的特征提取是指通过定义逻辑表达式，选择满足定义条件的网格点，将数据场中用户感兴趣部分并作为特征抽取出来。其中，徐华勋等提出基于 BP 神经网络的智能特征提取算法；沈恩亚等提出一种交互式模糊特征提取算法提取特征解决复杂流场特征区域精确界定的问题。

4.4.1 矢量场拓扑结构分析

由 Helman 和 Hesselink 提出的流场拓扑结构分析法是一种从全局了解矢量场特征结构的新技术。该技术还可以从流场扩展到其他矢量场中，如涡流场、压强梯度场等。流场拓扑结构分析法是建立在临界点理论基础之上的。临界点理论是相空间技术中用来分析差分方程的，广泛地应用于检测常微分方程解。基于临界点理论，一个矢量场的拓扑由临界点和连接临界点的积分曲线或曲面组成。矢量场的拓扑结构抽取了矢量场的主要结构，忽略了其他次要的信息。

矢量场拓扑结构的分析和可视化由以下几步组成：

(1) 临界点位置的计算；

(2) 对临界点进行分类；

(3) 计算积分曲线或曲面。

1. 临界点位置的计算

在二维的情况下，临界点是指矢量的两个分量均为零的点。为了绘制矢量场的拓扑结构，应先定位出矢量场中临界点的精确位置。这可以由以下两种方法实现：

(1) 解方程求得临界点所在的位置。假设矢量场可以表示为如下的形式：

$$\begin{cases} \dfrac{\mathrm{d}x}{\mathrm{d}t} = F_1(x, y, z) \\ \dfrac{\mathrm{d}y}{\mathrm{d}t} = F_2(x, y, z) \\ \dfrac{\mathrm{d}z}{\mathrm{d}t} = F_3(x, y, z) \end{cases} \quad (4.12)$$

若点 (x, y) 为临界点，则方程需满足：

$$\begin{cases} \dfrac{\mathrm{d}x}{\mathrm{d}t} = F_1(x, y, z) = 0 \\ \dfrac{\mathrm{d}y}{\mathrm{d}t} = F_2(x, y, z) = 0 \\ \dfrac{\mathrm{d}z}{\mathrm{d}t} = F_3(x, y, z) = 0 \end{cases} \quad (4.13)$$

该方程组用牛顿迭代法求解，从而求出临界点的位置。

当矢量场可以显式地用表达式表示时，可以采用上述牛顿迭代法求解临界点。对于其他情况，例如矢量场是由散乱的数据点构成的采样空间，无法用具体的表达式来表示，此时可以使用二分法求解。

(2) 二分法求解临界点。若矢量场函数为 $F(x, y)$ 满足：对 x 求偏导，$x' = 0$，对 y 求偏导，$y' = 0$，则该点为临界点。

对二维情况来说，假设采样空间为 $U = (x, y; gx, gy)$，划分为 $m \times n$ 个网格，每一个网格的大小为 $dx \times dy$。每一个单元的 4 个顶点上，若矢量 (gx, gy) 的符号均发生了变化，即正负同时存在，则表示矢量在该单元中发生变向，该单元可能存在临界点，成为临界点的候选单元。

确定临界点的候选单元后，利用等值线思想精确定位临界点在网格单元中的位置。

图 4-22 表示一个临界点候选网格单元，(x_i, y_i) 表示顶点 V_i 的坐标，(gx_i, gy_j) 表示顶点 V_i 处的矢量。对每一个候选单元，首先对该单元的 4 个顶点按照 gx_i 的正负标定，为正标为 1，否则标为 0。每个单元有 4 个顶点，每个顶点可以有 0 或者 1 两种状态，因此一共可以有 $2^4 = 16$ 种状态。考虑到状态的反转性（1→0，0→1），则一共有 8 种状态。

以状态 0001 为例，如图 4-23 所示，精确定位临界点的方法可以描述为：若 (V_0, V_1, V_2, V_3) 标记为 (0, 0, 0, 1) 的话，当网格单元足够小时，可以认为沿着网格的边数据场是连续线性变化的，因此在边 V_2V_3 之间以及边 V_0V_3 之间一定存在点 P 和点 Q 满足 $gx = 0$。利用线性插值求出 P、Q 的坐标。

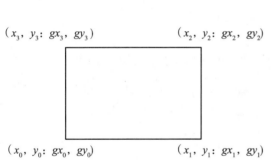 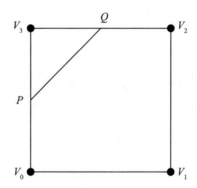

图 4-22 一个二维临界点候选网格单元　　图 4-23 状态为 0001 的网格单元

P 点的坐标可由式 (4.14)、式 (4.15) 求得：

$$\begin{cases} x_p = x(v_3) + \text{fac} \times [x(v_2) - x(v_3)] \\ y_p = y(v_3) + \text{fac} \times [y(v_2) - y(v_3)] \end{cases} \quad (4.14)$$

$$\text{fac} = \frac{0 - gx(v_3)}{gx(v_2) - gx(v_3)} \quad (4.15)$$

类似求出点 Q 的坐标。则线段 PQ 表示当前单元 $gx = 0$ 的集合，即 $gx = 0$ 的等值线。用同样的方法求出当前 $gy = 0$ 的等值线记为 P_1Q_1，然后求出线段 PQ 与 P_1Q_1 的交点 M，若 M 在当前网格单元内，则即是该候选网格单元中的临界点。

当网格的顶点状态是 1010 或者 0101 时，会出现二义性，如图 4-24 所示。此时点 P_1，

P_2，P_3，P_4 有两种可能的连接方式：P_1P_2，P_3P_4 或 P_1P_4，P_2P_3。假设函数 $G_x(x, y)$ 表示 X 方向的矢量，$G_x(x, y)$ 在网格单元上的变化是双线性的，显然 $G_x(x, y) = 0$ 是双曲线。由于双曲线两条渐近线的交点总是与一对单元顶点落入同一区域，因此可以根据渐近线交点的状态决定正确的连接方式。令 gxmid 表示网格中心点处的矢量在 X 方向上的值，若 gxmid<0，则 gxmid 与顶点 V_0 状态相同，此时应连接 P_1P_4，P_2P_3，如图 4-24(a)所示；否则，应连接 P_1P_4，P_2P_3，如图 4-24(b)所示。

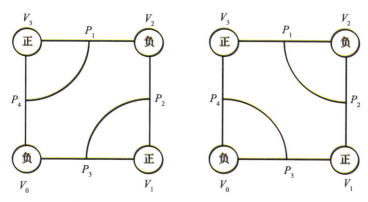

图 4-24 二义性网格单元(以 0101 为例)

2. 对临界点分类

临界点附近矢量场的特性由临界点矢量对其位置矢量的偏导数矩阵 $\boldsymbol{J}$（雅可比矩阵）决定。

$$\boldsymbol{J} = \left[\frac{\partial(u, v)}{\partial(x, y)}\right]_{(x_0, y_0)} = \begin{bmatrix} \dfrac{\partial u}{\partial x} & \dfrac{\partial u}{\partial y} \\ \dfrac{\partial v}{\partial x} & \dfrac{\partial v}{\partial y} \end{bmatrix}_{(x_0, y_0)} \tag{4.16}$$

雅可比矩阵 $\boldsymbol{J}$ 的特征值的正或负分别表示了吸引和排斥的特征，正的特征值表示矢量 v 从临界点发散，负的特征值表示矢量 v 向临界点聚拢，共轭复数表示矢量 v 是旋入还是旋出，当共轭复数的实部为正，为旋出，为负，则为旋入。因此，临界点可以被分为交点（Node）、聚点（Focus）和马鞍点（Saddle）三类，有时候也包含中心点。交点和聚点又可进一步分成吸引的和排斥的。具体分类如图 4-25 所示（R 表示雅可比矩阵特征值的实部，I 表示特征值的虚部）。在包含物体的流场中，在物体边界上还存在着另一类矢量的所有分量均为零的点，称为壁点。根据其偏导数矩阵的方向，同样可以将其分为入点和出点。

3. 计算积分曲线

在将临界点进行分类后，为了构造矢量场的拓扑结构，还要用积分曲线或曲面将临界点连接起来。为了便于控制，构造积分曲线时，交于起始点的曲线条数应该是有限的。可以沿着马鞍点、入点和出点处雅可比矩阵的特征矢量的方向，以距离该点非常近的位置作为起始点，用数值积分的方法绘制积分曲线。对于二维马鞍点，从起始点出发，可以产生 4 条积分曲线，其中 2 条沿着特征值大于零的特征矢量的方向，另外 2 条沿着特征值小于

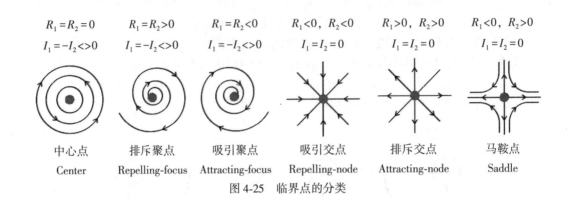

图 4-25 临界点的分类

零的特征矢量的方向。

例如对于点(x, y),其特征向量为(dx_1, dy_1),(dx_2, dy_2),相应的特征值为r_1,r_2,则 4 条积分曲线的起始方向分别为(dx_1, dy_1),$(-dx_1, -dy_1)$,(dx_2, dy_2),$(-dx_2, -dy_2)$,而特征值的正负则决定了曲线是"离开"还是"聚拢"。确定了曲线的起始点位置及积分方向之后,积分曲线的计算可选择一阶 Euler 方法、Euler 修正法、二阶 Runge-Kutta 法、四阶 Runge-Kutta 法等。

每条积分曲线终止的条件如下:流线在积分方向上已经到达了用户指定的积分次数,或者流线的长度;流线积分终止于流场边界;终止于除马鞍点、入点、出点之外的其他临界点。

4.4.2 涡旋特征提取

特征提取是特征可视化的第一步,只有通过良好的方法得到数据场的关键特征,才能够进行特征跟踪、事件分析以及最后的特征可视化。特征可以简单地被定义为流场中的任何与特定研究相关的对象、结构或区域,对于不同的领域、不同的用户甚至不同的数据,都可以定义不同的特征,例如计算流体动力学(Computational Fluid Dynamics,CFD)中的涡、激波、分离线、附着线等。特征提取的技术针对不同的特征而千差万别,本节将重点介绍一些比较流行的涡和湍流特征的提取技术。总的来讲,针对涡的特征提取分为涡区的特征提取和涡核的特征提取。

涡(Vortex)是流场中的一种典型结构,自 20 世纪 70 年代起有数位科学家对涡进行了定义。1972 年,Lugt 首先提出了"涡结构"的概念,他认为涡是大量的物质粒子围绕一个共同中心的旋转运动,该定义只是定性地描述了涡结构的特性,并没有给出准确、定量的定义。1991 年,Robinson 指出,当从随涡核中心移动的参考坐标系观察时,如果将瞬时流线映射到涡核线法平面后流线可以表现出大略的圆形或螺旋形样式,即可以认为该结构是涡,该定义虽然描述得更为精确,但是它存在自依赖的问题,即涡的定义依赖涡核线的定义,因此,该定义也不是一个成熟的定义方法。1997 年,Portela 指出,涡是由一个被旋转流线环绕的中央核区域构成,该定义同样并没有准确地指出涡特征的本质。直到 2005 年,Haller 给出了涡特征较为客观的定义,他认为涡是由一个流场轨线的集合组成,并且沿着这些轨线上的 M 值是不确定的，其中 M_2 为积分时间，表示迹线所表现的涡特性。由涡定义的发展，我们可以看出，涡特征的准确表述是比较困难的，因此，特征提取方法也多种多样。

涡度(Vorticity)定义如下：

对于流场 $\boldsymbol{v}=f(\boldsymbol{x})=u\mathbf{i}+v\mathbf{j}+w\mathbf{k}$ 内的任意一点，该点的涡度为

$$\boldsymbol{\omega}(\boldsymbol{v})=\begin{pmatrix}\boldsymbol{\omega}_1\\ \boldsymbol{\omega}_2\\ \boldsymbol{\omega}_3\end{pmatrix}=\nabla\times\boldsymbol{v}=\begin{pmatrix}\dfrac{\partial w}{\partial y}-\dfrac{\partial v}{\partial z}\\ \dfrac{\partial u}{\partial z}-\dfrac{\partial w}{\partial x}\\ \dfrac{\partial v}{\partial x}-\dfrac{\partial u}{\partial y}\end{pmatrix} \tag{4.17}$$

涡度也称旋度(Curl)，表示局部卷曲最强平面的轴向矢量，而涡度的幅度则表示了旋转的力度。最高涡度方法是一种比较成熟的涡核提取方法，最大涡度法是通过寻找网格表面上具有最大涡度值的点，并将所有点连接起来作为涡核线的一种方法。该方法出现之后，Villasenor 和 Vincent(1992)利用涡度来建立涡管结构，取得了较好的效果。尽管涡特征区域的涡度较大，但是反之不然，因此，基于涡度的涡核提取方法可能导致误检。

此外，涡核线的提取技术还有螺旋度方法、特征向量法、平行向量算子法等。

螺旋度一般由速度、涡度等物理量计算。该方法通过局部区域螺旋度达到局部区域绝对值最大值来提取旋涡。LEVY 等(1990)将螺旋度密度 H_d、螺旋度 H 和单位化螺旋度 H_n 应用于旋涡提取中，即

$$\begin{cases}H_d=\boldsymbol{v}\cdot\boldsymbol{\omega}\\ H=\iiint(\boldsymbol{v}\cdot\boldsymbol{\omega})\mathrm{d}\bar{v}\\ H_n=\dfrac{\boldsymbol{v}\cdot\boldsymbol{\omega}}{|\boldsymbol{v}|\cdot|\boldsymbol{\omega}|}\end{cases} \tag{4.18}$$

式中，$\boldsymbol{\omega}$ 为涡度。

由式(4.18)可知，螺旋度密度的符号由速度矢量和涡量矢量夹角余弦的符号决定，螺旋度密度较大，则表示速度和涡度之间的夹角较小。通过单位化螺旋度在最小曲率流线上达到局部区域绝对值最大值来确定涡核区域位置，由时间上反向积分找到奇异点（速度为零的点）来确定旋涡开始位置，积分得到的曲线即旋涡旋转轴。该方法解决了由低涡度流场区域，以及速度矢量和涡度之间的角度较大（如边界层）的高涡度低速区域引起的误判问题。

螺旋度法的一个优点是螺旋度归一化到[−1,1]的范围，用于确定涡轴方向。但是该方法无参考系不变性，因此其只能应用于定常流或固定某一帧的旋涡提取。且该方法不考虑某些特殊情况，如 H_n 分母为 0 等。

Sujudi 和 Haimes(1995)提出基于特征向量提取旋涡的算法，认为存在涡核线需要满足以下两个条件：

(1)雅可比矩阵有一个实特征值和一对共轭复特征值；

(2) 满足 $w=u-(u\cdot n)n=0$,其中,u 为该点速度矢量,n 为实特征值对应的单位特征向量。

该方法首先需要找到临界点,即相对于观察者速度为零的点。在该点计算雅可比矩阵特征值,若存在一个实特征值和一对共轭复特征值,即

$$u_i = C_i + \frac{\partial u_i}{\partial x}\Delta x + \frac{\partial u_i}{\partial y}\Delta y + \frac{\partial u_i}{\partial y}\Delta z \tag{4.19}$$

式中,u_i 为该点速度矢量;C_i 为插值所需参考点的速度矢量。此步骤相当于将速度投影到与实特征值对应的特征向量垂直的平面上。结果为 0,意味着此处粒子仅沿着特征向量方向移动而不旋转,由此得到涡核位置。该方法为基于线的方法研究提供了良好的基础,但是存在特征值和特征向量复杂运算,线性插值步骤存在误差等问题。

Peikert 和 Roth 在 1999 年引入"平行向量场"的概念,如图 4-26 所示,通过设定约束 $C=V\times W=0$,找出 2 个向量场 V 和 W 平行的点的位置,该方法相当于求出 V 和 W 叉积运算的零等值面。在二维中,返回孤立点;在三维中,返回涡核线。

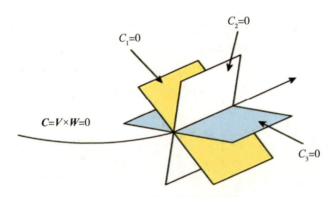

图 4-26 三维中的平行向量场

平行向量场的提出为旋涡提取领域提供了更简洁的方法,可以对大多数旋涡提取方法重新定义并简化计算步骤。Peikert 和 Roth 通过计算 $v\parallel(\nabla v)v$ 找到局部曲率为零的点,其中,v 为速度,∇v 为速度梯度。Schindler 等计算平行向量场找出涡核线种子点。

Roth 和 Peikert(1998)提出了一种使用平行向量提取涡核线的方法,利用对速度矢量 v 进行二阶导数计算:

$$b = \frac{D^2 v}{Dt^2} = \frac{Da}{Dt} = \frac{D(Jv)}{Dt} \tag{4.20}$$

即可实现对弯曲旋涡的定位。

上述涡核线的检测方法是专门针对涡核结构所设计的方法,算法的提取结果为矢量场中的线性结构,而涡特征不仅仅是涡核线,涡区的大小、形状也对流场性质有着很大的影响,因此,针对涡区的特征提取方法也受到广大学者的重视。

λ_2 方法是最为著名的涡区特征提取方法,其思想是:将涡区定义为 $S^2+\varOmega^2$ 具有两个

负特征值的点集，其中 S 为张力张量 $S = \frac{1}{2}(J + J^T)$，Ω 为涡度张量 $\Omega = \frac{1}{2}(J - J^T)$。若假设矩阵 $S^2 + \Omega^2$ 的 3 个特征值为 λ_1、λ_2、$\lambda_3(\lambda_1 \geq \lambda_2 \geq \lambda_3)$，则涡区可定义为 $D_F(x)\{x|\lambda_2(x) < 0\}$。

基于压强的检测方法也是一种常见的涡特征检测方法，由涡结构的形成机理可知，涡结构的内部压力比外部较低，因此，也有学者应用低压区的检测方法来定位涡区结构。

第 5 章　海陆一体三维地形建模与可视化

由于应用目的、测量手段、标准规范等方面均有所不同，造成陆地测量数据与海洋测量数据在数学基础、测量精度、数据格式等方面存在较大差异。本章将介绍对水下多波束、陆地激光点云等海陆地形测量数据的一体化融合处理方法，并针对三维地形可视化中面临的尺度切换地形突变、细节层次数据冗余存储等问题，介绍基于细节增量模型的多分辨率海陆地形建模方法，通过连续细节增量的实时叠加输出任意细节层次的三维地形模型，实现大场景下海陆一体三维地形可视化。

5.1　海陆一体数据融合处理

5.1.1　数据预处理

海陆数据由海陆交界的陆域和海域两部分组成，一般这两部分数据分别由地形测量与水深测量获取，即水上的三维激光点云数据和水下的多波束测深数据及其辅助数据。测量时用到的仪器包括三维激光扫描仪、多波束测深仪、全球卫星导航系统（Global Navigation Satellite System，GNSS）、惯性导航系统（Inertial Navigation System，INS）以及工业测量相机等。

1. 多波束数据预处理

事实上，不论水上还是水下测量数据，在采集过程中，由于人为、环境等因素干扰或者仪器本身的缺陷，均会使得生成的数据存在一些误差。对于多波束测深数据而言，这里的误差主要指的是粗差、系统误差以及随机误差三部分。其中，粗差绝对值较大，往往呈随机分布，但其个数较少；而系统误差则会按照某一种规律存在于数据中，其影响的范围涵盖整个数据。这两类误差是影响数据精度的主要因素，它们的存在不利于后续数据的处理以及应用，对于海陆一体化地形模型的构建也会造成较大的阻碍。因此，为了保证地形的准确性和真实性，有必要对原始的测量数据进行误差剔除与改正。通常情况下，处理多波束数据的步骤为：粗差剔除、声速改正、换能器安装偏差改正、潮位改正等。

（1）粗差剔除。粗差一般以噪声点和离群点的方式存在于数据中，而对粗差的处理方式主要有自动剔除与人工剔除两种方法。自动剔除通常通过设定一个判别阈值，对符合判别阈值的对象进行剔除或是保留，其中，判别阈值的设定将决定自动剔除的效果。而人工剔除则主要由人手动操作完成，其对主观识别的依赖程度较高。本节将介绍以自动和手动相结合的方式，实现多波束测深数据的粗差剔除。首先通过点云滤波功能完成明显离群点的删除，然后使用精细化处理模块的条带编辑功能，通过自定义 Ping 值显示范围，手动将对应 Ping 范围内的点数据集进行删除与保留,以实现数据的精处理,最终完成粗差的剔除。除了粗差,还需要对系统误差进行改正,其步骤包括声速改正、换能器安装偏差改正、潮位改正等。

(2)声速改正。声波相比于其他辐射方式,拥有更加优秀的水下传播能力,因此成为声呐系统的测量载体。理想状态下,通过获取声波在目标距离的往返时间就可以计算得到水深。但在现实测量时,声速在海底的传播并非完全恒定,其与海水温度、海盐浓度以及静水压力等海洋环境因素密切相关。而这些因素又会随着测量点的深度、区域与时间不断变化,导致声波在海水中的实际速度也是变化的。采用简单的声速传播状态来计算波束脚印的位置会存在较大的误差,于是获得声速剖面并进行改正就显得非常重要。

一般测量声速的方法可以分为直接测量法与间接测量法两种。直接声速测量法使用声速测量设备对水体中对应位置的声速进行直接测量,具体的方法有干涉法、脉冲循环法、脉冲时间法等。以脉冲时间法为例,通过将一组发射、接收换能器放置于被测水体中来计算声速,利用换能器的间距与脉冲的传播时间比值即可求得对应深度较为精确的声速值。间接声速测量法则采用声速公式,根据海水温度、盐度以及压力等参数进行计算。专家学者通过研究已总结出许多声速公式,比较经典的有 Leroy 经验公式、Medwin 经验公式、Machezie 经验公式以及 DelGosso 经验公式等。各经验公式都有着各自的适用范围,这里以 Leroy 经验公式为例进行简单的介绍。

$$C = 1492.9 + 3(T-10) - 6\times10^{-3}(T-10)^2 - 4\times10^{-2}(T-18)^2 \\ + 1.2(S-35) - 10^{-2}(T-18)(S-35) + \frac{D}{16} \quad (5.1)$$

式中,C 表示声波在海水中的速度(m/s);T 表示海水温度(℃);S 表示海水盐度(0.1%);D 表示海水深度(m)。该公式的使用范围为:

$$-2 \leq T \leq 24.5, \ 30 \leq S \leq 42, \ 0 \leq D \leq 1000 \quad (5.2)$$

(3)换能器安装偏差改正。多波束测深系统测量水深时,声学换能器的安装往往会存在一定几何偏差,从而影响测量位置与深度的精度。因为换能器安装时的基阵中心坐标与测量船的中心坐标并不能保证完全重合,所以它们之间的旋转或是平移都会造成相应系统误差。主要表现为横摇误差、纵摇误差以及偏航误差。为了保证测深数据的精度,需要将换能器安装时产生的偏差进行精确标定,以作相应的误差改正与补偿。

纵摇误差主要会造成测点向前或向后发生位移,而偏航量误差在较为平坦的海底仅会造成波束偏角的旋转,所以,在相对平坦的区域进行横摇校正并不会受到另外两项偏差的影响,其应该优先进行。一般进行校正的顺序为:横摇校准、纵摇校准与偏航量校准。

横摇误差主要由换能器的安装角度与测量船间偏移产生。为了对其进行校准,需要在 10~80m 深的平坦海域布置一条约 200m 长的测线,作为横摇误差校准线,并做往返测量记录。若横摇误差不存在,那么两次所测地形应该完全一致,否则其垂直投影会出现交叉现象。通过调整横摇参数修改两者地形交角大小,当交角为零时,两地形重合,此时记录横摇参数用作改正。将交叉的被测地形投影按每 Ping 数据的中央波束为旋转中心,进行旋转角度调整。通过逐 Ping 旋转往返地形,使两者完全重合,其中旋转角度即为横摇参数,可用于数据进行横摇校准。旋转可以用如下公式实现:

$$\begin{cases} x' = x\cos\theta - z\sin\theta \\ z' = x\sin\theta + z\cos\theta \end{cases} \quad (5.3)$$

式中,x 和 z 分别表示垂直航向方向的坐标分量和水深;x' 和 z' 表示旋转校正之后的垂直航向方向的坐标分量以及水深;θ 为旋转的角度,其中往返测量数据的 θ 符号相反。

纵摇通常会对定位造成一定影响,其产生的误差会随着水深的增加而变大。为了能够对纵摇误差进行校准,需要在较深斜坡海域中寻找孤立点位置,并在其上方沿同一测线以较低的速度进行往返的测量。如果存在纵摇,那么该孤立点目标在往返航线的测量中会发生移位,根据该孤立点水深以及移位量可以计算出纵摇偏差。首先将测得数据按照航线垂直进行投影,然后对往返两个地形绕目标点位置进行旋转,使得往返数据完全重合为止。旋转采用如下公式:

$$\begin{cases} z' = z\cos\alpha \\ y' = y + z\sin\alpha \end{cases} \quad (5.4)$$

式中,z 与 y 分别代表旋转之前的水深以及航向方向的坐标分量;z' 与 y' 分别代表旋转后的水深与航向方向的坐标分量;α 表示旋转的角度,其中往返的测量数据 α 的符号相反。

偏航量误差(艏偏)是船的艏向与垂直轴存在的夹角,该误差会对测深点造成横向位移。艏偏主要与角度与深度有关,其会对边沿波束定位造成较大影响。为了对该误差进行校准,通常会在某个带有较多孤立点的海域布置两条测线,测线平行分布于孤立点两侧,并且有约 50% 重叠覆盖区域。通过将两次往返的测量数据投影至水平面上,然后将每一数据绕着各自 Ping 的中央波束点位置旋转,当往返数据对应的特殊目标位置完全重合时,其旋转角即为艏偏参数。其中用到的旋转公式为:

$$\begin{cases} x' = x\cos\beta - y\sin\beta \\ y' = x\sin\beta + y\cos\beta \end{cases} \quad (5.5)$$

式中,x 和 y 分别表示变换之前垂直航向的坐标分量与航向坐标分量;x' 和 y' 分别表示变换之后垂直航向坐标分量与航向坐标分量;β 表示旋转的角度,其中往返的测量数据 β 的符号相反。

(4) 潮位改正。事实上,进行多波束测量水深时,其测得的是某一瞬间的瞬时值,而瞬时水面并不是完全静止的,它会伴随潮汐的变化而不断改变,因此测得的深度数据也会存在一定偏差,且潮位变化越大,其误差越明显。所以,有必要对测得的数据进行潮位改正,即将深度数据归算至固定的基准面,例如平均海平面、理论深度基准面或 1985 黄海高程基准面等。

潮位改正所用潮位数据可由对应测区的验潮站测得,通过将所测实际深度与从深度基准面算起的瞬时潮高作差,即可求得该基准面的改正水深。它们的关系可由下式求得:

$$Z_{图} = Z_{测} - Z_{潮位} \quad (5.6)$$

式中,$Z_{测}$ 表示在某一时刻所测得的实际水深;$Z_{潮位}$ 表示以深度基准面为起算点,对应时刻的瞬时潮高,也称为潮位改正值;$Z_{图}$ 表示以深度基准面为起算点的改正水深,也称为图载水深。

如何求得潮位改正值,将是潮位改正实现的核心。目前较为普遍的方法是对已有的潮位数据进行插值生成,根据潮位数据的情况不同,可以选择不同的插值方法。如果测区范围较小,可以采用单站改正,通过对一个验潮站的潮位数据按时间进行插值,以得到较为全面的数据。如果采用两个测站,可以通过距离进行线性插值;三个及以上时,则可采用空间上的插值方法进行实现。

2. 激光点云数据预处理

激光点云数据的预处理主要体现在点云数据的滤波上。不同于普通测量数据滤波处理的主要目的是剔除噪声点以及平滑数据,激光点云数据的滤波更多的是为了区分地面点(分布于地面上的点数据)以及非地面点(落在地面其他目标上的点数据,如建筑、植被、车辆等)。通过合适的滤波算法对激光点云进行滤波,不但能有效抑制数据的粗差,而且为后续地形建模提供了基础。

目前点云滤波相关的方法很多,比如基于坡度的滤波算法、数学形态学滤波算法、基于伪扫描线的滤波算法等。这些方法都有各自的优缺点,基于坡度的滤波需要事先知道地形坡度与确定窗口大小,而且所有点都需要进行坡度的计算,计算量较大、效率较快;数学形态滤波算法的效果过度依赖于坡度阈值的选取,而且该方法会存在方块效应的问题;基于伪扫描线的滤波算法侧重于多数点为地面点的情况,若是地面点较少,则会严重影响滤波的效果。

布料模拟滤波算法(Cloth Simulation Filter,CSF)是一种基于简单物理过程的模拟,通过模拟布料覆盖在反转的地形上完成非地面点的剔除。现实中的布料拥有刚性和柔性两种特性,它虽然柔软,但不容易破损,在外力作用下可以发生形变,却不会超过自身变化的最大限度。如果将一块布料放置于地形之上,布料会由于重力而落在地形的表面,并且因为其柔性而紧密贴附地表,此时布料的形状便是数字表面模型(Digital Surface Model,DSM)。假设将地形进行垂直方向的反转并覆盖上布料,布料会贴附地表,但由于其刚性而并非完全贴合,此时布料的形状便是去除非地面点的数字高程模型(Digital Elevation Model,DEM)。图 5-1 所示为布料模拟滤波示意图。布料模拟滤波克服了其他传统点云滤波算法的问题,而且相较于其他方法,需要设置的参数也更少,因此受到广泛的应用。下面简单介绍 CSF 算法的原理。

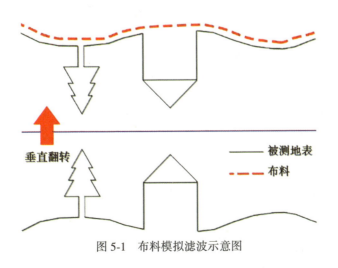

图 5-1 布料模拟滤波示意图

(1)布料模拟滤波算法原理。布料模拟的实现首先需要构建一个质点-弹簧模型的布料网格。其主要由相互连接的网格点所组成,这里的网格点称为质点,质点之间的连线称为弹簧。模型中的质点本身没有大小之分,但其会具有一个恒定的重力值。另外,现实中布料的内部通常会受到三种力量影响,分别为结构力、剪切力以及弯曲力。因此,为了模拟真实布料的特性,为虚拟布料设置了三种弹簧以分别对应三种力,这三种弹簧分别为结构弹簧、剪切弹簧与弯曲弹簧。它们的作用如下:结构弹簧,主要连接横纵方向间的质点,用于固定模型的整体结构;剪切弹簧,也称为扭曲弹簧,主要连接对角线上相邻的节点,可以防止模型的扭曲变形;弯曲弹簧,也称为拉伸弹簧,主要连接横纵方向上间隔为1的两个质点(这两个质点之间隔了一个质点),该弹簧可以避免模型形变时出现折叠等不自然的弯曲情况,保证边缘的圆滑。质点-弹簧模型、相关弹簧结构及分布如图5-2所示。

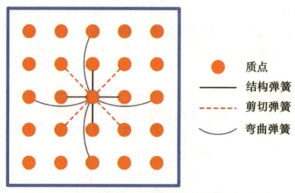

图 5-2 质点-弹簧模型示意图

通过计算布料中质点在特定时间内的运动状态及位置,来模拟布料的形变。当结合激光点云地形数据时,即可实现滤波。其中,需要注意以下几点:①布料上的质点只允许在垂直方向上进行变动,且模拟开始前,质点的初始位置会比点云地形翻转之后的最大高程还要往上一段距离,该距离通常取固定值;②布料质点的位置只由两种力决定,即重力以及邻近质点间的相互作用力;③由于受到周围质点间的牵引力的作用,质点有可能返回到与其邻近质点同一水平面位置;④当质点运动到对应地面点位置时,该质点被标记为不可移动点,反之则为可移动点。在计算质点的位置时,为了减少计算复杂性以及提高效率,可以将计算步骤分为两部分,先计算重力作用,再计算质点间相互力作用。

由牛顿第二定律,可以求得质点仅在重力作用下的空间位置,关系式如下:

$$X(t + \Delta t) = 2X(t) - X(t - \Delta t) + \frac{G}{m}\Delta t^2 \tag{5.7}$$

式中,m 表示布料质点的重量,通常设置为固定值1;G 为重力加速度;Δt 表示时间步长;X 为质点在 t 时刻的位置。

此外,除了重力作用,还需考虑质点间的相互作用力。在翻转的地形中,树木和房屋等要素为下凹区域,质点在该区域应该停止下移,因此需要借助其周围点的牵引力对其进行约束,并修正该点移动后的位置。通过计算待修正质点与其相邻质点弹簧的高度差,并判断它们的位置关系进行重新移动。假设两个相邻质点均可动，且高程值不同，那么它们需要在垂直方向上进行相反方向的移动，缩短距离；如果两者之中有一个被标记为无法移动，那么就只有另外一个点可以移动；如果这两个点处在同一水平面，高程值相同，那么两者都不移动。每一质点的修正位移可按照如下公式计算：

$$d = \frac{1}{2}b(p_i - p_0) \cdot n \tag{5.8}$$

式中，d 表示质点的位移矢量；质点被标记为可移动时，b 值取 1，否则 0；p_0 为待修正质点当前位置；p_i 为与待修正点 p_0 相连质点的位置；n 为标准向量，方向垂直向上，$n = (0, 0, 1)^T$。

（2）滤波步骤。采用布料模拟滤波算法实现激光点云数据滤波，首先需要将点云数据与布料质点投影至同一水平面上，并找到每一质点最邻近的激光点数据。比较布料质点以及相应激光点的高程，如果质点的高程小于或者等于激光点的高程，则移动质点到对应激光点的位置，并标记为不可移动点。通过布料模拟过滤可以获得一个与真实地形近似的地形数据。最后，可以采用点与点的距离估计法来计算布料质点与激光点间的距离，如果距离小于阈值 h，则对应的激光点被划分为地面点，反之则为非地面点。具体可由如下步骤进行实现：

①将点云数据的几何坐标按垂直方向进行翻转；
②初始化布料网格，自定义网格的分辨率以此确定网格质点数量；
③将布料网格质点与激光点云投影至同一水平面，找出每个质点所对应的激光点，并记录对应的激光点高程值；
④计算网格质点在重力作用下的位移，并将它的新位置与对应激光点的高程进行比较，假如质点的高程值等于或是小于激光点的高程，则将其移动至激光点对应的位置，并标记为不可移动；
⑤计算每一质点受到周围质点作用力后发生移动的位置；
⑥重复执行步骤④⑤，直至所有质点最大高程变化足够小或是超过最大迭代次数，模拟终止；
⑦采用点与点的距离估计法计算质点与激光点间距离，如果距离小于阈值 h，则为地面点，反之为非地面点。

5.1.2 海陆地理空间数据融合

由于海陆数据的施测时间、测量对象、测量标准和测量手段等多方面因素的差异，使得数据的格式、空间基准以及表达形式各有不同。这对实现海陆地理空间数据的融合造成了不便。因此，需要对海底和陆域地形数据进行数据格式、空间基准的统一，并采用相同的数据结构，最终实现海陆数据的一体化融合。

1. 数据格式统一

激光点云数据有许多存储的方式。传统的方法有二进制编码、ASCII 码文件、XML 和 GML 等。其中，二进制编码进行了压缩，因此其空间小、读取快，但可读性较差；ASCII 码文件的存储方式可作为文件进行输出，支持多数的文本编辑软件编辑、读写；XML 是可扩展标记语言；GML 是地理标记语言，可抽象出点云交换标准。目前最主流的存储格式是 LAS 格式，由北美摄影测量与遥感协会在 2003 年制定，已经成为行业内的事实标准。LAS 格式属于二进制格式，其不仅定义了单个点的结构，而且在头文件中还可以包含数据的范围、采集的仪器、投影以及坐标系等信息。

多波束数据格式由于多波束测深系统型号的不同，也有许多种类，常见有 UNB、GSF、RDF、XTF 以及 ALL 等。UNB 格式提供了较为完整的原始采集数据信息，包括时间、声速剖面、船参数、经纬度等；GSF 格式不仅可以包含多波束数据，也可以包含单波束，同时支持存储不同格式的多波束数据，并进行后续扩展；RDF 格式是 GeoSwath 系统所采集的原始数据格式，以二进制进行编码，由文件头和 Ping 字段所组成；XTF 格式是多波束数据较为常用的一种格式类型，其中可以存储许多不同类型的导航、遥感、水深、遥测以及声呐等信息，并且拥有较强的信息可扩展性，很容易便能对数据类型进行扩充；ALL 格式可以根据需要改变数据包大小，并且记录的信息也非常全面，如测深信息、船姿信息、海底振幅数据、导航信息等，其应用非常广泛。

由于最终的地形数据是用于构建三维地形模型的，因此以点云数据格式 LAS 作为两者数据的统一格式较为合适。许多软件与开发库都支持 LAS 格式文件的读写与操作，如 ArcGIS、CloudCompare、LibLAS 库等。将预处理完成的多波束地形数据作为离散点文件进行输出，存储格式设置为 LAS 格式，由此完成激光点云数据与多波束数据格式的统一。

2. 空间基准统一

海陆数据基准框架的不一致体现在两个方面，即平面基准与垂直基准的差异。平面基准上主要表现为坐标系的差异，不同的数据所采取的坐标系可能并不相同，如北京 54 坐标系、西安 80 坐标系、国际地球参考系统、全球大地测量系统 WGS84 等；垂直基准的差异主要表现在基准面上，不同的数据可能会采取不同的高程或深度基准，如黄海 56 平均海面、国家 85 高程基准、当地平均海面、大地水准面、平均大潮高潮面、理论深度基准面(海图基准面)等。因此，需对海陆点云数据进行坐标系和投影的转换，使其基于统一的平面基准与垂直基准。

3. 数据结构统一

由于激光点云数据与多波束测声数据来自不同的测量体系，测量仪器、测量标准、应用目标等都存在差异，这使得两者数据在结构表达上有较大的不同。激光点云数据主要侧重于点位置的表达，而多波束数据除了点位测深信息，还包含其他信息，如 Ping、Beam 等，两者的存储信息及数据结构并不相同。因此，如果需要将数据进行统一管理并进行后续的处理及建模，需要对两者数据进行数据结构的统一。

由于建模构网主要是通过点的坐标信息 X、Y 和 Z 来实现，因此需要对两者数据进行存储结构的调整，修改为仅包含位置信息的三维坐标形式，并对两者进行合并，将所有的多波束条带数据与激光点云数据整合为一个统一数据文件，最终得到格式、基准和数据结构都统一的单个文件地形点云数据。其中，海陆区域衔接部分基本不存在地形空间位置与尺寸大小的偏差，因此可以将其作为下一步地形建模的数据基础。

5.1.3 基于自适应四叉树的并行构网

完成海陆地形数据的融合统一后,便可开始进行基础的三维地形建模。传统的地形构网方式多采用逐点插入法或自由生长法,这些方法对小范围、小数据量的点云数据可以生成较为优秀的地形模型。但是在面对数量巨大的海陆点云时,普通构网方式存在效率低的问题。因此,采用分治-合并构网方法对海陆地形数据进行建模,同时对子块进行 OpenMP (Open Multi-Processing)并行构网,应用多处理器可以有效提升构网速度。

1. 自适应四叉树

常规的四叉树地形分割将地形点云数据均匀地分成大小一致、分布规则的子块,再进行后续的处理。这种方法的优点是算法简单,对于处理密度较为均匀的点云数据效果良好,并且也能满足分治-合并算法的初步要求。

每一子块的区域分布大小完全相同,致使不同子块包含的点要素个数不同,甚至有较大差别。对于地形复杂度高、点云密度大的区域,子块会包含较多的点数据;相反,对于地形特征简单、点云密度小的区域,子块包含的点数就会很少。海陆地形数据由于是对水上、水下数据进行合并得到,存在数据空间分布不均,地形复杂程度不一的特点,普通的四叉树方法难以满足海陆数据的子块划分要求。

本节介绍自适应四叉树方法对地形点云数据进行分割。图 5-3 所示为自适应四叉树实现示意图,通过将点云数据按照点云区域密度大小进行逐级划分,以保证各子块包含的数据量不会相差太大。在进行首度分割之前,需要先定义一个划分阈值,通过该阈值将子块包含的点云个数限制在某一范围之内。然后对原始点云数据进行四叉树划分,得到 4 个子块,显然每个子块拥有的点数据的个数会不一致。通过比较每一子块中点的数量与定义的阈值之间的关系进行下一步的分割,若子块中点的数量大于阈值,则继续四叉树划分,否

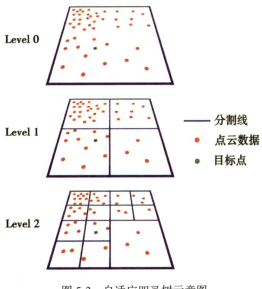

图 5-3 自适应四叉树示意图

则停止分割,该子块成为叶子节点子块。当所有子块中点的数量都在阈值之内时,则完成了自适应四叉树的分割工作。阈值可以根据具体的计算机配置或其他需求因素进行变更。分割流程如图 5-4 所示。

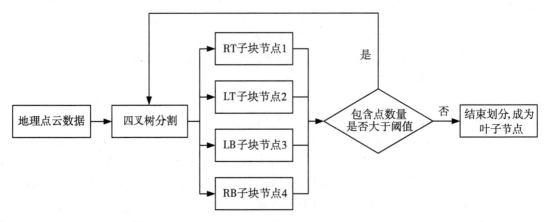

图 5-4　自适应四叉树分割过程

该方法可以有效限制子块中包含的点云数量个数,保证不会出现某一子块点数特别多的状况。但是依旧会存在一个子块中的点数过少甚至没有的情况,对子块点云为 0 的节点对象设置为空指针,不分配内存。而对子块点数小于 3 的非零对象,将其包含的点集与相邻子块的点数据相合并,同时释放本子块内存。若相邻子块为空,则选择下一相邻子块,若合并后相邻子块的点数仍小于 3,则继续以这一子块的新点集为基础,选择下一相邻子块,直到合并完成。

每一子块节点都包含 1 个父节点和 4 个子节点,对于根节点其父节点对象为空,而对于叶子节点,其 4 个子节点对象也为空,其中只有叶子节点中存储了各自包含的点集对象数组。另外,四叉树节点中还需要一个能够定位节点深度和位置的对象,通过定义一个整形的数组来实现。以图 5-3 中目标点的定位为例,目标点位于第一层深度的左下节点子块(LB 节点),第二层深度的右上节点子块(RT 节点)中,那么其深度和位置可以用数组 location 进行表示,其中数组元素的个数表示目标节点子块所处的四叉树深度,深度越深,数组中元素越多,值 1、2、3 和 4 分别代表右上节点(RT 节点)、左上节点(LT 节点)、左下节点(LB 节点)以及右下节点(RB 节点)。

2. CPU 并行构网

在完成自适应四叉树分割后,可以对叶子节点中存储的点集对象分别进行构建 Delaunay 三角网。为了方便后续进行子块的拼接,首先对每一子块数据进行凸壳的求解,然后基于凸壳完成其内部点的构网。而凸壳由子块中点集的平面轮廓确定,常规的凸壳往往呈凸多边形,虽然能够包含所有点数据,但凸壳边长过长时,会与点集本身密度及间隔形成较大反差,且后续构网容易生成比较狭长的三角形,严重影响最终地形网格的效果,如图 5-5(a)所示。因此,需要对原始的凸壳进行细化,使间距接近点集的平均间隔。

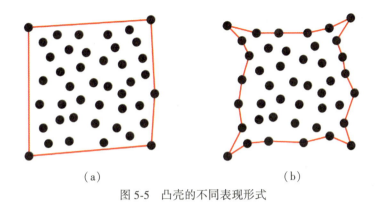

图 5-5 凸壳的不同表现形式

(1) 子块点集凸壳求解。求解点集凸壳的方法分为两个部分，分别是凸壳的初步确定以及凸壳的细化。首先需要求解点云数据的初始凸壳，即包含所有对象的凸多边形，目前相关的算法很多，比如 Graham 扫描算法、增量算法等。

采用 Graham 算法求解初始凸壳。下面以图 5-6 为例，对实现的步骤进行简单描述。

①将需要求解凸壳的点集置于一个二维坐标中，并将纵轴坐标最小值(图中 P_0)作为凸壳数组中的第一个元素；

②将所有其他点数据进行坐标的平移，使 P_0 点成为坐标的原点；

③计算其他点数据较于 P_0 点的幅角 a，并将它们按照由小到大的顺序进行排列。若角度相等，则距离 P_0 更近的点排在前面。完成排序后，图 5-6 中各点的顺序为 P_1、P_2、P_3、P_4、P_5、P_6、P_7 以及 P_8，其中 P_1 和 P_8 点显然属于凸壳上的点，将凸壳中已经确定的初始点 P_0 和 P_1 放入栈中，同时将 P_1 后的点 P_2 作为当前点进行判断；

④连接 P_0 与栈顶的点得到直线 L，判断当前点位于直线左侧还是右侧，若是位于右侧，执行步骤⑤，若是位于左侧或是直线上，则执行步骤⑥；

⑤若当前点位于右侧，则栈顶点为非凸壳点，栈顶元素出栈，再次执行步骤④；

⑥如果当前点位于直线 L 上或位于直线 L 左侧，则其为凸壳点，将其压入栈中，并执行步骤⑦；

⑦判断当前点的后一个对象是否为最后的点 P_8，若是，则结束，否则将该点作为新的当前点，继续执行步骤④。

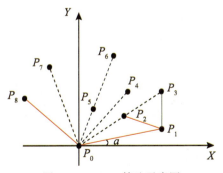

图 5-6 Graham 算法示意图

如图 5-6 中的 P_3 点位于直线 P_1P_2 右侧，则可知 P_2 点为非凸壳点，将其从栈中排除，再判断 P_3 与直线 P_0P_1 的关系，依此类推，直到完成初始凸壳的确定。初始凸壳作为简单涵盖所有点数据的凸多边形还无法满足后续基于凸壳的构网，因此还需对其进行细化，使凸壳边界的每一边长都接近点集的平均间隔。具体实现的步骤如下：

①计算点集的平均间隔阈值。子块点集平均距离的求解公式为

$$d = \sqrt{\frac{S}{n}} \tag{5.9}$$

式中，S 为子块内点集所涵盖的近似空间面积，可由初始凸壳多边形进行求解，在此不再累述凸多边形面积的计算方法；n 为子块内点集的个数；d 为该子块点集的平均间隔距离。

②循环判断凸壳边界的每一条边是否大于间隔阈值，若大于阈值，则向内搜寻最近的点，若该点与凸壳边构成的角度最大，则将其插入凸壳数组中，判断的顺序由后至前，保证插入操作不会对数组前面的元素位置造成影响。

③结束凸壳边界该次循环后，判断本次循环中是否有新的点被视为凸壳点，若有，则执行步骤②，否则完成细化操作，得到优化完成的凸壳。新的凸壳不再是传统凸壳的凸多边形表现形式，而是一种更加精细、更加贴合点集轮廓形状的表达，如图 5-5(b)所示，相较于传统凸壳，优化后的凸壳效果更佳，且更适合作为后续构网的基础。

（2）并行构网。为了子块构网的效果，对求得的凸壳进行构网。由凸壳边界的第一条边作为起始边，查找该边右侧并且与该边所构成的夹角最大的"第三点"，将其作为三角形的第三个端点。然后再以新生成的两条边作为生长边，进行下一步"第三点"的搜索，如此不断地生长，直到遇到另一条凸壳边或是已存在的三角形边时结束该路线生长。通过凸壳进行三角网构网，将最终的地形网格限制在凸壳区域内，保证了模型水平方向轮廓的稳定，也区分了不同子块对应的地形区域。同时，为了加速各个子块构网的速度，采用 CPU 多线程技术对子块进行并行构网。

OpenMP 作为一套共享存储并行编程的技术方案，被广泛应用于程序的并行处理。由于它针对并行算法提供的高层抽象描述，使其非常适合多核 CPU 机器的并行程序设计。通过自适应四叉树分割，将点云分成了多个子块，基于 OpenMP 多核技术，可以实现不同子块的并行构网。由于不同子块间的点集都被各自的凸壳边界所包围限制，因此它们各自的内部构网都相互独立，互不影响，也无需考虑子块间的通信问题。

另外，还需解决一个并行计算都会存在的问题——线程负载不平衡。当分配给各处理器核心的任务量不同时，会出现部分线程已经结束了计算，而其他线程还在工作的状况，此时完成任务的线程无法继续工作，需要等待其他线程计算完毕，这不但浪费了空闲的线程，而且影响总体的工作效率。由于 OpenMP 是将循环中的工作平均分配给各个线程，当工作量不平衡时，会出现线程负载不平衡的现象，极度影响效率。虽然使用自适应四叉树对原始点云数据进行了较为均衡的分割，使之不会超过某个数量，但无法保证所有子块节点的点数都完全一致，可能会出现部分子块点数较少的情况，并且这种现象由源数据所决定，并没有固定的规律。这会对并行构网造成一定影响，拖慢程序的运行。

为此,可通过事先对需要构网的子块进行排序来解决这一问题。由于 OpenMP 是通过循环来完成并行,因此将所有叶子子块以数组的方式进行存储,然后带入循环进行构网。而构网所耗费的时间主要由子块内的点数决定,不同点数的子块,其最终构网的时间自然不同,若将子块平均分配至线程,很容易造成线程负载不平衡。如果事先将子块按照点数进行排序,并按由小到大的顺序依次分给各线程,使每一个线程分配的点数由小到大递增,且增幅一致,那么就可以保证每一线程分配的任务量都较为接近。具体的步骤如下:

①首先获取计算机的核心数,假设为双核 4 线程,那么可以开启 4 线程进行处理器的并行计算;

②将原本的叶子节点子块数组按照点数由小到大进行重新排序;

③创建 4 个数组用于存储叶子节点子块;

④将排序后的数组按由小到大的顺序均匀分配给创建的 4 个数组;

⑤将 4 个数组进行合并,图 5-7 所示为简单的示意图。此时,合并后的数组便是优化完成的子块数组,利用 OpenMP 进行并行处理时,可以使线程分配的任务量不会出现较大差异,将负载不平衡的现象最小化。

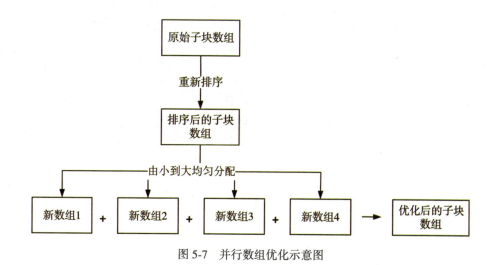

图 5-7 并行数组优化示意图

通过 OpenMP 并行计算的协助,可以很大程度提升构网的速度,并且不会影响最终构网的效果。图 5-8 显示了四组点数分别为 200306、408164、795472 和 950337 的点云数据在非 OpenMP 模式以及 OpenMP 并行技术支持下的耗时情况。由图发现,应用 OpenMP 模式可以大幅度提升构网效率,降低构网耗费的时间。相比普通的构网模式,并行构网可以节省一半以上的时间。

图 5-9 所示为采用自适应四叉树进行并行构网的结果图。图中子块的三角网都被限制于优化的凸壳之内,互相保持正确的拓扑关系,且凸壳的边界长度接近子块内点集的平均距离,保证子块轮廓的最佳可视效果。

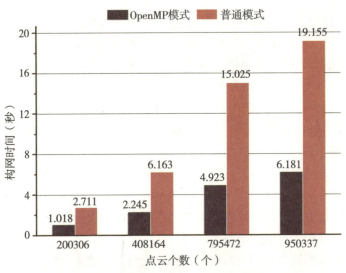

图 5-8　OpenMP 加速构网时间对比图

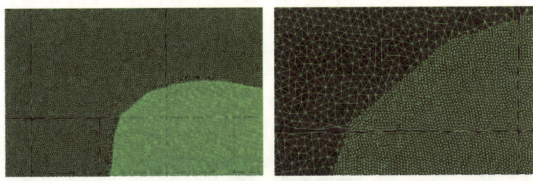

图 5-9　自适应四叉树构网成果图

（3）子块缝隙接边。稳定的边界为子块缝隙的接边提供了基础，各个子块由各自的凸壳进行分割而独立开来，它们的缝隙空间也相对于子块变得独立，不受子块内部网格的影响。缝隙的接边实质上就是受到凸壳边界限制的三角网生长，只不过这次是被限制在凸壳边界之外。将所有子块的凸壳点作为三角网生长的点集，进行缝隙空间网格的填充，网格生长时只在凸壳外部进行，直到完成所有三角形的生长，最后将生成的三角形单独存储在一个数组中。图 5-10 所示为完成缝隙接边后的网格表达。其中，为了保证最外部边界区域的网格正确性，需剔除部分狭长的三角形。狭长三角形的判断方法是只要是三角形的任意一条边长大于总体平均距离的 4 倍，则该三角形为狭长三角形，将其从缝隙三角形数组中进行删除。总体平均距离由所有子块点集的平均距离的均值求得，如下式所示：

$$\bar{d} = \frac{\sum d_i}{n} \tag{5.10}$$

式中，d_i 表示第 i 个子块的点集平均距离间隔；n 表示所有子块的个数；$\bar{d}$ 为求得的总体平均距离。

剔除狭长三角形后,地形的总体网格轮廓更加简洁、准确,可视化效果更好。由图 5-11 可知,未优化的总体网格轮廓线条杂乱、错误,无法作为地形的最终成果,优化后的边界明显更符合地形表达的要求。对网格进行光照渲染结果如图 5-12 所示。

图 5-10 子块缝隙接边

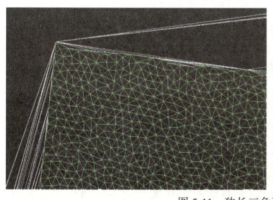 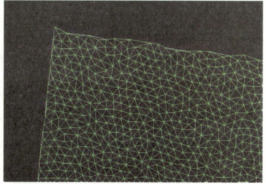

图 5-11 狭长三角形剔除前后对比图

图 5-12 最终网格效果及光照渲染效果

5.2 海陆一体多分辨率地形建模

5.2.1 细节增量模型原理

细节增量模型可以看做是一个初始概略模型和一系列细节增量信息的集合，通过对原始复杂的网格进行化简，以得到初始概略模型和每一次化简过程中的细节变化增量。当逐步地将细节增量信息附加到初始概略模型之上时，模型将变得愈发详细，而逐步去除当前尺度模型的增量细节，则模型变得更加粗略。其中细节增量存储的是地形网格中变化的三角形信息。由于几何要素细节可以作为地形表达的基本单元，而不规则三角网（Triangulated Irregular Network，TIN）的几何要素又由三角形所组成，因此细节增量信息中存储的实质是地形几何的细节变化，通过细节增量信息，就可以实现地形网格任意尺度的多分辨率渐进式表达。

与传统的细节层次模型（Levels of Detail，LOD）方法构建地形模型金字塔不同，细节增量模型将原本复杂的原始地形网格拆分为一个非常简单的初始概略模型以及许多对应尺度间的变化三角形信息，通过不断地对当前尺度的三角网添加细节增量，实现地形网格的变化，而这种变化是实时动态的。该方法避免了金字塔存储中高数据冗余的问题，并且保证了尺度切换时的流畅。细节增量模型的基本原理可由下式表示：

$$f(S_i) = f(S_0) + \Delta T_0 + \Delta T_1 + \Delta T_2 + \cdots + \Delta T_{i-1} \tag{5.11}$$

式中，$f(S_i)$ 表示分辨率尺度在 S_i 级的地形模型；ΔT_{i-1} 表示介于尺度 S_{i-1} 级和 S_i 级间的增量信息，也就是两个尺度间发生变化的三角形信息；$f(S_0)$ 表示的是初始概略模型，即化简后最终得到地形网格。

基于细节增量模型，对 S_i 级尺度对应的地形网格添加或是减去对应的增量信息，便可以实现从尺度 S_i 向任意目标尺度 S_{i+n} 或 S_{i-n} 进行切换，整个过程可由下式表示：

$$\begin{cases} f(S_{i+n}) = f(S_i) + \Delta T_i + \Delta T_{i+1} + \Delta T_{i+2} + \cdots + \Delta T_{i+n-1} \\ f(S_{i-n}) = f(S_i) - \Delta T_{i-1} - \Delta T_{i-2} - \Delta T_{i-3} - \cdots - \Delta T_{i-n} \end{cases} \tag{5.12}$$

由于海陆点云数据量较大，采用传统的地形多分辨率表达方法将会造成大量数据冗余。通过细节增量模型算法，可以实现连续的动态多分辨率地形模型表达，而将其应用于海陆一体化建模，可以大幅提升海陆地形的显示效果以及效率，并且能够保证数据的低冗余。而要构建细节增量模型，如何获得初始概略模型和细节增量信息将成为关键。

5.2.2 细节增量地形模型化简

在上节已经说明了初始概略模型和细节增量信息是通过对原始的复杂格网模型进行化简得到的，而化简的方法以及化简的顺序将会极大地影响化简的效果。采用边折叠方法对原始复杂地形网格进行化简，并将最小二次误差测度作为决定化简顺序的系数。在进行化简时，为了保证地形特征表现的最大化，通常会对较为平坦的区域先进行化简，即先对平坦的区域的三角网进行边折叠操作，合并三角形。而最小二次误差在一定程度上可以表示一块区域中地形的复杂程度，那么它就可以当做化简时决定化简顺序的系数。

1. 边折叠化简

边折叠化简实质是将与待折叠边相连的两个三角形进行删除，同时更新周围相关的三角形。整个过程可由图 5-13 进行表示。边折叠过程中，顶点 v_1 与顶点 v_2 被移动到 $\bar{v}$，而介于 v_1 和 v_2 之间的两个三角形被删除。周围其他与 v_1 和 v_2 相连的所有三角形，它们的 v_1 和 v_2 顶点自然也被移动至 $\bar{v}$ 的位置，以填充两个被删除三角形的空间。如此，在进行三角网化简的同时，保证拓扑的准确。

另外，还需要考虑整个网格边折叠化简的顺序，下面以 $\bar{v}$ 关于顶点 v_1 的二次误差为例，进行二次误差的简单介绍。$\bar{v}$ 关于 v_1 的二次误差实质是 $\bar{v}$ 和与 v_1 相连所有三角形的距离平方和，也可以想象是 v_1 为顶点的网格凸起程度。假设该二次误差足够小，那么说明对它进行化简前后对网格的形变影响最小，即该块区域的网格越平坦，应该优先对它进行化简。

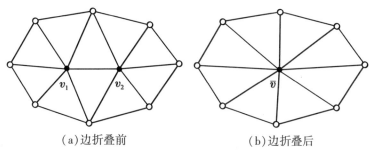

(a) 边折叠前　　　　　　　(b) 边折叠后

图 5-13　边折叠示意图

这里假设与 v_1 相连的所有三角形都属于平面集合 $\text{Planes}(v_1)$，那么顶点 $\bar{v}$ 关于顶点 v_1 的二次误差可以由下式求得：

$$\Delta(v) = \sum_{p \in \text{Planes}(v_1)} (p^{\text{T}} \bar{v}) = \sum_{p \in \text{Planes}(v_1)} \bar{v}^{\text{T}} (pp^{\text{T}}) \bar{v} = \bar{v}^{\text{T}} \left(\sum_{p \in \text{Planes}(v_1)} K_p \right) \bar{v} \quad (5.13)$$

式中，$\bar{v} = [x, y, z, 1]^{\text{T}}$；$p = [a, b, c, d]^{\text{T}}$；$a, b, c, d$ 为三角形的平面系数，其中 $ax + by + cz + d = 0$，并且 $a^2 + b^2 + c^2 = 1$。K_p 可由下式进行表示：

$$K_p = pp^{\text{T}} = \begin{bmatrix} a^2 & ab & ac & ad \\ ab & b^2 & bc & bd \\ ac & bc & c^2 & cd \\ ad & bd & cd & d^2 \end{bmatrix} \quad (5.14)$$

这里，假设 $\sum K_p = Q$，当 v_1 和 v_2 被折叠至 $\bar{v}$ 时，Q 可以由下式计算得到：

$$Q = Q_1 + Q_2 = \begin{bmatrix} q_{11} & q_{12} & q_{13} & q_{14} \\ q_{12} & q_{22} & q_{23} & q_{24} \\ q_{13} & q_{23} & q_{33} & q_{34} \\ q_{14} & q_{24} & q_{34} & q_{44} \end{bmatrix} \quad (5.15)$$

通过将式(5.14)与式(5.15)相结合，二次误差可以由下式进行表示：

$$\Delta(v) = \bar{v}^{\mathrm{T}}(Q_1 + Q_2)\bar{v} \tag{5.16}$$

式中，Q_1 和 Q_2 分别为顶点 v_1 和顶点 v_2 的初始矩阵。通过上述公式可以快速求得顶点 $\bar{v}$ 关于其他顶点的二次误差，并且计算复杂度较低。其中，顶点 $\bar{v}$ 的位置也是影响边折叠效率重要的一个因素。

事实上，在进行二次误差的计算时，$\bar{v}$ 可以位于待删除边的任意位置。但是本节将其限制在待删除边的两个端点，即只允许 $\bar{v}$ 位于顶点 v_1 或是顶点 v_2 的位置。这样在一定程度上可以减少计算的复杂度，同时降低存储压力。另外，由于两个端点属于原始点云集合的子集，因此，在进行边折叠化简时，也能最大程度保证地形网格的要素特征和几何轮廓。

2. 最小二次误差测度

由于网格中的每一个顶点都不单单只有一个顶点与其相连，因此每一顶点其实会具有多个二次误差值。前文也已提到二次误差可以用来表示对应区域网格的平坦程度，那么最小二次误差可以保证化简前后形变量最小，其对应的顶点便可以作为边折叠的潜在点。以图 5-14 为例进行说明，顶点 v_4 对应的二次误差 0.103 在所有顶点之中最小，其便可以作为顶点 v_1 的最小二次误差测度，而 v_4 就可以被作为一个边折叠的潜在顶点。

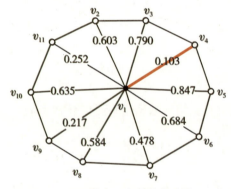

图 5-14 最小二次误差的选取

在进行边折叠时，将地形网格中所有顶点的最小二次误差测度进行计算，并按从小到大的顺序排序，然后选取值最小的对象进行边折叠操作。每完成一次边折叠时，需要对发生变化的相关顶点进行最小二次误差的重新计算并排序，同时将变化的三角形信息进行存储，然后再重复上面的操作继续边折叠，直至到达需求的化简次数。完成化简之后，即可得到所有的细节增量模型信息和最终的初始概略模型。流程如图 5-15 所示。

另外，将每一次化简过程中所有点的最小二次误差的平均值称为总体最小二次误差（Mean Minimum Quadric Error，MMQE），并选取了四块网格，将对应的所有边折叠化简后的 MMQE 值与化简次数绘制成图，如图 5-16 所示。不难发现，随着化简次数的增多，MMQE 值也在不断地增加。这也可以说明 MMQE 值在一定程度上可以代表地形模型的细节层次，因为化简次数越多，对应的模型越简略，MMQE 值越大，且每一 MMQE 值都有一个层次尺度级别与之对应。

5.2 海陆一体多分辨率地形建模

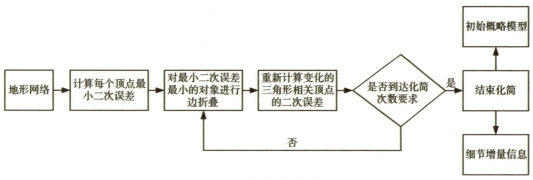

图 5-15 细节增量化简流程图

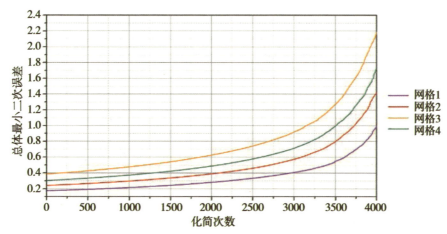

图 5-16 总体最小二次误差与化简次数关系图

5.2.3 多分辨率地形模型重构

1. 细节增量存储结构

边折叠化简操作实质上是对三角形进行一系列的操作，因此对于细节增量的存储实质上是对变化的三角形的存储。图 5-17 详细地展示了对一块区域进行边折叠时，相关的三角形的变化。当进行边折叠时，与 v_1 和 v_2 相连的两个三角形 T_1 和 T_2 被删除，同时三角形 T_3、T_4、T_5 以及 T_6 的 v_2 顶点被移动至 v_1 的位置，也可以理解为三角形 T_3、T_4、T_5 和 T_6 被替换为三角形 T'_3、T'_4、T'_5 和 T'_6。那么，其中被删除的两个三角形(T_1 和 T_2)、发生变化前的三角形 $T(T_3$、T_4、T_5 和 T_6) 以及发生变化后的三角形 $T'(T'_3$、T'_4、T'_5 和 $T'_6)$，这些信息就可以作为边折叠前后相邻尺度间的增量信息了。

细节增量信息主要用来还原地形网格不同尺度间模型的切换，其中，切换分为简化和细化两种情况，也就是边折叠与点分裂。通过重现边折叠操作使网格向低尺度变化，而通过重现点分裂操作使网格向高尺度转变。因此，对于细节增量的存储也需考虑两种情况。本节设计了一种存储结构，可以分别针对边折叠与点分裂进行操作。其中，主要包含两种信息类型，分别是动作命令信息以及三角形信息。动作命令信息用于决定具体操作是边折叠还是点分裂，而三角形信息用于存储尺度切换时变化的三角形。三角形信息中具体存储的对象为：①边折叠过程中被删除的三角形索引数组；②被删除的三角形 3 个角点索引数组；③被替换的三角形索引数组；④被替换的三角形原本的 3 个角点索引数组；⑤被替换的三角形新的 3 个角点索引数组。其中，三角形索引对应原始复杂网格中存储的三角形数组的位置，顶点索引对应原始点云数组位置。另外，该边折叠所对应的尺度级别以及相应的 MMQE 值也需存储其中。它的结构可由表 5-1 进行表示。

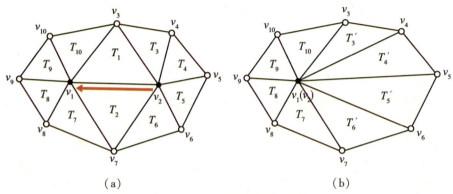

图 5-17 边折叠化简时三角形的具体变化

表 5-1 细节增量类型结构表

成员变量	类型	描述
levelIndex	unsigned int	对应尺度级别
mmqeValue	float	该级别对应的 MMQE 值
deletedTriInfo	vector<int> *	被删除三角形的索引数组
deletedTriVexInfo	vector<int> *	被删除三角形三个顶点的索引数组
replacedTriInfo	vector<int> *	被替换三角形的索引数组
replacedTriVexOriInfo	vector<int> *	被替换三角形原来的三个顶点的索引数组
replacedTriVexNewInfo	vector<int> *	被替换三角形新的三个顶点的索引数组

上述结构实际上是针对边折叠而言的，通过将对应的三角形进行增删，重现网格边折叠操作。而之前也已经明确模型细节的重构是两个部分，除了边折叠，还有点分裂。因此，需要用到动作命令这一信息，当接收到边折叠命令时，根据增量信息进行对应三角形删除以及替换。而接收到点分裂命令时，对细节增量中的相关信息进行反转，删除的三角形变为添加的三角形，原来的三角形变为新的三角形，新的三角形变为原来的三角形，如此更换并对网格进行对应三角形操作，即可实现顶点分裂。

细节增量信息的主要内容如图 5-18 所示。当层次级别由 S_i 向 S_{i+1} 进行变化时，边折叠操作需要被执行，其中细节增量信息包括两个被删除的三角形 $T_{i,1}$、$T_{i,2}$，原来的三角形

$T_{i,3}$,$T_{i,4}$,$T_{i,5}\cdots$,以及新的三角形 $T'_{i,3}$,$T'_{i,4}$,$T'_{i,5}$,$\cdots$。边折叠和点分裂为互逆操作,因此只存储一次细节增量信息,通过命令信号来执行具体操作,两者所用到的信息刚好相反。

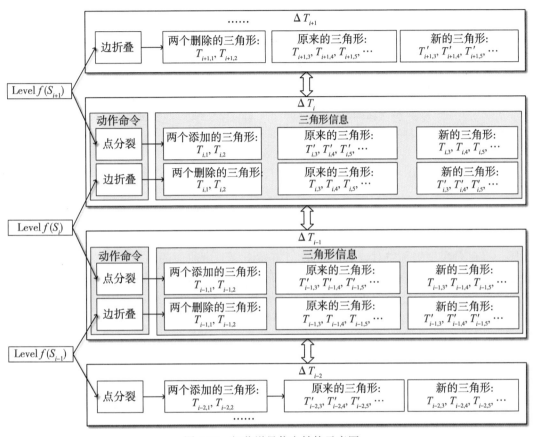

图 5-18 细节增量信息结构示意图

2. 连续尺度的模型重构

层次模型由高比例尺向低比例尺进行切换,主要由边折叠操作进行实现。在接收到边折叠命令时,对相关三角形进行增删更新,以重现边折叠的动作。如图 5-18 可知,ΔT 中包含了动作信息以及相应的三角形变化信息。在收到边折叠的信号后,细节增量信息中对应的尺度级别被选中。在该尺度基础上,通过细节增量中相关的三角形索引信息以及相应的顶点索引信息,对网格进行三角形的增删,以更新网格。通过这种方式,在得到一定尺度范围内的细节增量信息后,即可实现该尺度范围任意目标尺度网格的边折叠重构。

层次模型由低比例尺向高比例尺切换即为化简操作的逆过程。因此,模型细化的重构可以利用顶点分裂操作实现。当接收到点分裂的信号后,通过细节增量信息中相关的三角形信息,实现对应尺度级别的网格点的分裂细化。图 5-19 所示为网格边折叠化简以及点分裂细化重构示意图。

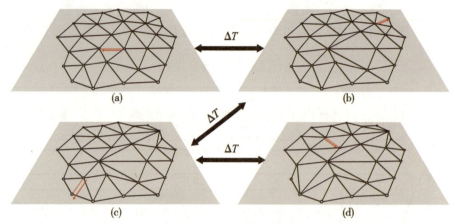

图 5-19　网格重构示意图

5.2.4　基于最小可辨识目标的渐进式可视化

随着细节增量化简的深入，MMQE 值不断增加。而事实上，在化简次数非常高的情况下，有部分尺度级别中对应的 MMQE 值有所下降。由前面的描述不难发现，每一次边折叠化简都会删除两个三角形，即网格三角形的个数与化简次数成反比。毕竟网格中三角形的个数有限，不可能无休止地进行化简，再加上化简后期出现部分 MMQE 值下降不稳定的情况，因此，需要对化简的次数进行限制。本章将化简次数定为网格三角形个数的 40% 左右，也就是化简的最终结果初始概略模型三角形个数为原始复杂模型的 20%。对于其中 MMQE 值小于前一尺度的情况，将当前尺度的 MMQE 值调整为前一次的大小，以保证所有的 MMQE 值为完全递增的状态。由此，这一组处理完的 MMQE 对象即可作为模型尺度切换的基础，因为每一尺度级别都会有唯一的 MMQE 与之对应，且它们之间成正比关系。

图 5-20 所示为边折叠示意图。顶点 v_1 关于顶点 v_2 的二次误差实质上是 v_1 到与 v_2 相连的四个三角形的距离平方和，其也可以认为是 v_2 移动到 v_1 时坡度变化后发生的距离变化的平方。这一距离变化由二次误差求得，可以代表边折叠后发生变化的程度。而 MMQE 是所有点的最小二次误差的均值，因此 MMQE 一定程度上也可以作为衡量模型单次化简过程中变化大小的要素。

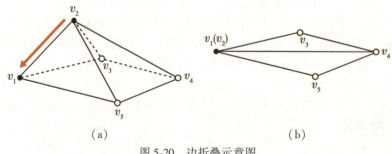

图 5-20　边折叠示意图

在进行渐进式可视化时，需要考虑人眼对于层次模型尺度切换时变化的辨识度，可以通过定义最小可辨识目标(Smallest Visible Object，SVO)来完成最佳的尺度变换。

在透视视图的三维渐进式可视化表达时，存在一个状态使得在某一视距下模型尺度切换无法被人眼捕捉，即人的肉眼由于屏幕分辨率的限制无法分辨模型尺度切换时发生的变化。而这个状态可以被视为一个极限状态，该状态下发生的模型视觉变化对于用户而言，始终是最小的。由上节可知，每一个层次级别都存在一个 MMQE 值与之对应，假设在某一视距下存在一个线段，其长度由 MMQE 计算所得，其方向与屏幕平行，其位置位于网格模型的中心。当该虚拟线段在屏幕上的投影长度刚好为 1 像素或是一个自定义的像素长度时，其便可以被视为是最小长度阈值，或最小可辨识目标，如图 5-21 所示。而这个 SVO 对应的模型尺度级别可被视为是该视距下的极限状态。由于只需计算虚拟线段投影至屏幕上的长度，而不是真的对其进行显示，因此不必考虑其是否在视域范围内或是否被遮挡等问题。

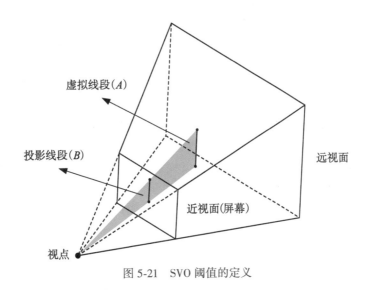

图 5-21　SVO 阈值的定义

由此便建立了从长度到二次误差再到地形模型层次的映射关系，即每一尺度都有对应的 SVO 阈值与之对应。而由于 SVO 与视距存在一定联系，通过选取合适的 SVO 阈值，并化简或是细化至该阈值对应的尺度状态，那么适合这个尺度或是视距的模型表达即可实现。如果逐步地选择相邻尺度的 SVO 阈值，则可实现连续动态渐进式地形模型表达。由于相邻 SVO 阈值对应的网格尺度差异非常小，因此，这种动态的渐进式可以被视作是一种近似无尺度的表达。SVO 阈值可以由 MMQE 开方得到，如下式所示：

$$\overline{\Delta(v)} = d^2 \tag{5.17}$$

式中：$\overline{\Delta(v)}$ 为某一尺度下所有点数据的 MMQE；d 表示 SVO 阈值。图 5-22 所示为不同 SVO 阈值与对应的不同模型层次间的线性关系图。其中，SVO 阈值越大，模型越简略。

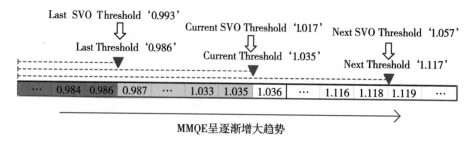

图 5-22　SVO 阈值与模型层次的映射关系

5.3　海陆一体三维地形可视化

5.3.1　基于细节增量模型的多分辨率地形构建

为了实现最终的渐进式多尺度表达，需要为各个子块构建多分辨率数据结构。为此，将基于细节增量模型对每一子块分别构建细节增量结构，以此实现动态连续的多分辨率表达。整个实施的过程大致为：①自适应四叉树细节增量模型结构；②所有点对象最小二次误差的确定；③细节增量化简；④细节增量信息的存储；⑤地形模型层次细节的重构。

然而，不同于单个数据块，多个子块在分别构建多分辨率结构时，还需要考虑一些特有的问题。比如，子块在进行层次细节化简时，如何保证相邻子块间拓扑的准确以及整体形状的稳定？子块接边部分在进行多分辨率层次切换时该如何处理？每一子块的三角形数目存在差异，那么该如何定义各自子块的尺度级别以及尺度数目？细节层次化简以及地形细节的重构在单个网格块下已经非常复杂，面对更多独立的子块，该如何进行管理和操作？这些是本节研究中针对分块多分辨率表达需要解决的问题。

1. 自适应四叉树细节增量模型结构

不同于单一网格块的细节增量存储结构，多子块细节增量的化简与重构最好能够各自独立进行，以减少子块管理以及相互通信带来的负担。结合自适应四叉树结构，针对四叉树节点子块进行多分辨率细节增量模型结构的构建，以实现各自网格子块间独立的层次细节操作。另外，由于子块的网格受到凸壳边界的限制，或者说子块中只包含子块内的三角网，而不包括缝隙三角网，因此，对于四叉树子块网格细节增量结构的构建也仅仅只针对子块内部的三角网。这样，在进行后续网格细节层次的变化时，缝隙间的三角网将不再进行变化，而相应的，为了保证缝隙与子块间拓扑关系的正确，子块的边界也必须保持不变。

由于细节增量化简是直接对三角网数组中对应的三角形 3 个顶点进行操作，且操作非常频繁，因此如果将所有三角形数组以类的对象的方式进行处理，将产生非常庞大的内存占用以及数据传递损耗，这将大大降低程序运行的效率。将地形网格中三角形的元素、细节增量信息中相关的三角形信息均以指针的方式进行存储及处理，通过操作指针直接修改原对象地址的顶点信息，可减少参数的传递以及代码的复杂性，提升程序运行时的效率。

由于细节增量的化简相对比较复杂，涉及较多的步骤，一般的计算方式可能会造成运算冗余，特别是面对数据量较大的对象时，比如进行二次误差的求解时需要获取对应点的相邻三角形，并计算它们的平面参数，其中同一个顶点的相邻三角形可能会被多次用到。如果每次都按部就班地现用现算，会增加大量的重复运算，使计算速度变慢。因此以牺牲一定的存储空间为代价，通过将每个点的相邻三角形进行单独存储，以免去网格二次误差计算时相邻三角形的重复搜寻，提升网格边折叠化简操作的效率。同样地，对顶点相邻点也进行存储，其和相邻三角形共同组成一个结构类型，并以容器的方式存储于叶子节点中。其中相邻三角形以指针的方式指向网格的三角形数组中，一方面减少大量存储空间，另一方面也与地形网格的具体情况形成了同步。

细节增量的化简以及细化本质是对网格中各个三角形的三个顶点坐标进行变更，而本身三角形对象并未发生改变，只是部分三角形遭到了删除，因此，每个三角形都有对应的索引编号用于匹配与定位。另外，在进行边折叠细节增量化简时，将边的端点作为折叠的终点，可以避免新的点对象的产生，一定程度上抑制了内存的增长，也极大地降低了折叠运算的压力。这一方式同时也保证了三角网角点所对应的点集的不变性与稳定性。因此，三角形3个顶点坐标的变化便可优化为3个顶点对象点索引的变化，只需将3个顶点指向点集对应对象的索引位置，便可完成三角形的变更。相比于更改三个顶点的具体坐标数据，修改指向的点索引会更加简单、方便，也拥有更快的三角形变化速度。

2. 最小二次误差计算

进行细节增量的边折叠化简之前，需要先求解每一点对象的最小二次误差值，以评估对应位置地形的复杂程度，并根据最小二次误差的大小进行边折叠顺序的确定。这样可以优先对较为平坦的区域进行化简，同时保留相对复杂地区的地形特征。在完成一次边折叠时，发生变化的相关点的最小二次误差将发生改变，因此必须重新计算并排序。

为了保证计算效率，只对进行边折叠后所涉及的点对象进行最小二次误差值的重新求解，然后比对原先所有点的最小二次误差值大小进行插入。其中，被删除的点在后续将不再使用，如图5-17中的v_2点，对其添加一个非激活状态的标签，并置于顺序的末尾。在下一次进行边折叠化简时，接着选取最小二次误差最小的点进行操作。

不同于单个网格块中每个三角形都相互关联，基于四叉树的子块中地形三角网都是相互独立，且有缝隙网格进行分割。因此，在计算最小二次误差时，可以使用OpenMP的CPU并行计算来加快求解的速度，将该过程与之后的边折叠初始化操作一起放入OpenMP的并行模式中，实现快速的细节增量化简。

3. 细节增量化简

采用三角网边折叠的方法实现网格的化简，化简的顺序由每个点的最小二次误差值确定，每次化简都需重新计算相关点的二次误差并再次排序，如此进行，直至到达需求的化简次数。但是自适应四叉树中网格三角形的个数往往存在差异，如果每一个子块的化简次数都一致，则会出现最终化简结果不平衡甚至错误的情况。如果子块化简次数一致，那么最终不同的子块将拥有不同的分辨率层级。因此，只需对每一子块按照自己的具体情况进行化简次数的求算，并进行细节增量化简即可。在后面的模型细节化简重构时，当一个子块完成了自己的化简次数，而其他子块还在继续，只需停止当前子块的变化，等待其他子块，直至完成用户的分辨率切换需求。

另一个需要解决的问题是不同子块化简的过程中如何保证与相邻子块间的拓扑准确。前文中已说明子块间的缝隙采用三角网进行了填充，并且缝隙三角网是独立于各个子块的单独对象。同时，各个网格在构建时都被事先求算的凸壳进行了区域的限制，因此只需保证凸壳边界的不变，就可始终保证缝隙拓扑的无误。将网格内的边折叠对象限制在非凸壳线段中，即边界线段无法进行折叠操作，并且边界点也无法向内进行折叠，这便保证了凸壳边和点一直处于不变的状态。而对于缝隙三角网，不作为边折叠的操作对象。

在进行细节增量化简过程中，除了凸壳边界外，还有一种情况也不允许进行边折叠操作。如图 5-23 所示，假如将 v_2 点折叠至 v_1 点，就会出现图中所示的网格错误。为了避免这种类凹多边形情况的发生，需要制定一种判断准则，对其进行排除。以图 5-23 为例，首先将 v_2 点的相邻点数组按照顺时针方向进行排序，然后依次计算相邻点与 v_1、v_2 所组成的角度，并先后判断大小。例如，比较 $\angle v_3 v_1 v_2$ 和 $\angle v_4 v_1 v_2$，若是后者大于或等于前者，如图中情况所示，则该区域网格并不适合边折叠操作；若是后者小于前者，那么继续判断 $\angle v_4 v_1 v_2$ 和 $\angle v_5 v_1 v_2$ 的大小，只要后者小于前者，就继续往后，直到完成所有点的判断，其中角度有正负之分。如果所有后面点组成的角度都比前面点组成的角度小，那么该区域网格适合边折叠操作；反之，有一处前者比后者大的，都不允许进行化简。

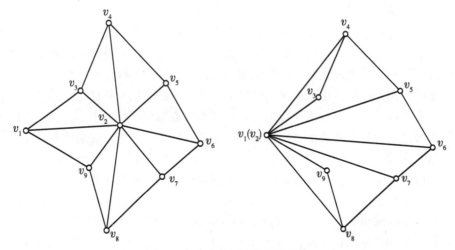

图 5-23　无法进行边折叠的情况

在解决上述问题之后，即可对子块内的地形网格进行细节增量的化简，按照最小二次误差值的大小完成所需次数的边折叠操作，其中每完成一次操作都将相关的变化三角形信息作为细节增量信息进行存储。完成所有边折叠后，最终将得到细节表现最为粗糙的初始概略模型，如图 5-24 所示。由于地形网格以四叉树的形式进行了划分，因此可以采用 OpenMP 对子块进行并行化简，以加快细节增量化简的速度，提升获取细节增量信息以及最终初始概略模型的效率。图 5-25 所示是 OpenMP 和非 OpenMP 模式下分别对点数为 200306、408164、795472 和 950337 的四组数据的地形网格进行细节增量化简的耗时情况。

可以发现，四组数据 OpenMP 加速下化简的耗时要低于传统单线程化简耗时，但随着数据量的增大，这种优势在渐渐缩小。在数据量较大的情况下，子块的数量越多，因此负载不平衡的现象会越发凸显，虽然刚开始对子块按照点数进行了负载量的优化，但由于细节增量化简本身较为复杂，且不同数量网格进行处理时耗时差异较大，随着化简任务的进行，耗时差异会慢慢积累，直至造成负载失衡。

图 5-24　原始复杂模型与初始概略模型

图 5-25　OpenMP 加速下细节增量化简耗时对比图

4. 细节增量数据存储

在进行细节增量化简的过程中，需要将发生变化的三角形以细节增量的形式进行存储。这其中包括两个被删除的三角形以及一系列角点发生改变的三角形，均通过三角形角点索引进行定位，同时每一个细节增量都有一个尺度与之对应。因此，通过定义一个细节增量的指针数组，将相关的增量信息进行存储。而该细节增量数组作为四叉树节点的成员对象与子块进行关联。

由于细节增量以容器的形式进行存储，因此可以使用迭代器协助程序进行对应增量信息的定位。比如需要获取下一层级的增量信息时只需对当前层级的迭代器往后加 1，反之减 1。在进行后续的细节重构时，只需对当前层级的增量信息对象加 1 即可获得下一层级，而不需要重新遍历，极大地提升了重构的效率。

5. 地形模型层次细节重构

为了实现地形网格多分辨率尺度的动态切换，通过将一系列的细节增量信息附加到初始概略模型之上，使得地形网格模型更加详细；将细节信息从地形网格中进行剥离时，模型就变得愈发粗略。通过这种方式实现地形网格尺度的变化，以达到多分辨率动态表达的需求。

为解决交换-重新分配删除模式存在的三角形索引偏差问题，采用了以下方法来纠正存储的细节增量中三角形的索引信息，具体步骤如下：

（1）获取原始三角形数组中最后两个元素的索引。

（2）将当前所选中的细节增量信息作为工作增量信息，并判断工作增量信息中被删除的三角形索引是否和最后两个三角形索引存在至少一者相等，若是则执行步骤(6)，否则执行步骤(3)。

（3）由工作增量信息的下一个信息开始，逐步判断是否存在和最后两个三角形索引相等的三角形，不论是被替换的三角形还是被删除的三角形。假如有被替换的三角形的索引和上述两个索引相等，则执行步骤(4)；假如有被删除的三角形的索引和上述两个索引相等，则执行步骤(5)。

（4）将该条细节增量信息中的对应被替换的三角形索引更换为工作增量信息中需要被删除的对应的三角形索引。比如与最后一个三角形索引相等，则修改成工作增量信息中被删除的第二个三角形索引；如果与倒数第二个三角形索引相等，则修改成第一个被删除的三角形索引。完成操作后继续往后判断。

（5）将该条细节增量信息中的对应被删除的三角形索引更换为工作增量信息中需要被删除的对应的三角形索引。比如与最后一个三角形索引相等，则修改成工作增量信息中被删除的第二个三角形索引；如果与倒数第二个三角形索引相等，则修改成第一个被删除的三角形索引。完成操作后，可以停止被删除三角形对应索引的搜索与匹配，假如最后两个元素在后面的细节增量信息中被找到且都是被删除的三角形，则可停止搜寻。此时，再往前两步选取新的最后两个三角形元素，工作增量信息更换为后一个增量信息，执行步骤(2)。

（6）由工作增量信息的下一个信息开始，逐步判断是否存在和最后一个三角形索引相等的三角形，不论是被替换的三角形还是被删除的三角形。假如有被替换的三角形的索引和最后一个三角形索引相等，则执行步骤(7)；假如有被删除的三角形的索引和最后一个三角形索引相等,则执行步骤(8)。

(7)将该条细节增量信息中的对应被替换的三角形索引更换为工作增量信息中需要被删除的后一个三角形索引。完成操作后,继续往后判断。

(8)将该条细节增量信息中的对应被删除的三角形索引更换为工作增量信息中需要被删除的后一个三角形索引。完成操作后执行步骤(9)。

(9)重新判断是否存在和倒数第二个三角形索引相等的三角形,若是存在被替换的三角形,则将该条细节增量信息中对应被替换的三角形索引更换为工作增量信息中需要被删除的前一个三角形索引,并继续往后操作。若是存在被删除的三角形,则将其更换为工作增量信息中被删除的前一个三角形索引。完成所有的替换之后,往前两步选取新的最后两个三角形元素,工作增量信息更换为后一个增量信息,执行步骤(2)。

(10)当完成所有的细节增量信息判断之后,即可停止操作,最终将得到与交换-重新分配增删模式相匹配的三角形索引。

该过程作为细节增量化简初始化中的一部分,一起参与了 OpenMP 的加速计算,以提升效率。最终通过初始概略模型与细节增量的动态叠加,实现地形网格模型的实时简化与细化的重构。图 5-26 所示为基于细节增量模型实现的 6 个不同分辨率状态下的三维地形模型。

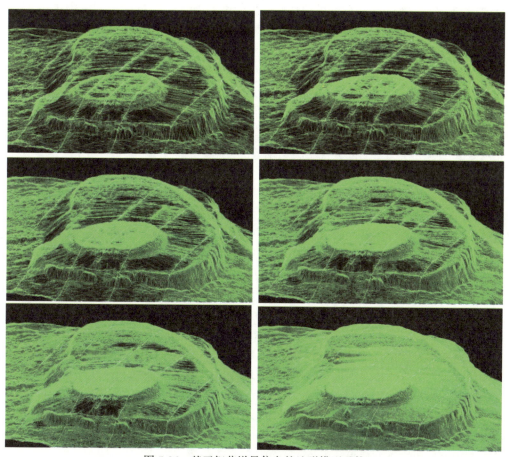

图 5-26 基于细节增量信息的地形模型重构

5.3.2 海陆一体三维地形渐进式表达

在完成海陆一体化的多分辨率构建之后，已经可以实现连续尺度的地形网格切换。但是在实际进行交互式时，还需考虑视距与地形尺度之间的联系。在常规的单块地形多细节层次渐进式可视化中，视距与地形细节表达的关系是：视点与模型的距离越远，人眼忽略的细节越多，因此地形的表达可以越简略，以降低渲染的压力；反之，距离越近，人眼可以捕获的细节总量也越多，因此地形表达应更加丰富以达到人眼需求。目前单一模型LOD可视化方法基本都遵循着这一规律，即视距决定细节。

多块地形的LOD表达也基本遵循该规律，只是相比单块地形，需要更多的视距判定。最终对于较远的子块会拥有更少的三角形面片，而较近的子块三角形的数量会相对更多。但会存在一种情况，即当较近的子块地形非常平坦，而较远的子块地形特征非常丰富时，那么在该视距状态下，如果优先渲染近处较为平坦的区域，将会造成面片冗余和性能浪费，而对于相对远些但地形较为复杂的子块，则会出现细节丢失的状况。这样，视距将不能作为决定分块地形网格细节表达的唯一标准。

本节采用最小可辨识目标SVO来控制海陆一体化的渐进式表达，即通过判定长度为MMQE值大小的虚拟线段，在投影至屏幕上时所占的像素大小来决定模型的尺度级别，这里的虚拟线段即为SVO最小可辨识目标，如图5-22所示。另外，由于MMQE与对应尺度相互关联，且其也能一定程度上反映地形网格在进行相邻尺度切换时的变化程度，那么通过SVO就可以决定地形的尺度级别。SVO阈值越小，地形越平坦，尺度切换后发生的地形变化越小；SVO越大，地形特征越复杂，尺度切换后发生的地形变化越大。同时，因为SVO是人眼所能识别的最小可辨识单位，所以基于SVO进行渐进式表达也将更加契合人眼的辨识度。通过SVO进行细节层次的判定，可以避免距离判定中存在上述问题，因为其主要是以地形的特征复杂程度作为判别标准。另外，SVO本身便与视距相联系，因此该方法在一定程度上也符合视距决定细节的规律。

在四叉树子块中，每一子块都有各自对应的细节增量信息用于实现尺度切换时模型细节简化以及细化的重构，且每一尺度层级都有对应的MMQE值与该尺度以及该条增量信息相对应。在细节增量化简初始化的过程中，将每次边折叠计算的MMQE值作为细节增量信息的成员对象进行存储，以方便渐进式表达时SVO阈值与模型细节层级关系的判定。另外，由于子块中所有的细节重构都互不相干，因此在进行基于SVO的渐进式表达时也可以各自独立进行，无需顾及周边子块的具体细节状况。在完成前面所有的基础工作之后，就可以进行基于SVO的地形模型渐进式可视化表达。其基本的思路是：通过判断在某一视距下，每一子块中长度为根号下MMQE值的虚拟线段，投影至屏幕上时的像素大小关系。当投影至屏幕上的像素大小小于1像素或是某个自定义的像素长度时，说明从该尺度级别向相邻尺度进行细节变化时将超过人眼所能识别的范围，因此需要向MMQE值更大的尺度级别进行切换，即向更低分辨率级别切换；相反，当该值大于1像素或某一自定义像素时，该尺度向相邻尺度切换发生的变化将更易被人眼捕捉，因此需要向MMQE值更小的尺度级别进行切换，即向分辨率更高的级别转变。只有这一投影长度刚好为1像素或自定义的像素大小时，才可以将网格的尺度保持在一个极限状态，即该状态下发生的视觉变化相对用户而言刚好最小。

为了能将尺度的切换与用户的交互进行联系，在每次鼠标的左右键释放以及滚轮的缩放中进行 SVO 阈值与尺度级别的判定，这样用户每次进行地形模型的旋转、平移以及缩放时，都会对地形模型的尺度状态进行调整，以达到最佳的视觉表达效果。因为每次尺度层级的切换都是在当前尺度的基础上实现，所以并不会对所有的增量信息进行遍历，只是以当前增量信息为起点，向前或向后进行查找并重构。另外由于地形网格由不同的子块节点组成，且每一子块的视距和地形复杂程度不一，因此它们的尺度变化、尺度级别状态也并不相同。图 5-27 和图 5-28 为地形模型在 SVO 阈值判定下进行多层次的细节表达，并分别以线框模式和面模式进行显示，为了区别缝隙网格区域，以白色作为该区域的填充色。由图 5-27 和图 5-28 可知，随着视距的不断缩小，地形模型的网格细节愈发丰富，但是细节变化又不完全由视距所决定。

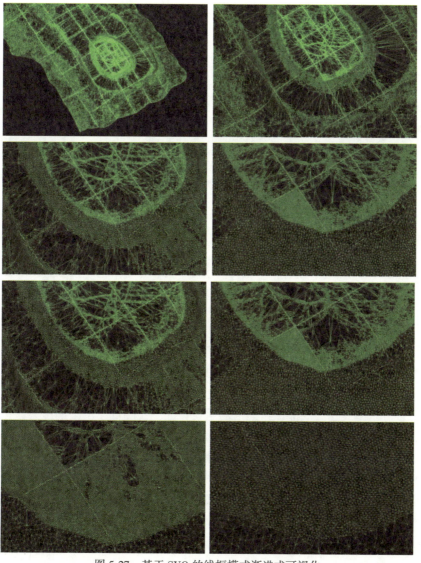

图 5-27　基于 SVO 的线框模式渐进式可视化

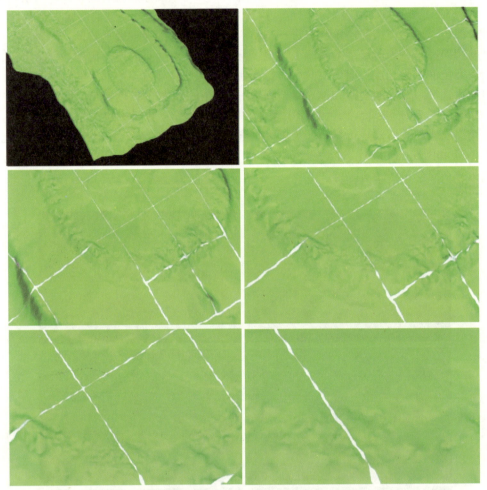

图 5-28 基于 SVO 的面模式的渐进式表达

5.3.3 海陆一体多分辨率三维地形渲染

采用 C++语言以及 QT 界面库完成系统 UI 的搭建，三维可视化界面由 OpenGL 图形库创建。通过交互实时更新地形网格细节及尺度级别，在地形的视觉损失最小的情况下完成网格的动态多分辨率表达，既能保留地形的主要特征，又降低了渲染的压力。在完成细节增量结构的构建之后，可以选择手动点击按钮进行地形层次细节的切换，此时每一子块层次变化的幅度完全一致；也可以开启 SVO 阈值判定进行交互式的动态渐进式多分辨率表达。通过判断 MMQE 值与投影至屏幕的虚拟线段像素值的关系进行子块层次级别的确定，此时各个子块的细节变化程度并不相同，当观察者靠近地形模型时，可视距离会不断减小，相应的 SVO 阈值也会减小，可视距离越小，地形模型越详细。最后，使用遥感影像作为贴图纹理进行光照渲染，得到多分辨率海陆一体地形可视化效果，如图 5-29 所示。

5.3 海陆一体三维地形可视化

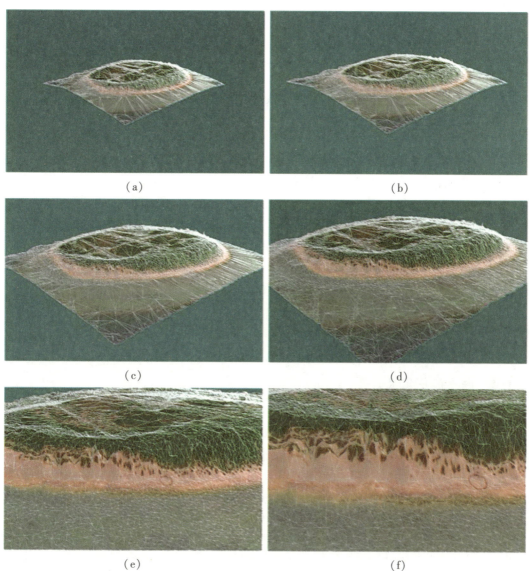

图 5-29 多分辨率海陆一体地形可视化，图(a)~(f)为不同视距下的地形模型，视距逐步减小，地形模型由粗糙变为详细

第6章 电子海图

航海图是海上安全航行的重要保障，一直以来，人们使用纸质海图作为海上定位和航行的工具。随着计算机技术的发展，纸质海图经过数字化并在计算机中使用，就产生了电子海图。随着电子海图及相关标准的发布，世界各国海道测量机构开始基于这些标准生产数据，并涌现出以 ECDIS、AIS 系统为代表的大量应用系统，海上导航和海事监管都跨入了以电子海图为基础的信息化时代。本章将介绍电子海图的定义、种类和常见的应用系统，阐述国内外电子海图的相关标准，并以 ECDIS 为例，介绍电子海图显示与信息系统应包含的数据种类、数据结构、软硬件组成和基本功能模块。

6.1 电子海图基础

6.1.1 电子海图定义

"电子海图"是海测和航海领域中使用频率最高的名词之一，通常，电子海图是指在显示器上显示出来的海图信息和其他与航海有关的各种信息，其主要由海图数据库、海图改正系统、附加功能设备、计算机以及显示器五部分组成。由于电子海图没有显示之前只是以一定格式存储的数据，所以电子海图又称为电子海图数据。由于人类长期使用纸质海图的习惯，使得航海实践中无论电子海图数据或电子海图系统都被称为电子海图，这可以认为是一定程度上的广义称谓，但严格定义的电子海图就是电子海图数据。更确切地讲，具有附加功能设备的电子海图应称为电子海图显示与信息系统(Electronic Chart Display and Information System，ECDIS)。

电子海图是把纸质海图上的资料和信息储存起来，并提供经综合加工处理的各种航行所需的"动态信息"，再由显示器显示出来。随着计算机系统在航海及海测领域越来越多的应用，电子海图也得到了长足的发展，在现代航海中显示出无与伦比的优越性，使航海及海测变得更加简便、安全，进一步促进了世界航海事业的发展。电子海图系统的发展大致经历了以下四个阶段：

(1)纸质海图等同物：20 世纪 70 年代末到 80 年代中期，仅仅是把纸质海图经数字化处理后存入计算机中，代表性的产品被称为"视频航迹标绘仪"。

(2)功能开拓阶段：到 1986 年，人们开始挖掘电子海图的各种潜能。如在电子海图上显示船位、航线设计、报警等，形成了多功能船用电子海图系统的雏形。

(3)航行信息系统阶段：1990 年以后，电子海图作为航行信息系统的核心，开始了国际化标准化的 ECDIS 进程。

(4)强制应用阶段:2009年国际海事组织(International Maritime Organization,IMO)海安会第86次会议上,通过 MSC.282(86)决议,SOLAS 公约第 V 章 19 条款下新增了 2.10 项和 2.11 项,规定了 ECDIS 应用的具体要求,开始了电子海图系统的强制应用过程。

6.1.2 电子海图种类

电子海图是描述海域地理信息和航海信息的数字化产品,主要涉及海洋及其毗邻的陆地,详细描述了岸形、岛屿礁石、沉船、水深、底质、助航标志、潮流海流等航海所需的资料。按照数据的组织方式和表现形式,电子海图可分为光栅电子海图和矢量电子海图两大类。

1. 光栅电子海图

以光栅形式表示的数字海图,通过对纸质海图的一次性扫描,形成单一的数字信息文件;以像素点的排列反映海图中的要素,依靠眼睛识别航海要素。因此,光栅电子海图被认为是纸质海图的复制品,所包含的信息(如岸线、水深等)与纸质海图一一对应。可定期改正,可与定位传感器(如 GPS)连接,但由于光栅电子海图制作原理上的局限性,光栅电子海图不能提供选择性的查询和显示功能(如查询某一海图要素特征或隐去某类航海要素等)。光栅电子海图被称为非智能电子海图。

2. 矢量电子海图

矢量海图是以矢量形式表示的电子海图,其将数字化的海图信息分类存储到数据库,可参与各种数据运算。它将数字化的海图信息分类存储,因此可查询任意图标的细节,如灯标位置、颜色、周期等。海图要素分层显示,使用者可根据需要选择不同层次的信息量。矢量电子海图的显示模式是适应真实世界的动态显示模式,不但可以按默认的色彩和符号显示海图,还可以按用户要求和航行的状态,通过指令动态改变显示效果,以适应航海需要。S-52 协议将信息的显示类型分为三种,即标准显示、基本显示和其他信息显示,并能根据优先级设置警戒区、危险区的自动报警,还可以查询其他航海信息,如港口、潮汐、海流等。现阶段使用的海图都是矢量海图,被称为"智能电子海图"。

目前,电子海图以矢量电子海图为主,光栅电子海图是在没有矢量电子海图的海域作为补充使用,两者对比见表 6-1。

表 6-1　　　　　　　　　　光栅电子海图与矢量电子海图比对表

	光栅电子海图	矢量电子海图
优点	制作工艺简单,成本低	存储量小,显示速度快,精度高,能支持多种智能化功能
缺点	是纸质海图的翻版,不具有智能化	制作工艺复杂,成本高
作用和地位	辅助地位,在没有矢量电子海图的海域作为补充使用	主导地位

3. 标准电子海图

随着电子海图的发展,相关国际组织通过制定规范和统一电子海图的数据格式,随之产生了标准的光栅电子海图和矢量电子海图,即光栅扫描航海图和电子航海图。

(1)标准化的光栅电子海图——光栅航海图(Raster Navigational Chart,RNC)。

RNC 是符合国际海道测量组织(国际水文学组织)《光栅航海图产品规范》(S-61)的光栅电子海图,是通过国家水道部门或国家水道测量局授权出版的海图数字扫描而成的,并与显示系统结合提供连续的自动定位功能的电子海图。

RNC 具有以下属性:

①由官方纸质海图复制而成;

②根据国际标准制作;

③内容的可靠性由发行数据的水道测量局负责;

④根据数字化分发的官方改正数据进行定期改正。

RNC 通常用于单一海图或海图集的一些标准中。目前世界上主要的 RNC 产品有英国水道测量局(United Kingdom Hydrographic Organization,UKHO)生产的 ARCS 和美国国家海洋和大气管理局(National Oceanic and Atmospheric Administration,NOAA)生产的 RNC 等。

(2)标准化的矢量电子海图——电子航海图(Electronic Navigational Chart,ENC)。

ENC 是完全符合相关国际标准的、由政府或政府授权的海道测量机构或其他相关政府机构发布的与 ECDIS 一起使用的数据库,具有标准化的内容、结构和格式。ENC 包含安全航行所需的所有海图信息,并可包含如航路指南等纸质海图上没有但安全航行所需的补充信息。在世界任何一个国家或地区,通过官方渠道获得的 ENC 都可以在 ECDIS 上正确显示并应用。

ENC 具有以下属性:

①内容基于水道测量局的原始数据或官方海图;

②根据国际标准进行编码和编制;

③基于 WGS84 坐标系;

④内容的可靠性由发行数据的水道测量局负责;

⑤由主管水道测量局负责发行;

⑥根据数字化分发的官方改正数据进行定期改正。

IHO S-52 标准对 ENC 的描述为:

①ENC 数据格式必须符合 IHO S-57 标准,内容至少需涵盖纸海图上所有与航行有关的信息,但是海员不常用的或者不影响航海安全的某些信息可以不包含(如公墓);

②ENC 编码应符合 S-57 标准附录 B.1《ENC 产品规范》;

③通过在海图显示平台上用光标识别物标(点、线或者区域),这些物标的描述和所有的属性应该用文本形式显示出来;

④ENC 可以包含航海书表内容;

⑤ENC 中要有数据质量说明,以便用户组合使用卫星定位时,知道如何确定距危险物的安全距离。

ENC 是采用矢量化的方式制作的,所以又叫矢量海图。将海图上的等高线、岸线、水深点、灯标、障碍物、分道通航区等海图信息进行矢量化即得到它们的经纬度,并与它们的属性分门别类地存储在计算机数据库中,整个世界的海区信息不重叠。在需要显示某一个海区的海图时，只要给出海区的经纬度范围，计算机就会从该数据库中提取相应信息创建出一张海图。

4. 非标准电子海图

通常所说的标准电子海图就是指 ENC，而非标准电子海图通常是不符合标准的电子海图以及由非官方机构按自己数据格式生产制作的电子海图数据。目前，航海上常用的非标准电子海图主要有挪威 C-Map 公司的 CM93 数据、英国船商（Transas）公司的 TX97 数据和美国国家地理空间情报局生产的数字航海图（Digital Nautical Chart，DNC）。虽然美国国家地理空间情报局是美国官方的制作数字航海图海道测量机构，但其产品主要覆盖美国沿海海域，在特定领域使用。美国标准的 ENC 主要由另一家官方海道测量机构——NOAA 生产制作。

相对于标准电子海图（ENC），非标准电子海图存在如下缺点：
(1) 不是官方水道测量机构制作，不能保证数据的权威性；
(2) 不直接从事水道测量，不能保证数据的实时更新；
(3) 通用性较差。

正是这些缺陷的存在，非标准电子海图可能在航海安全方面给用户带来致命的安全隐患。非标准电子海图与标准电子海图比对见表 6-2。非标准电子海图不能代表电子海图数据的发展方向。

表 6-2　　　　　　　　　　标准电子海图与非标准电子海图比对表

	非标准电子海图	标准电子海图
优点	覆盖全球海域	权威性、现势性强，几乎所有的电子海图应用系统都支持
缺点	权威性、现势性不强，通用性差	世界各国发展不平衡，还没有做到全球覆盖
作用和地位	目前在一些领域有一定的市场，但不能代表电子海图的发展方向	代表电子海图当前和未来的发展方向

6.1.3　电子海图应用系统

电子海图，无论是矢量电子海图还是光栅电子海图，都只是将海上空间信息按照数据的方式进行组织和存储而形成的数据文件，无法单独使用。电子海图需要与计算机、通导设备和应用系统软件等相结合，实现信息显示、船位标绘、航线设计等导航功能。

电子海图应用系统是指接收并显示电子海图数据，提供一定功能的软件或设备（包括软件和硬件）。电子海图应用系统的种类很多，目前主要有电子海图系统（ECS）、光栅海图显示系统（RCDS）和电子海图显示与信息系统（ECDIS）。

1. 电子海图系统

电子海图系统（Electronic Chart System，ECS）是最早的电子海图的通俗应用概念，是指用于显示官方或非官方矢量电子海图或光栅电子海图数据库，但不符合 ECDIS 相关国际标准的电子海图显示系统。ECS 也可具有各种导航应用功能。

ECS 和 ECDIS 都是船用电子海图系统,它们之间并没有明显的界限,就显示界面而言,一个性能完善的 ECS 与 ECDIS 无本质区别。对 ECS 的相关要求略低于 ECDIS,ECDIS 中某些必备功能(如临时标绘)在 ECS 中并不强制要求。ECS 可以根据用户的需要,灵活地设计功能,可以使用非官方、非 S-57 格式的海图数据库;而 ECDIS 必须使用官方电子海图(ENC),必须严格符合相关国际标准,必须得到有关组织的认证,其可靠性好、稳定性强,能够满足 SOLAS 公约的要求。

中国海事局制定了《国内航行船舶船载电子海图系统和自动识别系统设备管理规定》,于 2010 年 4 月印发施行,该规定要求安装的电子海图应用系统即为 ECS。其 ECS 系统可不满足 IMO 关于 ECDIS 的标准和要求,但需要满足中国海事局关于 ECS 的相关规定,包括电子海图的来源、系统功能、系统技术指标等。

2. 光栅海图显示系统

光栅海图显示系统(Raster Chat Display System,RCDS)是一种航行信息系统,可显示航行传感器提供的位置信息来帮助用户计划航线和监控航线,也可显示其他相关航行信息。为了快速显示海图数据和实现其他导航功能,RCDS 先对 RNC 及更新数据进行格式转化,再生成新的数据库,即系统光栅航海图(System Rater Navigational Chart,SRNC)。

RCDS 是一种使用 RNC 的工作模式,它通常使用在没有 ENC 覆盖的海域,这种工作模式有以下局限性:

(1)光栅扫描海图为有边界海图,如同纸质海图;

(2)光栅扫描海图不能启动诸如防止搁浅的自动报警功能,但可以由用户加入信息的方式产生某些报警功能(如船舶的安全等深线、孤立危险物等);

(3)海图基准面和投影可能与 ENC 不同;

(4)海图上的特征不能被简化或移除,以满足某些特定航行要求,如雷达信息的叠加;

(5)光栅扫描海图应以其纸质海图的比例尺显示,过分地放大或缩小,会严重降低 RCDS 的性能;

(6)RCDS 的海图变向显示会影响海图资料的读取;

(7)不能对海图物标的附加信息进行选择性查询;

(8)不能设置和高亮显示安全等深线或水深点;

(9)基于光栅扫描海图,不同的颜色可能用于显示类似的海图信息,也可能出现白天和夜间颜色的不同。

3. 电子海图显示与信息系统

电子海图显示与信息系统(Electronic Chart Display and Information System,ECDIS)是一种完全符合 IMO 关于 ECDIS 的标准和要求的电子海图系统。IMOA.817(19)号决议中对 ECDIS 的定义:一种有足够备用装置,符合经修正的 1974 年 SOLAS 公约第 V/19 条和第 V/27 条要求的最新海图的航行信息系统。

电子航海图(ENC)是为交换电子海图数据而设计的。显示电子海图,ENC 并不是存储、操作或准备数据的最有效方法。为此,ECDIS/ECS 系统研制者设计了适合自己系统的电子海图存储格式或数据结构,目的是要使电子海图系统满足 IHO S-52 标准的性能要求。由此产生的电子海图存储格式或数据结构或数据库称为系统电子海图(System Electronic Navigational Chart,SENC)。

电子航海图(ENC)可转换显示为 SENC。SENC 是指 ECDIS 为了快速显示 ENC,将 ENC 及其更新数据无损转换成制造商内部 ECDIS 格式后形成的数据库。在 ECDIS 中将 ENC 进行格式转换,并综合用户更新数据信息和 GPS 陀螺罗经、计程仪、测深仪、AIS 雷达等其他来源信息,形成 SENC,显示转换设备直接读取和显示 SENC。SENC 还包含来自其他信息源的信息,供 ECDIS 显示存取以及完成其他航海功能,它是一种自定义格式文本,不同的生产商定义了不同的 SENC 结构。简言之,SENC 是 ECDIS 运行所需并产生的所有数据信息的总称,它包括 ENC、本船动静态数据、航线、报警、航行记录等,是以生产商自有的、方便其在 ECDIS 运行的数据结构存储。

6.1.4 电子海图相关概念之间的关系

1. ENC、SENC、ECDIS 之间的关系

ENC、SENC、ECDIS 三者的关系如图 6-1 所示,SENC 中只包括经常使用航线上的 ENC,SENC 是 ECDIS 从 ENC 中选取、转换成本身的格式而产生的,与 ENC 有不同的数据组织格式,但两者都是数据库。从数据处理来看,SENC 比 ENC 更精确和更符合实时性。SENC 包括不属于 ENC 中选取的信息,如开发人员添加的数据域、航海人员的改正信息和其他信息。ECDIS 从 SENC 选取信息产生和显示导航功能,ECDIS 实际使用的是 SENC。

由于各个国家电子海图制定标准不同,当航行过程中需要其他国家领域内的电子海图时,就需要将不同国家的 ENC 转换成国际标准的 ENC,即符合 IHO S-57 数据传输标准的 ENC,再由 ECDIS 读取转换后的 SENC 并进行显示。

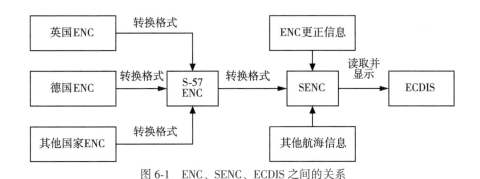

图 6-1　ENC、SENC、ECDIS 之间的关系

2. 电子海图与电子海图应用系统之间的关系

数据来源及生产机构、制作方式、制作标准等因素决定了电子海图的数据类型、法律地位;电子海图及其应用系统的性能要求等因素决定了电子海图应用系统的模式与法律地位,具体对应关系如图 6-2 所示。

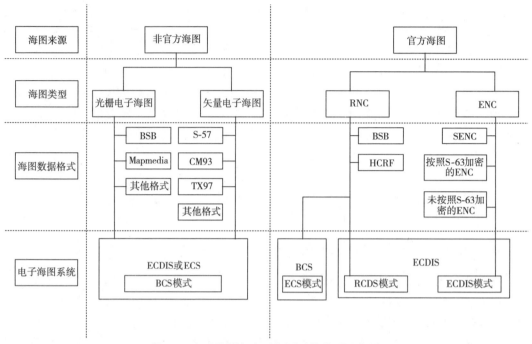

图 6-2 电子海图与电子海图系统关系示意图

6.2 电子海图相关标准

电子海图的产生、应用与发展经过几十年的历程,各种技术已经走向成熟,各种电子海图系统在船上也已经得到应用。据不完全统计,目前世界上安装各类电子海图系统的商船、推客船、游船及军舰在万艘以上。但由于缺少相应的统一标准,已经船用的电子海图系统在功能及功能实现上并不相同,而且名称也有不同的提法,如"电子海图""电子海图显示系统"等。随着电子海图的进一步推广和普遍应用,如果没有相应的规范标准的约束,势必造成电子海图系统产业的混乱,最终将成为制约其前进的主要障碍。因此,许多国际组织一直致力于电子海图系统相关规范标准的制定工作,使得电子海图系统走向国际标准化。其中,国际海道测量组织(International Hydrography Organization,IHO)制定了与数字数据格式相关的数字海道测量数据传输标准(IHO S-57)以及 ECDIS 内容和显示规范(IHO S-52)。IHO S-57 和 IHO S-52 在 1995 年 11 月被批准为 IMO 有关 ECDIS 的国际通用性能标准。

6.2.1 国际标准

为了实现基于国际标准电子海图引擎的功能,首先要分别对 S-52、S-57 两个主要标准文件进行研究,其次根据标准对海图原始文件进行解析,其中要把解析的经纬度坐标应用投影变换转换到平面坐标,然后转换为计算机显示的屏幕坐标,最后才能进行图形的显示和其他功能实现。符合 S-57 国际标准的海图引擎,必须使用符合 S-57《数字海道测量数据传输标准》标准格式的海图数据,并且海图显示方法符合 S-52《ECDIS 海图内容与显示规范》国际标准。IHO 成立专门委员会针对数字海图的生产、应用专门制定并不断完善该标准。

1. S-52 标准

1996 年 12 月 IHO 根据 IMO 制定的《ECDIS 性能标准》增补通过了关于数字海图内容改正信息、海图图标、屏幕颜色、符号显示、符号使用细节等相关内容的 ECDIS 系统海图内容与显示规范(IHO Specifications for Chart Content and Display Aspects of ECDIS),简称为 IHO S-52 标准。

(1)S-52 标准综述。数字海图内容与显示规范(S-52 标准)由国际海道测量局(IHO)制定出版,现在使用的是第 5 版。该标准正文部分为 8 章内容,对电子海图的显示规范做了具体的要求,该标准规范内容还包括 3 个附录、2 个附件分别如下:

①附录 1《电子海图更新指南》;
②附录 2《ECDIS 色彩与符号规定》;
③附录 3《ECDIS 相关术语集》;
④附件 1《S-52 标准与 ECDIS 性能标准对应参考表》;
⑤附件 2《IMO ECDIS 性能标准》。

以上 3 个附录是 S-52 标准中和数字海图相关的 3 个主要部分:第一部分内容是电子海图更新规范、更新方法、更新流程等;第二部分内容是电子海图在屏幕中的显示颜色、物标符号、符号使用规范等,该部分又称为电子海图表示库,其中规定了数字海图的每种物标及属性在屏幕上的显示表达方法,该部分是电子海图引擎设计的主要参考标准;第三部分内容是电子海图显示与显示系统相关术语的定义和解释,S-52 理论模型如图 6-3 所示。

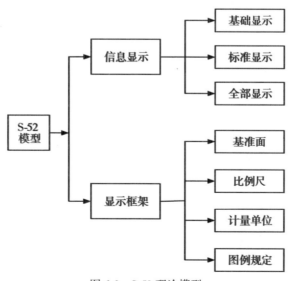

图 6-3 S-52 理论模型

(2) S-52 数字海图表示库。S-52 的《ECDIS 色彩与符号规定》即 S-52 数字海图表示库通过将海图要素物标和相应的显示指令建立对应关系，并把显示指令通过程序显示在屏幕中完成了对数字海图显示的解释。数字海图表示库包括以下内容：

①常规符号库，其包括 IEC 的导航符号等相关符号；

②颜色编码方案，主要分为晴朗白昼、白昼白背景、白昼黑背景、黄昏、夜晚使用滤光器、夜晚不使用滤光器 6 类颜色方案；

③物标对应表，作用是将数字海图物标通过描述符号形式与合适的颜色、符号、分类、显示级别、显示类别一一进行对应，对应表也称为查找表；

④特殊符号过程表达：有些特殊情况下，常规符号不能满足要求时就需要特殊符号，如船舶驾驶中对安全水深在海图上的显示要求，其符号表达显示复杂且不能通过查找表在常规符号库中找到相应的定义；

⑤数字海图物标符号进行表达显示的画法细则；

⑥助航符号，其表达显示说明方式和海图常规物标符号说明一致，方便数字海图显示与信息系统的处理；

⑦增补物标、颜色差别检测表以及颜色校准软件。

(3) S-52 符号库。该符号库对于如何表达海图中的物标提供了多种符号指令。数字海图引擎的海图显示正是通过符号库组合相应的物标符号指令集在计算机中显示来完成的。物标符号指令集是通过对应表查找到物标的显示表达的指令组合，其可以通过计算机底层的图形操作显示库完成海图物标显示表达。S-52 符号库中主要的 5 类物标说明是：

①点物标说明；

②线物标说明；

③面物标说明；

④文本说明；

⑤特殊符号说明。

海图中的大部分物标可以通过点、线、面的说明来直接显示。在海图中还存在一些特殊符号不能通过符号库的说明直接显示，为了处理此类特殊的物标显示，特殊符号说明应运而生。特殊符号说明与标准符号说明的区别在于：特殊符号说明是一系列标准符号说明的组合及运算，而不是一条直接的符号说明。所以，在海图引擎对数字海图特殊符号进行表达时，数字海图特殊符号的符号说明、符号方向、显示级别、显示类别等相应信息组合而成的符号显示指令及参数传递给海图引擎模块进行显示表达，而符号库、颜色代码方案、符号说明等正好为特殊符号的显示实现提供了一系列的特殊符号指令代码。符号指令代码集合是构成符号说明的主要部分，该类指令代码集合可以通过编译器编译为成为计算机底层图形操作库可读取识别的指令，如画点、画线、设置面域颜色、设置面域符号等。

在符号指令代码程序的实现函数中有变量、常量两种参数，其中可以传递确定数值的为常量参数，像画笔颜色、线型、线宽等就可以通过赋值给常量进行传递。变量参数是 S-57 中的属性值，比如要改变符号导航方向，符号标志对应的包含导航方向的 S-57 属性值赋值给变量参数来传递给相应的符号指令。海图引擎程序根据接收的符号指令和参数对物标的方向属性按照属性值进行旋转。如指令："[148]" "[157]" "SY(TSSLPT51,

ORIENT)"表达的意思是将符号 TSSLPT51 进行角度为由参数 ORIENT 提供的数值的旋转。

(4) S-52 颜色编码方案

S-52 符号库使用的颜色编码方案是根据海图使用情况(如白天、傍晚、夜间等)进行分类的,每一类包含一组用于特定情形下的颜色代码值。每种颜色值用 5 个字符的代码表示,如 CHMGD 表示 Chart Magenta Dominant,该值代码对应于国际照明委员会的 CIE XYZ 基色坐标系统(图6-4)的一组坐标值。符号说明中以颜色代码作为颜色表入口的唯一标识。颜色值作为点、线、面定义中的一部分,确定了物标的显示颜色。在 S-52 的附录 2 《ECDIS 色彩与符号规定》中对在 CRT 下将 CIE 坐标值转化为 RGB 颜色值提供了相应的对应关系。

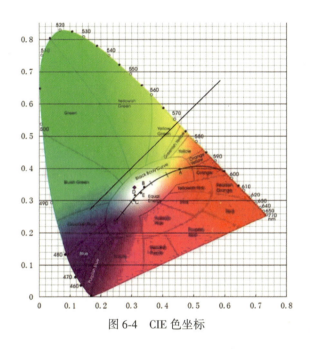

图 6-4 CIE 色坐标

(5) S-52 对应表。S-52 表示库的对应表方案中有 6 个主要对应表,分别为简单点符号、简单线符号、简单边界符号、符号化边界符号、纸质海图点符号、纸质海图线状符号对应表,根据其可以获得海图物标的表达,显示对应的方法说明。当纸质海图信息转换为数字海图信息并显示在屏幕中用于导航操作时,应使用特殊物标来弥补常规物标不能满足表达需求的缺陷,特殊物标用于表示水深范围区、无数据区、安全水深等特殊情况符号,另外,在比较恶劣的航海天气环境下,需要使用更易识别的浮标符号、灯塔符号、灯船符号等,这些特殊符号也包含在以上 6 个对应表中。

对应表的每行记录是查找表的入口,其中符号说明(或特殊符号指令组合)、属性值组合、物标编码等信息组合为符号显示指令。根据物标显示属性和物标代码可以在对应表中查找到该物标对象相应的符号显示指令,该符号显示指令可以由海图引擎进行编译执行进行显示相应的物标符号。每次查询可以在对应表里查询一个物标类下的所有物标符号显示指令或其物标子类,所以可以利用对应表查找到该物标对象的显示级别、显示类别、显示分组等显示属性信息。

2. S-57 标准

由于世界各国的科技和海图测绘发展不均衡,每个国家都有各自海图数据格式、海图表示方法,导致各个国家的海图数据不能在国际上共享使用,所以这种数据不统一现象对于数字海图国际化的进展是一个障碍,也极大地影响航海业的发展。为推进数字海图的国际化进程,IHO 等国际组织多年来一直致力于海图标准的制定工作,S-57 标准为电子海图数字化水文数据的转换和传输标准,是 1992 年 IHO 在第 14 届国际海事组织委员会的摩纳哥大会上为规范世界各国海道测量部门的数字化海道数据而制定的。目前的版本为 2000 年 11 月修订的第 3.1 版,2004 年 IHO 出版了 S-57 维护更新文件。

S-57 标准内容包括了海道测量部门、数字海图应用系统生产商、海图用户三者间的海图传输标准、数据结构标准等,该规范内容分为三个部分及其两个附录,分别是:

第一部分:引言;

第二部分:理论数据模型;

第三部分:数据结构,又含两个附件(1. ISO8211 概述及示例,2. 备用字符集);

附录 A:IHO 物标类目;

附录 B:ENC 产品规范。

若读取 S-57 格式数字海图数据并进行显示,需要研究解析 S-57 电子海图数字化水文数据的转换标准、传输标准,并要熟悉掌握 S-57 格式数据结构、封装格式、解析方法。

(1)S-57 标准数据模型。S-57 数据模型是针对现实物理世界中海洋测绘的客观对象抽象出来的模型,该模型将现实物理世界的客观对象经过抽象后定义为空间物标和特征物标的组合。

物标:客观对象具有的一系列信息,包含属性信息等,也可与另外信息相互关联。

空间物标:空间几何要素的相关信息,也可有描述信息,如特征物标的经纬度。

特征物标:具有描述信息但不含空间几何信息的要素,其可由 $N(N>0)$ 个空间物标定位,也可不对应空间物标,如浮标、灯塔和岛屿等。

以灯塔为例,首先有一个灯塔的特征物标,其中包含灯塔的相关描述信息,如灯塔物标类别、灯塔物标编号、灯塔状态信息等;同时灯塔也有空间物标,如点物标描述了灯塔的经度、纬度、该点的水深信息、灯塔高度信息等。

S-57 数据模型如图 6-5 所示。

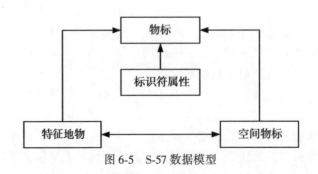

图 6-5 S-57 数据模型

(2) S-57 数据结构解析。海洋测绘中物标对象由 $N(N>0)$ 个特征物标信息表达，每个特征物标关联对应一个或多个相应的空间物标，空间物标必须和特征物标相关联存在。S-57 标准中数据结构有四类特征物标，分别为地理物标、制图物标、集合物标、元物标等。

地理物标：是特征物标，包含了现实世界中客观对象的描述信息。如道路、航道、浮标、灯塔、灯船、沉船、岛屿、渔区、禁渔区、海洋区域等，基于 S-57 标准的海图数据中对地理物标的使用最多。

制图物标：是特征物标，包含现实世界中客观对象的、由实际制图符号表示的信息。在出版纸质海图时应用到该制图物标。由于在 S-57 标准第 3 版中禁止将制图物标类应用在 S-57 格式数据中，所以本节对该类物标不进行探究。

集合物标：是特指物标，包含了两个及以上物标关系的描述信息，在 S-57 格式海图数据中也不应用集合物标类。

元物标：是特征物标，描述了其他物标的原始基础通用信息，是其他物标中存在的共性信息。如海图的数据来源、生产日期、图幅范围、基准经纬度、坐标乘数参数、水深乘数参数、绘图比例尺，以及其他原始基础通用信息。

S-57 标准的数据结构的空间物标为矢量格式的空间物标，分为点、线、面三类，三者之间的关系为孤点在面中、线包围面、线的起始点为链接点。矢量格式空间物标都采用平面直角坐标系法对物标对象进行描述说明，把高程、水深等三维信息作为物标的属性信息。

空间物标间的拓扑层次关系归结为制图结构、链结点结构、平面结构、完全拓扑结构，其中链结点结构是应用最为普遍的，也是本节研究应用的结构。结点和边是构成链结点结构的要素。结点中有孤点和链接点两种，点也相应编码为孤立点和链接点；起始结点和终止结点确定了边的起止，然后边集合和链接点共同组成了线编码；线顺序连接形成的闭合区域组成了面编码。完整的链结点拓扑结构理论模型如图 6-6 所示。

(3) S-57 数据封装标准。在完成对 S-57 数据模型、数据结构解析的基础上，要依据 S-57 的数据封装标准对 S-57 格式海图文件进行解析。ISO/IEC 8211 标准是 S-57 标准格式的海图数据所采用的数字海图封装标准，该标准内容包括：

ISO/IEC 8211 标准备用字符集；

S-57 标准附录 A：物标类目；

S-57 标准附录 B：产品规范。

ISO/IEC 8211 标准的基础交换格式是文件，逻辑记录(LR)是该文件组成的基本单元，每个逻辑记录都包含有头标区(Leader)、目录区(Directory)及字段区(Field Area)三部分，其中字段按照树形结构逻辑组织的，遍历字段的唯一顺序是自上而下、自左而右。文件的第一个逻辑记录叫做"数据描述记录"，描述了该文件中实际数据和文件数据逻辑结构，其他所有的逻辑记录为"数据记录"，数据记录中包含了 S-57 格式的实际数据，该封装标准文件的格式结构详见图 6-7。

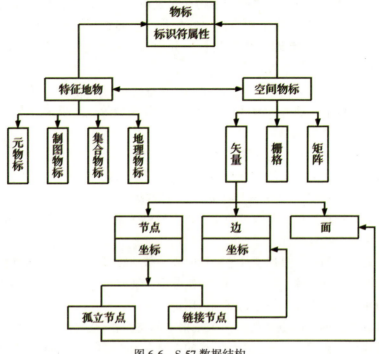

图 6-6　S-57 数据结构

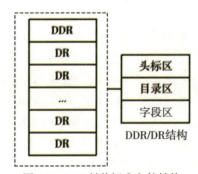

图 6-7　S-57 封装标准文件结构

3. S-100 标准

为了进一步扩充 IHO S-57 的适用范围，更好地适应国际空间信息交换标准的发展，满足栅格海图、多媒体信息等信息交换的需要，IHO 开始了对 IHO S-57 新版本的研究。IHO S-57 的新版本曾命名为 IHO S-57 4.0，后来被命名为 IHO S-100（IHO Universal Hydrographic Data Model，IHO 通用海道测绘数据模型）。基于 IHO S-100 开发的产品规范将命名为 IHO S-10X 标准系列。因此，基于 IHOS-10X 设计的 ENC 产品规范为 IHO S-101。

IHO 将严格监控 IHO S-57 到 IHO S-100 的转换，以确保现有的 IHO S-57 用户，特别是电子海图使用者免受影响。IHO S-57 将继续存在，并在短时间内仍然作为电子海图数据的制定格式。同时，鼓励现有和潜在的海道测量信息和数据用户把 IHO S-100 作为新应用系统的基础，如果不能满足某些用户的特殊要求，将探求在将来的标准中予以完善。

IHO S-100 不是 IHO S-57 的简单升级，它提供了一个现代的海道测量地理空间数据标准。该标准可以支持各种海道测量相关数字数据源，并且完全与国际主流地理空间标准接轨，特别是 ISO 19100 系列大地测量标准，使得海道测量数据和程序(软件)更容易地用于地理空间解决方案中。

IHO S-100 的主要目的是支持更为广泛的海道测量数字数据源、产品和用户，包括影像和栅格数据、增强元数据规范、无约束编码格式和更灵活的维护体制。因此可以开发诸如高密度测深、海床分类、海洋 GIS 等超出传统的海道测量范围的新应用。IHO S-100 设计用来满足扩展要求及未来要求，例如 3D 数据、时变数据，以及需要时可以很容易加载的用来采集、处理、分析、存取和显示海道测量数据的网络服务。

IHO S-100 主要包含 12 部分内容(概念模式语言、IHO 地理空间信息注册管理、通用要素模型、元数据、要素目录、坐标参照系统、空间模式、影像和栅格数据、图式描绘、编码、产品规范、IHO S-100 维护程序)，为用户开发和维护相关海道测量数据、产品和注册提供相应的工具和结构框架，为海道测量数据的管理、处理、分析、存取、显示以及以数字或电子格式在不同用户、系统和位置之间的转换制定方法和提供工具。基于这些地理空间海道测量标准组件，用户可以创建符合 IHO S-100 产品规范的组成部分。

IHO S-100 尽可能地符合 ISO TC211 系列地理信息标准，并予以适当修订，以满足海道测量需要。IHO S-100 规定了各个国家海道测量机构之间以及其他组织之间的海道测量和相关地理空间数据交换以及向生产商、航海人员和其他用户发行的标准。

6.2.2 我国电子海图标准

中国海事局在参考相关国际标准的基础上，于 2010 年初颁发了《国内航行船舶船载电子海图系统(ECS)功能、性能和测试要求(暂行)》，规定了船载电子海图系统(ECS)的功能、性能技术要求、相应的试验方法和要求的检验结果。该测试要求主要参考了 IEC 60945—2002《海上导航和无线电通信设备及系统——通用要求、测试方法和要求的测试结果》、IEC 61174《海上导航和无线电通信设备及系统——电子海图显示和信息系统——工作和性能要求、测试方法和要求的测试结果》、IEC 62288《海上导航和无线电通信设备及系统——船载导航显示导航相关信息的表示——通用要求、测试方法和要求的测试结果》。

该要求指出，ECS 可作为中国国内航行船舶的主要导航手段。当 ECS 作为主要的导航手段时，为确保 ECS 失效时的航行安全，船舶应做出足够的后备布置。该要求将 ECS 分为 A、B、C 三类，其中，A 类 ECS 可作为国内航行船舶的主要导航手段，也可作为 ECDIS 设备的备用装置，但需符合 MSC.232(82)附录 6 和 IEC 61174 的要求；B 类 ECS 可用于未要求配备 A 类 ECS 的国内航行船舶，并可作为其导航手段；C 类 ECS 用于辅助导航船位标绘和监视。该要求对三类 ECS 的最低性能标准和测试要求分别做了详细规定，规定了电子导航的一般要求及导航显示器上导航相关信息的显示，规定了 ECS 工作和性能要求，包括海图信息、位置监视、航线设计、航行监视、航行记录、计算和精度、接口。该要求有四个附录：

附录 A(资料性附录)：测试指南；

第6章 电子海图

附录 B(资料性附录)：ECDIS 备用配置对照表；
附录 C(规范性记录)：存在特定条件的区域；
附录 D(规范性记录)：告警和指示。

中国海事局组织制定了《国内航行船舶船载电子海图系统和自动识别系统设备管理规定》(海船舶〔2010〕156 号)，结合实际状况，制定了沿海和内河船舶分阶段配备设备时间表；组织制定了《国内航行船舶船载电子海图系统和自动识别系统设备检验指南》(海船检〔2010〕322 号)，指导船舶检验单位实施设备检验；组织修订了《国内航行海船法定检验技术规则》和《内河航行船舶法定检验技术规则》，将船载 ECS 和 AIS 设备的配备纳入船检规范的要求。《国内航行船舶船载电子海图系统和自动识别系统设备管理规定》中规定中国海事局负责船载电子海图系统的统一管理、类型认可(也称型式认可)和产品检验管理。各地海事管理机构负责对船舶配备船载电子海图系统实施监督检查。各船检机构负责设备配备及安装情况的检验。中国籍国内航行船舶配备的船载电子海图系统设备应符合《国内航行船舶船载电子海图系统(ECS)功能、性能和测试要求(暂行)》中的 A 类设备要求。

6.2.3 电子海图其他规范

ECDIS 性能标准：1996 年国际电工委员会(International Electrotechnical Commission, IEC)制定了 ECDIS 硬件检验项目、测试标准，强制要求 ECDIS 硬件须通过 ECDIS 性能标准才能设计、生产、装配到船舶上。ECDIS 性能标准包括海上航行和无线电通信设备系统软硬件测试、测试结果的总体要求标准，简称 IEC 60945；用于显示导航要素和参数的色彩和符号标准，简称 IEC 61174。该标准的颁布有利于 ECDIS 的设计、生产、使用。IMO ECDIS 性能标准要求 ECDIS 为符合其标准所采用的海图数据是由政府部门认定的海道测量部门提供的符合 IHO S-57 标准格式的海图数据；ECDIS 中数字海图的物标内容、显示标准、物标颜色、海图符号等须符合 IHO S-52 显示标准。

数字海图数据库标准：世界标准化组织(ISO)制定了数字海图数据库的标准 ISO 19379。为了确保非标准数字海图数据库的内容质量、内容改正、船舶海上行驶安全，2000 年国际海事通信无线电技术委员会 RTCM 制定了数字海图数据库标准，该标准可应用于矢量或栅格海图数据上，其主要包括四个部分：

(1)海图数据：物标信息，助航标志，水域信息(如特殊条件水域、受限制水域)，文字信息(标注文字和名称)，元数据。

(2)数据质量：产品说明书，程序符合规范(如 ISO 9000)，原始数据和现行数据的质量认证，数据再生产精度，数据编码的正确性、完整性等。

(3)数据改正：根据海图更新的特性，非标准海图数据生产商对用户承担及时更新改正的义务，要求更新频率不得低于 1 次/月，要求每月都要出版最新的海图更新改正列表。

(4)测试标准：对所提交的需要申请合格证书的产品的测试以实际产品为单位进行测试，测试结果将由第三方(如船级社)审查者通过为准。

数字海图数据库的标准 ISO 19379 涵盖了海图内容、数据质量、数据更新、数据测试等方面，该标准的目的就是要使非标准数字海图符合《1974 年国际海上人命安全公约》所要求的最新海图等效物标准。

6.3 电子海图显示与信息系统

电子海图显示与信息系统(Electronic Chart Display and Information System,ECDIS)是指符合有关国际标准的船用电子海图系统,专门用来显示官方 ENC。ENC 是唯一可以合法的用于 ECDIS 上的电子海图数据库。ECDIS 以计算机为核心,连接定位、测深、雷达等设备,以 ENC 为基础,综合反映船舶行驶状态,为船舶驾驶人员提供各种信息查询、量算和航海记录专门工具,是一种专题地理信息系统。

IMO ECDIS 性能标准中对 ECDIS 的定义为:它是一种导航信息系统,有足够的后备设施,并能有选择地显示 SENC 中的信息和从导航探测器中获得的位置信息,以便帮助船员进行航线设计和航路监测,它还能根据需要显示与航海相关的附加信息。

IHO S-52 协议中对 ECDIS 的描述如下:

(1) ECDIS 系统遵守 1974 年 SOLAS 第 V/20 条款要求的最新海图的规定。

(2) 在 ECDIS 中海图信息可以与雷达信息结合起来。将 ARPA(自动雷达标纵仪)应用到 ECDIS 中是一种获得信息的技术方式。

(3) ENC 数据的显示和普通纸海图在外观上并不要求完全一致。

(4) 本船安全等高线可以由船员自主选定。

(5) ECDIS 系统需提供合法航行的记录。

(6) ECDIS 将海图与航行信息结合起来。现代航海系统(与 GPS 不同)将提供以前航海技术力不能及的更精确的定位。

ECDIS 主要由海图数据库、海图改正系统、附加功能设备、微处理机以及显示器五部分组成。系统结构图如图 6-8 所示。

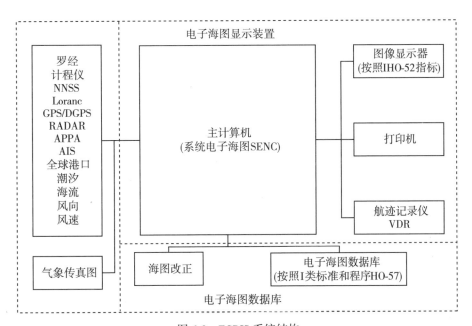

图 6-8 ECDIS 系统结构

6.3.1 ECDIS 数据种类与结构

电子海图分为光栅和矢量两种类型。因此，ECDIS 对应的数据也分为光栅数据和矢量数据两个类别。下面从数据的概念、类型、内容与构成等几个方面来详细探讨电子海图数据的基本知识。

1. 纸质海图与电子海图的表现形式

海图是以海洋以及毗邻的陆地为描绘对象的一类图，是地图的一个比较特殊的分支，主要用于航海或海洋工程领域。随着电子技术的发展，海图也经历了从纸质海图到电子海图的发展过程，二者的表现形式具有如下显著特点：

(1) 纸质海图的表现形式。在电子技术出现以前，人们都是以纸质方式记录和描绘人类的历史，展示人类的想象和对改造世界的构想。纸质海图，就是随着人们对海洋的探索和利用而产生的航海与海洋应用工具。纸质海图是以感官的方式，以一定样式的符号、线型、文字来表达地理地貌的手段。它的形成是以现存客观世界中的物体为基准，用我们称为"海图图式"的内容来完成的。

纸质海图具有以下表现形式：

①载体：一般以纸张作为载体；
②内容：每张海图所提供的内容是固定的、不变的；
③组成：只有图形(符号)、文字；
④图像：以图幅为单位整张出版印刷，读图的整体印象深刻，地理要素间的相互关系清晰；
⑤识别：视觉观察。

随着电子技术的出现，纸质海图的固有模式的局限性就突显出来，比如格式固定、展示信息有限、依赖光线、携带不便等。

(2) 电子海图的表现形式。电子海图的出现，特别是矢量模型的建立与实现，使电子海图几乎可以完全适应所有海道数据的表达和展示，其表现形式如下：

①载体：以电子数据(文件)为媒介；
②内容：航海人员可以根据需要改变显示的信息种类；
③组成：能把图形(符号)、文字、图像甚至声音合成在一起，并可变换颜色和图形(符号)样式；
④图像：受计算机屏幕尺寸和分辨率的限制，很难达到整幅海图的显示效果；
⑤识别：除视觉观察外，必须依赖专门的设备，可通过光标查询和提取属性信息。

(3) 电子海图与纸质海图的区别。与纸质海图不同的是，矢量电子海图由于其数值化的本质特点，使之具有独特的应用特征，主要包括：

①无关性：数据格式和显示都符合一定的标准，与介质和设备无关；
②动态性：显示的内容和方式随航行安全条件相关变化，如安全等深线、孤立危险物等；
③计算性：具有数值和数据属性，能够进行计算和比较操作，从而可得出航行中的环

境关系和各物标间的相互关系；

④查询性：显示符号隐含的信息，可以（借助光标）查询出细节内容；

⑤选择性：根据需要，控制某些物标的显示或不显示，提高信息的显示效果和使用效率；

⑥变换性：能够进行比例尺变换显示，改变显示方向、运动模式等；

⑦重现性：数据可以分类保存，能够重现历史和重复使用；

⑧立体性：ENC 数据具有三维结构，能够实现一定的立体显示效果。

2. 信息与数据

纸质海图与电子海图给出的地理信息是相同的，但在具体的数据表现形式上却存在很大的差异。所以，有必要重新认识信息与数据这两个概念，以及两者间相互关系及其在电子海图中的特征。

信息是客观世界运动的状态以及它的状态改变的反映，是可以传递的，是有用的；数据则是对客观事实进行记录的物理符号或是这些物理符号的组合。

信息必须按照一定的"包装"方式才能传递，如海图便是发行机构与航海人员间交流和传递信息的媒介。信息本身是独立于传递方式的，但信息一旦被"包装"以用于传递，便变成了数据。显然，数据的类型有多种，主要取决于使用的媒介和传递的技术。例如，海图数据可以采用纸质海图的形式，也可以采用电子海图的形式。任何事物的属性信息都可以通过数据来表示，数据经过加工处理后，表现为信息。

3. 光栅扫描数据

光栅电子海图是通过电子扫描的方法获得的海图信息，其构成要素是图片或像素，其形成的数据结构被称为栅格结构。栅格结构是以规则的阵列来表示空间地物或现象分布的数据组织，组织中的每个数据表示地物或现象的非几何属性特征。

利用光栅技术，图片是以图形元素或像素的形式获取的。在图像扫描过程中，每一像素的颜色和亮度值被确定，并以数字化形式存储。矩形像素栅格（也称为矩阵）在扫描过程中生成，并根据扫描进程的方向按照行和列的顺序排列。这样，每一像素在每行中占据一个定义的列位从而被分配以唯一的行号和列号。

除分配的颜色和亮度值外，一个单独的像素不再包含其他信息。也就是说，每一像素并不知道其所表示的信息及其与周边区域的联系。一个黑色的像素可能是一条线、区域或物标的组成部分，如岸线、暗礁线、方位浮标的顶标、陆标名称、几个交叠或交叉物标的交叠处等。由于每一像素的色阶均被数字化编码，颜色的亮度和饱和度可以被修改，这对于调整颜色显示是至关重要的；特别是当系统在不同的外界光线条件下操作或者与雷达图像叠加时。

已知光栅航海图对角的地理坐标及地理投影方式，便可计算出显示器中每像素的地理位置。因此，当用鼠标点击任一像素时，系统便可给出该点的地理位置（如经度、纬度）。此外，计算机还可计算出屏幕上任意两点间的距离和方位。

尽管 IHO S-61 标准定义了 RNC 满足 RCDS 操作的最低要求，然而，该标准并没有定义 RNC 的光栅数据结构。目前，国际上主要有两种符合 IHO S-61 标准的 RNC 数据格式：

海道海图光栅格式（Hydrographic Chart Raster Format，HCRF）和 Maptech/BSB 文件格式。英国海道测量局提供的英版光栅海图服务（Admiralty Raster Chart Service，ARCS）便是基于 HCRF 格式，是通过对英版纸质海图扫描而得的。目前英国海道测量局已生产超过 3000 幅的 ARCS 海图，覆盖全球范围内商船航线及主要港口，并提供更新服务。澳大利亚海道测量局（Australia Hydrographic Service）提供的 Seafarer 官方 RNC 服务同样是基于 HCRF 格式。

美国国家海洋和大气管理局（NOAA）的海岸测量办公室生产的 NOAA RNC 是基于 Maptech/BSB 文件格式的，并提供更新服务。NOAA RNC 可以从互联网免费下载。尽管如此，为了符合美国联邦海图配备要求，船舶仍应直接从 NOAA 或认可的分销商处获取 NOAA RNC，以保证其处于官方状态。加拿大海道测量局（Canadian Hydrographic Service）发布的 RNC 同样是基于 Maptech/BSB 文件格式。

4. 矢量数据

（1）矢量数据结构。不论是纸质海图还是电子海图，都应确保海图上的物标信息与现实世界中的实际物标一一对应。也就是说，航海人员在看到海图上的符号后，应能明确其所对应的实际物标；同样，在看到某一实际物标时，也应能在海图上快捷地找到对应的符号。

矢量数据一般通过空间和特征两个角度来实现这种绝对的一一对应关系。通过对物标特征的描述（如形状、颜色等）与位置的确定（如地理坐标）可以确定特定位置处具备相应特征的唯一物标。

不同的矢量数据在定义描述物标特征和空间信息时采用的数据结构不尽相同，如 ENC、C-Map 数据、TX-97 数据等，下面将重点介绍 IHO S-57 定义的 ENC 矢量数据结构。

（2）矢量数据模型。IHOS-57 规定了有关 ECDIS 数据的模型、类目及其编码、属性及其编码、存储与传输格式、产品规范等，这里简称为 IHO S-57 物标。

IHO S-57 物标的数据模型即为矢量数据结构，通过空间对象和特征对象的组合来描述现实世界的物标实体，构成要素如图 6-9 所示。其中，空间对象是描述实体的空间位置属性。表示现实世界物标实体的空间特性的方法有很多，IHO S-57 模型将这些表示限于向量、栅格、矩阵三种，实际上 IHO S-57 仅仅采用向量这一方式。所谓向量是采用点、边和面表示物标的属性。

特征对象用于描述实体的种类、性质和特征等属性信息。特征对象以空间对象的存在为前提，借用空间数据表达其所在的位置。二者通过编码组成了 IHO S-57 物标数据的要素基础。

（3）物标分类。现实世界的物体种类很多，或是具体存在（如一个航标），或是规定存在（如锚地）。IHO S-57 不可能对每一个物标分别定义和描述它的特征对象和空间对象。在数据模型中，假定现实世界中的物体可以划分为有限的一些类别，如灯标、沉船、建筑物区等。将有限的客观实体划分为相应的类别，并进行适当的描述，就构成了 IHO S-57 物标目录。这些实体类型在物标目录中称为特征物标类。

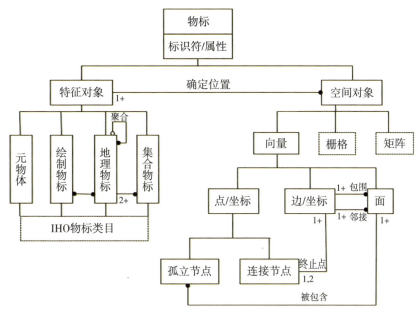

图 6-9　IHO S-57 物标数据模型

IHO S-57 物标数据模型定义了四类特征物标：
①地理类(Geo)(160 种)：包含客观世界实体的描述特性；
②元类(Meta)(13 种)：包含其他物标的信息，例如编辑比例尺、高程基准面；
③集合类(Collection)(3 种)：描述与其他物标之间关系的信息；
④制图类(Cartographic)(5 种)：包含现实世界实体的制图显示信息。

对于每一类特征物标，IHO S-57 根据其名称采用 6 位字母或符号组成的缩写编码表示，如沉船的缩写编码为 WRECKS、陆标的缩写编码为 LNDMRK。

尽管这些物标的缩写编码并不要求航海人员掌握，但有些 ECDIS 或 ECS 在光标查询或其他功能操作时便采用缩写编码的格式给出相应结果，这对航海人员的识读造成一定的困难。在这种情形下，航海人员可查阅 IHO S-57 或者通过一些专门提供 IHO S-57 术语解释的网站查询。

(4)物标及其属性。为了便于准确地描述每一特征物标，IHO S-57 标准对所有 ENC 可能涉及的海图物标类型都定义和分配了相应的属性，每一属性同样采用 6 位字符组成的缩写编码表示，如浮标形状属性采用 BOYSHP 表示。为区别对待，将物标类的属性分为三类，即属性 A、属性 B 和属性 C，分别对应基本属性、辅助属性和其他属性，表 6-3 所示为方位浮标(BOYCAR)所具有的属性。

对某一物标而言，有些属性是强制的，因为 ECDIS 需据此确定显示的符号，或者这些属性提供与航行有关的基础信息。例如，对于方位浮标而言，浮标形状(BOYSHP)方位浮标的种类(CATCAM)、颜色(COLOUR)和颜色图案(COLPAT)是必须具有的属性，这些属性对于其他物标而言则可能不是强制的。

表 6-3　　　　　　　　　　　　　方位浮标(BOYCAR)的属性

属性代码	属性类别	属性值类型	属性名称及释义
BOYSHP	A	E	浮标形状
CATCAM	A	E	方位标志类型,如北方位标
COLOUR	A	L	颜色
COLPAT	A	L	颜色图案,如横纹、竖纹等
CONRAD	A	E	雷达显著程度,能否返回并产生比较强的雷达回波,如雷达显著的(带雷达反射器的)
DATEND	A	A	终止日期,实际的浮标在该日期后移除,ECDIS 也不再显示
DATSTA	A	A	开始日期,实际的浮标在该日期后开始工作,ECDIS 开始显示
MARSYS	A	E	所属浮标系统,如系统 A、系统 B、其他系统等
NATCON	A	L	建筑结构性质,如混凝土结构、金属结构等
NOBJNM	A	S	用国家语言表示的物标名称
OBJNAM	A	S	物标名称,如可能,应为英文表示
PEREND	A	A	定期终止日期
PERSTA	A	A	定期开始日期
STATUS	A	L	状态,如熄灭的、永久的、有人看守的等
VERACC	A	F	高程精度
VERLEN	A	F	物标比高
INFORM	B	S	物标的文本信息,其他属性未包含的注释性或描述性信息,可通过光标查询功能读取具体内容,一般不超过 300 个没有特殊格式的字符,因此只适用于较短的信息
NINFOM	B	S	用国家语言表示的信息
NTXTDS	B	S	用国家语言表示的正文
PICREP	B	S	图示显示,表示物标是否有可用的图示显示
SCAMAX	B	I	最大比例尺,物标可能使用的最大比例尺,如用于 ECDIS 显示
SCAMIN	B	I	最小比例尺,物标可能使用的最小比例尺,如用于 ECDIS 显示
TXTDSC	B	S	文字性描述,与该浮标有关的文本文件,对长度、格式没有限制,可通过相应链接查询
RECDAT	C	A	记录日期,即该物标被获取、编辑或删除的日期
RECIND	C	A	记录指示,用于数据输入和编码的程序
SORDAT	C	A	数据来源日期,原始资料的生产日期,如测量日期
SORIND	C	A	数据来源指示,关于物标来源的信息

针对物标的每一属性，可以通过定义相应的属性值加以准确描述。属性值又分为以下六种类型：

①E——枚举型：从预定的属性值中选择，必须选取一个正确的值，如方位浮标的方位浮标类型(CATCAM)属性只能是北方位标、东方位标、南方位标、西方位标中的一个；

②L——列表型：从预定的属性值中选择一个或多个值，如方位浮标的颜色(COLOUR)属性应为黄色和黑色两种；

③F——浮点型：具有限定范围、分辨率、单位和格式的浮点数值；

④I——整数型：具有限定范围、单位和格式的整数值；

⑤A——编码(格式)字符串在指定格式中的 ASCII 码字符串；

⑥S——任意字符型：自由格式字母数字混合字符串。

综上所述，特征物标类的一个实例可以归结为一个特征物标(如一个特定的灯标、沉船或建筑物区等)，可以赋予它一系列属性并为这些属性赋值来精确地描述。一个特定的现实世界实体通过描述适当的特征类、属性和属性值来编码。例如，BOYCAR 物标类代码可以定义一个方位浮标，通过其浮标形状属性(BOYSHP)赋值为"柱形"，浮标类型(CATCAM)属性赋值为"北方位标"等，就可以确定一个特殊的"柱形北方位标"个体。然后再对其空间对象属性进行定义，便可以确定现实世界中对应位置的具体浮标了。

(5) 物标构成。在纸质海图上，符号都是以独立概念存在的；而 IHO S-57 数据是以数据模型规定的物标类型来区分和定义物标的，即所有客观实体都被定义为独立的物标模型。在实际应用中，客观的物标通常会区分为独立的物标和多个物标组合而成的物标两种类型，即单一物标和复合物标。

①单一物标。在 IHO S-57 数据中，可以将单一物标理解为简单物标，即其属性是独立的，其显示的符号是单一的，其所有的表现都是能够独立识别的。

②复合物标。在 IHO S-57 数据中，对带有雾号、雷达反射器等的助航标志，如灯塔，由于这些附属器件与灯塔共用同一空间位置，并随灯塔的存在而存在，因此，在 IHO S-57 中将灯塔作为主物标，其他物标作为灯塔的附属物标来定义，称为复合物标。复合物标显示的符号是多个简单物标符号的叠加，其表现的查询属性是主物标下带有的多个附属物标的表现，其识别需要通过多个符号、多个属性列表来实现。

6.3.2 ECDIS 组成

ECDIS 的组成和一般的电子海图系统类似，主要包括硬件、软件、数据三部分，如图 6-10 所示；与一般的电子海图系统不同的是，ECDIS 的硬件、使用数据以及功能方面的标准应根据国际标准进行设计和配置。

1. 系统硬件组成

ECDIS 实质上由一个具有高性能的内、外部接口且符合 IHO S-52 标准要求的船用计算机系统和相应传感器组成。系统的核心是高速中央处理器和大容量的内部和外部存储器。外部存储器存储容量应保证能够容纳整个 ENC、ENC 更新数据和 SENC。

中央处理器、内存和显存容量应保证显示一幅电子海图所需时间不超过 5s。事实上，随着计算机硬件技术的迅速发展，加上对 SENC 的合理设计，完全可以做到在 1s 内完成

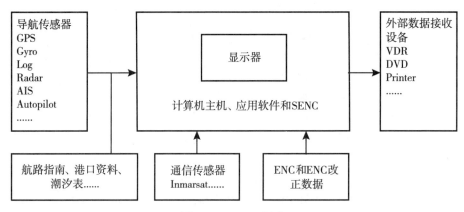

图 6-10　ECDIS 组成

一幅电子海图的显示。

系统显示器可以配置一个也可以配置多个，其尺寸、颜色和分辨率应符合 IHO S-52 标准的最低要求。无论配备几个显示器，海图显示区的最小有效尺寸应为 270mm×270mm，不少于 64 种颜色，像素尺寸小于 0.312mm。

文本可以与海图显示在同一个显示器的海图要求的最小区域（270mm×270mm）之外，也可以单独设立文本显示器。文本显示区或显示器用于显示航行警告、航路指南航标表等航海咨询信息。

内部接口应包括图形声卡、硬盘和光盘控制卡等。以光盘或软盘为载体的 ENC 及其改正数据，以及用于测试 ECDIS 性能的测试数据集，可通过内部接口直接录入硬盘，船舶驾驶员在电子海图上所进行的一些手工标绘、注记，以及电子海图的手动改正数据的输入等可通过键盘和鼠标实现。声卡同扬声器相连接，用以实现语音报警。

利用打印机可实现电子海图和航行状态的硬拷贝，以便事后分析。外部接口一般是含有 CPU 的智能接口，保证从外部传感器接收信息（如 GPS、罗经、雷达、AIS、计程仪、测深仪、风速风向仪、自动舵等设备的信息），并按照一定的调度策略向主机发送这些信息。

通过船用通信设备不仅可以自动接收 ENC 的改正数据，实现电子海图的自动更新，而且还可接收其他数据，如气象预报数据等。

通过与其他传感器连接，ECDIS 可以接收、解析、处理各种传感器数据并以文字或图形等方式显示，从而可以为航海人员集成显示所需信息，并提供有效的决策支持。定位设备（如 GPS、DGPS 等）、陀螺罗经航速与航程测量设备（如计程仪）是性能标准所要求的必须与 ECDIS 连接的三类传感器，对于未装有陀螺罗经的船舶，可采用首向发送装置代替。此外，性能标准也对 ECDIS 与雷达、AIS 的连接要求做了较为详细的规定，但并没有强制要求与这两类传感器连接。实际上，许多 ECDIS 产品基本能与主要的船舶助航设备连接，如测深仪、风速风向仪、自动舵等。

2. 系统软件组成

ECDIS 软件是 ECDIS 系统的核心，该软件需要包括以下基本功能的 7 个模块：

(1)海图信息处理软件模块,该模块由 ENC 向 SENC 转换,电子海图自动和手动改正,海图符号库的管理航海咨询信息的管理,电子海图库的管理,海图要素分类及编码机制的管理,用户数据的管理等功能软件组成。

(2)电子海图显示模块,该模块由电子海图合成(给定显示区域、比例尺和投影方式,搜索合适的海图数据,并进行投影和裁剪计算,生成图形文件),电子海图显示(根据图形文件调用符号库,在屏幕上绘制海图),电子海图上要素的搜索航海信息的显示等功能模块组成。

(3)计划航线设计模块,该模块由绘制和修改计划航线工具,计划航线有效性检查,经验(推荐)航线库的管理,航行计划列表的生成(每段航线的距离航速、航向航行时间)等功能模块组成。

(4)传感器接口模块,该模块包括与外部设备(如 GPS、雷达/ARPA、AIS、罗经、计程仪、测深仪风速风向仪、Loran-C 卫星船站、自动舵等)的接口模块,以及读取传感器信息的调度和综合处理模块。

(5)航线监控模块,该模块包含计算船舶偏离计划航线的距离、检测航行前方的危险物和浅水域、危险指示和报警等功能模块。

(6)航行记录模块,该模块用于记录船舶航行过程中所使用的海图的详细信息及航行要素,实现类似"黑匣子"的功能。

(7)航海问题的求解软件,实现船位推算、恒向线和大圆航线法计算、距离和方位计算、陆标定位计算、大地问题正反解计算、不同大地坐标系之间的换算、船舶避碰要素(CPA、TCPA)计算等。

基于上述功能模块,ECDIS 作为航行系统需要具有以下功能:

(1)海图显示。依据 S-52 标准显示海图的内容;以"正北向上"或"航向向上"等方式显示海图;以"相对运动"或"绝对运动"式显示海图;随机改变电子海图的比例尺(缩放显示及漫游);分层显示海图信息(隐去本船在特定航行条件下不需要的信息)。

(2)海图作业。在电子海图上进行计划航线设计(依照推荐航线进行手动设计或进行大圆航线计算);以灵活的方式计算任意两点间的距离和方位(如利用电子方位线、可变距标圈等方式);标绘船位航迹和时间。

(3)海图改正。能够接受由官方 ENC 制作部分提供的正式改正数据,以及由航海人员从纸质航海通告或无线电航行警告中提取的改正数据,实现 ENC 的自动和手动改正。

(4)定位及导航。能够同计程仪、陀螺罗经、GPS、Loran-C、测深仪、气象仪等设备连接,接收来自这些传感器的信息,并进行综合处理求得最佳船位;能够进行各种陆标定位计算。

(5)雷达信息处理。ECDIS 可将雷达图像和 ARPA 信息叠加显示在电子海图上,提供本船、本船周围的静态目标、本船周围的动态目标三者之间的位置关系。航海人员可据此判断撞碰态势,做出避碰决策。同时,还能够在电子海图上检测该避碰决策可行与否。

(6)航路监视。在船舶航行过程中,ECDIS 能够自动计算船位偏离计划航线的距离,必要时给出指示和报警,实现航迹保持。ECDIS 还能够自动检测到航行前方的暗礁、禁航区、浅滩等,实现避礁、防浅。

(7)航海信息咨询。获取电子海图上要素的详细描述信息以及整个航线上的航行条件信息，如潮汐、海流、气象等信息。

(8)航行记录。ECDIS 能够自动记录前 12h 内所使用过的 ENC 单元及其来源、版本、日期及改正历史，以及每一分钟的船位航速、航向等。一旦船舶发生事故，这些信息足以再现当时的航行情况。记录的信息不允许被操控和改变。也就是说，ECDIS 应具备类似"黑匣子"的功能。

6.3.3 ECDIS 基本功能

1. 海图显示控制

电子航海图的数据特点为 ECDIS 提供了极其丰富的多样化显示方式。航海人员可以根据不同的条件、环境及要求选择适当、合理、实用的显示方式，以满足显示和观察的需要。

IHO S-52 要求，在监控模式下，海图显示的基本原则是选择本船位置处最大比例尺的海图进行显示。然而，在实际应用中，可能难以完全满足这一原则和符合航海人员的需求，因此，ECDIS 允许航海人员根据需要进行控制或选择海图显示。

(1)海图载入。在 ECDIS 中，海图载入模式分为自动载入和手动载入两种。

①自动载入模式：ECDIS 将根据搜图原则，在 SENC 中查找符合当前显示比例尺且能够覆盖当前位置电子屏幕的海图，把覆盖海图显示区中心的海图作为显示的当前图，再用其他海图填充未被当前显示海图填充的区域。

②手动载入模式：为了能够准确查阅某一海图单元的信息，有些 ECDIS 允许航海人员通过海图列表手动选择某一海图单元载入显示。海图列表可能是覆盖当前船位的列表清单，也可能是系统已经安装的所有海图清单。

(2)显示背景。IMO ECDIS 性能标准要求显示方式应确保所显示的信息能使一个以上的观察员在船舶驾驶台正常光线条件下白天、晚上都可看清楚。驾驶台的光线亮度变化极大。白天，驾驶台上的光线从日出到日落在不断变化，太强的光线会冲淡显示的信息，这就要求电子海图必须具有明显的对比度。夜间，从显示屏上发出的光必须减弱，不得影响航海人员夜视和正常瞭望。

航海人员应根据驾驶台的光线条件设置合适的显示背景，即白天黄昏、夜晚，以获得最佳的观察效果。需要指出的是，不同的显示背景，可能不会完全满足实际使用的需要，因此在实践中，还可以通过显示器的亮度和对比度调节、增设适当的滤光器或遮光板来得到更加理想的显示效果。

(3)运动模式。ECDIS 一般可以采取以本船相对海图的真运动(True Motion，TM)或相对运动(Relative Motion，RM)两种模式。

①真运动模式：以海图内容为固定的参照物，描绘本船位置及其他活动目标(如 AIS 目标等)在地球表面运动的情况。通俗地讲，就是船动图不动。该运动模式是 IMO ECDIS 性能标准所要求的 ECDIS 必须具备的显示方式。

②相对运动模式：以固定在显示器屏幕上的本船位置为参照物，相对移动海图和其他活动目标。通俗地讲，就是图动船不动。

(4) 显示方向。目前 ECDIS 所采取的显示方向主要有以下方式：

①北向上(North Up)：以海图真北对准屏幕竖向向上为基准显示 SENC，是一种常规的习惯显示方法，有利于观察和比较目标相对关系(如真方位)。该显示方向是 IMO ECDIS 性能标准所要求的 ECDIS 必须具备的显示方式。

②首向上(Head Up)：以本船船首向对准屏幕竖向向上为基准显示 SENC，方便观察周围情况和比较目标相对关系(如舷角)。由于船首向的不稳定，特别是大幅度的转向时，容易导致图像频繁变化或抖动，影响显示效果。

③航向向上(Course Up)：以本船运动方向对准屏幕竖向向上为基准显示 SENC。显示特点同首向上，不同的是航向向上显示的图像是稳定的，但转向后应重新设定，以保持当前航向向上。

此外，有些 ECDIS 还提供航线向上(Route Up)的显示方式，即以航行监控中的本段航线对准屏幕竖向向上为基准显示的方式。

不论以何种方式显示，海图上所有的点状符号与字符缩写等必须保持在屏幕画面上可以正视。因此，在北向上以外的模式下，符号、文字等均应作相应的旋转变换，但应按足够大的步幅改变，以避免海图信息不稳定显示。

(5) 比例尺变换。IMO ECDIS 性能标准要求应能通过适当的步骤(例如通过海图比例尺值或海里为单位的量程)改变显示比例尺。也就是说，与纸质海图只能按照固定的比例尺显示不同，电子海图除可按原始比例尺显示外，还可以在不同级别的显示比例尺下变换显示。为使海图内容充满整个海图显示区，ECDIS 可能需同时载入、无缝显示多个原始比例尺不同的 ENC 单元，自动调整，并使其采用相同的显示比例尺。实际操作中，不同的 ECDIS 可能采用以下方式中的一种或几种以允许航海人员进行比例尺的手动变换操作。

①放大：当前海图中心不变，根据缩放比率放大显示，即海图范围变小；

②缩小：当前海图中心不变，根据缩放比率缩小显示，即海图范围变大；

③预设比例尺级别：当前海图中心不变，根据选择的常用比例尺级别，快速变换显示。有些 ECDIS 允许航海人员手动输入具体的比例尺值；

④鼠标拉框放大：利用鼠标在屏幕上拖拽出矩形框，将其放大到充满整个海图显示区，也称无级比例尺显示；

⑤滚轮缩放：利用鼠标的滚轮功能实现快速缩小和放大。

对于放大和缩小，有些 ECDIS 会提供缩放比率，有些系统则缺省用 1 倍比率。不同类型的电子海图在比例尺变换时存在不同的特点和效果，使用时需要注意。

光栅电子海图在放大或缩小时，会出现像素密度的变化，导致图像模糊不清，难以识别，如图 6-11 所示。

对于矢量电子海图而言，由于其空间的数值性和显示符号的规定性，在放大或缩小时，实现了空间的按比例扩大或缩小，不存在图像失真。

需要引起重视的是，当海图显示比例尺改变后，会引起视觉的测量误差，可能导致对物体之间相对关系的判断错误，增加航行风险。特别是当显示比例尺与原始比例尺相差较大时，ECDIS 会给出警示。

另外，为方便快速实现以原始比例尺显示当前海图，航海人员能通过单一操作恢复到

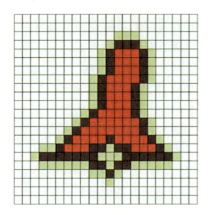

图 6-11 比例尺过大导致光栅电子海图图像失真

当前显示海图的原始比例尺。此外,比例尺变换还会影响海图显示内容的变化,这与物标的最小比例尺属性(SCAM-IN)有关。该属性由 ENC 生产机构在海图制作过程中定义,确定物标保持显示的最小比例尺。如果显示比例尺小于定义的最小比例尺,该物标将不再显示,以减少由于比例尺过小引起的显示杂乱。有些物标不具备最小比例尺属性,如基础显示类的物标等。

应根据物标对航行的重要性,对单一物标规定相应的最小比例尺属性值,例如有限制条件的锚地与一般的锚地、视觉或雷达显著山峰与一般山峰均应区别设置。在许多情形下,ENC 生产机构可能对某一类物标(如有限制条件的锚地和一般的锚地)赋予了相同的最小比例尺属性值,这种方式的效果类似于显示分类中控制某类物标的显示。

有些 ENC 生产机构在设定物标的最小比例尺属性值时,不仅考虑该物标对航行安全的重要性,还考虑该物标是否包含在下一更小比例尺的单元中,这样可以保证在比例尺持续缩小过程中显示的一致性;否则,可能导致某一物标在临时消失(由于显示比例尺小于最小比例尺属性)后再次出现(由于载入更小比例尺的 ENC 单元)。

有些 ECDIS 允许航海人员选择是否使用最小比例尺属性控制物标的显示。

(6)变换显示海区。ECDIS 中的海图显示区比传统纸质海图的图幅要小得多,这必然导致其显示的地理范围十分有限,特别是在显示比例尺比较大的情况下。因此,为了能够全面、方便地查看其他区域的情况,就需要变换海图显示的地理区域。

在航线设计或航行监控阶段航海人员可能会根据需要查看当前没有显示的地理区域的情况,以便进行航线的延展设计和对前方水域的查看,确保航行安全。

由此可见,在 ECDIS 的使用过程中,显示海区的变换是十分必要的。ECDIS 一般可通过以下四种方式实现:

①比例尺变换:通过改变显示比例尺来增大或缩小显示的地理范围,从而实现海图显示区域的变换。

②手动载入海图:如果知道与该区域有关的海图单元,则可通过海图列表或者查询功能选择并载入该海图单元,变换显示区域。

③海图漫游:航海人员应能利用鼠标或轨迹球通过简单的操作实现显示区域的变换,

该操作称为海图漫游。如有些 ECDIS，在某种状态条件下点击左键，则按当前比例尺显示以点击点为中心的地理区域。此外，航海人员还应可以精确输入坐标值，然后按当前比例尺显示以输入位置为中心的地理区域，实现比较精确的海图漫游。

④海图自动变换：在真运动模式下，随着时间的推移和船舶的运动，本船符号与海图显示区边界的距离将越来越近，ECDIS 中显示的本船前方的水域范围也随之不断缩小，势必影响航海人员对船舶航行态势的预测和周围航行环境的查看。为此，航海人员应能设定本船与海图显示区边缘的最小距离，当实际距离达到该设定值时，ECDIS 应能重新调整本船在海图显示区的位置，并随之相应调整海图显示区的海图内容，从而实现显示海区的自动变换。

在显示海区的变换过程中，本船船位很可能会不在海图显示区内，难以进行有效的航行监控。为避免由此带来的不便和风险，航海人员应能通过单次操作立即恢复到覆盖本船位置的显示状态。此外，有的 ECDIS 产品提供了双窗口功能，即将海图显示区分为两部分，一个窗口可随意变换显示海区，另一窗口则始终覆盖当前船位，以保证对船舶航行状态进行连续有效的监控。

(7) 显示内容的选择。ECDIS 应能显示所有 SENC 信息，并将在航线设计和航行监控时显示的 SENC 信息分为三类：基础显示、标准显示和其他信息。IMO ECDIS 性能标准同时还要求 ECDIS 应能在任何时候仅靠操作员的单一操作即可提供标准显示。当一幅海图最初在 ECDIS 上显示时，应当使用 SENC 中显示区域的最大比例尺的数据提供标准显示。从 ECDIS 显示中应能灵活地增加或删除 ECDIS 显示的信息，但不能删除基础显示的信息。IHO S-52 同时也规定航海人员应能够通过单独操作增加或删除标准显示或其他信息中的某项内容。如果消除标准显示中的信息种类以按指定规格显示，对此应有永久标示。ECDIS 在关闭或断电后打开时，应恢复至最近手动选择的显示设置。

在 ECDIS 的使用中，应充分考虑显示分类的功能作用，根据本船实际情况和航行水域特点，合理选择、控制显示模式及显示内容，在满足航行安全需要的基础上获得最好的观察界面。如在大洋航行时可选择基础显示，在近岸航行时可选择标准显示，在港区航行时，通过选择其他信息并挑选必要的航行信息（如水深点）加以显示，以利于航行安全判断与观察。航海人员应清醒地意识到，不论如何设置显示分类，都有可能存在某些信息未被显示。如果航海人员仅仅依靠海图显示内容进行航线设计或航行监控，则可能因为信息不全而导致判断失误。

在正常情况下，航海人员在进行航线设计时与 ECDIS 显示屏的视距大约为 70cm，因而显示内容在不致混乱的前提下，应尽可能地详尽，以确保计划航线的安全合理。

在航行监控模式下，航海人员与 ECDIS 显示屏的视距可能达数米远。这种情形下，特别是在发生紧急情况时，航行监控模式应仅显示直接相关的信息，以确保信息提取迅速、明确，而非模棱两可。需要特别指出的是，电子海图上的字符读取比较困难且易导致混乱，因此，在航行监控显示中应尽可能少地使用字符。

实际上，ECDIS 的显示受到众多因素的影响，如系统内可用 ENC 单元的原始比例尺、物标的最小比例尺属性、ECDIS 的海图载入规则、ECDIS 内可用的比例尺变换幅度、航海人员关于显示的设定等。不同的 ECDIS，对相关标准存在不同的理解，可能采用不同的缩放幅度或海图载入规则，给出不同的显示结果。因此，熟悉所用 ECDIS 的运行方式是非常重要的。

由于显示模式的设置或者被其他显示信息覆盖导致有些特征物标无法显示出来，ECDIS 仍应能够探测到上述物标的存在，并根据设定给出报警。尽管如此，航海人员不应过分依赖自动报警功能。

2. 航海测量

航海测量主要是指经纬度、方位和距离的量取与标绘。航海人员可利用分规和航海三角板或平行尺在纸质海图上进行标绘或测算。与传统方式相比，电子海图上的航海测量则简便得多。

(1)经纬度测量。ECDIS 可动态显示光标所对应位置的经纬度。查看某地经纬度时，只需通过鼠标或轨迹球移动光标使其中心对准该点即可。

(2)方位、距离测量。在 ECDIS 中，可通过电子方位线和可变距标圈，方便地量取任意两点间的方位、距离。一般可以利用鼠标或轨迹球直接选取相应位置点，有些 ECDIS 也允许直接输入精确的地理坐标来确定位置点。通常有如下两种处理方法：

①本船方位、距离：量取本船与某地理位置点的方位、距离；

②任意两点方位、距离：量取海图上任意两点间的方位、距离，一般以第一点为基准点。

3. 陆标定位、航迹推算

除可与连续定位系统连接从而直接获取本船的位置外，ECDIS 还可使航海人员方便快捷地完成目前在纸质海图上所做的船舶定位工作，如陆标定位、航迹推算等。

(1)陆标定位。为避免航海人员过分信赖定位传感器提供的船位信息，IMO ECDIS 性能标准在 2009 年做出修正，要求 ECDIS 应允许航海人员手动输入和标绘获得的方位和距离位置线，并自动计算出船的观测船位。

与传统的陆标定位方式相比，基于 ECDIS 可以极大地简化在纸质海图上绘制方位或距离位置线的过程，并可减少人为绘制误差，甚至是失误；对应的观测船位也可由系统自动计算并显示出来，从而减轻航海人员的工作负担。

(2)航迹推算。根据 IMO ECDIS 性能标准的要求，通过上述方式获取的观测船位还可作为航迹推算的起算点。许多 ECDIS 也允许航海人员手动输入或确定航迹推算的起点。

由于陀螺罗经、测量航速与航程的设备是必须连接的传感器，所以 ECDIS 基于这两类传感器提供的航向、航程信息可推算出本船具有一定精度的航迹与船位。许多 ECDIS 允许航海人员手动输入航向、航速数据作为航迹推算的依据。

可见，基于 ECDIS 可以大大减少传统在纸质海图上进行的航迹推算的工作量，减轻航海人员工作负担。此外，由于 ECDIS 可以同时显示本船的船首矢量线和航行矢量线，所以可以简便、准确地获取实际的风流压差，从而大大提高航迹推算的精度。

4. 光标查询

对某一海图物标而言，可能只有部分特征信息可以从其显示符号中直接获取，这是因为如果将所有的信息都显示出来，可能导致显示内容相互重叠、杂乱而难以识别。因此，描述该物标的许多属性信息并不自动显示，尽管相关信息均已包含于 ENC 数据中。

从电子海图数据模型中我们知道，矢量海图数据是由空间和特征属性组成的，因此，可通过空间来筛选查询某位置的物标及其特征属性，如灯塔的名称、高度、灯质等。

IMO ECDIS 性能标准要求，对操作员确定的任何地理位置（例如通过光标点击），ECDIS 应在要求时显示与该位置相关的海图物标的信息。

这里，位置相关的物标包括：

(1) 位置在该点处的点物标：如灯塔、沉船、本船、引航站等；

(2) 通过该点的线物标：如等深线、海岸线、海底电缆等；

(3) 包含该点的区域物标：如避航区、锚地、限制区、无数据区域、该区域的元数据（如原始比例尺等）等，这里的区域不能超过覆盖该点的 ENC 单元边界；

(4) 位置在该点的文字：如信息符号、文本串等。

通过光标查询功能，航海人员可以获得海图或者额外的图形或文字形式的下列信息或其他信息：

①位置日期和时间；

②图例；

③以人类可读语言给出的物标描述和相关属性，包括表示库中关于该符号的含义、ENC 中的文本信息（如单元名称、编辑日期、发行日期等）；

④ENC 更新记录；

⑤ECDIS 海图；

⑥颜色区分检验图；

⑦用于对比度调整的黑色校正符号；

⑧从标准显示中移除的类目清单；

⑨所用表示库的版本。

不同的 ECDIS 生产商可能采取不同的编排顺序列出相关物标的详细信息。通常情况下，查询到的物标以树形结构，按照点、线、区域、文字物标顺序排列，航海人员可具体选择并查看某相关物标的详细信息。有些 ECDIS 采用一些显著的符号强调显示查询位置（即光标点击位置）。当航海人员在查询结果中选择某一物标时，该物标也会在海图中采用特殊颜色或符号突出显示，以便于航海人员识别、对应。

有些 ECDIS 并不对查询到的信息进行优先级排序，这样可能会花费航海人员较长时间在查询结果中找到所查询物标，特别是与查询位置相关的物标比较多时。例如，ENC 生产机构在某一海图单元中添加了多个覆盖整个单元的警告注记和信息注记，则当在该单元内查询时，上述警告注记和信息注记均会列出。此外，有些 ECDIS 直接采用 IHO S-57 中的技术术语和缩写列出相关物标及其属性，这对航海人员的识读可能会造成一定的难度。随着时间的推移和 ECDIS 使用经验的积累，光标查询功能将会进一步完善，以帮助航海人员快速准确地查找到所需信息。

光标查询功能可有效帮助航海人员查看那些通常不被自动显示但与航行安全休戚相关的重要属性信息，特别是在基础显示或标准显示模式中大量海图信息没有被显示出来的情况下。

第 7 章 船舶轨迹数据分析

船舶轨迹数据包含着丰富的海上交通信息，蕴含着船舶运动的行为和模式。基于 AIS 数据进行分析挖掘，有助于增强海上态势感知能力，为海上船舶交通规划、海域使用管理和海洋生态环境保护提供决策支持。本章首先对船舶轨迹数据的种类与来源进行介绍，然后基于船舶轨迹数据对船舶时空分布、船舶运动行为、船舶轨迹模式进行分析。为了克服 AIS 设备不正常关闭导致无法进行船舶位置采集的问题，本章将介绍分段时空约束下的轨迹匹配方法，融合雷达探测与 AIS 船舶数据，分析船舶在 AIS 关闭后的航行轨迹，并根据轨迹识别船舶行为。

7.1 船舶轨迹数据

7.1.1 AIS 船舶数据

1. AIS 系统介绍

船舶自动识别系统(Automatic Identification System，AIS)是一种船载广播应答系统，船舶通过该系统在甚高频(Very High Frequency，VHF)公用无线信道上向附近船舶和岸上主管机关持续发送其身份等其他数据。船载 AIS 设备使得船与船之间的信息交换日益顺畅。后来，出于监控需要，出现了收集沿海所有 AIS 台站信息、实现 AIS 数据实时转发和历史数据回溯的 AIS 岸基网络系统，如图 7-1 所示。船舶发送的 AIS 信息有静态、动态、

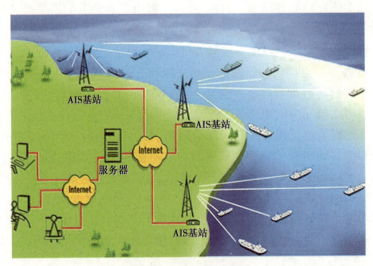

图 7-1 AIS 工作示意图

与航次有关和与安全有关四种不同类型。其中，静态信息在设备安装时输入 AIS，仅当船舶遇到更改船名等重大改变时才需要更改；动态信息自动通过连接 AIS 的船舶传感器得到更新；与航次有关的信息需要在航行中手动录入或更新，目前未对与安全有关的信息做进一步规定。

AIS 设备分 A、B 两级。中国籍船舶配备的 A 级 AIS 应符合国际电工委员会 61993-2 标准。中国籍国内航行船舶配备的 B 级 AIS 应符合中国海事局《国内航行船舶船载 B 级自动识别系统(AIS)设备(SOTDMA)技术要求(暂行)》或国际电工委员会 62287-1 标准等有关设备性能要求。不同数据按不同的更新速率自主发送报告。静态的和与航次有关的数据每 6min(或按要求)发送。动态信息依赖航速和航向的改变情况发送报告，A 类和 B 类设备的报告间隔如表 7-1 和表 7-2 所示。

表 7-1　　　　　　　　　　　A 类船载 AIS 设备报告间隔

船　型	报告频率
锚泊船	3min/次
0~14kn 航速的航船	12s/次
航速为 0~14kn 并且在改变航向的航船	4s/次
14~23kn 航速的航船	6s/次
航速为 14~23kn 并且在改变航向的航船	2s/次
超过 23kn 航速的航船	3s/次
航速超过 23kn 并且在改变航向的航船	2s/次

表 7-2　　　　　　　　　　　B 类船载 AIS 设备报告间隔

船舶航行状态	报告间隔
移动速度不超过 2kn	3min
移动速度 2~14kn	30s
移动速度 14~23kn	15s
移动速度>23kn	5s

根据交通运输部海事局印发的《国内航行船舶船载电子海图系统和自动识别系统设备管理规定》，300 总吨及以上的国际航行船舶、500 总吨及以上的非国际航行沿海航行船舶、客船(如有免除的除外)，应配备 A 级 AIS。200 总吨至 500 总吨沿海航行船舶、港作拖船和参与沿海水上水下施工作业的自航船舶，航行于内河长江干线、珠江干线、京杭运河及黄浦江的 100 总吨及以上的船舶，以及 100 总吨以下的液货船和集装箱船，应配备 A 级或 B 级 AIS 设备，且船舶配备的 AIS 设备应处于常开状态。受设备标准、采样频率、传输效果和存储方式等因素的影响，AIS 数据具有如下特点：①报告异频性：由于 AIS 数据

报告频率与船舶速度和航向变化有关，报告间隔差异显著，增加了轨迹数据分析的难度。②数据质量差：受 AIS 设备故障率、报告精度、信道饱和度、通信链路和数据处理方式的影响，AIS 数据质量没有绝对保障。AIS 数据的准确性依赖船舶定位系统的精度、船员对信息的正确输入、发送端对信息的编码和传输以及接收端对信息的接收和解码。此外，AIS 数据的自检纠错功能较弱，这些系统设计和人为因素会导致接收到的 AIS 数据不正确，并带入海事管理系统中。

2. AIS 系统作用

AIS 系统作为通用的船舶识别系统，能在船舶与船舶、船舶与岸之间实现实时的航行通信，在无人工介入的情况下能够主动向设定的其他船舶、岸台发射船舶船名、类型、当前位置、航向和航速等船舶航行的状态信息和其他能够为船舶提供安全航行的相关信息，而且能自动接收、处理来自其他船舶发来的实时航行信息或岸台中心站发出的助航信息，获取信息的同时，受到距离、环境、速度等方面的影响相对较小，进而降低船舶产生碰撞事故的可能性，确保船舶的航行安全。

（1）AIS 在船舶数据传输的作用。船舶要在海上安全航行，随时和周围的船只、附近的港口保持良好的数据通信关系十分重要，但是船舶和船舶之间、船舶和岸之间存在着距离相差太远的现象，而且传统雷达通信存在着雷达探测不到的盲区，因此使用 AIS 能够有效克服这些缺陷，确保船舶安全航行。

（2）AIS 在海事调查的作用。船舶在安装 AIS 后，能自主将船舶的动态信息转化成数据记录下来，当航行在特定区域，岸上的 AIS 基站根据船上发出的数据转化为信息，再将船舶主要信息在显示屏上显示出来，便于船舶与船舶之间的相互沟通与避让。因为船舶数据是自动保存在 AIS 系统中的，所以当发生碰撞事故时，进行调查时可以将相关的数据信息提取出来回放，很容易对事故的原因进行判定。

（3）AIS 在引航方面的应用。AIS 系统记录着船舶船位、船舶航行的船速、船舶转向的速率和船舶船名、船舶的呼号、船舶吃水、装载于船舶危险货物的种类等关于船舶航行的动、静态资料，可由高频 VHF 频道向附近水域的船舶及岸台广播，使邻近的这些船舶和岸台可以及时掌握附近海面所有船舶的动、静态资讯。而且，AIS 可以自主并实时地进行船舶间的数字信息交换，当船舶准备进行引航时，引航员可以通过 AIS 读取目标船舶的信息，包括船长、船宽、吃水等，引航员可以利用这些信息精确地了解到船舶当时航行的动态，并且推算出船舶之后一段时间内的运动状态，大大降低了在船舶引航时发生碰撞危险的可能性。除此之外，AIS 在引航管理方面的应用还体现在调度指挥、引航监控、引航计费等方面。

（4）AIS 在避碰方面的应用。船舶在航行时可能发生碰撞，雷达的出现，使船舶碰撞的概率大大降低。但是雷达的缺陷也是不容忽视的，比如对于目标船舶的意图并不知情；雷达的盲区、雷达波容易受到各种干扰；使用雷达的技巧等，这些都极大地增加了船舶航行的危险性。而将 AIS 应用到船舶上，则能很好地将这些缺陷弥补。AIS 探测目标数量多，能够知晓目标船的信息，没有盲区或盲区可忽略，发射接收信息较稳定，因此 AIS 能精准地传输数据。在船舶避碰方面，雷达和 AIS 的相互使用能很大程度上改善避碰的效果，减少船舶碰撞事故的发生，让船舶在海上更加安全地航行。

(5)AIS 在助航标志方面的应用。在海面上经常能见到灯标、浮标、导标等物体，这些都是人工放置的标志，它们有着各种各样的功能，有的是指示航道的方向，引导船舶正确地航行在航道上；有的是用于船舶定位，在茫茫海面上或远离陆地的地方，船舶要找到一个参考物进行定位太难了，而看到这些特殊的标志，船舶就能大致知道自己处于什么位置。在某些区域隐藏着妨碍船舶安全航行的物品，而船舶不容易发现，此时在这个区域放置一个醒目的标志，就提醒船舶不要航行过此处。这些人工放置的标志，称为助航标志，简称航标。正是有助航标志的存在，船舶航行安全了许多，但是在将 AIS 应用到航标上时，传统航标也存在着不少的问题。一方面，航标是安置在海上的，且海水是处于随时流动的状态，航标的位置极易随着海水的流动而产生移动，而且有时发生大风浪等恶劣天气时，还可能使航标损坏，这些位置变换的航标和发生故障的航标不能及时被观测到，航标位置发生变化或损坏，信息不能及时传达给船舶，很可能使船舶发生意外事故。另一方面，航标的维护也费时费力，对于传统的航标，要派人定期巡查，而且航标的数量较多，检查相当困难，如果想知道某个航标的工作状态是否稳定、是否需要维修，需要人工查看，所以传统航标的管理十分困难。而在将 AIS 系统应用到航标设备上后，AIS 系统能将航标设备工作信息储存并反馈，如果工作出现异常，就能及时地发现并处理，而且 AIS 系统能自动观察到航标实时的位置，当航标的位置发生移动时，能将信息及时地报告给船舶，可以有效地减少船舶航行发生危险的可能性。

(6)AIS 在海上遇险救助中的应用。船舶在海上航行总是伴随着各种各样的危险，当船舶遇到危险时，就要寻求帮助，而在茫茫大海中寻找一艘船舶极为不易。在之前船舶遇难时，大多都会将信息传递到海上救助协调中心，海上救助协调中心收到信息并进行识别后，安排相应的救助工作，工作效率较低。在应用了 AIS 系统后，当船舶遇到危险时，遇险的信息通过 AIS 设备发送出去，海上救助协调中心接收到信息后能快速安排船舶前往搜寻，在整个搜救过程中，能对参与搜救的船舶提供准确的导航位置，还能实时地对船舶进行跟踪，从而实现对搜救过程的监测并进行控制，确保在整个搜寻区域能更有效地使用可用的资源。

3. 常用的 AIS 数据查询网站

(1)2015 年 2 月 4 日，交通运输部海事局 AIS 信息服务平台上线运行，标志着我国沿海及内河船舶实时动态权威数据正式对社会开放。社会公众可免费通过平台了解航行于我国沿海和内河水域船舶的实时动态数据。

(2)"宝船网"是以船舶位置为基础，融合全球电子海图、电子地图、全球岸基和卫星 AIS 船舶动态以及全球专业台风数据的综合信息服务平台。

(3)"船讯网"创立于 2007 年，是通过岸基 AIS、卫星 AIS、Inmarsat-C、inmarsat D+等各种方式获得的船舶动态位置，利用大众互联网的 WebGIS 技术，直观、方便地将这些信息显示在电子海图上。

(4)"船队在线"是一款全球 15 万航运用户都在使用的船舶跟踪与风险预警工具，接入了全球 3000 座岸基 AIS 基站和 79 颗 AIS 卫星数据，融合了海洋气象、电子海图等数据，为全球用户提供船舶位置实时跟踪、查询服务。

7.1.2 雷达船舶数据

雷达探测范围大、时效性强，是探测和跟踪船舶，探测在水上的固定物或漂浮物的有效手段。目前比较常用的雷达是高频地波雷达（High Frequency Surface Wave Radar, HFSWR），它具有超视距、大范围、全天候以及低成本等优点。HFSWR 采用垂直极化天线向导电海洋表面辐射电波，实现海平面视线以下舰船、飞机、冰山和导弹等目标的超视距探测，探测距离可达 300km 以上。HFSWR 可以建在山顶或者海岸边，根据建设区域，可分为岸基 HFSWR 和船载 HFSWR。通常情况下，HFSWR 是由一根发射天线和多根接收天线组成的，HFSWR 的发射天线向海面发射无线电波，无线电波以电磁波模式在海水表面传播，在中波和短波段传播衰减小，并沿着地球表面传播，在电磁波遇到物体时反射回波，由接收天线接收。雷达信号探测模式和雷达天线阵列如图 7-2 所示。

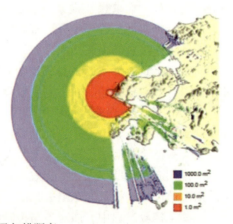

图 7-2　雷达扫描设备以及扫描距离

雷达回波信号经过处理后输出点迹信息，对点迹进行预处理后，即可进行目标跟踪处理。对于现代雷达系统而言，仅仅获取雷达目标的点迹信息是远远不够的，用户还需要得到目标的运动轨迹、运动速度等有关航迹信息。通过对雷达回波数据进行互联、跟踪、滤波、平滑、预测等处理，能够有效地消除雷达系统的随机误差，精确估计目标的位置和相关的运动参数，预测到目标下一时刻的位置，并形成稳定的目标航迹，从而为用户提供更为翔实的雷达目标相关信息，这些都是航迹建立和管理无可替代的功能。

航迹的建立和管理，按照处理的顺序，依次包含航迹起始、点迹-航迹相关、航迹的确认和形成、航迹的滤波和预测、航迹的终止等流程。在整个过程中，通过不断地对航迹的质量进行改变和管理，实现航迹由单个点迹向暂时航迹再到可靠航迹的转换，最终到航迹消亡的全过程。在实际的工程实现中，由于可靠航迹与暂时航迹的优先级高，首先进行航迹的点迹—航迹相关处理工作；然后是航迹质量管理，其中包括航迹质量的更新、航迹的确认和删除；接着是航迹的滤波和预测，根据航迹质量的不同，采取不同的算法平滑目标航迹信息并对下一时刻的状态信息进行预测；最后是剩余点迹的处理，包括剩余点迹的相关和新航迹的起始。整个雷达目标航迹建立和管理的流程如图 7-3 所示，航迹生成结果如图 7-4 所示。

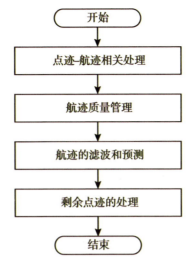

图 7-3　雷达目标航迹建立和管理流程图

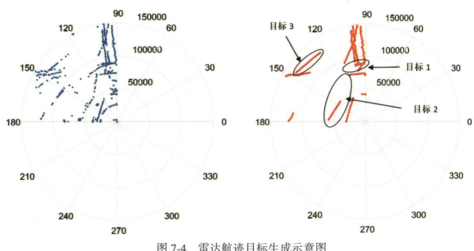

图 7-4　雷达航迹目标生成示意图

7.1.3　北斗船舶数据

我国的北斗卫星导航定位系统从 20 世纪 80 年代开始研究，2000 年年底，建成北斗一号系统，为我国研制、开发、利用自有知识产权的卫星导航系统奠定了基础；2012 年年底，建成北斗二号系统，为我国及周边地区的我军兵用户提供陆、海、空导航定位服务；2020 年 7 月 31 日，北斗三号全球卫星导航系统正式开通，为全球用户提供全天候、全天时、高精度的定位、导航和授时服务的国家重要时空基础设施。北斗卫星导航系统的工作过程是：首先由中心控制系统向卫星Ⅰ和卫星Ⅱ同时发送询问信号，经卫星转发器向服务区内的用户广播。用户响应其中一颗卫星的询问信号，并同时向两颗卫星发送响应信号，经卫星转发回中心控制系统。中心控制系统接收并解调用户发来的信号，然后根据用户的申请服务内容进行相应的数据处理。

我国船舶船位监测于 2001 年开始利用"北斗"卫星提供的船位信息和 GIS 技术开展船位监测的工作。卫星全天候、全天时、不受天气及时间影响的特点，正好适合作为传输手段，现在我国近海渔船主要安装北斗卫星导航系统的船载终端。北斗导航系统集导航与通信功能于一体，可以获取高时空精度的渔船船位数据，中国海洋渔业已成为北斗导航系统最大的应用行业之一。目前，近海机动捕捞渔船有 5 万余艘安装了北斗终端，为渔船捕捞行为研究提供了新的技术手段。船位数据通过北斗渔船终端，按照一定的时间自动采集，借助北斗卫星收发数据，北斗卫星地面站接收到船位数据后，转发给北斗民用分理服务商。北斗指挥机也可以直接接收船位数据，数据经过预处理后，在数据库中保存。

7.2 船舶时空分布分析

船舶数据时空分布分析主要是借助数理统计和 GIS 地理空间分析等方法，实现船舶大数据的批量化处理，对海上船舶位置、密度、速度以及船舶影响要素等空间分布特征以及时间特征进行分析，揭示船舶活动的时空分布规律，为海上船舶交通规划、海域使用管理和海洋生态环境保护提供决策支持。

7.2.1 船舶密度时空分布

1. 网格分布图

船舶密度是指某一时刻某一区域面积水域内的船舶数量，它直接反映了某一水域内船舶的空间分布，在一定程度上可以用来衡量水域船舶交通拥挤和危险程度。为便于分析，可将研究区域划分成大小相等的 $n(\text{km}) \times n(\text{km})$ 的网格，船舶交通密度值的计算以 1h 通过每个网格的船舶数量来度量，计算公式为：

$$\rho = \frac{\sigma}{h} \tag{7.1}$$

式中，ρ 为船舶密度(艘次/h)，σ 为通过某一区域的船舶总数量，h 为时间。ρ 越大，表示单位时间通过某一区域的船舶数量越多，交通越拥挤、越危险。

如图 7-5 所示为该方法 2018 年渤海船位分布及船舶密度分布图。

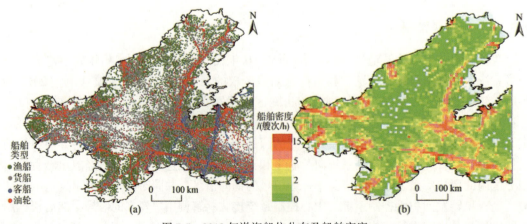

图 7-5　2018 年渤海船位分布及船舶密度

2. 热力图分布图

热力图是常见的用颜色来凸显重点地区和空间分布的可视化方法，可以直观清晰地描述区域内某种特性的分布。针对船舶密度可视化时，可以利用核密度估计法对船舶的位置点进行密度分布计算，然后将其映射到电子地图上，形成热力图。

核密度估计法是一种用于估计概率密度函数的非参数方法。假设概率密度为f，核密度估计的定义公式如下：

$$f_h(x) = \frac{1}{n}\sum_{i=1}^{n} K_h(x-x_i) = \frac{1}{nh}\sum_{i=1}^{n} K\frac{x-x_i}{h} \tag{7.2}$$

式中，K为核函数，h为带宽。核函数要满足非负，积分为1，均值为0的三个基本要求。这里选用高斯核函数，其公式如下：

$$K(x, y) = \exp\left(-\frac{\|x-y\|}{2\sigma^2}\right) \tag{7.3}$$

则核密度估计公式如下：

$$f_h(x) = \frac{1}{nh}\sum_{i=1}^{n} \frac{1}{\sqrt{2\pi}} e^{-\frac{x-x_i}{2h^2}} \tag{7.4}$$

式(7.4)通常适用于一维数据的核密度估计，针对经度和纬度两个维度，需要对核密度估计进行改进。对于船舶密度来说，其公式为：

$$f_h(s) = \frac{1}{nh^2}\sum_{i=1}^{n} K\frac{s-s_i}{h} \tag{7.5}$$

式中，s是平面上参考点；s_i是以s为圆心，以h为半径的圆内的点；K为二维高斯核函数，其公式为：

$$K(x) = \frac{1}{2\pi\sqrt{|\gamma|}} e^{\frac{1}{2}(x-\mu)^T \gamma^{-1}(x-\mu)} \tag{7.6}$$

其中，μ是期望，γ是协方差矩阵。

利用二维核密度估计法生成船舶密度热力图时，主要步骤如下：

(1) 首先预估带宽h，然后利用式(7.6)对区域内船舶的位置进行核密度估计；

(2) 合理分析密度估计结果，如果效果不理想，适当调整式(7.5)中的h变量，重新估计核密度；

(3) 将平面上的每一个点与平面内所有船舶的核密度估计值进行叠加，然后将叠加值归一化，并映射成灰度值；

(4) 利用彩虹模型将得到的灰度值映射成RGBA编码，然后进行热力图绘制。

如图7-6所示，带宽h分别为200m，400m和600m，对比分析显示，由于带宽值的选择不同，热力图展现的效果明显不同，带宽值越小，则热力图对密度分布的局部细节体现得越清楚；带宽值越大，则热力图越能体现整条航道密度分布的趋势。

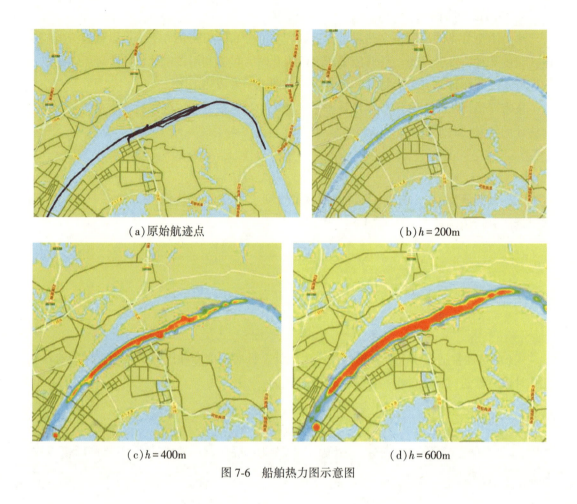

图 7-6　船舶热力图示意图

7.2.2　船舶大气污染空间分布

船舶尾气排放是港口城市大气污染的主要来源之一。繁荣发展的海上贸易在推动港口地区经济发展的同时，也给港区的空气质量带来了巨大的危害。船舶在航行过程中会排放大量的硫氧化物、氮氧化物和含碳颗粒物等多种大气污染物。受风力及扩散作用的影响，这些污染物会对沿海及内河区域的空气质量和民众健康造成极大的影响。这将制约着港口进一步制定有针对性的船舶大气污染防治方案。为掌握船舶大气污染物排放情况及空间分布规律，以便更好地为船舶大气污染控制措施和政策的制定提供科学依据，可以对船舶大气污染物排放量进行计算，运用 GIS 技术研究船舶排放污染物的空间分布特征，并在此基础上针对船舶大气污染的防治提出可行化建议。

1. 污染物计算方法

由于船舶在港口附近航行时燃油使用情况比较复杂，且缺乏船舶所使用燃油品质方面的信息。因此，不考虑燃油品质对污染物排放量的影响，按照主流船舶燃油使用情况将燃油含硫量设定为 2.7%。船舶污染物排放量计算公式为：

$$E_i = P \times T \times E \times F \times L \tag{7.7}$$

式中，E_i 为污染物的排放量，单位为 g；P 为船舶主机、船舶辅机和锅炉的负荷功率，单位为 kW；T 为船舶航行时间，单位为 h；E 为污染物的排放因子，单位为 g/(kW·h)；F 为燃油系数，无量纲单位；L 为船舶主机低负荷修正系数，无量纲单位。

主机负荷功率是船舶在实际航行状态下船舶主机的输出功率，其计算公式为：

$$\begin{cases} P = P_E \times L_F \\ L_F = \left(\dfrac{V_{\text{Act}}}{V_{\text{Max}}}\right)^3 \end{cases} \tag{7.8}$$

式中，P_E 为船舶主机的额定功率，单位为 kW；L_F 为船舶主机的负荷比例系数，无量纲单位；V_{Act} 为船舶的实际航行速度，单位为 kn；V_{Max} 为船舶的设计航速，单位为 kn。在计算过程中，若 $L_F > 1$，则取 $L_F = 1$。

船舶辅机和锅炉额定功率的数据很难直接获取。利用劳氏数据库给出的不同船舶类型的船舶辅机额定功率与船舶主机额定功率的比值，通过确定船舶类型以及船舶主机额定功率计算得到船舶辅机额定功率。将船舶辅机额定功率与船舶辅机负荷比例系数相乘，得到船舶辅机的负荷功率。船舶排放因子测试试验成本高且难度大。目前，国内关于船舶排放因子的数据较少。选用的排放因子来源于国外研究中普遍选用的船舶排放因子，如表 7-3 所示。

表 7-3　　　　　　　　　　　主机、辅机和锅炉的排放因子　　　　　［单位：g/(kW·h)］

发动机类型	NO_X	SO_2	$PM_{2.5}$	PM_{10}	CO	VOC
主机低速柴油机	18.1	10.3	1.30	1.4	1.4	0.6
主机中速柴油机	14.0	11.2	1.30	1.4	1.1	0.5
辅机	13.0	12.3	1.20	1.5	1.1	0.4
锅炉	2.1	16.5	0.64	0.8	0.2	0.1

2. 船舶排放量计算方法

AIS 原始数据不能直接使用，要先对 AIS 数据进行解析，获取船舶的基本信息及位置、航速和航向等动态信息，并剔除错误数据。由于 AIS 数据中不包括发动机功率和船舶转速等船舶信息。因此，除了 AIS 数据外，还需结合劳氏数据库，完善船舶基本信息表。每一条 AIS 数据反映船舶在某一时刻的航行状态，同一艘船相邻时刻的两条 AIS 数据可近似反映出船舶在这段时间的航行状态。同一艘船相邻两条 AIS 数据航行速度取平均值，可代表这段时间的平均航行速度。将同一艘船相邻两条 AIS 数据的时刻作差，可得到船舶在这一段距离的航行时间。利用上面公式可分别计算不同船型主机、辅机和锅炉的污染物排放量，其计算流程如图 7-7 所示。

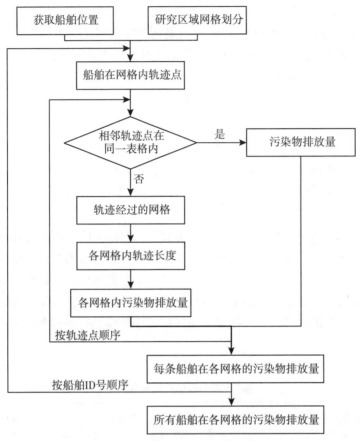

图 7-7 污染物空间分布计算流程

3. 污染物空间分布图制作

首先对 AIS 提供的船舶数据进行 Kriging 插值，然后以 0.5km×0.5km 的空间分辨率对研究区域进行网格划分；网格划分完毕后，采用统计方法对每艘船舶在各网格内的污染物排放量进行统计分析。通过将每艘船舶的排放量叠加，最终得到网格内污染物排放总量。Kriging 插值一方面能够将有数据的采样点之间的自相关性量化；另一方面可以预测估算采样点在未知区域范围内的空间如何分布。结合网格内污染物排放量的计算结果并运用 GIS 技术，得到 2016 年上半年天津港船舶污染物空间分布，如图 7-8 所示。

Kriging 插值的表达式为：

$$Z(x_0) = \sum_{i=1}^{n} \theta_i Z(x_i) \tag{7.9}$$

式中，$Z(x_i)$ 为没有数据的采样点其四周已经有数据的采样点的值；θ_i 为第 i 个已经有数据的采样点对没有数据的采样点的权重。

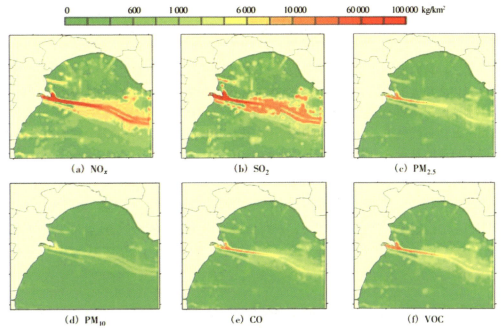

图 7-8 2016 年上半年天津港船舶污染物空间分布图

7.3 船舶运动行为分析

基于轨迹的船舶数据分析主要是借助轨迹时空分析和聚类等方法,对船舶航迹数据进行船舶运动行为识别,以此来发现船舶运动规律。船舶运动行为分析主要是针对一艘船舶对其海上行驶路线进行船舶基本运动行为和特殊运动行为识别,比如船舶的转向、停泊和捕捞等行为。

7.3.1 船舶运动行为识别

1. 船舶运动行为划分

移动对象轨迹数据中记录着具有较高精度的时间-空间信息,但是通常并不包括移动对象的运动行为。然而,在船舶轨迹的分析与挖掘中,船舶的运动行为是一个重要基础。船舶轨迹划分为三种基本运动行为:停泊模式(Stop)、转向模式(Turn)与直线模式(Line)。

船舶停泊一般可分为系泊和锚泊两种方式。系泊时,船舶相对稳定;锚泊时,船舶实际上仍然存在一定范围内的随机位移。同时,由于定位误差始终存在,船舶在停泊时的轨迹速度并不一定为 0。

定义一:停泊模式。在船舶轨迹 T 中,若存在一段子轨迹,其速度均小于 δ_v,持续时间大于 δ_t,且这段轨迹中所有轨迹点之间的距离均小于 δ_d,则该子轨迹的运动模式为停泊模式。

不同于行人与车辆等陆上移动对象，船舶在进行转向操作的时候自由度比较高，转向过程中方向可能来回调整，所用时间也相对较长，故而其对应的船舶轨迹有可能是一段杂乱的曲线。另外，船舶在航行时得到及时修正的小角度偏航可以直接过滤。因此，对船舶轨迹的转向模式给出如下定义：

定义二：转向模式。设定转向阈值 Δ_θ。若某轨迹点 p 之前或之后一定时间范围 Δ_{t1} 内的方向变化之和大于 Δ_θ，则 p 称为可能转向点。若连续一段时间 Δ_{t2} 的轨迹点均为可能转向点，则这段子轨迹的运动模式为转向模式。

定义三：直线模式。船舶轨迹中除了停泊模式和转向模式之外的部分称为直线模式。

船舶轨迹的基本运动模式如图 7-9 所示。

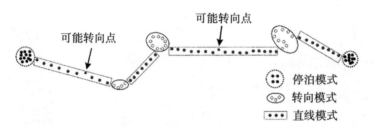

图 7-9　船舶轨迹的基本运动模式

2. 轨迹特征属性定义

(1) 轨迹点空间距离。船舶轨迹点的位置坐标通常采用 WGS-84 坐标系。设地球半径为 R，则两个地理坐标点 $p_1(x_1, y_1)$ 与 $p_2(x_2, y_2)$ 之间的计算式为：

$$\begin{cases} S = 2R \arcsin \left[\sin^2\left(\dfrac{a}{2}\right) + \cos y_1 \cdot \cos y_2 \cdot \sin^2\left(\dfrac{b}{2}\right) \right]^{\frac{1}{2}} \\ a = y_1 - y_2 \\ b = x_1 - x_2 \end{cases} \quad (7.10)$$

式中，a 为纬度差；b 为经度差。为方便起见，下文中的距离用函数 distance( ) 表示。

(2) 轨迹速度。轨迹速度指两个相邻轨迹点之间的平均速度，其计算公式为：

$$v_i = \frac{\text{distance}(p_{i+1} \cdot \text{location}, \; p_i \cdot \text{location})}{(p_{i+1} \cdot \text{time}, \; p_i \cdot \text{time})} \quad (7.11)$$

(3) 轨迹方向。轨迹方向是指轨迹中的某轨迹点到下一个轨迹点的方向与真北方向之间的顺时针夹角，用 θ 表示，其计算公式为：

$$\begin{cases} \theta_i = \arctan\left(\dfrac{\Delta_x}{\Delta_y}\right) \cdot \dfrac{180}{\pi} + 象限角 \\ \Delta_x = \text{distance}(x_{i+1} - x_i) \\ \Delta_y = \text{distance}(y_{i+1} - y_i) \end{cases} \quad (7.12)$$

(4) 转角。转角表示从当前轨迹方向转向下一个轨迹方向过程中所转动的角度，其值域为 $(-180°, 180°]$。定义顺时针转向为正向，则转角 Δ_θ 的计算公式为：

$$\Delta_\theta = \begin{cases} \alpha, & -180° < \alpha \leq 180° \\ \alpha + 360, & \alpha \leq -180° \\ \alpha - 360, & \alpha > 180° \\ \alpha = \theta_{i+1} - \theta_i \end{cases} \quad (7.13)$$

3. 航迹运动模式分段

(1)停泊模式轨迹分段算法。假设存在一条船舶轨迹 $T = \{p_1, p_2, p_3, \cdots, p_N\}$，则停泊模式子轨迹分段算法(Stop Split)如下：

①初始化轨迹点的航行状态 sail_state，若该轨迹点的速度大于 δ_v，则将其值改为1；

②找出航行状态连续为0的轨迹段，判断该轨迹段的持续时间是否大于 δ_t 以及该轨迹段中全部轨迹点相互之间的距离是否均小于 δ_d；

③若为真，则认为该轨迹段为停泊模式，并将其加入到停泊模式轨迹列表中。

(2)转向与直线模式检测。假设存在一条船舶轨迹 $T = \{p_1, p_2, p_3, \cdots, p_N\}$，则停泊模式子轨迹分段算法(Turn Split)如下：

①初始化每个轨迹点的转向状态值 rotate_state，并根据式(7.12)及式(7.13)计算轨迹方向集 ∂ 与转角集 Δ_∂；

②判断轨迹点是否为可能转向点，若是，则记 rotate_state=1；

③找出转向状态连续为1的轨迹段，并判断该轨迹段的持续时间，如果大于阈值 Δ_{t2}，则该轨迹段为转向模式，并输出。

轨迹 T 在提取停泊模式与转向模式子轨迹之后，剩余的连续部分即为直线模式子轨迹。如图7-10所示为提取的船舶运行行为示意图。

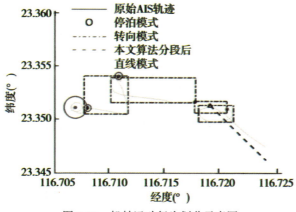

图7-10 船舶运动行为划分示意图

7.3.2 船舶特殊运动行为识别

船舶数据可以反映船舶的运动规律，并可以从中挖掘出船舶特殊的运动行为。本章将以船舶捕鱼行为作为特殊行为案例，介绍船舶数据在特殊运动行为识别中的作用。准确有效地发现人类捕鱼行为，对渔业科学家、决策者和渔民来说非常重要。目前，分析捕鱼行为的经典方法是基于渔船记录(日志)的数据。然而，基于日志的方法有两个缺点：一方面，日志是手工记录的，忽略了一些捕鱼活动的记录；另一方面，渔获量通常以天来记录。因此，基于轨迹数据的捕鱼行为识别研究引起了学者们的关注。但船舶定位数据基本上是顺序记录的位置信息，并不直接表示渔民是否在捕鱼。

1. 渔船行为特征

渔船的行为是连续的，也就是说，渔船的行为倾向于在短时间内保持不变。此外，从空间角度来看，应该将轨迹划分为具有相同行为的轨迹段。不同的行为有不同的特征。捕鱼过程中主要有三种行为：停止、航行和捕捞，每种行为都有不同的轨迹特征，如图 7-11 所示。渔船行为识别主要目标是如何将每个行为的轨迹片段从整个轨迹中分离出来，分析每个行为的特征。

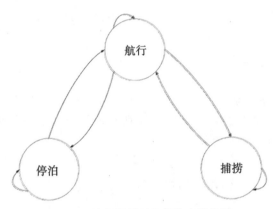

图 7-11　渔船捕捞行为的状态转换图

假设有一个船舶航迹 TR，船舶停泊行为的子轨迹段为TR_{stop}，船舶航行行为的子轨迹段为TR_{steam}，船舶捕捞行为的子轨迹段为TR_{fish}。那么，渔船捕捞行为可以表示为：

$$TR = \{TR_{stop}, TR_{steam}, TR_{fish}\} \quad (7.14)$$

进一步将各个行为进行划分：

$$\begin{cases} TR_{stop} = \{TR_{stop1}, TR_{stop2}, \cdots, TR_{stopn1}\} \\ TR_{steam} = \{TR_{steam1}, TR_{steam2}, \cdots, TR_{steamn2}\} \\ TR_{fish} = \{TR_{fish1}, TR_{fish2}, \cdots, TR_{fishn3}\} \end{cases} \quad (7.15)$$

2. 轨迹点距离计算

渔船在停泊、航行和捕鱼过程中有不同的轨迹。因此，在分析渔船轨迹的过程中，应充分考虑轨迹的位置、时间、速度和方向等时空特征。第一步主要描述如何从渔船轨迹中提取出具有不同行为的子轨迹段，为提取捕鱼行为模式奠定基础。

(1) 轨迹描述。渔船轨迹 TR 是一组按时间排列的位置点，轨迹定义为：

$$TR = \{P_1, P_2, \cdots, P_i, P_{i+1}, \cdots, P_n\}, \quad 1 \leq i \leq n \quad (7.16)$$

每个轨迹点包含诸如经度、纬度、时间、速度和方向等信息，即：

$$P_i = \{lon_i, lat_i, speed_i, direction_i, time_i\} \quad (7.17)$$

TR 的子轨迹定义为：

$$\begin{cases} \text{TS}_k = \{P_i, P_{i+1}, \cdots, P_j\}, \ i < j \\ P_{i \leq m \leq j} \in \text{TR} \end{cases} \quad (7.18)$$

（2）轨迹点距离。渔船轨迹数据是多维的。除了速度和方向的变化外，还需考虑捕鱼行为的连续性和空间局部性。对于轨迹 TR 中的轨迹点 P_i 和 P_j，它们之间的距离包括时间之间的距离、空间位置之间的距离、速度上的距离和方向之间的距离。

时间之间的距离表示时间相关性，渔船的行为是持久的。因此，时间上的距离越小，P_i 和 P_j 对应于渔船相同行为的概率越大。P_i 与 P_j 的时间距离为：

$$T(i, j) = \frac{|\text{time}_i - \text{time}_j|}{\max(T) - \min(T)} \quad (7.19)$$

P_i 和 P_j 之间的空间距离表示空间相关性。渔船的行为具有局部性。换句话说，渔船在小空间范围内具有相同行为的可能性相对较大。P_i 与 P_j 的空间距离为：

$$S(i, j) = \frac{\sqrt{(\text{lon}_i - \text{lon}_j)^2 + (\text{lat}_i - \text{lat}_j)^2}}{\max(S) - \min(S)} \quad (7.20)$$

P_i 和 P_j 之间的速度差代表了航行方式的不同。渔船在停泊、捕鱼和航行时速度不同。因此，速度差越大，P_i 和 P_j 代表两种不同行为的可能性越大。P_i 与 P_j 之间的速度距离计算如下：

$$V(i, j) = \frac{|\text{speed}_i - \text{speed}_j|}{\max(V) - \min(V)} \quad (7.21)$$

P_i 与 P_j 的方向距离定义为：

$$\text{DIR}(i, j) = |d(i) - d(j)| \quad (7.22)$$

式中，$d(i)$ 为给定时间段 $\{\text{time}_i - t_d, \text{time}_i + t_d\}$ 内的方向改变次数。

若能考虑空间距离、时间距离、速度距离和方向距离，则可以提高分析渔船行为的精度和效果。根据轨迹点之间的距离，建立时空距离模型：

$$D(i, j) = W_T * T(i, j) + W_S * S(i, j) + W_V * V(i, j) + W_{\text{DIR}} * \text{DIR}(i, j) \quad (7.23)$$

式中，$W = \{W_T, W_S, W_V, W_{\text{DIR}}\}$ 是一个权值向量，权值大于等于 0。$T(i, j)$，$S(i, j)$，$V(i, j)$，$\text{DIR}(i, j)$ 表示轨迹点之间的时空距离、速度距离和方向距离。权重向量可以根据具体情况进行调整。例如，如果不同行为的速度存在显著差异，则可以适当提高 W_V。

3. 轨迹点聚类

对应不同行为的轨迹段，在空间结构上具有不同的形状，如航行时轨迹段为直线，捕鱼时轨迹段呈锯齿形。因此，当捕鱼行为不同时，轨迹段的结构也不同，主要从轨迹上发现不同捕鱼行为对应的运动模式。因此，应该根据不同的捕鱼行为来划分轨迹。但是，不能直接知道整个轨迹可以分为多少段，因此需要一种能够自动识别任意形状轨迹段的聚类算法，而不需要预先知道有多少聚类中心。

基于密度的聚类算法被设计用来寻找由低密度区域分割出来的高密度区域。与基于距离的聚类算法寻找球形聚类不同，基于密度的聚类算法可以寻找任意形状的聚类。DBSCAN(Density-based Spatial Clustering of Applications with Noise)是一种典型的基于密度的聚类算法,它不需要知道聚类中心的个数,可以自动识别任意形状的轨迹。基于时空距离模型,选择了DBSCAN算法的第一步聚类,将渔船轨迹划分为多个子轨迹段。根据段的结构,试图让每个轨迹段只对应一种渔船行为。第二步主要是对第一步聚类产生的子轨迹进行分类,将结构相似的轨迹段组合在一起。通常情况下,渔船的航行速度较快,捕鱼速度较慢。因此,不同捕鱼行为对应的轨迹段平均速度差异较大。此外,集群中心的总数已知,因此它非常适合于基于分区的聚类方法。可利用K-means算法(一种基于划分的聚类方法)将第一步聚类算法产生的多个轨迹段按照轨迹段的平均速度分为停止、钓鱼和航行三大类。

(1) DBSCAN算法思想:将所有的轨迹段标记为未聚类的,读取轨迹段,通过ε和$minLns$判断该轨迹段是不是核心轨迹段。如果是,则该核心轨迹段的ε邻域形成一个新簇C,并用该核心轨迹段标记。然后这个簇通过ε邻域的核心轨迹段不断向外扩展,直到簇不再增长为止,如图7-12所示。

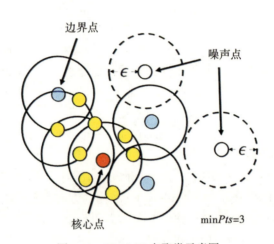

图7-12 DBSCAN点聚类示意图

基于DBSCAN的轨迹段聚类法的相关定义如下:

定义一:L_i邻域的公式化定义为:

$$N_\varepsilon(L_i) = \{L_i \in D \mid D_{dist}(L_i, L_j) \leq \varepsilon\} \tag{7.24}$$

式中,ε为轨迹段的密度半径;D为给定的轨迹子段数据空间;L_i、L_j为轨迹子段。L_i、$L_j \in D$,L_i的邻域由所有与其空间距离不超过ε的轨迹子段构成。

定义二:对于$L_i \in D$,如果L_i的邻域满足:

$$|N_\varepsilon(L_i)| \leq minLns \tag{7.25}$$

则L_i为核心轨迹段;$minLns$为轨迹段的密度阈值;

定义三:在数据空间D内,如果满足:

$$L_i \in N_\varepsilon(L_i) \tag{7.26}$$

$$|N_\varepsilon(L_i)| \leq minLns \tag{7.27}$$

则 L_i 到 L_j 是直接密度可达。式(7.26)为轨迹子段 L_i 在轨迹子段 L_j 的 ε 邻域范围；式(7.27)为 L_j 是核心轨迹段。

定义四：在数据空间 D 内，如果存在 L_1，L_2，L_3，…，L_i，…，$L_n(L_i \in D, 1 \leq i \leq n)$，使得所有的 L_{i+1} 从 L_i 出发都是关于 ε 和 $\text{min}Lns$ 是直接密度可达的，则称 L_n 从 L_1 出发是密度可达的。

定义五：存在一任意轨迹段 L_k，L_i，L_j，$L_k \in D$，当 L_i 和 L_j 都满足从 L_k 出发关于 ε 和 $\text{min}Lns$ 是密度可达，则称 L_i 到 L_j 是关于 ε 和 $\text{min}Lns$ 是密度相连的。

(2) K-means算法思想：首先要从数据中选取 K 个质心(初始聚类中心)，使用欧式距离公式计算样本到 K 个质心的距离，将其归类到最近的聚类中心所在的族作为该样本的类别，根据聚类的结果对聚类中心进行改变，直到计算误差函数稳定在最小值，如图7-13所示。

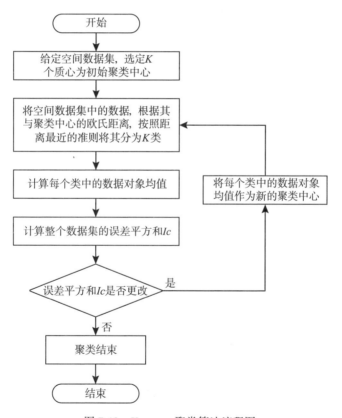

图7-13 K-means聚类算法流程图

(3) 聚类结果：通过轨迹定位数据的时空距离、速度和方向，然后利用提出的MTC-FBI算法对原始轨迹数据进行分割。结果如图7-14所示。图7-14(a)中的每一种颜色都对应三种活动(停止、航行和捕鱼)中的一种，每一种船只活动对应若干个轨迹段。为了将所有的轨迹段分为三类，通过设置参数 $k=3$，基于平均速度，使用K-means算法对第二步的轨迹段进行聚类。DBSCAN 算法参数分别为 $Eps=0.4$，$MinPts=6$，K-means 算法参数 $k=3$。

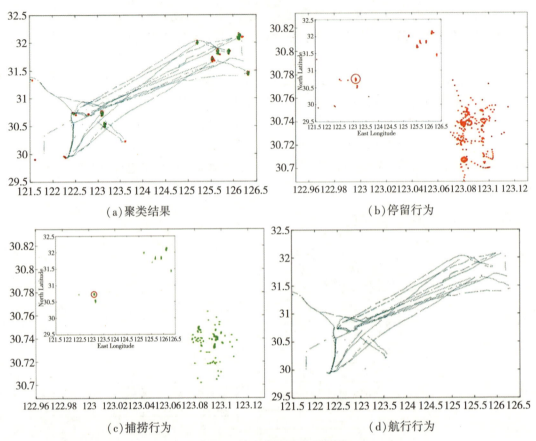

图 7-14　渔船行为聚类示意图

4. 捕捞强度计算

传统捕捞强度量化的方法主要依靠人工记录各生产航次的捕捞网次数、各顶网具的捕捞时长、投入生产的渔船数量、总吨位、主机功率以及作业人数技术与工艺状况等折算获得，主观因素影响较大，每次统计具有较长的时间延迟，无法实时记录每个航次作业的位置，难以满足大范围、实时统计的需要。

通过聚类的方式对渔船船位数据进行挖掘，可以对渔船的行为进行划分，进一步提取渔船的捕捞行为。对提取的渔船捕捞行为进行统计，可以获得捕捞强度。通过分析浙江省 2017 年帆张网渔船的有效作业航次数据，记录到 WGS1984 坐标系下划分的 63 行 49 列 0.1°×0.1° 的地理格网中。以从左到右、从上到下的顺序依次表示各格网，统计各格网内的累计捕捞时长(式(7.28))、量化捕捞强度(式(7.29))。捕捞强度结果如图 7-15 所示。

$$H_{ij} = \sum_{1}^{n} T_m \qquad (7.28)$$

式中，n 为在第 i 行第 j 列的格网中记录的作业网次数；T_m 为该格网内某网次的捕捞时长；H_{ij}为该格网内所有网次的累计捕捞时长。

$$I_{ij} = \frac{H_{ij}}{S_{ij}} \qquad (7.29)$$

式中，S_{ij}表示第i行第j列格网的实际地理面积；I_{ij}表示第i行第j列格网的捕捞强度，单位为 h/km²。

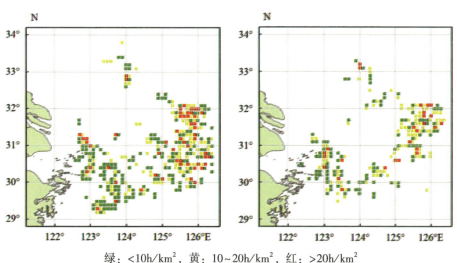

绿：<10h/km²，黄：10~20h/km²，红：>20h/km²

图 7-15　2017 年上半年和下半年捕捞强度分布

7.4　船舶数据轨迹模式分析

从 AIS 提取的船舶大数据中分析船舶的运动轨迹，对其进行聚类研究，从而得出船舶运动的规律，进一步发现和分析船舶的异常行为，为海事安全监管和决策提供支持服务。船舶轨迹聚类的目标就是利用聚类分析手段获得具有相似运动模式的船舶轨迹类簇，通过分析轨迹自身所具有的属性信息，确定轨迹间的相似程度和相似距离，而后将具有较高相似度的船舶轨迹归为一类，进而获得船舶在研究海域内的通航模式。通过总结聚类后的相似性船舶轨迹，可以了解船舶运动模式和船舶通航规律。

7.4.1　航迹分段

将船舶轨迹进行分段，分别对分段后的轨迹子段进行聚类研究，将相似的轨迹子段归类为簇，在此基础上再甄别异常的轨迹子段，从而有效地发现船舶的异常行为，为后期研究异常船舶轨迹打下基础。这种方法的缺点是无法保证船舶轨迹的完整性，但能具体研究轨迹子段的特征，以保证轨迹运动的重要信息不丢失，而且综合各轨迹子段后也能得到相对完整的整条轨迹。

对船舶轨迹进行分段处理，有保证原始轨迹信息的完整性和尽量保证数据的简洁性两个要求，即要求得到的子轨迹数量尽可能少，从而减少开销。船舶运动轨迹示例如图7-16（a）所示。船舶沿着 P_1—P_8 的实线运动。如果把 P_1 点到 P_8 点的所有点都采集下来作为船舶轨迹的关键点，保证了船舶原始轨迹的完整性，但是采样点多计算复杂；如果只采集 P_1 点、P_5 点、P_8 点3个点作为关键点，确实保证了采集点数量的简洁，但沿着 P_1—P_5—P_8 的细虚线的船舶轨迹与原始轨迹对比，却丢失了原始轨迹的特征，不能保证运动轨迹的完整性。因而选择 P_1 点、P_3 点、P_5 点、P_7 点作为采集的关键点，这样它们形成的轨迹 P_1—P_3—P_5—P_7 既能还原原始轨迹的特征，又具有一定的简洁性。

船位转向角信息度量是通过设置特定船位的船舶转向角的阈值来实现的。船舶轨迹转向角指相邻几个船位所连接的两个船舶子轨迹段的航迹向之差。在给定距离 D_0 范围内，P_3—P_4 轨迹段和 P_4—P_5 轨迹段是船舶轨迹的两个子轨迹段，如图7-16（b）所示。这两个轨迹段之间的航迹向之差，也就是转向角为 θ，将 θ 与设定的转向角阈值 θ_{max} 进行对比，如果 $\theta \geq \theta_{max}$，则将 P_4 点选为关键点；如果 $\theta < \theta_{max}$，则继续采样，如此循环，直到遍历所有的点。

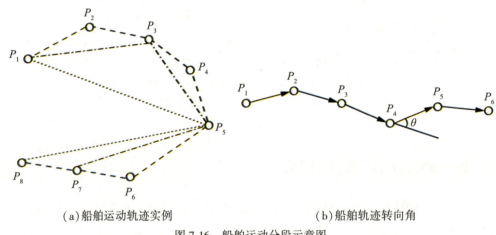

（a）船舶运动轨迹实例　　　　　（b）船舶轨迹转向角

图7-16　船舶运动分段示意图

7.4.2　航迹相似性度量

船舶轨迹数据的空间度量方法对船舶信息挖掘、船舶航行模式的发现有着重要的作用。船舶轨迹挖掘就是根据 AIS 轨迹点间的相似程度，在庞大的 AIS 数据集中，挖掘船舶轨迹中所蕴含的航行规律，其挖掘的基本依据就是 AIS 轨迹数据属性间的相似性，即船舶轨迹间属性信息的相似距离。通过相似性距离计算确定轨迹间的关系是相似还是相异，然后再进行诸如轨迹相似性聚类、相异性分类和异常轨迹检测等分析研究。大多情况下，可以看做将原始数据变换到相似性（相异性）计算空间，然后再进行后续分析，一旦计算出船舶轨迹间相似性或相异性距离，就不再需要原始数据作为数据样本。船舶轨迹属性相似度指轨迹属性信息的差异程度和相似程度，通过轨迹的相似距离进行衡量，体现轨迹间属性的差别。

轨迹数据挖掘是在庞大的轨迹集中，根据微观中轨迹间的区别与联系，挖掘宏观下轨迹集中所蕴含的规律，其中的根本依据就是样本轨迹间的相似性，即轨迹间的距离。基于距离的相似度度量法有很多，包括欧氏距离、余弦距离和 Hausdorff 距离等，主要介绍欧式距离和结构化距离。

1. 欧氏距离

它是第一个用于时间序列数据相似性度量的距离函数。假定长度为 n 的两个时间序列 A、B，它们之间的欧氏距离定义为：

$$\text{ed}(A, B) = \sqrt{\sum_{i=1}^{n}(a_i - b_i)^2} \tag{7.30}$$

实际上，欧氏距离对应的是 L_p 范数中 $p=2$ 下的距离。L_p 范数下，一般性的距离称为闵可夫斯基距离，简称闵氏距离。对于两个 n 维变量 A、B，它们的闵氏距离定义为：

$$p\text{-norm}(A, B) = \sqrt[p]{\sum_{i=1}^{n}(a_i - b_i)^p} \tag{7.31}$$

欧氏距离的计算较为简单，对于长度为 n 的轨迹来说，它的算法复杂度为 $O(n)$，而且满足三角不等式，是闵氏距离中最常用的一个距离函数。欧氏距离常被用来计算两条轨迹之间的距离下限，但它对轨迹数据的要求较高，不仅要求轨迹长度相等，还无法处理局部时间偏移或不连续的数据，需要将轨迹通过移动达到时间点匹配才行。

2. 结构化距离

显然在航海实践中，直接使用欧氏距离进行轨迹的距离计算是不可行的。Lee 在 2007 年提出了基于欧氏距离和 Hausdorff 距离的轨迹结构化方法，将轨迹间的距离分解为垂直距离、水平距离、角度距离，最后通过加权求和得到结构距离，如图 7-17 所示。

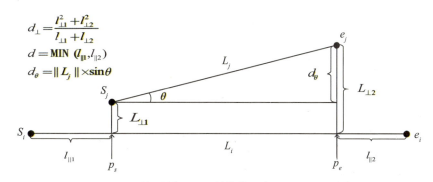

图 7-17 结构化距离

Lee 提出的轨迹距离度量方法为：假定有两条二维的线段 $L_i = s_i e_i$，$L_j = s_j e_j$，p_s 和 p_e 是线段 $s_j e_j$ 端点到 $s_i e_i$ 的投影点。

L_i 与 L_j 的垂直距离 $d_\perp(L_i, L_j)$ 定义如下：

$$d_\perp(L_i, L_j) = \frac{l_{\perp 1}^2 + l_{\perp 2}^2}{l_{\perp 1} + l_{\perp 2}} \tag{7.32}$$

式中，$l_{\perp 1}$ 为 s_j 到 p_s 的欧氏距离，$l_{\perp 2}$ 为 e_j 到 p_e 的欧氏距离。

L_i 与 L_j 的水平距离 $d_\parallel(L_i, L_j)$ 定义如下：

$$d_\parallel(L_i, L_j) = \min(l_{\parallel 1}, l_{\parallel 2}) \tag{7.33}$$

式中，$l_{\parallel 1}$ 为 p_s 到 s_i，e_i 的最小欧氏距离；$l_{\parallel 2}$ 为 p_e 到 s_i，e_i 的最小欧氏距离。

L_i 与 L_j 的方向距离 $d_\theta(L_i, L_j)$ 定义如下：

$$d_\theta(L_i, L_j) = \|L_j\| \times \sin\theta \tag{7.34}$$

式中，$\|L_j\|$ 为 L_j 的长度；θ 为 L_i 和 L_j 之间的最小夹角。

最终轨迹间的结构距离 $\mathrm{dist}(L_i, L_j)$ 计算公式如下：

$$\mathrm{dist}(L_i, L_j) = w_\perp \cdot d_\perp(L_i, L_j) + w_\parallel \cdot d_\parallel(L_i, L_j) + w_\theta \cdot d_\theta(L_i, L_j) \tag{7.35}$$

式中，$w_\perp$、$w_\parallel$、w_θ 为各种距离的权重值。

7.4.3 航迹聚类

船舶轨迹数据聚类分析的目的是通过船舶的轨迹体现出来的航行特征，将具有相似属性信息的轨迹聚类成为相同的类簇，属性信息差异较大的轨迹划分为不同的类簇，进而识别船舶在目标海域的航行规律。轨迹聚类的方法有很多，在航迹聚类领域使用最多的是基于密度的聚类方法。传统的 DBSCAN 算法是最典型的密度聚类算法，利用 DBSCAN 也可对轨迹段进行聚类。

基于线段的 DBSCAN 聚类方法和基于点的聚类方法类似，其算法的主要思想是：将所有的轨迹段标记为未聚类的，读取轨迹段，通过 ε 和 $\mathrm{min}Lns$ 判断该轨迹段是否为核心轨迹段。如果是，则该核心轨迹段的 ε 邻域形成一个新簇 C 并用该核心轨迹段标记。然后，这个簇通过 ε 邻域的核心轨迹段不断向外扩展，直到簇不再增长为止。

图 7-18 中，在给定 DBSCAN 算法参数 ε、$\mathrm{min}Lns = 3$ 的情况下，L_1, L_2, L_3, L_4, L_6 均为核心线段，而从 L_1 到 L_2 是直接密度可达的，从 L_2 到 L_3 也是直接密度可达，故从 L_1 到 L_3 是密度可达的；同理，L_1 到 L_6 也是密度可达的，因此根据定义，L_3 和 L_6 之间密度相连，L_5 则为噪声线段。

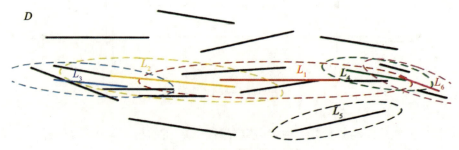

图 7-18 轨迹段聚类示意图

图 7-19 所示为船舶聚类算法生成的类簇，分别对每个类簇进行不同颜色表示，能够明显地发现船舶运行轨迹特征。

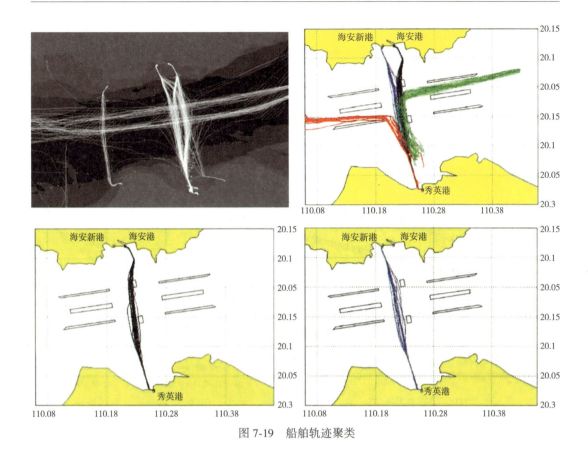

图 7-19 船舶轨迹聚类

7.4.4 船舶异常轨迹检测

通过聚类分析获得的类簇结果可以用于船舶异常轨迹检测。轨迹异常检测的过程是检测新出现的船舶轨迹与历史 AIS 数据聚类结果是否相符。当出现新的船舶轨迹时,将其与所聚类的历史 AIS 数据获得的类簇做匹配,如果该条轨迹与目标区域的类簇属性相符合,则认为该船舶的航行条件满足该区域的通航模式,产生的轨迹为一条符合聚类结果的轨迹。如果新轨迹与该区域内的船舶轨迹聚类结果不相符,则认为该船舶行为发生了异常,不符合预期聚类结果的轨迹点,判定为异常轨迹点。考虑到新出现的船舶轨迹与聚类结果得到的轨迹的长度可不相等,可以将数据以轨迹点的形式进行对比分析。

船舶在航道内航行的位置符合《国际海上避碰规则》第九条中"靠右"航行的规则,在双向通航时,应沿航道右侧外缘行驶,不得在中线附近与相对行驶的船舶会遇。然而,与严格限制在陆上交通网络中车辆的轨迹不同,海上船舶交通更像是在不同的空间移动,因为船只航行只可能限于大致的航线上,并且出于安全原因,每艘船必须与其他船舶保持远距离,因此,有必要对船舶轨迹进行实时监控,在出现异常情况时,应及时向船舶发出预警。

可以采用最小二乘法对聚类簇中的轨迹进行拟合,获取船舶的典型运动轨迹。如图 7-20(a)表示,原点实线表示聚类后簇 1 的典型航行轨迹,两侧虚线是典型轨迹 90% 的置信区间边线，置信区间的选取往往与航道的单向航行宽度有关系，如果监控船舶在航行过程中到典型轨迹的距离大于典型轨迹的置信区间，那么该船舶就会存在偏离航道的行为特征，而在区间内航行的船只均属于正常航行。图 7-20(b)中实线左端黑色三角号实线标识的船舶在航行过程到典型轨迹的距离大于左侧置信区间的范围，这样的左偏离行为会导致与相向行驶船相撞。图 7-20(b)中实线右端黑色三角号实线标识的船舶在航行的过程中大于右侧置信区间的范围，这样右偏离航道航行，如果水深小于船舶吃水，则会造成船舶搁浅事故。

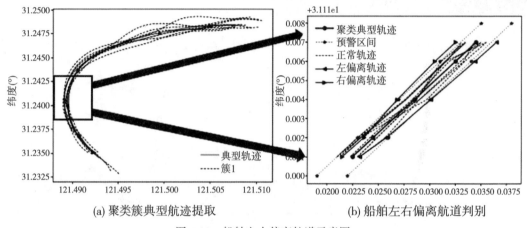

(a) 聚类簇典型航迹提取　　　　(b) 船舶左右偏离航道判别

图 7-20　船舶左右偏离航道示意图

7.5　基于 AIS 与雷达数据融合的船舶异常行为分析

由于 AIS 是一个自我报告系统，船员可以人为关闭 AIS 导致 AIS 信号丢失。当船舶试图通过 AIS 报告掩盖其活动，这使得无法仅仅依靠 AIS 轨迹来识别其非法活动。而雷达作为一种主动探测方法，在关闭 AIS 系统的情况下，可以扫描并记录雷达探测范围内的船舶轨迹，可与 AIS 信号进行互补，共同实现海上船舶监控和监管。本节利用岸基雷达轨迹数据，提出了一种基于分段时空约束的异步轨迹匹配方法实现航迹匹配进而实现数据融合，以此来重构 AIS 轨迹，还原船舶在 AIS 关闭情况下的航行轨迹，更准确地发现船舶的异常行为。雷达和 AIS 信息融合时基本都采用分布式结构，在进行航迹融合前最关键的是进行航迹关联并将同一目标的信息进行融合，如图 7-21 所示。

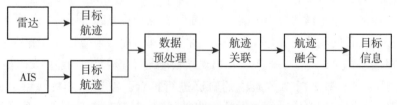

图 7-21　AIS 与雷达信息融合结构模型

7.5.1 航迹匹配技术

受不同的传感器的工作原理、处理机制和内部模式等方面的影响，在不同系统产生的航迹具有不同的标识和路径。同时受到传感器的影响，航迹在不同的系统中会有不同的噪声和误差。针对同一目标的多种传感器形成的船舶轨迹成为多源航迹，轨迹的时间不一样，位置也不一样，使得轨迹的形态也不一样。如图 7-22 所示，Tr 为岸基雷达的探测轨迹，Ta 为 AIS 的报告轨迹。显然，不同传感器的航迹数据其在时间上是不统一的。

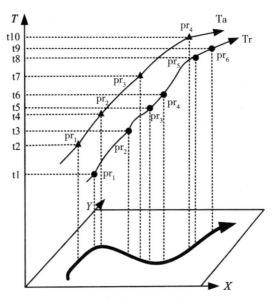

图 7-22 多源航迹示意图

由于多源航迹的噪声和数据丢失等采样不确定性，时间插值方法并不适用于这种情况。多源航迹点代表同一种运动行为的两条航迹的数据采样点，往往无法做到同步地记录相同的运动。航迹匹配是通过时空约束来寻找航迹与相关航迹的相似点，并把相似点当做匹配点，以匹配点作为相似性计算最小单位。只有满足时空距离的航迹点，才能当做近似匹配点，并度量该近似匹配点的匹配度。时空约束航迹匹配主要思路就是尽可能多地寻找航迹上的"时空匹配点"，尽管航迹数据可能存在误差、时延、噪声和缺失等因素的影响，但来自不同传感器的目标测量结果仍然会存在很多关联关系。匹配点是点对的概念，代表两条航迹上分别有一个数据点表示相同的时空状态。匹配点是在一定时间范围和空间范围内的，AIS 和雷达的航迹匹配点，记作 $<pa_i, pr_j>$。如满足：

$$\begin{cases} \text{spaceDis}(pa_i, pr_j), \text{spaceDis}(pa_i, pr_j) \leq \eta \\ \text{timeDis}(pa_i, pr_j), \text{timeDis}(pa_i, pr_j) \leq \varepsilon \end{cases} \quad (7.36)$$

式中，η 代表匹配点的匹配的空间距离，ε 为匹配的时间距离。spaceDis(*,*) 为不同传感器的航迹点的空间距离函数，采用欧氏距离。timeDis(*,*) 为不同传感器的航迹点的时间距离函数，采用时间差值。

如图 7-23 所示，Tr 和 Ta 上的点时间不同步。但是通过时空约束后，在约束范围内的点，可以视为近似点，即匹配点。pr_2 可以与 pa_2 相匹配，pr_3 可以与 pa_3 和 pa_4 相匹配，pr_4 可以与 pa_5 和 pa_6 相匹配。即一个点在进行航迹匹配时，在时空约束范围内，会有多个点与该点匹配。

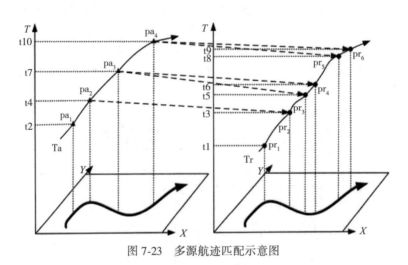

图 7-23　多源航迹匹配示意图

7.5.2　航迹匹配融合整体路线图及符号定义

1. 整体路线图

针对 AIS 自动报告的特点和雷达主动探测舰船的优势，本节使用了一种基于分段时空约束的航迹匹配方法实现航迹匹配。该方法使用基于分段时空约束的轨迹相似度来计算成为相同轨迹的可能性，旨在关闭 AIS 时，实现 AIS 轨迹与雷达轨迹之间的多源轨迹匹配。图 7-24 给出了整体路线框架，数据源使用 AIS 航迹数据和雷达航迹数据，在读取数据之

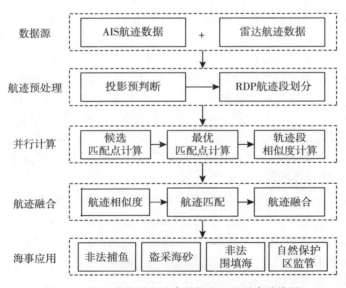

图 7-24　基于分段时空约束的航迹匹配融合路线图

后，首先通过坐标轴投影粗略判断可能匹配的航迹数据，采用 RDP 轨迹压缩算法将原始 AIS 轨迹压缩为长度较短、互不重叠的子轨迹段，并将雷达数据根据时间划分为相应的子轨迹。在并行计算中，通过在每个子轨迹段中的时空约束距离搜索轨迹匹配点，以生成一组候选匹配点。在候选匹配点集合中，搜索最优轨迹匹配点，并将最优匹配点的时空距离作为计算相似度的基本单位，然后并行地计算每个轨迹段的相似度。在轨迹匹配中，根据每个航迹段计算出航迹的整体相似度，构建相似度矩阵进行航迹匹配进而实现航迹融合。此方法可用于实际的监管中，通过融合后的数据发现 AIS 关闭后的船舶异常行为，如非法捕鱼、非法围填海、非法采砂和自然保护区监视等。

2. 符号定义

航迹：航线轨迹由不同的传感器定位的数据点按照时间顺序组成的集合。由于每条航迹由唯一的表示来标识，AIS 是由海上移动通信业务标识（MMSI）码标识，雷达是由扫描的 ID 码来标识。AIS 航迹数据记作：$Ta = \{pa \mid pa_i, 1 \leq i \leq m, m$ 为 AIS 航迹数据点的个数$\}$，同样雷达航迹数据记作：$Tr = \{pr \mid pr_j, 1 \leq j \leq n, n$ 为雷达航迹数据点的个数$\}$。

航迹段：在通过分段处理之后，航迹会划分为由多个航迹段组成的集合。原始的航迹就记作：$Ta = \{Sa \mid Sa_l, 1 \leq l \leq k, k$ 为 AIS 航迹包含航迹段的个数$\}$，$Sa_l = \{pa \mid pa_q, 1 \leq q \leq s, s$ 为第 l 个 AIS 航迹段中点的个数$\}$。由于分段后，AIS 和雷达航迹线段数是一致的，有 $Tr = \{Sr \mid Sr_l, 1 \leq l \leq k\}$。

候选航迹匹配点集合：由于在时空距离之内会有多个点与 AIS 的相匹配，将与 pai 匹配的雷达点集合为 C_i，$C_i = \{pr \mid pr_p, 1 \leq p \leq c, c$ 为匹配集合的个数$\}$。

最优航迹匹配点：pa_i 与对应的匹配点集合 C_i 中时空距离最近的点 pr_i，记作 $<pa_i, pr_i>$。匹配点是成对的概念。

表 7-4 中定义了后面使用的其他符号。

表 7-4　　符号定义表

名称	意　义
Ta(Tr)	AIS 航迹（雷达航迹）
Sa(Sr)	AIS 航迹所划分的航迹段（雷达划分航迹段）
θ	航迹分段的最大距离
η	航迹匹配点的"相似位置"的允许空间误差
ε	航迹匹配点的"相似位置"的允许时间误差

7.5.3　基于分段时空约束的航迹匹配方法

1. 时空投影预判断

在空间范围较大的时候，为了避免不必要的计算，需要预先判断两条轨迹是否相匹配。采用时间重叠和空间投影交叉方法来提前判断。时间重叠判断通过判断 Ta 和 Tr 的起始坐标的时间是否相交即可判断航迹是否相匹配。若 Ta 的开始时间 Ta.st 早于 Tr 的结束时间 Tr. et 并且 Tr 的开始时间 Tr. st 晚于 Ta 的结束时间 Ta. et,则说明 Ta 和 Tr 在时间上是重叠的。

$$Ta.st<Tr.et \&\& Tr.st<Ta.et \quad (7.37)$$

在相似子轨迹空间判断上,通过 Ta 和 Tr 的坐标轴投影是否相交来判断。首先,取得轨迹 Ta 和 Tr 在 X,Y 坐标轴上的投影。假设 Ta 在 X 轴上的投影为 X_1,Y 轴上的投影为 Y_1,对应的有 X_2 和 Y_2。若 X_1 与 X_2 相交或者 Y_1 与 Y_2 相交,Ta 和 Tr 可能相匹配。如图 7-25 所示,Ta 在 X 轴上的投影 X_1 与 Tr_1 在 X 轴上的投影 X_2 相交,则可能存在公共子轨迹。Ta 在 X 轴上的投影 X_2 以及在 Y 轴上的投影 Y_2,与 Tr_2 在 X 轴上的投影 X_3 以及在 Y 轴上的投影 Y_3 都不相交,说明 Ta 与 Tr_2 不会相匹配。

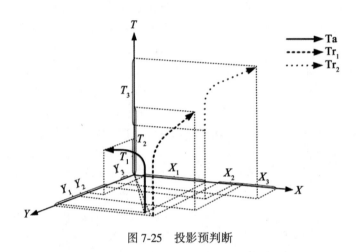

图 7-25 投影预判断

2. 基于 RDP 轨迹压缩算法的航迹段划分

由于航迹匹配算法需要对航迹内的所有的点进行逐点的时空约束,时间复杂度为 $o(mn)$。同时,时间增加和航迹点增加,计算时间随之快速增加。为了降低计算成本,本节使用 Ramer-Douglas-Peucker(RDP)轨迹压缩算法将原始轨迹划分为长度较短、互不重叠的子轨迹段。RDP 算法最早由 Ramer 在 1972 年提出,Douglas 和 Peucker 于 1973 年对该算法进行了完善,之后又经过很多学者的逐步改进。RDP 算法通过提取多边形的特征点来得到原始多边形的一个近似。该算法递归进行,首先设定一个阈值,在点集的第一个点和最后一个点间连成一条直线,找出剩下的点集中离线段最远的一个点,如果该点到线段的距离小于阈值,则舍弃中间的所有点;如果大于阈值,则将该点作为中间点和最初的两个点生成两条线段,重复上述过程。然后,在子轨迹中进行航迹点匹配相关操作,以减少计算的复杂度,同时支持在线计算的特征。其步骤如下:

(1)算法将起点 p_1 和终点 p_2 进行连线,然后计算其余点到线段 p_1p_2 的距离。依次计算其余点到线段 p_1p_2 的距离,得到最大距离 D_{max},图 7-26(a)中点 p_3 距离 p_1p_2 最大,并且距离大于阈值 θ。p_3 与起始点 p_1、p_2 连接成虚线段 p_1p_3、p_3p_2。如图 7-26(a)所示。

(2)分别对 p_1p_3 和 p_3p_2 进行步骤(1),得到 p_4。如图 7-26(b)所示。

(3)若没有 $d_{max}>\theta$,则算法结束。最终结果如图 7-26(c)所示。p_1、p_3、p_5、p_4、p_2 作

为轨迹特征点。

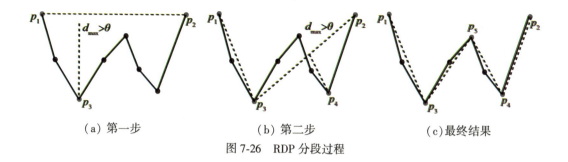

（a）第一步　　　　　　（b）第二步　　　　　　（c）最终结果

图 7-26　RDP 分段过程

3. 基于分段时空约束的航迹相似度计算方法

在完成航迹段划分后进行航迹匹配的过程中，时空约束匹配点会出现同时满足时间阈值和空间阈值的点。为了计算准确性，最优时空匹配点被提出。在匹配点的基础上，通过计算候选匹配点与当前点的时空距离最小的点作为最优时空匹配点。η 为空间阈值和 ε 为时间阈值，pa_i 为 Ta 航迹上的点，C_i 为与 pa_i 时间和空间内相匹配的点的集合。得到计算最优匹配点 $f(pa_i, pr_i)$ 的公式如下：

$$f(pa_i, pr_{i,p}) = \frac{\eta - \text{spaceDis}(pa_i, pr_{i,p})}{\eta} \cdot \frac{\varepsilon - \text{timeDis}(pa_i, pr_{i,p})}{\varepsilon} \quad (0 < p < c) \tag{7.38}$$

式中，$f(*,*)$ 为 pa_i 与 $pr_{i,p}$ 候选的时空距离计算公式，取值范围为 $[0,1]$，取值越大，时空距离越近，说明两个点越相近；spaceDis$(*,*)$ 表示欧氏距离；timeDis$(*,*)$ 表示为时间距离，时空距离与 $f(*,*)$ 结果反相关；c 为匹配候选集合中的匹配点的个数。

寻找 $f(pa_i, pr_{i,p})$ 中结果最大的为最优航迹匹配点。最优航迹匹配点表明两个匹配点在时间和空间中最为接近。为了计算的需要，本章将相似度的计算在最优匹配点中的空间距离作为相似度计算函数。最优匹配点的计算如下式：

$$<pa_i, pr_i> = \max\{f(pa_i, pr_{i,1}), f(pa_i, pr_{i,2}), \cdots, f(pa_i, pr_{i,p})\} \tag{7.39}$$

式中，$<pa_i, pr_i>$ 为最优的匹配点对；$\max\{*,*,\cdots,*\}$ 为取最大值；p 为航迹点的候选匹配点集合中的索引；c 为候选匹配点集合的个数，$0 \leqslant p < c$。

如图 7-27 所示，在满足时空约束条件 ε 和 η 下，Ta 中的点 pa_1 与 Tr_2 中的 pr_{21} 相匹配，Ta 中的点 pa_2 与 Tr_2 中的 pr_{22} 与 pr_{23} 相匹配，Ta 中的点 pa_4 与 Tr_2 中的 pr_{25} 相匹配。由于 $f(pa_2, pr_{22}) > f(pa_2, pr_{23})$，这里将形成 $<pa_2, pr_{22}>$ 作为匹配点对。图 7-27（b）中的 Ta 与 Tr_1 形成一个匹配点 $<pa_2, pr_{12}>$。Ta 与 Tr_2 共形成 3 对匹配点对，$<pa_1, pr_{21}>$、$<pa_2, pr_{22}>$ 和 $<pa_4, pr_{25}>$。

为了完成 AIS 航迹和雷达航迹的匹配，在寻找最优匹配点基础上，来计算两条不同传感器形成航迹的相似程度，进而确定其匹配性。由于时间阈值 ε 和空间阈值 η 条件下，Ta 上有的点在 Tr 上匹配不到相关的点。本章将 Ta 在 Tr 上匹配不到的点的相似度计算结果为 0，以满足最终的计算需要。最终的航迹匹配相似度计算公式如下：

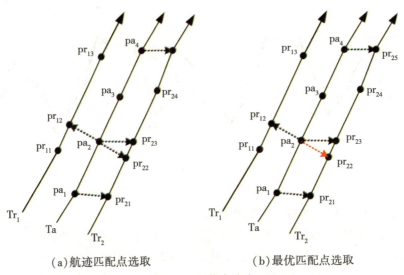

(a)航迹匹配点选取　　　　(b)最优匹配点选取

图 7-27　最优点选取

$$P_{\text{score},i}(<\text{pa}_i,\ \text{pr}_i>) = \begin{cases} 1 - \dfrac{\text{spaceDist}(\text{pa}_i,\ \text{pr}_i)}{\eta}, & \text{pr}_i \neq \text{NULL} \\ 0, & \text{pr}_i = \text{NULL} \end{cases} \quad (7.40)$$

式中，$<\text{pa}_i,\ \text{pr}_i>$ 航迹匹配点对，其中 $0 \leq i < m$，m 为 AIS 航迹的点的个数。当 $\text{pr}_i = \text{NULL}$ 时，说明当前第 i 个点的 pa_i 在时间阈值 ε 和空间阈值 η 下，并没有在 Tr 上找到匹配点。当 $\text{pr}_i \neq \text{NULL}$ 时，pr_i 已是 pa_i 计算过得最优点，采用空间距离作为相似度计算的基础。

AIS 和雷达航迹的相似度计算是通过将每个点的相似度得分 $P_{\text{score},i}(0 \leq i < m)$ 相加组成的。AIS 和雷达航迹的相似度计算公式如下：

$$T_{\text{score}} = \dfrac{\sum_{i=0}^{m-1} P_{\text{score},i}}{m},\ 0 \leq i < m \quad (7.41)$$

式中，T_{score} 为 AIS 航迹与雷达航迹的匹配相似度；m 为 AIS 中点的个数。当航迹的相似度 T_{score} 越大的时候，这表明两条航迹越接近；反之，相似度得分 T_{score} 越低，两条航迹越不匹配。

在计算完航迹匹配点之间的相似度后，需要计算由特征点划分的航迹段落之间的相似度。由于航迹段之间的相似度是由段内的航迹点的匹配程度决定的。在航迹进行特征分段之后，为了减少匹配点寻找的时间，Ta 上的点只对本段内的 Tr 上的航迹点进行匹配。如图 7-28 所示，Ta 经过 RDP 算法划分后，Ta 划分为 $\{sa_1,\ sa_2,\ sa_3\}$，同样的有 Tr 为 $\{sr_1,\ sr_2,\ sr_3\}$。在 sa_1 上的 p_1、p_2 点在寻找搜寻 sr_1 上的点，不做跨航迹段的匹配。但是当 sa_2 上的 p_1 点时，在 sr_1 上能够匹配到航迹点，在 sr_2 上匹配不到航迹点，这样可能会割裂不同段相邻点之间的匹配。但是本节认为在长航迹中，这些对计算结果的影响是微小的。

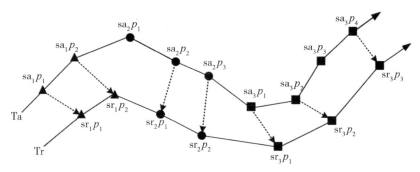

图 7-28 分段相似度计算示意图

因此,将航迹段的相似度定义为航迹段内每个航迹点的得分的平均值。这样可以避免航迹段中的个别跳跃点产生较大的误差,又可以作为航迹段匹配的定量化的表示。得出航迹段相似度的计算公式如下:

$$S_{\text{score},l} = \frac{1}{s} \cdot \sum_{o=q}^{s-1} P_{\text{score},q}, \ 0 \leqslant q < s \tag{7.42}$$

式中,$S_{\text{score},l}$ 代表轨迹 T 中的第 l 个航迹段的相似度得分,这里 $0 \leqslant q < s$,q 为航迹点在该航迹段内的索引。s 为该航迹段的航迹匹配点的个数。

在计算航迹段的总体得分情况下,将航迹的相似度得分的计算公式修改为每个航迹段相似度得分的平均值。计算公式如下:

$$T_{\text{score}} = \frac{\sum_{l=0}^{k-1} S_{\text{score},l}}{k}, \ 0 \leqslant l < k \tag{7.43}$$

式中,T_{score} 为 AIS 航迹和雷达航迹的相似度得分;k 为划分的航迹段的个数;l 为划分的第 l 段航迹,$0 \leqslant l < k$。

4. 航迹匹配与融合

在计算出 AIS 和雷达航迹相似度之后,就可以通过航迹间的相似度定量的去评价两条轨迹时同一条轨迹的可能性,这种评价方法可以用在航迹匹配和关联当中。TA 和 TR 分别为 AIS 和雷达产生的目标航迹集合,$Ta_i \in TA$、$Tr_j \in TR$,分别代表第 i 个 AIS 航迹和第 j 个雷达航迹。算法步骤如下:

(1) 遍历雷达集合中的 $Tr_j \in TR$,判断 Ta_i 和 Tr_j 的投影在时间和空间是否相交($Ta_i \cap Tr_j$)。若相交,进入下一步;若不相交,则退出。

(2) 根据 AIS 航迹 Ta_i,使用 RDP 算法进行特征点提取,按照特征点进行分段,并将雷达按照时间进行同样分段。

(3) 在每个航迹段内,通过时间约束和空间约束,并行计算匹配点,产生候选点集合。通过时空距离计算最优匹配点。对每个匹配点相似度得分进行求和,将平均值作为每个航迹段的相似度。

(4) 对每个航迹段相似度求和，计算平均值作为航迹的相似度得分。

(5) 根据航迹间的相似度得分构造相似度矩阵，采用最大相似度得分和阈值判别原则进行最终的航迹匹配判定。从矩阵最大值的行列进行阈值判断，一般阈值参数在 0.5~1 之间，本节方法不同于插值方法，故而可对阈值参数进行适当降低。如果相似度得分大于阈值，则进行匹配，导出匹配结果，并对矩阵去除该行该列，进行降阶。

在完成航迹关联匹配后，需要将属于同一条船舶的 AIS 和雷达航迹进行目标航迹信息融合，将两个目标航迹融合为一条更接近于真实船舶行驶路线的航迹。目前用得最多的航迹融合方法是加权航迹融合方法，该方法主要思想是将目标航迹进行时间对准，然后通过插值的方式确定两个目标测量精度的加权因子，最后进行数据加权融合。加权融合算法的公式如下：

$$\begin{cases} \rho_{AL} = \dfrac{\alpha_{AL}^2}{\alpha_{AL}^2 + \alpha_{RL}^2} \\ \rho_{RL} = \dfrac{\alpha_{RL}^2}{\alpha_{AL}^2 + \alpha_{RL}^2} \end{cases} \tag{7.44}$$

$$L = \rho_{RL} L_R + \rho_{AL} L_A \tag{7.45}$$

这里，$\rho_{AL} + \rho_{RL} = 1$，$\alpha_{AL}$ 和 α_{RL} 为 AIS 和雷达关于因素 L 的精度，ρ_{AL} 和 ρ_{RL} 是分别对用的加权因子，L_R 和 L_A 为目标测量值，L 为融合后的量测值。

但是考虑到 AIS 数据发生信号关闭较长时间的情况下，本章对加权航迹融合数据方法进行适当改进。主要思想是通过 AIS 最大丢失时长阈值进行 AIS 信号丢失判别，当相邻的航迹点时间间隔大于最大丢失时长阈值 max_loss 时，将位于该丢失航迹段内的 AIS 加权因子 ρ_{AL} 设置为 0，雷达加权因子 ρ_{AL} 设为 1，此时主要使用雷达探测的目标航迹作为 AIS 目标丢失时的补充。如下式：

$$\rho_{AL} = \begin{cases} \dfrac{\alpha_{AL}^2}{\alpha_{AL}^2 + \alpha_{RL}^2}, & p \in \{\text{timeDis}(p_i, p_{i+1}) < \text{max\_loss}\} \\ 0, & p \in \{\text{timeDis}(p_i, p_{i+1}) \geqslant \text{max\_loss}\} \end{cases} \tag{7.46}$$

$\text{timeDis}(p_i, p_{i+1})$ 是相邻的 AIS 航迹点之间的时间间隔，当 p 点属于时间间隔大于最大丢失时长 max_loss 时间段时，AIS 加权因子 ρ_{AL} 为 0；否则，按照公式中的方式计算。

7.5.4 船舶异常行为识别分析

1. 船舶异常行为概述

船舶异常行为通常是指不符合普遍船舶运动特征的船舶行为，由于船舶的运动行为是驾驶人员在航行和作业过程中的行为特征和规律。船舶的异常行为与船舶的航行航迹和航行位置有关，当船舶的航行状态不符合船舶正常运动的航行规律时，或者船舶航行到禁止进入的区域时，都可以认为是船舶异常行为，需要海事监管部门进行重点关注。根据船舶的航行状态和所处位置,将船舶异常分为 2 个大类和 16 个小类,如图 7-29 所示。

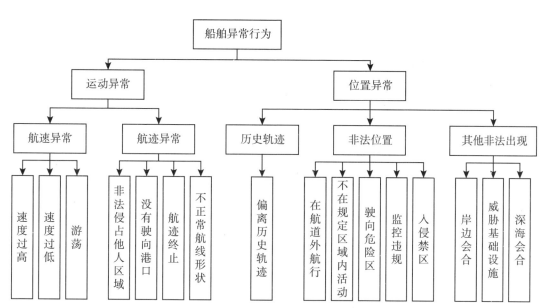

图 7-29 船舶异常行为分类

本节所关注的船舶异常行为识别主要面向海上执法和海事部门关注的海上重点监管区域。海上重点监管区域通常是指海事执法部门根据特定的需求对海上某一特定区域进行重点关注,该类区域主要是在海上进行海域开发、环境保护和海洋作业等区域,例如海上围填海区域、石油生产平台、海洋保护区和海砂开采区域等。现有的海域监管通过对海上区域周边海域船舶进行监控,如果发现信号入侵到关注区域内,需要及时警告,作业部门对抵近的船舶进行警告和驱离,以保证正常作业。但是,这种方式通常是针对禁止准入的区域进行监管的一种方式,而对于可以进入的区域的船舶则需要对历史的轨迹进行行为分析,来判断船舶是否有异常行为。

2. 船舶异常行为识别方法

针对海事部门对海上重点区域的船舶监管需求,在 AIS 和雷达航迹关联和融合的基础上,设计面向海上重点监管区域的船舶异常行为识别方法。对进入监管区内的船舶监管分为位置检测、时间检测和航迹检测。位置检测主要是检测船舶是否进入禁止准入区域,时间检测是检测船舶是不是在禁止准入的时间内进入监管区,航迹检测则是检测船舶在监管区内是否出现航速突变、徘徊、游荡和非法作业等。针对重点监管区域和船舶数据,制定了重点监管区域内船舶异常行为监察流程,首先检测经过监管区的船舶,然后判断是否在合法时间范围内,最后将航迹划分为正常航行船舶和徘徊船舶,分别对正常航行船舶进行航速异常点检测,对徘徊船舶进行异常报警,如图 7-30 所示。具体步骤如下:

第7章 船舶轨迹数据分析

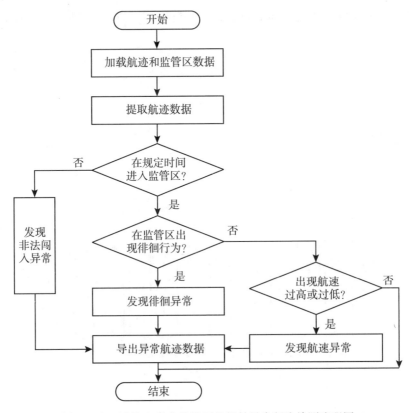

图 7-30 面向海上重点监管区的船舶异常行为检测流程图

(1)加载重点监管区域位置数据和船舶航迹数据。

(2)判断船舶航迹是否经过监管区域，提取穿过监管区的航迹数据，若没有经过则忽略。

(3)判断进入时间是否属于禁止准入时间范围内，如果在禁止准入时段，则船舶不按规定时间闯入监管区，导出该航迹；如果不在该时段，则进行下一步。

(4)将经过监管区的船舶航迹，进行徘徊行为检测，如果出现徘徊行为，认为出现徘徊异常，并导出该航迹；如果没有徘徊行为，则视为正常航行，进入下一步。

(5)对于正常航行的船舶，关注在区域内航迹点异常，如航速过快或过低，出现航速异常行为，则将该航迹导出到异常数据库中。

3. 基于船位转向角线性聚类算法提取徘徊子轨迹

针对上文当中提出的重点监管区的船舶徘徊行为检测需求，本节使用基于转向角线性聚类算法提取航迹在监管区域内是否存在徘徊子轨迹，检测是否存在异常的徘徊行为。当船舶在正常航行过程中，其船舶航行的方向变化很小，而船舶在航行过程中若出现徘徊或不正常航行的航迹，则船舶人员会操作船舶调整方向，导致船舶航迹的运动方向会发生多次的变化。基于船舶徘徊过程中船舶运动方向的变化特征，计算船舶航行过程中的船位转向角，利用序列线性聚类的方法来提取在重点监管区域内的船舶徘徊子轨迹。

船位转向角是同一条航迹当中相邻的子航迹段的航迹向之差。如图 7-31 所示，$p_1 \sim p_6$

表示航迹点，A、B 代表转向角。转向角 A 是航迹段 p_2p_3 和 p_3p_4 航迹向之差。同样，转向角 B 为 p_3p_4 和 p_4p_5 的航迹向之差。转向角大，说明船舶发生了较大的转弯；转向角小，则说明船舶在航行过程中方向变化越小。

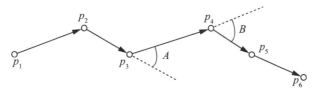

图 7-31　航迹转向角示意图

基于转向角线性聚类算法的主要思想：首先将航迹按时间顺序进行航迹数据的排列，计算每个航迹点的转向角的大小，通过转向角阈值划分航迹段为直行（Straight）、转弯（Turn）状态，然后按照序列顺序进行相邻的状态合并，然后根据直行最短时长和转弯最短时长再进行子航迹段线性聚类，来提取航迹中主要的船舶转向子轨迹，从而检测船舶在监管区中是否存在徘徊现象。具体步骤如下（图 7-32）：

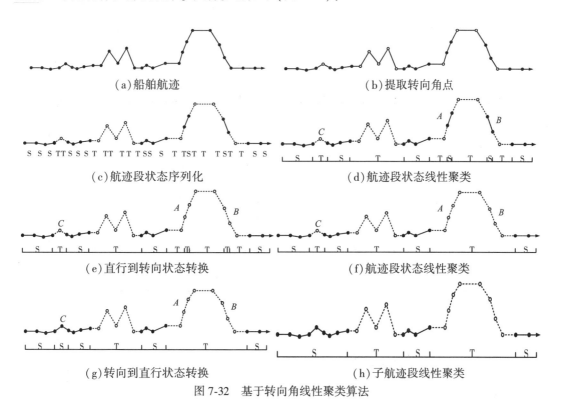

图 7-32　基于转向角线性聚类算法

（1）对船舶航迹数据按照时间顺序进行排序，形成时间序列航迹，如图 7-32(a) 所示。分别设置转向角阈值 maxdir，最短直行时长 $minS$ 和最小转向数 $minT$。

（2）保留第一个点和最后一个点，分别计算其他航迹点的转向角度 dir，如果 dir ≥

maxdir，标记为转向点；如果 dir<maxdir，则忽略该点，如图 7-32(b)所示。

（3）对于大于或小于转向角阈值的航迹点，分别给相邻航迹段进行 Turn 或 Straight 状态序列化，当同一航迹段两个顶点属于不同状态的航迹点时以 Turn 状态进行序列化，如图 7-32(c)所示。顺序查找相邻的相同状态航迹段通过线性聚类方式进行状态合并，如图 7-32(d)所示。

（4）船舶的直行过程需要一定的时间，首先对低于设置的最短直行时长阈值 minS 的航迹段转换为转向状态，如图 7-32(d)中的 A 和 B 航迹段。将转换状态后的航迹段再次进行线性聚类，如图 7-32(f)所示。

（5）对低于设置的最小转向数阈值 minT 的转向航迹段转换为直行状态，如图 7-32(g)中中点 C 相邻的航迹段，然后对转换状态后的子航迹段再次进行线性聚类，最后将转向状态的航迹段作为徘徊的子航迹，如图 7-32(h)中的 Turn1 和 Turn2 子航迹。

4. 识别结果分析

根据基于转向角的线性聚类算法来提取船舶徘徊的航迹方法，对真实的船舶航迹数据进行验证。图 7-33(a)所示为原始的船舶航迹图，经过设置的转向角阈值区分后，将大于阈值的转向角所在的航迹点识别为转向点，将小于阈值的转向角所在的航迹点识别为直行点，如图 7-33(b)所示。图 7-33(c)和图 7-34(a)都显示在完成航迹点划分完成后，对航迹点相邻的航迹段划分为直行航迹段和转向航迹段。图 7-34(b)展示了船舶在给出最小直行距离之后，将短时间的直行航迹段转换为转向航迹段，可以将相邻较近的转向航迹段合并

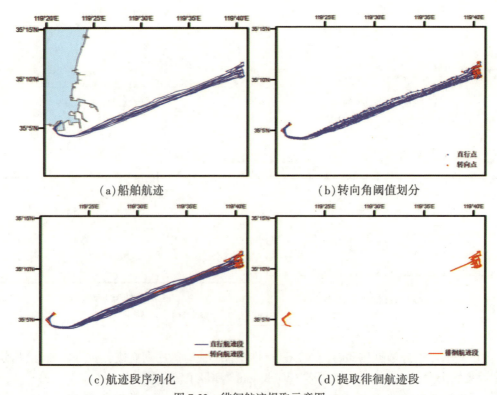

(a)船舶航迹　　　　　　　　　(b)转向角阈值划分

(c)航迹段序列化　　　　　　　(d)提取徘徊航迹段

图 7-33　徘徊航迹提取示意图

成大的转向航迹段。在进行完直线航迹段状态转换后，再对转向航迹段中转向次数少的航迹段进行直行状态转换，如图 7-34(c) 所示。

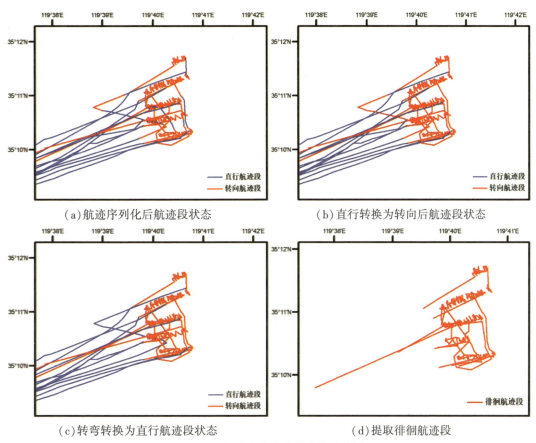

图 7-34　航迹段状态转换聚类示意图

图 7-34 展示了海上徘徊的详细子航迹部分。经过算法提取出来的船舶徘徊子航迹，可以发现船舶在海上的异常徘徊行为。通过直行到转向的状态转换，可以将多个徘徊的子航迹段通过线性聚类的方式合并成大的子航迹段，以此来发现连续的徘徊子航迹段。由于在进行航迹序列化的时候，将转向点的相邻前后航迹段都考虑进去，使得船舶在进入徘徊子轨迹之前保留一段直行子航迹。

图 7-35 展示了船舶航迹提取出来的徘徊子航迹，其中图 7-35(d) 为在港口里面检测到的徘徊子航迹。

第 7 章 船舶轨迹数据分析

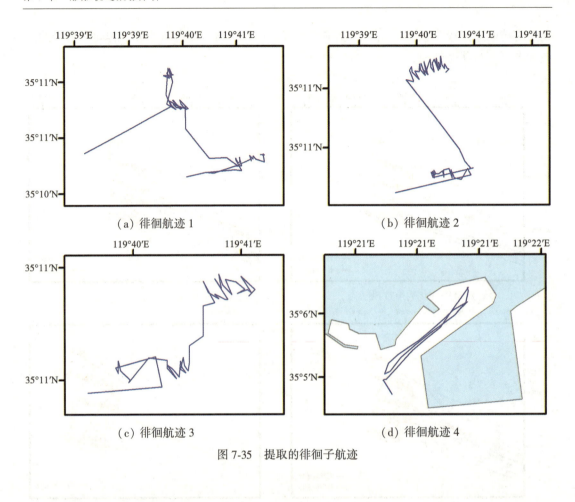

(a) 徘徊航迹 1

(b) 徘徊航迹 2

(c) 徘徊航迹 3

(d) 徘徊航迹 4

图 7-35 提取的徘徊子航迹

第8章 海上搜救应急处置决策支持

随着我国经济社会的快速发展，各类涉海活动日益频繁，海上人员遇险事件时有发生。据中国海上搜救中心统计，2014—2019年全国各海区共核实险情11878起，其中遇险船舶9731艘，遇险人数达86575人。我国海上搜救情况依然严峻，海上搜救能力需要进一步加强。当前，制定海上搜救方案主要依靠漂移预测模型结合搜救经验，主观性强且效率低下，且搜救方案规划方法也存在搜救任务分配简单、力量调度难以兼顾全局等缺陷。本章依据海上搜救应急处置响应流程，针对搜救事故风险评估、搜寻区域确定、搜救力量调度、搜寻任务分配等环节，介绍海上搜救应急处置决策支持技术。

8.1 海上搜救事故应急响应

8.1.1 海上搜救组织体系

海上遇险事件具有突发性、危害严重性、发展不确定性以及处置紧迫性等基本特征，已经超出社会个人与组织的承受能力和应对能力的范围，而政府作为公共部门的主要载体，应当在突发事件中起到主要作用。国家海上搜救应急组织指挥体系的建立，能更好地应对各类海上安全事件。我国海上搜救组织体系包括搜救领导机构、搜救运行管理机构、搜救咨询机构、搜救指挥机构、搜救力量五部分，如图8-1所示。

国家海上搜救部际联席会议作为我国海上搜救工作的领导机构，其主要职责为：(1)统筹研究全国海上搜救和船舶污染的应急反应工作，提出有关政策建议；(2)讨论解决海上搜救工作和船舶污染处理中的重大问题；(3)组织协调重大海上搜救和船舶污染应急反应行动，指导、监督有关省、自治区、直辖市海上搜救应急反应行动；(4)研究确定联席会议成员单位在搜救活动中的职责。

搜救运行管理及咨询机构包括交通运输部、中国海上搜救中心、搜救专家组和技术咨询组。中国海上搜救中心在交通运输部领导下承担海上搜救的运行管理工作，对全国重大海上搜救行动进行组织、协调和指挥。搜救专家组负责提供搜救技术咨询，其他相关咨询机构应中国海上搜救中心要求，提供相关的海上搜救咨询服务。

海上搜救指挥机构，分为三级，即中国海上搜救中心、省级海上搜救中心和市级海上搜救中心。接收险情后，由上到下依次进行任务指派与资源调动。

搜救力量可分为专业搜救力量和非专业搜救力量两部分。专业搜救力量主要包括海事

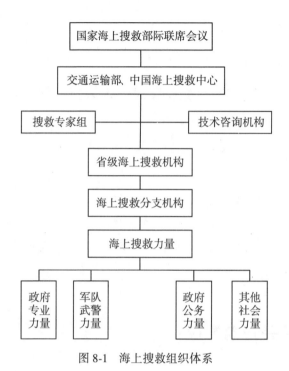

图 8-1 海上搜救组织体系

部门执法船舶；交通运输部救助打捞局所属的专业救助、打捞船舶、救助航空器及其他设施。非专业力量包括军队、武警救助力量、交通运输部以外的政府部门公务船舶、航空器，企事业单位、社会团体、个人所属船舶、航空器，以及商船、渔船。

8.1.2 海上搜救险情接警与指挥

海上险情接警与指挥主要针对海上人员、船只遇险事故提供"接警单填写—责任区判断—险情判断—应急预案确认—接警信息上传—任务分工"一体化、高效率的海上搜救接警流程。接警方式主要包括三种：一是在手机信号能够覆盖的区域，通过一键触发基于北斗的海上遇险报警手机终端，发送手机短信和基于北斗的船舶位置信息；二是在手机信号无法覆盖的区域，且在遇险对象(个人)配置了具备北斗 RDSS 通信功能的手机终端或配件的条件下，通过 RDSS 短报文报警并报送北斗位置信息；三是在手机信号无法覆盖的区域，且遇险对象(船舶)配置了北斗 RDSS 船载终端的条件下，通过 RDSS 短报文报警并报送北斗位置信息。具体接警与指挥流程如图 8-2 所示。

报警信息通过北斗卫星或手机运营商接入技术支持部门，经技术处理后转发给中国海上搜救中心，并且系统根据北斗位置坐标进行自动判断，将报警信息转发给各省级搜救中心。各省级搜救中心承担报警信息的核实工作，若为误报警，则警情排除；若为真实报警，则按照既定流程进行警情处置工作。

8.1 海上搜救事故应急响应

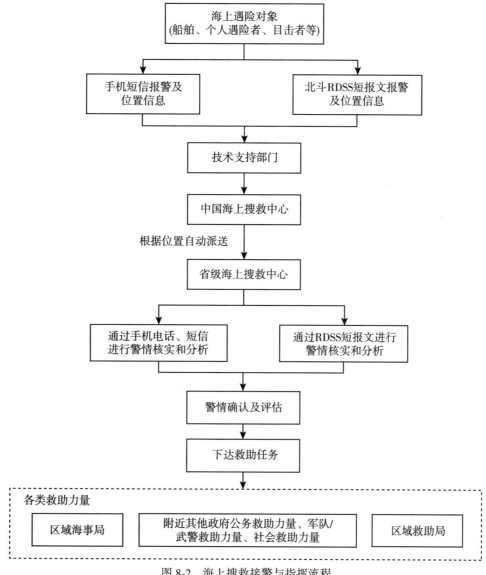

图 8-2 海上搜救接警与指挥流程

8.1.3 海上搜救应急处置

海上搜救应急处置是海上搜救决策中最重要、最核心的一环，包括搜寻方案制定与搜寻行动实施两部分，一般流程如图 8-3 所示。

1. 搜寻方案制定

在确认险情之后，决策者需权衡时间限制、气象海况、助航标志、发现搜寻目标的能力、搜寻设施是否适合搜寻任务、搜寻区域大小、搜寻设施位置到搜寻区域的距离以及当时条件下预期达到的发现概率等情况，快速制定详细的搜寻方案，以保证遇险人员的生命财产安全。搜寻方案的制定主要包括以下步骤：

209

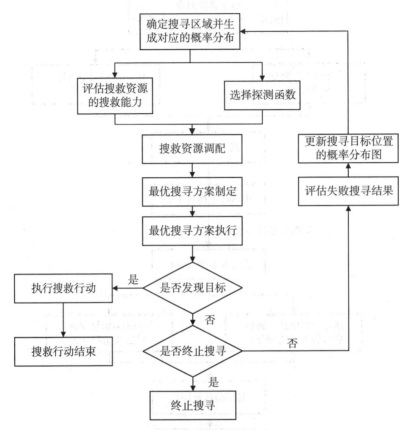

图 8-3 海上搜救应急处置一般流程

(1) 评估遇险情况并对事故进行分级；
(2) 确定搜寻区域；
(3) 估算完成整个搜寻任务所需的搜救力量类别与数量，并以此对可用搜救力量进行优化调度；
(4) 确定搜寻方式，包括单船搜寻、多船搜寻以及航空器、船舶联合搜寻模式；
(5) 为搜寻设施分配搜寻任务，确定搜寻分区；
(6) 制订搜寻行动计划，计划应包含现况描述、搜寻目标的说明、搜寻设施的具体任务、现场协调指导和搜寻单位的报告要求等。

上述步骤可重复执行，直至发现幸存者或对情况评估表明进一步搜寻将是徒劳为止。

2. 搜寻行动实施

搜寻行动是在搜寻方案制定后所展开的针对可能的幸存者的具体搜寻行动，通常包括搜寻、搜寻目标发现后的措施、搜寻情况报告、搜寻方案的评估与调整等。

在进入搜寻区域前，所有的搜寻设施需做好搜寻准备工作，包括建立海上搜救中心与搜寻设施之间的通信等。第一个到达搜寻区域的搜寻设施应立即反馈事故现场的相关情况，并采取扩展方形的方式进行搜寻，若搜寻区域较为狭窄，或者目标基准相对准确，可以采取扇形搜寻方式。当其他搜寻设施到达后，现场指挥应根据搜寻方案选择合适的搜寻方式，并为各搜寻设施分配搜寻任务。

在能见度良好且又有足够的搜寻设施时，现场指挥可以让第一个搜寻设施继续进行扩展方形搜寻，其他设施则在同一区域执行平行线搜寻；当能见度不良或没有足够的搜寻设施时，最好让第一个到达事故现场的搜寻设施终止扩展方形搜寻，并准备开始进行平行线搜寻。

常用的目视搜寻方式主要包括平行线搜寻、横移线搜寻、航迹线搜寻、扩展方形搜寻、扇形搜寻等。

(1) 平行线搜寻，是海上搜救过程中最常用、最简单的目视搜寻方法，其主要应用于搜寻区域较大且遇险目标位置不确定，需要对区域进行均匀覆盖搜寻的情况。这里的搜寻区域一般为矩形区域，搜寻起始点(Commence Search Point, CSP)为区域内距角点两条直角边各 1/2 航线间距的位置，搜寻航线与矩形长边平行，如图 8-4 所示。当多个搜救单元联合搜救时，可将搜寻区域进行划分并分别安排搜救力量进行搜寻。

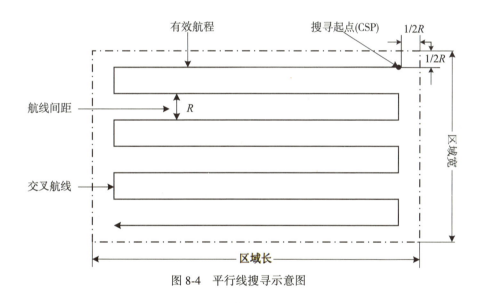

图 8-4 平行线搜寻示意图

(2) 横移线搜寻，当大致确定搜救目标的位置在搜救区域一端的可能性较大时采用这种搜寻方法。其与平行线搜寻类似，但搜寻航线平行于矩形区域的短边，如图 8-5 所示。横移线搜寻一般转向次数较多，耗费时间较长，因此通常不如平行线搜寻有效。

(3) 航迹线搜寻，当失踪船只在预定航线上发生事故且事故位置不确定时采用这种搜寻方法。搜救单元沿失事船只的预定航线一侧搜寻，返回时沿另一侧反向搜寻，如图 8-6 所示。

(4) 扩展方形搜寻，适用于搜救目标最后已知位置较为精确，搜寻区域较小的情况。搜救单元以基准位置为搜寻起点，通过同心方形的形式向逆风方向扩展搜寻。当具有多个搜救力量时，其余搜救力量依次转向 45° 展开搜寻。图 8-7 所示为扩展方形搜寻示意图，其中虚线表示第二个搜救单元的搜寻路线。

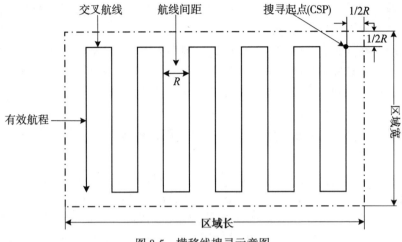

图 8-5 横移线搜寻示意图

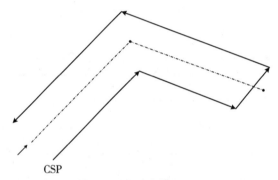

图 8-6 航迹线搜寻示意图

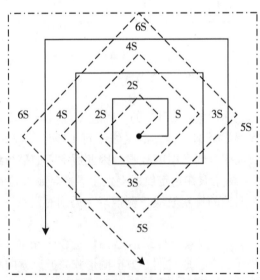

图 8-7 扩展方形搜寻示意图

(5)扇形搜寻，对于搜救目标位置精确、搜寻区域较小、搜救单元能够短时间到达搜寻区域的情况，这是最有效的搜寻方式。其搜寻区域一般是以基准点为中心的圆形区域，初始搜寻航线的方向与搜救目标的漂移方向相同，所有搜寻航线与转角都相同。当搜救单元完成第一次搜寻后，需要逆时针旋转30°并展开第二次搜寻。图8-8所示为扇形搜寻示意图，虚线表示第二次搜寻路线。

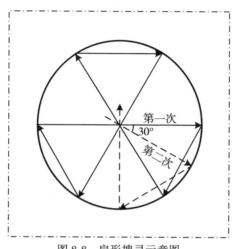

图 8-8 扇形搜寻示意图

8.2 海上搜救事故风险评估与分级

8.2.1 事故易发区划分和风险分析

由于海难原因的复杂多样，以及海洋环境的瞬息万变，使海事搜救本身充满了风险。对海上搜救事件进行风险分析及评估，以及运用风险管理的相关理论对海事搜救风险管理问题进行研究，对于提高搜救成功率具有十分重要的意义，为海上搜救工作提供有力的技术支撑。通过分析不同区域海上搜救事件的特征，已初步形成全国海上搜救事故风险评估报告。

中国近海大部分海上事故都发生在浅水区，深水区发生海上事故的概率相对较小。特别是港口群集、航道密布、通航船只频繁的区域为事故多发区，其中长江口岛屿众多，地形复杂，潮波属东海前进波系统(以M2分潮为主)，使长江口成为一个中等强度的潮汐河口，潮差分布差别大，同时受东向传入的海上涌浪影响，使得这一海域成为海难事故的高发地。

随着海上经济活动的增多，各海区的海上事故呈现逐年上升的趋势。从时间上看，一年之中春秋季节是海难事故多发季节，其主要原因是春秋季节是渔汛期，捕捞旺季。而且春秋季节又是大气环流进行调整、转换的季节，形势演变迅速，天气系统具有突发性，较难掌握，且春季为雾季，直接影响海上船只的航行以及安全，秋季冷空气活动频繁，常造成海上连续数日大风天气，涌浪明显，加之接近年关，运输旺季，海上货物船只剧增。冬季寒潮大风也是海上事故险情高发的原因。

中国海域遇险搜救的目标以落水人员为主,船只次之,其他目标再次之,类型包括救生筏、集装箱等。

海上事故发生的原因主要包括人员因素、船舶因素、环境因素、货物因素以及管理因素等。在诸多因素里,人员因素往往是触发因素,人员的身体状况、知识水平(包括驾驶技能、应变能力、工作态度等)都直接影响人员的行为,并对事故起决定性作用。

海难事故一般在大风和小风两种天气情况下最易发生。大风主要是冷空气南下或气旋出海导致的狂风恶浪,当海上出现7~8级大风时,极易造成海上交通事故,主要由于遭遇大风浪时,驾驶人员操作不当或船舶本身存在缺陷,导致船舱进水沉船;对大风浪估计不足,走锚造成主机失控而搁浅或搁浅后船体破损导致沉船,在进出港口或锚地避风时,因大风走锚误入养殖区。偏南小风会导致海难事故易发,主要因为偏南小风多大雾天气,当能见度低于200m时,极易发生碰撞事故。在浓雾中航行,因瞭望疏忽、操作不当,未遵守雾航规则或航行过程中对局势估计不足造成的碰撞事故占春季海雾事故80%。

根据海上搜救部门统计,2002—2008年,我国共发生海难事故3664起,死亡或失踪人数3028人。从这些海难事故的数据统计结果来看,我国沿海大体分布有12个海难事故易发区,其中北海区有4个(编号1~4),东海区有3个(编号5~7),南海区有5个(编号8~12)。为了进一步了解海事部门的业务需求,对烟台海事局、天津海事局、沧州海事局和山东省海事局等相关单位进行了调研。根据调研情况,在原有的12个事故易发区的基础上,增加了沧州海域为新的事故易发区。

8.2.2 典型搜救目标漂移特征及案例数据集

1. 典型搜救目标案例库

通过海上搜救漂移跟踪试验,获取典型搜救目标漂移轨迹,形成漂移特征库及案例数据库。海上漂移物的漂移轨迹,除了与当地的海况和自然环境有关以外,漂移物的自身特性也对漂移轨迹有很大的影响,例如浸没比例和压载状况。因此,针对不同的目标物,风和流的作用系数要根据实际情况予以调整。

2. 研究方案

物体漂移的速度是作用于物体上的风力、海流和波浪的综合结果,在漂移预测模型中,失事目标在海上漂移运动的计算采用拉格朗日粒子追踪方法,可以将其漂移速度表述为以下方程:

$$V = V_w + V_c + V_b \tag{8.1}$$

式中,V_w 是由风力作用产生的速度分量,V_c 是由海流作用产生的速度分量,V_b 是由波浪作用产生的速度分量。由于每个物体所受的风压作用各不相同,与物体特征有关,因此需要对每个物体的风压系数进行设定,才能保证漂移预测模型的准确性。风致漂流速度可以表述为海表面10m风速和风压系数(a、b)的方程:

$$V_w = aV_{10} + b \tag{8.2}$$

海上漂移试验是目前最普遍、最准确的获得风压系数的方法,基于不同失事目标的实测轨迹数据,以不同时刻模拟的物体漂移位置与实际观测位置的距离(模拟误差)的绝对值作为衡量预报结果好坏的目标函数：

$$J = \sum_{i=1}^{N} \sqrt{(px_i - ox_i)^2 + (py_i - oy_i)^2} \tag{8.3}$$

式中，J 表示目标函数，i 表示不同预报时刻，px、py 表示预报的物体位置，ox、oy 表示观测的物体实际所处位置。从目标函数定义来看，J 越大表示预报准确度越差，J 越小表示准确度越好，风力系数的改变会导致 J 改变，因此 J 为风力系数的函数。对目标函数进行最小值优化，得到误差最小时对应的风力系数，构建不同目标物的漂移特征及对应的参数集。

3. 特征参数统计

经统计确定国内典型海上搜救目标分为落水人员、无动力渔船和救生筏三大类。针对这三类目标，统计了2012—2018年海上搜救试验的实测数据，通过拟合获取典型搜救目标的风压系数与流系数。对仿真人来说，受到的风压的作用比较小，因此在对仿真人的漂移预测中，风的作用系数设定为 0.01~0.02；在对救生筏的漂移预测中，风的作用系数设定 0.03~0.08；无动力渔船的风压系数设定为 0.03~0.05。由于案例数据有限，漂移特征库将持续不断进行完善。

8.2.3 搜救事故等级划分

根据国家海上搜救预案海上突发事件险情分级，并结合海上突发事件的可控性、严重程度、影响范围和发展趋势将海上搜救事故等级划分为一般险情、较大险情、重大险情、特别重大险情4级，具体划分标准见表8-1。

表 8-1　　　　　　　　　　海上搜救事故等级划分

事件等级	死亡人数（含失踪）	危及人数	船总吨数	其他
一般（Ⅳ级）	<3人	<3人	<500	非客船，非危险化学品船
较大（Ⅲ级）	3~10人	3~10人	500~3000	非客船，非危险化学品船
重大（Ⅱ级）	10~30人	10~30人	3000~10000	非客船，非危险化学品船
特别重大（Ⅰ级）	>30人	>30人	>10000	10000总吨以上的非客船，非危险化学品船，以及危及30人以上的民用航空器

8.3 最优搜寻理论分析及搜寻区域确定

8.3.1 海上最优搜寻理论概述

海上最优搜寻理论是确定搜寻区域、调度搜救力量、分配搜寻任务的基础。搜寻理论最早在20世纪40年代由 Koopman 提出，用于"二战"期间指导侦察敌方潜艇。"二战"后被广泛应用于军事搜寻、海陆空事故搜寻等领域。Stone等(1975)将最优搜寻理论应用于海上搜救,Kratzk等(2010)基于最优搜寻理论实现了多个海上搜救单元的任务分配,并应用于美国海岸警备队的SAROPS(Search and Rescue Optimal Planning System)搜救决策支持系统,但生成的任务区域存在重叠情况,且无法覆盖整个搜索区域。肖方兵对最优搜寻理论进行了改进,提出了一种可操作的最优搜寻资源分配模型。Soza公司(1996)和Frost(2001)将最优搜寻理论概括为三个重要的组成部分:包含概率、发现概率、搜寻成功率。

1. 包含概率

最优搜寻理论中将目标存在于搜寻区域中的概率称为包含概率(Probability of Containment,POC)。包含概率用百分数表示,搜寻区域越大,包含概率越高,当搜寻区域能够包含所有粒子时,区域的包含概率达到100%。在实际的海上搜救行动中,搜救单元的数量往往受到限制,这就要求最快到达搜寻区域的搜救单元对POC较高的区域进行优先搜索。因此,往往将搜寻区域划分为$M \times N$个大小相同的正方形子网格,通过计算各网格单元的POC来量化搜救目标存在于每个子区域的可能性。这里对最优搜寻理论中POC的计算方式进行改进,将POC看做由两部分组成,一是散点概率,即某区域包含的粒子数与整个区域粒子数之比;二是距离概率,即某区域包含单元格的反距离权值的叠加。这样可以使目标的概率分布更加贴近实际。具体计算公式如下:

$$\text{POC} = \frac{n}{N} + \sum_{i=1}^{m} \frac{\frac{1}{d_i}}{\sum_{i=1}^{M} \frac{1}{d_i}} \tag{8.4}$$

式中,n为所划区域包含的粒子数;N为整个搜寻区域所包含的粒子总数;m为所划区域的单元格数;M为总单元格数;d_i为第i个单元格到选定漂移时刻点的距离。

2. 发现概率

发现概率(Probability of Detection,POD)是指搜救目标在给定搜寻区域内能够被探测到的概率,是衡量搜寻单元在搜寻区域内搜寻效果的重要指标。随着搜寻区域的扩大,搜寻目标与搜寻单元的距离也会变大,POD就会随之减小。在POD的计算过程中又涉及两个重要的概念,即扫海宽度和覆盖率。

(1)扫海宽度,是指特定搜寻环境下,探测器能够发现搜救目标的有效距离,是船舶搜寻能力的一种衡量。扫海宽度受海洋环境、搜寻设备性能、遇险目标特征等多种因素的影响,通常需要对大量的实验数据及实际案例数据进行统计分析来确定其数值。从几何角度来看,扫海宽度满足横距函数,如图8-9所示。针对不同的搜救目标,不同的探测器在不同的搜寻环境中具有不同的横距曲线,通常可以通过分析大量实验数据来绘制探测器的横距曲线。

从图8-9中可以看出,当横向距离为0时,POD最大。随着横向距离的增大,POD逐渐减小,最终趋于0。当横向距离为某一数值使得曲线上方(B)与曲线下方(A)区域面积相等时,该数值即为探测器在给定环境下的扫海宽度。在实际搜救行动中,一般以人眼进行搜寻。通常情况下，搜救人员与搜救目标之间的距离越小，发现目标的可能性越大。但在某些特殊情况下，搜救人员往往会因为视觉疲劳或者视觉盲区而忽略搜救目标。因此，横距曲线仅可作为理想条件下搜救行动的参考。

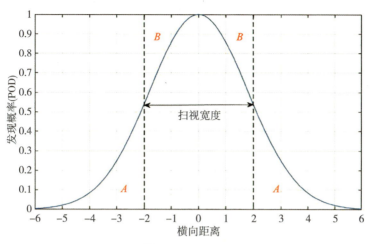

图 8-9　横距曲线中扫海宽度确定

（2）覆盖率，是搜寻行动中搜寻单元对搜寻区域覆盖程度的一种衡量。数学上可表示为有效搜寻面积与整体搜寻区域面积之比，即：

$$c = \frac{Z}{A} \tag{8.5}$$

式中，Z 为有效搜寻面积；A 为整体区域面积。

当采用平行线搜寻时，搜寻区域为矩形，有效搜寻面积为扫海宽度与有效航程的乘积。因此在数学上，覆盖率又可以表示为扫海宽度与航线间距之比，即：

$$c = \frac{W \times L}{A} = \frac{W}{R} \tag{8.6}$$

式中，W 为扫海宽度，L 为有效航程，R 为航线间距。

研究表明，发现概率与覆盖率之间存在着明确的函数关系。图 8-10 中针对二者的关系介绍了三种探测模型，分别为定距探测模型、逆立方模型及随机探测模型。计算公式如下：

定距探测模型：

$$\text{POD} = \frac{W \times L}{A} \tag{8.7}$$

随机探测模型：

$$\text{POD} = 1 - \exp\left(-\frac{W \times L}{A}\right) \tag{8.8}$$

逆立方模型：

$$\text{POD} = \text{erf}\left(\frac{\sqrt{\pi}}{2} \frac{WL}{A}\right) \tag{8.9}$$

式中，erf 为误差函数。

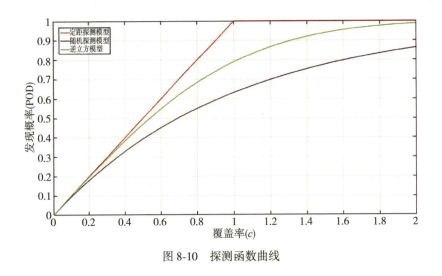

图 8-10 探测函数曲线

从图 8-10 中可以看出,对于定距探测模型,随着覆盖率的增大,POD 逐渐增大且增长率(斜率)不变,当覆盖率为 1 时,POD 达到上限。对于逆立方模型及指数探测模型,随着覆盖率的增大,POD 的增长率(斜率)逐渐减小。这是因为随着搜寻活动的进行,重叠搜寻的概率变大,进而降低了 POD 的增长率。因此,后两种模型更贴近实际搜寻行动。在搜寻过程中,因为海上搜救环境的复杂性,搜救目标具有随机运动的特性。而逆立方模型是在理想探测条件下对搜寻探测率的估计,不能很好地反映搜救目标的随机运动特性。随机探测模型是在复杂海上搜救环境下对搜寻探测率的估计,能够更好地反映搜救目标的实际运动。因此,本章采用随机探测模型。模型公式如下:

$$POD = 1 - e^{-c} \tag{8.10}$$

式中,e 为自然常数($e \approx 2.71828$),c 为覆盖率。

3. 搜寻成功率

搜寻成功率(Probability of Success,POS)是搜救行动的主要衡量指标。在划定的搜寻区域中成功搜寻到目标的两个必要条件为:(1)目标存在于搜寻区域中;(2)目标能够被探测器探测到。因此,搜寻成功率与包含概率及发现概率有关。当搜寻区域较大时,POC 较大,而 POD 则较小;当搜寻区域较小时,POD 较大,而 POC 则较小。因此,三者的关系表示如下:

$$POS = POC \times POD \tag{8.11}$$

8.3.2 海上最优搜寻区域确定

确定搜寻区域是开展搜救行动的前提。传统的搜寻区域确定方法为根据遇险目标的最后已知位置确定基准类型进而计算搜寻区域。当明确遇险目标处于单个位置时,则以基准点为圆心,以搜寻距离为半径画圆,将圆的外切矩形作为最终搜寻区域;当遇险目标可能在多个不同的位置上时,通过分析目标受力情况对基准点进行漂移预测得到预测点,将预测点相连得到基准线,分别以每个预测点为圆心,以搜寻距离为半径画圆,将所有圆的切线围成的多边形区域作为最终搜寻区域;当遇险目标处于一个大概区域时,则根据遇险目标的自身条件确定最终搜寻区域。海上遇险目标由于受到风、浪、流等环境因素的影响,其漂移轨迹往往具有一定的随机性,且风、浪、流数值预报存在一定误差,因此,采用传统的方法难以对遇险目标的漂移预测进行准确的量化。本章采用蒙特卡洛算法确定搜寻区域,首先对随机粒子进行漂移预测,然后生成包含预测粒子的凸多边形,最后对凸多边形进行规范化处理,进而确定最终的搜寻区域。

1. 目标漂移预测模型

在海上搜救的过程中,准确地知道遇难船舶或生命的位置是开展搜救行动的前提条件。而在收到求救信号到搜救船舶到达事故现场的过程中,目标会受到海洋气象环境的影响而产生漂移。因此,准确地预测目标漂移轨迹,是决定搜寻区域准确性的关键。本章基于 LEEWAY 模型,采用拉格朗日粒子追踪算法对目标的漂移轨迹进行预测。

海上遇险目标物(失去动力和定位信号)受自然因素的影响将不会出现在原事故地点或者最后报告位置,物体在海面的漂移运动方程如下:

$$\frac{(m+m')\mathrm{d}V}{\mathrm{d}t} = \sum F = F_a + F_w + F_c \tag{8.12}$$

式中,V 代表物体的速度;F 代表物体所受的所有驱动力的和,一般是指风压、风生流、涌、波浪、潮流等。其中,由于风作用于目标的水上部分而导致目标对水的相对运动称为风压运动。对于一个给定的搜寻目标,很难确定风压大小和方向的确切值,在实践中,一般根据实验数据进行大致估算。海流的影响主要包括风生流以及潮流,其中风生流为持久的风吹动海面而形成的流,一般情况下,在风向不变并持续 6~12h 时才会产生当地表层风生海流。为更接近实际效果,应根据遇险事件发生前 48h 内的风速和风向确定其确切值。潮流由于其潮涨潮落的反复拉动作用,总体上使目标停留在原地,从而减小对海上目标移动的影响。但必要时仍需加以考虑,因为当潮往返时,在某一方向上流的影响可能大于另一方向,对应不同的搜救时间,潮将会引起搜寻目标位置的变化,积累效果可能把搜寻目标拉入海流作用的区域。沿岸流是指进入浅水地带的波浪拍岸时,表层水质点呈显著的向前移动而形成的水流,上层向前流动,底层则形成回流,一般仅在离岸 1 海里的范围内才考虑。涌是水质点的垂直运动,涌对目标的影响一般可以忽略不计,波浪对物体的作用一般都忽略不计,但是,日本海上保安厅对波浪中漂移物的漂移速度进行了试验研究,证明了漂移速度随波长而变化。一方面,在短波范围内,波浪漂移力量主要是波浪散射推动漂移物,因此漂移速度由波浪漂移力量的平衡性和流动力决定,它和波浪的倾斜成比例;另一方面,在长波范围内,波浪漂移力量几乎对漂移物不起作用,因为波浪几乎全部用来传送漂浮物,故漂移速度由波浪的速度决定,并且与波浪倾斜的平方成比例。因此,在近岸浅海地区,对于小于 30m 长度的物体波浪的作用一般不会被考虑。在上述影响目标的漂移因素中,风压、风生流及潮流是主要的,因此计算通常围绕这三个因素进行。

通常,水动力数学模型是基于欧拉场建立,而要描述质点的运动,需采用拉格朗日的观点,这就涉及如何将欧拉场中的结果转换为拉格朗日质点位移。

在欧拉场中,对平面二维问题,任意空间点的速度可表示为:

$$\boldsymbol{V} = \boldsymbol{V}(x, y, t) \tag{8.13}$$

通过数值求解粒子的 Lagrange 方程,任意质点的速度可表示为:

$$\boldsymbol{V}_L = \boldsymbol{V}_L(x_L, y_L, t) = \frac{\mathrm{d}\boldsymbol{X}}{\mathrm{d}t} \tag{8.14}$$

上式实际上建立了求解质点位移的一阶常微分方程。改写上式,质点的运动轨迹可通过如下积分求得:

$$\boldsymbol{X} = \boldsymbol{X} + \int_0^t \boldsymbol{V}_L \mathrm{d}t \tag{8.15}$$

若每一时刻的 V_L 已知,可通过数值积分的方法由上式求出质点的运动轨迹。

粒子的漂移速度 V_L 计算公式为:

$$\boldsymbol{V}_L = \boldsymbol{V}_w + \boldsymbol{V}_t + \boldsymbol{V}_r + \boldsymbol{V}_h \tag{8.16}$$

式中,V_w 为由风力和波浪作用产生的速度分量;V_t 为潮流作用产生的速度分量;V_r 为潮致余流作用产生的速度分量;V_h 为环流(包括风海流和密度流)作用产生的速度分量;

潮流流速分量 V_t 和 V_r,由潮流调和常数预报得到。环流流速分量 V_h 由预报系统预报环流流场数据插值得到。考虑到目前大部分海流模式都是风生流和潮流的耦合模式,因此在漂移预测模型中,可以将其漂移速度表述为以下方程:

$$\boldsymbol{V} = \boldsymbol{V}_w + \boldsymbol{V}_C \tag{8.17}$$

式中,V_w 是由风力作用产生的速度分量;V_C 是由海流(潮流和环流的总和)作用产生的速度分量。

根据目标物漂移速度方程,采用拉格朗日粒子追踪方法,对落水人员、救生筏、特别目标物等不同类别物体的受力特征,实现目标物的快速漂移预测,使任意类别海上搜救目标物的漂移预测计算时间小于 10min。

上述遇险目标漂移预测模型是基于对风场和流场的准确预报,考虑到目前的海洋环境数值预报均存在一定的预报误差,且目标物漂移预测模式在简化过程存在一定的截断误差。为了平衡该部分误差导致的漂移轨迹偏离,采用增加随机走动的方式,建立整体随机粒子漂移预测模型。具体操作如下:根据拉格朗日粒子追踪方法,可以将海上漂移物在海水中的移动看做质点跟随海流的物理运行,采用粒子随机走动模式来模拟粒子的运动,每个粒子的位移变量表示为:

$$\frac{\mathrm{d}\boldsymbol{X}}{\mathrm{d}t} = A(\boldsymbol{X}_t) + B(\boldsymbol{X}, t) Z_n \tag{8.18}$$

式中,$X(t)$ 表示粒子的位移;$A(X_t)$ 为漂移系数;$B(X, t)$ 为扩散系数;Z_n 是一个独立的随机数,引入该参数可以平衡环境场预报误差以及风致漂移速度计算误差等。

这里，Z_n 的计算基于风场和流场的数值预报系统，分别统计风场和流场的平均误差。以最新统计的平均误差为方差，替代原有的经验估算值，生成正态分布的误差扰动值，从而构建整体随机粒子漂移预测模型。为保障粒子点尽可能表达误差的分布情况，采用 500 个粒子点，在目标物中心漂移轨迹预测(粒子点的平均值)的基础上，以随机走动点(所有粒子点)的分布作为可能分布位置，给出目标物中心漂移轨迹以及可能分布位置。通过 500 个粒子的漂移范围，确定搜救范围。

2. 凸多边形生成算法

已知预测散点的位置，为了准确划定搜寻区域，需要将散点集合映射为几何图形，即生成确定包含所有预测粒子的凸多边形(凸包)。凸包是一个计算几何(图形学)中的概念。在一个实数向量空间 V 中，对于给定集合 X，所有包含 X 的凸集的交集 S 被称为 X 的凸包。格雷厄姆(Graham)扫描算法生成凸包的结果如图 8-11 所示。

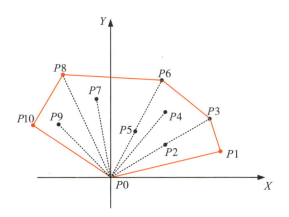

图 8-11　格雷厄姆(Graham)扫描算法生成凸包

3. 最小面积矩形生成算法

由于直接将凸多边形作为搜寻区域会对搜寻航线规划产生影响，因此需要对凸多边形进行规范化调整，生成包含凸多边形的最小面积外接矩形，如图 8-12 所示。

最小面积矩形生成算法步骤如下：

(1)选择凸多边形的一条边作为起始边 M，并以 M 的左端点为起点作垂线 N。

(2)遍历凸包点，找到距离 M 最大的点，并将该距离作为外包矩形的长/宽；找到距离 N 最大的两点，分别过该两点作 M 的垂线，截取 M 的距离作为外包矩形的宽/长。

(3)计算并保留所得外包矩形的面积及坐标，返回步骤(1)。

(4)比较所有外包矩形面积的大小，从而获得最小面积外包矩形。

将得到的外包矩形作为最终的搜寻区域，不仅简化了航线设计的过程，而且为实现搜救目标概率分布的计算提供了基础。

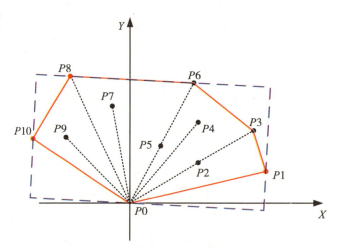

图 8-12　最小面积外接矩形示意图

8.3.3　搜救目标概率分布

搜寻的目的在于找到目标或确定目标的位置。目标的位置及其移动路径对于搜寻者来说是不确定的，但搜寻者对它有某种程度的了解，这种了解通常用目标位置及其移动路径的概率分布来描述。

1. 传统概率分布计算方法

已知搜寻区域的情况下，确定搜救目标在搜寻区域中的分布概率，是制定搜救方案的前提。传统搜救目标的概率分布主要分为以下三种情况：

（1）基于基准点的概率分布。搜救目标以基准点为中心呈圆形正态分布，基准点附近分布概率最高，距离参考点越远，分布概率越低。在该情况下，一般采用扇形搜寻或者扩展方形搜寻，使搜救单元尽量多地搜寻概率较高的中心位置。

（2）基于基准线的概率分布。搜救目标以基准线为中轴线呈正态分布，参考线附近分布概率最高，越往两侧，分布概率越低。在该情况下，一般采用航迹线搜寻，使搜救单元从航迹线向两侧进行扩展搜寻。

（3）基于基准区域的概率分布。搜救目标被认为均匀分布在搜寻区域内。在该情况下，一般采用横移线搜寻或者平行线搜寻，使搜救单元能够完全覆盖搜寻区域，减少目标遗漏。

2. 基于随机粒子的概率分布计算方法

在实际的搜救行动中，搜救目标的概率分布往往是不规律的。因此，本章采用随机粒子的方法计算基于搜寻区域的概率分布，每个粒子都代表搜救目标一个可能的位置。首先，将搜寻区域划分成 $M \times N$ 个大小相同的网格，然后计算每个网格的 POC，从而得到预测粒子存在于搜寻区域中的概率分布。概率分布图如图 8-13 所示。

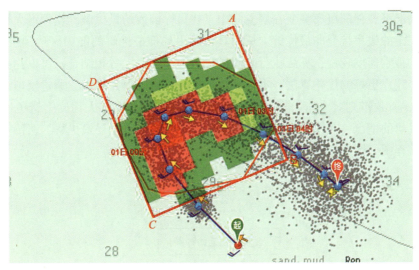

图 8-13 搜救目标概率分布图

从图中可以看出,中间的红色网格为概率较高的区域,应该优先搜索,从中间往四周概率逐渐降低,绿色网格的概率最低。

8.4 基于遗传模拟退火算法的搜救力量调度模型

海上搜救是一个复杂的决策过程,涉及多方力量的调度、指挥与协同,但不同搜救力量的位置、航速、抗风能力、搜寻能力、设备性能等各不相同,因此,如何合理地协调可用搜救力量并设计科学的调度方案,是海上搜救的重点与难点。我国目前对海上搜救力量的调度主要依靠经验指导,主观性强,已有的算法多是对调度方案的定性研究,缺少对方案的定量化描述。本章将海上搜救力量调度问题抽象为搜救力量的选择优化过程,结合最优搜寻理论,以最大化搜救成功率为优化目标,以船舶的数量、搜寻时间为约束条件,设计海上搜救力量调度模型并采用遗传模拟退火算法(Genetic Simulated Annealing Algorithm,GSAA)对模型进行求解和分析,实现多搜救力量的科学调度与指挥。

8.4.1 遗传模拟退火算法原理概述

遗传模拟退火算法是遗传算法(Genetic Algorithm,GA)与模拟退火算法(Simulated Annealing Algorithm,SA)相结合的一种搜索模型最优解的算法。遗传算法是通过模拟生物进化过程中的自然选择行为而产生的一种寻优算法,一般采用概率机制进行迭代,从而获取并优化搜索空间,使搜索方向的调整具有自适应性。其优点是具有潜在的并行性和无规则性,即不需要关心如何寻优,只需要简单地排除劣性个体。但由于其局部搜索能力较弱,导致算法在很大程度上会陷入局部最优解。模拟退火算法是基于固体冷却的物理学思想而产生的一种优化算法,其主要原理为假设算法从一个较高的温度开始搜索,在温度不断衰减的情况下,伴随概率突变在解空间中寻找目标函数的最优解。模拟退火算法的优点是能够以一定的概率接受非最优解,从而具备跳出局部最优解的能力,达到全局最优解。但该算法的搜索速度较慢,算法执行时间较长。因此,将二者相结合,可以弥补彼此的缺点和不足,建立更好的优化算法。本章在遗传算法中引入退火机制,通过模拟退火算法接受解的 Metropolis 准则对个体竞争选择行为进行改进,从而在很大程度上避免遗传算法陷入局部最优解的情况,在保证搜索效率的同时,尽可能找到全局最优解。遗传模拟退火算法的具体流程图如图 8-14 所示。

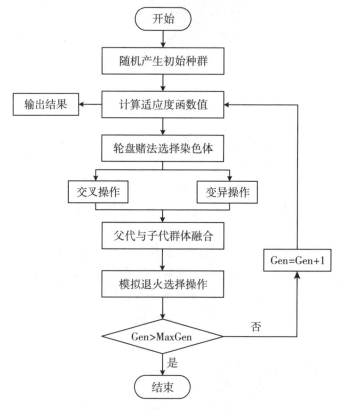

图 8-14　遗传模拟退火算法流程图

8.4.2　目标函数分析

不同的搜救资源组合对搜救行动的贡献不同,因此,需要设计目标函数对不同搜救资源组合的优劣进行衡量。在实际的搜救行动中,最为重要的是能否成功搜寻到落水人员。因此,本章将最大化搜救成功率(Probability of Successful Search and Rescue, POSSAR)作为目标函数对搜救资源进行组合优化,能够直观地反映搜救行动的实际搜救效果。其中,搜救成功率主要受两个因素的影响,即搜寻成功率和救助概率。本章假设目标存在于搜寻区域的概率为100%，则搜救行动的成功率主要取决于搜救力量组合中各搜救单元对搜寻区域的累积发现概率及救助概率。具体计算公式如下：

$$f(x) = \max(POSSAR)$$

$$POSSAR = POS \times POR = POD_a \times POR \tag{8.19}$$

式中，POD_a为累积发现概率。

1. 累积发现概率

搜救力量的调度问题实际上是搜救单元的组合优化问题，调度方案是否合理主要通过各搜救单元的累积搜救成功率来衡量。因此，在累积搜救成功率的计算过程中，单主体的发现概率变成了多主体的累积发现概率。上文提到发现概率与覆盖率有关，在计算累积发现概率之前，需计算累积覆盖率（各搜救单元有效搜寻面积之和与整体搜寻区域面积的比值）。具体计算公式如下：

$$C_a = \frac{\sum_{i=1}^{k} L_i \times W_i}{S} = \frac{\sum_{i=1}^{k} \frac{S_i}{r} \times W_i}{S} \quad (k \leq n) \tag{8.20}$$

$$S_i = (T - t_i) \times W_i \times V_{S_i} \tag{8.21}$$

$$t_i = \frac{d_i}{v_i} \tag{8.22}$$

$$T = \frac{S + \sum_{i=1}^{k} t_i \times W_i \times V_{S_i}}{\sum_{i=1}^{k} W_i \times V_{S_i}} \quad (k \leq n) \tag{8.23}$$

式中，S_i为第i个搜救单元的有效搜寻面积；S为整个搜寻区域的面积；L_i为第i个搜救单元的有效航程；W_i为第i个搜救单元的扫海宽度；T为搜寻任务所花费的总时间；t_i为第i个搜救单元到达搜寻区域的时间；d_i为第i个搜救单元到搜寻区域的距离；v_i为第i个搜救单元在当前海况下的最大安全航速；V_{S_i}为第i个搜救单元的搜寻速度；n为周边所有可用搜救单元的数量。

已知累积覆盖率，可得到累积发现概率为：

$$POD_a = 1 - \exp(-C_a) \tag{8.24}$$

2. 救助概率

救助概率是指在找到落水人员后，能够顺利打捞并救活落水人员的概率，是衡量落水人员救助效果的重要指标。本章通过层次分析法对调度方案中各搜救单元的医疗设备性能、医疗人员数量及能力、船舶打捞设备性能等参数进行评估，从而得到各搜救单元的救助水平。结合落水人员的医疗需求计算各搜救单元的救助概率。具体计算公式如下：

$$POR = \frac{\sum_{i=1}^{k} ML_i / ML_r}{k} \tag{8.25}$$

式中，ML_i为每个搜寻单元的医疗水平，ML_r为救助目标的医疗需求，k为所选搜救单元的数量。

8.4.3 约束条件分析

在实际的搜救行动中,往往受到时间和成本的制约。每增加一个搜救单元,在提高搜救效率、缩短搜寻时间的同时,也就意味着需要付出更大的成本。因此,如何使用最少的搜救单元在落水人员的最大存活时间内完成搜救行动,是资源调配问题的关键所在。为解决该问题,本章针对搜救单元的数量及搜寻时间提出两个约束条件:(1)数量约束:搜救单元的数量小于能够在规定时间内完成搜寻任务的最差搜救单元的数量;(2)时间约束:搜救单元到达搜寻区域的时间应小于总的搜寻时间。

具体公式如下:

$$\text{s.t.} \begin{cases} k \leqslant K_c \\ t_i \leqslant T \end{cases} \tag{8.26}$$

式中,k 为所选搜救单元的数量;K_c 为搜救单元的约束数量;t_i 为搜救单元到达搜寻区域的时间;T 为总的搜寻时间。

找出当前方案中搜寻面积最小的搜救单元作为搜救能力最差的搜救单元,然后,计算整体区域面积与其在规定时间内的有效搜寻面积的比值并向上取整,可得到搜救单元的数量约束。计算公式如下:

$$a = i \Leftrightarrow S_a = \min_{0 < i \leqslant n} S_i \tag{8.27}$$

$$K_c = \prod \left[\frac{S}{V_{sa} \times W_a \times (T_v - t_a)} \right] \tag{8.28}$$

式中,T_v 为落水人员在当前海温下的存活时间。

落水人员的存活时间取决于当前搜寻区域的平均海温。海温越低,落水人员的存活时间越短,对搜救单元的性能要求也越高。本章分析了 43 例发生于中国海域的典型案例,并结合美国海岸警备队提出的 MOIST(Maximum Observed Immersed Survival Time)模型,得到人体在不同海温下的存活时间参照表,如表 8-2 所示。

表 8-2　　　　　　　　　　人体在不同水温中的生存时间参考

海　温	预计存活时间
< 0℃	0.08h
1℃	0.13h
2℃	0.25h
2.5℃	0.5h
5℃	1h
10℃	3h
15℃	6h
20℃	12h
25℃	24h

对表 8-3 中的数据进行分析发现，表中各点近似满足对数函数特征。因此，本章在 95%置信区间下，对表中数据进行对数曲线拟合，得到 0~25℃下海温与预计存活时间的函数关系，如图 8-15 所示。函数式如下：

$$T_v = 0.80\exp(0.1361 \times T_s) - 0.84\exp(-0.1067 \times T_s) \quad (8.29)$$

式中，T_s 为海温，T_v 为预计存活时间。

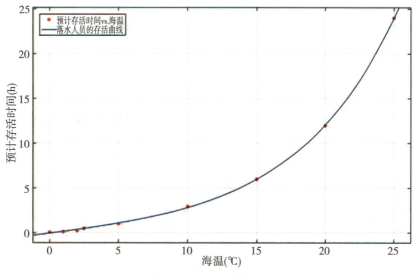

图 8-15　海温与最大存活时间关系图

通过和方差及确定系数两个指标对拟合效果进行评价。其中，和方差为 0.07221，较为接近 0，证明模型选择及拟合效果较好；确定系数为 0.9999，非常接近 1，证明函数自变量对因变量的解释能力很强，拟合效果很好。

8.4.4　遗传模拟退火算法设计

1. 染色体编码方案

染色体编码是染色体上基因与性状之间映射关系的一种反映，其作为遗传模拟退火算法设计过程中的一个关键步骤，在很大程度上决定了种群进化的效率。常用的染色体编码方法主要包括二进制编码、浮点编码、符号编码等。其中，浮点编码与符号编码主要用于较大空间的遗传搜索。在实际搜救过程中，不同位置的事故区域，周边可用搜救力量的数量不同，但搜救任务对搜救力量的需求量有限。在搜救力量的选择问题上，是否选择某个搜救单元参与搜救任务是关注的重点。因此，本章采用二进制编码方式，每一个染色体表示一种搜救力量调配方案。任一染色体由 n 个基因构成，对应 n 个可用搜救单元，则染色体的长度为 $l = n$。设第 i 个基因的值为 $X_i(i \leqslant n)$，当 $X_i = 0$ 时表示不选择该船舶参与搜救，当 $X_i = 1$ 时表示选择该船舶参与搜救。例如：取 $n = 16$，则群体中一个染色体的编码如图 8-16 所示。

其编码含义为选择第 2、7、10、14 艘船舶作为搜救单元参与搜救任务。

图 8-16　染色体编码示意图

2. 初始种群生成

本章采用随机方式产生初始种群，种群规模表示每一代种群所含个体的数目。当种群规模较小时，可提高算法运算速率，但同时会降低种群的多样性，使算法产生"早熟"现象；当种群规模较大时，又会降低算法的运算效率。一般情况下，种群规模在 20~200 之间取值，本章针对上述情况对不同种群规模下最优解与算法运行时间进行对比分析，如图 8-17 所示。

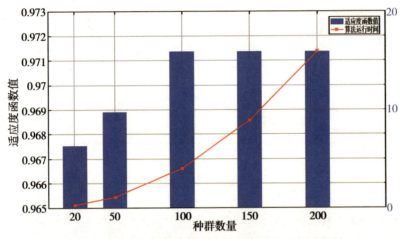

图 8-17　不同种群规模下最优解与算法运行时间对比图

从图 8-17 中可以看出，算法运行时间随着种群规模的增加而逐渐变长。当种群规模为 20 和 50 时，算法都产生了"早熟"现象；当种群规模为 150 和 200 时，算法的运行时间都较长；当种群规模为 100 时，算法不仅能得到全局最优解，而且算法运行时间相对较短。因此，本章将种群规模设为 100。在初始种群生成过程中遵循搜救单元总量约束与搜寻时间约束，以此产生较为优质的种群。

3. 适应度函数设计

适应度函数的主要作用是通过个体的特征来判断个体适应度，其一般通过目标函数转化而来。两者的主要区别为适应度函数一定是非负的，而目标函数可以为正，也可以为负。本章将目标函数表示为求函数值非负的适应度函数的最大值，具体公式如下：

$$F(x) = \max f(x) \tag{8.30}$$

式中，$f(x)$ 为目标函数值。

4. 染色体的选择

初始种群生成后，需要对种群进行初步筛选，常用的方法包括轮盘赌法、随机竞争法、最佳保留法等。本章采用轮盘赌法进行种群的初步筛选，通过个体适应度计算个体被选中的概率。适应度越大，被选中概率越大。计算公式如下：

$$P(x_i) = \frac{F(x_i)}{\sum_{j=1}^{n} F(x_j)} \tag{8.31}$$

式中，$F(x_i)$ 为第 i 个染色体的适应度，$\sum_{j=1}^{n} F(x_j)$ 为 n 个染色体的适应度累加结果。

5. 染色体的交叉、变异

染色体的交叉和变异决定了算法的进化方向。交叉是将两个配对染色体以某种方式交换部分基因的过程。本章采用随机交叉算子，交叉概率设为 0.8。首先在其中一个父代染色体上随机选择多个基因，然后依次在另一个父代染色体上找到相对应位置的基因编号，最后将两个父代染色体所选位置的基因进行交叉，得到两个子代染色体。变异是指用其他等位基因以一定的概率替换染色体上的某些基因，从而形成新的个体。变异的概率一般较小，本章将变异概率设为 0.2。将经过交叉、变异后的子代群体与父代群体相融合，放入临时种群进行优选。图 8-18 所示为交叉变异算子示意图。

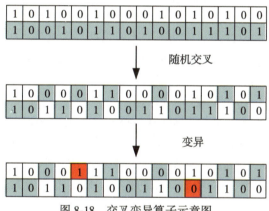

图 8-18 交叉变异算子示意图

6. 模拟退火选择机制

本章在对临时种群进行优选的过程中，引入退火机制，通过 Metropolis 准则对竞争选择算子进行改进。不仅接受最优解，而且以一定的概率接受非最优解。这样在很大程度上克服 GA 的缺点，在保证搜索效率的同时，尽可能找到全局最优解。具体计算公式如下：

$$P_i = \begin{cases} 1, & f(i) > f(j) \\ \exp\left[\dfrac{f(i) - f(j)}{T}\right], & f(i) \leq f(j) \end{cases} \tag{8.32}$$

$$P_j = \begin{cases} 0, & f(i) > f(j) \\ 1 - \exp\left[\dfrac{f(i) - f(j)}{T}\right], & f(i) \leq f(j) \end{cases} \tag{8.33}$$

式中，i、j 为任意选取的两个个体，P_i、P_j 分别为两个个体被选择的概率，$f(i)$、$f(j)$ 分别为两个个体的适应度值，T 为温度值。

每次选择时,都需要将温度 T 乘以衰减系数,以使温度下降。当温度低于所设温度下界时,则算法停止。

8.5 多搜救主体的任务分配

海上搜救行动往往是多搜救主体的协同搜救过程,如何合理分配各搜救主体的搜寻任务,是海上搜救决策的重点和难点。根据国家海上搜救手册中提出的海上搜救相关规则,在任务分配过程中应遵循如下原则:

(1) 每个搜救单元搜寻一个任务区域;
(2) 搜救目标存在于搜寻区域中;
(3) 搜寻任务同时结束;
(4) 各搜救单元以平行线搜寻的方式进行搜寻。

8.5.1 基于最优搜寻理论的任务分配算法

根据海上最优搜寻理论,搜救单元在空间上的任务分配主要与包含概率、发现概率、搜寻成功率有关。当搜寻区域过大时,包含搜救目标的概率较大,但搜救单元对于搜救目标的发现概率较小,导致整体搜寻成功率变小;当搜寻区域过小时,搜救单元对于搜救目标的发现概率较大,但区域包含搜救目标的概率较小,同样导致整体搜寻成功率变小。因此,如何平衡包含概率与发现概率的关系,得到具有最大搜寻成功率的任务分配方案,是该算法解决的主要问题。算法步骤如下:

(1) 确定优先搜索区域。首先计算并找到概率分布图中 POS 最大的格子单元作为当前任务区域,然后通过"叠加规则"依次向上、下、左、右四个方向分别扩展一行或一列,并计算得到区域的 POS。判断新区域与当前区域 POS 的大小,保留 POS 较大的区域作为新的任务区域。依此类推,直到随着区域的扩张,POS 不再增大,则当前的任务区域即为优先搜索区域。

(2) 搜寻失败结果更新。若在当前搜寻区域中未发现搜救目标,则区域中目标的包含概率应减小,其周边格子单元的包含概率相应增加。本章通过平均探测率的方法实现失败搜寻结果的更新。区域中的随机粒子 p 未被探测到的概率可用如下公式表示:

$$P_{\text{fail}}(p) = 1 - \text{POD} \tag{8.34}$$

假设,J 为所有粒子的数量,w_p 为随机粒子 p 存在于该位置的概率,则其后验概率可表示如下:

$$\hat{w}_p = \frac{P_{\text{fail}}(p) \times w_p}{\sum_{p \in J} P_{\text{fail}}(p) \times w_p} \tag{8.35}$$

按照上述方法,更新搜救目标的概率分布为

$$\text{POC} = \sum_{p \in K} \hat{w}_p \tag{8.36}$$

式中,K 为区域中随机粒子的集合。

(3) 确定后续搜索区域。概率分布图更新完成后,参照确定优先搜索区域的方法,对后续到达的搜救单元分配任务区域。在分配的过程中，尽量避免与其他任务区域之间存在较大重叠。算法流程图如图 8-19 所示。

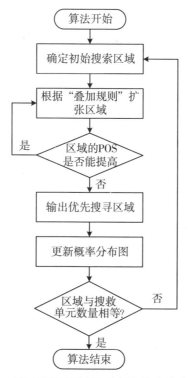

图 8-19 基于最优搜寻理论的任务分配算法流程图

任务分配完成后，需要对所有搜救单元的任务区域进行微调，通过平移、缩放、旋转等操作减小区域的重叠，保证分配方案具有最大的搜寻成功率。该方法虽然能够实现高概率区域的优先搜索，但搜救单元往往不能实现搜寻区域的完全覆盖，增加了目标遗漏的概率，且任务区域之间存在重叠情况，导致搜救单元的无效搜索，增加了搜救时间。

8.5.2 基于分治扫描的任务分配算法

在海上搜救任务分配过程中，需要尽可能对搜寻区域进行全覆盖搜寻，以减少目标的遗漏。分治扫描线算法为解决覆盖搜寻问题提供了思路。"分治"体现在先将一个凸多边形分割成两个较小的子凸多边形，然后再分别对两个子凸多边形进行迭代分割，直至完成对整个凸多边形的剖分。"扫描线"是实现多边形剖分的工具，它的两个端点都可以沿着多边形的边进行移动。对于一个面积完备的凸多边形 CP，实现整个区域的剖分可以通过 $n-1$ 条（其中 n 为凸多边形的顶点数）扫描线实现。每一条扫描线将凸多边形 CP 分割形成两个面积完备的子多边形。使用这种方法可以实现对给定凸多边形的锚定面积剖分，并且可以保证剖分得到的所有子多边形都是凸多边形。由于采用平行线搜寻的方式对凸多边形区域进行搜寻相比于搜索规则的矩形区域需要耗费更长的时间，因此，为了提高搜救效率，这里将规范化后的矩形区域作为初始的搜寻区域。本章基于分治扫描的思想，根据搜救单元切入点的位置，对初始搜寻区域进行整体剖分，从而实现多搜救主体的任务分配。剖分示意图如图 8-20 所示。

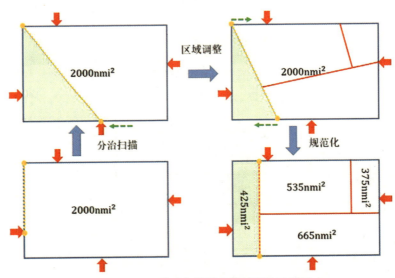

图 8-20 基于分治扫描线的区域剖分示意图

算法步骤如下：

(1) 根据各搜救单元到达搜寻区域的时间以及搜寻能力计算其在规定时间内的搜寻面积，先到达的搜救单元搜寻面积较大，从而得到搜救单元的面积约束集合 $CS=\{S_1, S_2, S_3, \cdots, S_m\}$，$m$ 为搜救单元数量。

(2) 连接搜救单元位置点与搜寻区域中心点，得到搜救单元的理想航线。若搜救单元在搜寻区域外，则通过计算航线与搜寻区域边界的交点，确定搜救单元针对搜寻区域的切入点；若搜救单元在搜寻区域内，则通过计算航线的外延线与搜寻区域边界的交点，得到其切入点。

(3) 对切入点和区域顶点集合按照逆时针排序，得到有序点集 $W=\{w_1, w_2, w_3, \cdots, w_n\}$ 和有序锚点集 $E=\{e_1, e_2, e_3, \cdots, e_m\}$。

(4) 对扫描线进行初始化，即令 $e_1=w_k$，$L=(w_1, w_k)$，得到多边形 R_L，并计算 R_L 的面积。

(5) 判断是否 $A(R_L) < CS(R_L)$ 且 $w_k \neq e_m$，若是，则令 $L=(w_1, w_{k+1})$，转到步骤 (4)；否则，转到步骤 (6)。

(6) 判断是否 $A(R_L) > CS(R_L)$ 且 $w_k = e_1$，若是，逆时针移动扫描线 L 的起点，使 $A(R_L)=CS(R_L)$，然后在 L 两端点的可移动范围内进行等积移动，最大化 R_L 的最小内角；否则，转到步骤 (7)。

(7) 判断是否 $A(R_L) < CS(R_L)$ 且 $w_k = e_m$，若是，顺时针移动扫描线 L 的起点，使 $A(R_L)=CS(R_L)$，然后在 L 两端点的可移动范围内进行等积移动，最大化 R_L 的最小内角；

否则，转到步骤(8)。

(8)在线段(w_{k-1}，w_k)上插入点p，使得当$w_k = p$时，$A(R_L) = CS(R_L)$。然后在L两端点的可移动范围内进行等积移动，最大化R_L的最小内角。

(9)输出剖分区域R_L和剩余区域R'_L。

算法流程图如图8-21所示。

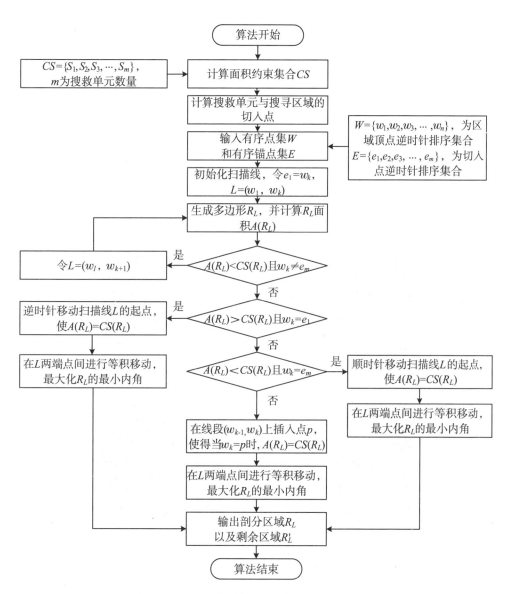

图8-21 基于区域整体划分的任务分配算法流程图

根据各搜救单元的位置，通过上述方法，可实现对搜寻区域的整体剖分。减少了目标的遗漏。但该方法不能做到高概率区的优先搜索，降低了搜救效率。

8.5.3 顾及时空特征的区域任务分配算法

上述两种多搜救主体任务分配方法都存在明显的缺点和不足,不能同时兼顾任务分配在时间和空间上的优化。基于此,本章设计了一种顾及时空特征的区域任务分配算法,通过在最优搜寻理论的基础上引入整体剖分规则,实现搜救任务在时间上的高概率优先以及在空间上的区域全覆盖。

考虑到搜救单元数量的限制以及任务分配的时空特征,本章将搜寻任务划分为多个阶段。任务分配的目标为找到一个最优的矩形分配方案,在满足分配原则的基础上,最大化各搜寻阶段的搜救成功率。目标可表示如下:

$$f(x) = \max \left[\sum_{j=1}^{n} \text{POSSAR}_j(A) \right], \quad S - \sum_{j=1}^{n} S_j > 0 \tag{8.37}$$

$$\text{POSSAR}_j(A) = \sum_{i=1}^{m} \text{POC}_i \times \text{POD}_i \times \text{POR}_i \tag{8.38}$$

式中,j 表示当前处于第 j 阶段的搜寻,A 为当前搜寻区域,m 表示当前执行任务的搜救单元数量,S 为整个搜寻区域的面积,S_j 为第 j 阶段的搜寻面积,POC_i 为第 i 个搜救单元搜寻区域的包含概率,POD_i 为第 i 个搜救单元的发现概率,POR_i 为第 i 个搜救单元的救助水平。

区域划分示意图如图 8-22 所示。

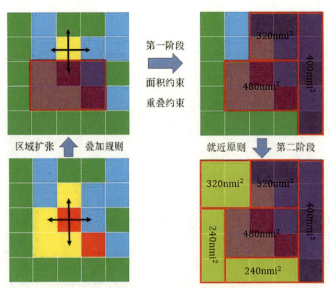

图 8-22 顾及时空特征的区域任务划分示意图

算法的具体步骤如下:

(1) 根据各搜救单元到达搜寻区域的时间、搜救单元性能、落水人员的最大存活时间等为每个搜救单元分配搜寻面积,即 $S_c = \{S_c^1, S_c^2, S_c^3, \cdots, S_c^m\}$。

(2) 按照生成搜救目标的概率分布图,选择 POC 最大的单元格为初始搜寻区域 R_s,并计算 $\text{POS}(R_s)$。

(3) 按照 8.5.1 节提到的"叠加规则"进行区域扩张操作。

(4) 判断扩张区域是否满足重叠约束，若是，则转到步骤(5)；否则，保留当前区域并转到步骤(3)。

(5) 判断扩张区域是否满足面积约束，若是，执行扩张并将区域记为 R'_s；否则，保留当前区域。

(6) 判断是否 $POS(R_s) < POS(R'_s)$，若是，令 $R_s = R'_s$，转到步骤(3)；否则，确定最终区域 $R_e = R'_s$，转到步骤(7)。

(7) 将已分配区域的 POC 置空，并根据搜救目标的漂移轨迹更新概率分布图，判断当前阶段任务区域数量是否等于 m，若是，转到步骤(8)；否则，转到步骤(2)。

(8) 更新搜救单元的位置信息及搜救目标的概率分布，判断已分配区域面积与整体搜寻区域面积是否相等，若不是，转到步骤(2)；若是，则算法结束。

算法流程图如图 8-23 所示。

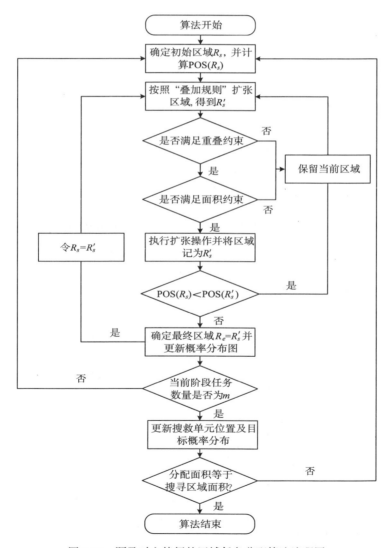

图 8-23 顾及时空特征的区域任务分配算法流程图

这里提出的顾及时空特征的区域任务分配算法不仅能实现搜寻区域在空间上的整体划分，而且能够考虑到搜寻任务的时序性，相比于传统的分配方法，在落水人员的最大存活时间(3.863h)内搜寻面积扩大了59%，且先到的船舶能够优先对高概率区进行搜寻。

8.6 典型案例分析

8.6.1 事故案例描述

本章以山东滨州海域某碰撞事故为例，对算法进行验证。事故发生于滨州套尔河河口处，一艘渔船与商船发生碰撞，导致渔船侧翻，构成较大等级水上交通事故，事故详细信息息如表8-3、表8-4所示。

表8-3　　　　　　　　　　　　事故船舶信息

船名	MMSI	船舶类型	破损程度	遇难人员
BI HAI 159	413332560	商船	安全	无
LUZHANYU5186	900020670	渔船	翻扣	4人失踪

表8-4　　　　　　　　　　　　事故现场信息

事故位置	现场能见度	医疗需求	平均海温
118°08′8″E/38°16′0″N	5~11nmi	0.8	12℃

根据漂移预测模型，以碰撞点为起始点，对搜救目标进行24小时漂移预测。选择第13~15个时刻(15:00—17:00)作为时间间隔，进而确定搜寻区域并计算区域中心位置(概位：118°10′30″E/38°16′51″N)。区域面积约为6.04平方海里，船舶的搜寻航线间距统一设为0.2海里。根据当前时刻AIS信息显示，周边有16艘可用船舶，各船舶性能参数如表8-5所示。

表8-5　　　　　　　　　　　　船舶性能参数表

船舶编号	船舶当前位置	最大航速 (nmi/h)	搜寻能力 (nmi^2/h)	医疗水平
B1	117.8684°E/ 38.9298°N	8.5	0.46	0.50
B2	117.7884°E/ 38.9738°N	9.1	1.04	0.78
B3	117.8145°E/ 38.9380°N	7.9	0.80	0.90
B4	117.7691°E/ 38.9453°N	9.6	1.25	0.89
B5	118.2194°E/ 38.2776°N	6.2	1.85	0.65
B6	118.4559°E/ 38.9642°N	8.9	1.68	0.85

续表

船舶编号	船舶当前位置	最大航速（nmi/h）	搜寻能力（nmi²/h）	医疗水平
B7	118.5299°E/ 38.3483°N	9.5	1.80	0.68
B8	118.8196°E/ 38.2602°N	8.6	1.84	0.65
B9	118.7431°E/ 38.6104°N	8.5	1.98	0.74
B10	118.7462°E/ 38.5619°N	8.0	1.26	0.64
B11	117.9047°E/ 38.3661°N	10.1	0.57	0.70
B12	118.7680°E/ 38.9290°N	10.6	2.24	0.69
B13	118.6121°E/ 38.2981°N	7.5	1.20	0.50
B14	119.1489°E/ 38.2354°N	12.5	2.13	0.77
B15	118.0999°E/ 38.9035°N	10.5	2.67	0.50
B16	118.4482°E/ 38.4573°N	10.9	1.35	0.60

8.6.2 力量调度算法分析与评价

目前，搜救力量调度问题涉及的理论方法主要包括层次分析法、线性规划理论和组合优化理论。在解决问题过程中，层次分析法、模糊相似优先比法等主要用于可用船舶的分类和排序；传统遗传算法常用于船舶的单目标组合优化求解，考虑到海上搜救问题涉及诸多因素，包括时间、成本等，带精英策略的非支配排序遗传算法（NSGA-II）常被用于解决此类多目标优化问题。由此可见，遗传算法在解决单目标和多目标的船舶组合优化问题方面具有良好的效果和广泛的应用。本章将最优搜寻理论与搜救力量调度问题相结合，构建了以最大化POSSAR为目标的船舶调度模型，并采用GSAA算法进行求解，通过与遗传算法进行对比，验证算法的优化效果。

1. 算法结果分析

POSSAR的计算结果主要取决于POD与POR的取值。时间段的差异决定了搜寻区域的差异，进而对POD产生影响；不同的医疗需求也会影响POR的取值。因此，本章根据事故案例信息及AIS信息，分别采用GA与GSAA对不同时间段及医疗需求水平下搜救力量调度模型进行求解，得到最优搜救力量调度方案。表8-6反映了不同时间段GA与GSAA求解得到的搜救力量调配方案结果对比情况。表8-7反映了不同医疗需求GA与GSAA求解得到的搜救力量调配方案结果对比情况。

通过对比可以发现，对于不同的时间段和医疗需求，通过GSAA求解得到的调度方案，其POSSAR都明显大于或等于由GA求解得到的方案。通过GSAA求解得到的方案虽然搜寻时间较长，但其具有较少的搜救单元和较低的搜索成本。因此，综合考虑上述因素，通过GSAA获得的搜救力量调度方案更好。

表 8-6　　不同时间段下搜救力量调配方案对比

时间段	医疗需求	算法	染色体编码	搜救力量组合	船舶数量	POSSAR
10:00—13:00 (3h)	0.8	GSAA	0,0,0,0,1,0,0,0,1,0,0,0,0,1,0,0.	B5, B9, B14	3	87.84%
		GA	0,0,0,0,1,0,1,0,1,0,0,0,0,1,0,0.	B5, B7, B9, B14	4	86.53%
15:00—17:00 (2h)	0.8	GSAA	0,0,0,0,1,0,0,0,1,0,0,0,0,1,0,0.	B5, B9, B14	3	87.79%
		GA	0,0,0,0,1,0,1,0,1,0,0,0,0,1,0,0.	B5, B7, B9, B14	4	86.47%
22:00—23:00 (1h)	0.8	GSAA	0,0,0,0,1,0,1,0,1,0,0,0,0,1,0,1.	B5, B7, B9, B14, B16	5	83.18%
		GA	0,0,0,0,1,0,1,0,1,0,0,0,0,1,0,1.	B5, B7, B9, B14, B16	5	83.18%

表 8-7　　不同医疗需求下搜救力量调配方案对比

医疗需求	时间段	算法	染色体编码	搜救力量组合	船舶数量	POSSAR
0.8	15:00—17:00 (2 moments)	GSAA	0,0,0,0,1,0,0,0,1,0,0,0,0,1,0,0.	B5, B9, B14	3	87.79%
		GA	0,0,0,0,1,0,1,0,1,0,0,0,0,1,0,0.	B5, B7, B9, B14	4	86.47%
0.6	15:00—17:00 (2 moments)	GSAA	0,0,0,0,1,0,0,0,0,0,0,0,0,1,1,0.	B5, B14, B15	3	97.80%
		GA	0,0,0,0,1,0,1,0,0,0,0,0,0,1,1,0.	B5, B7, B14, B15	4	97.55%
0.4	15:00—17:00 (2 moments)	GSAA	0,0,0,0,1,0,0,0,0,0,0,0,0,1,1,0.	B5, B14, B15	3	97.80%
		GA	0,0,0,0,1,0,0,0,0,0,0,0,0,1,1,0.	B5, B14, B15	3	97.80%

2. 算法有效性验证

根据 8.5.2 节基于分治扫描的任务分配算法中的计算结果,可以绘制不同时间段及医疗需求下最优适应度与平均适应度对比曲线,如图 8-24 所示。

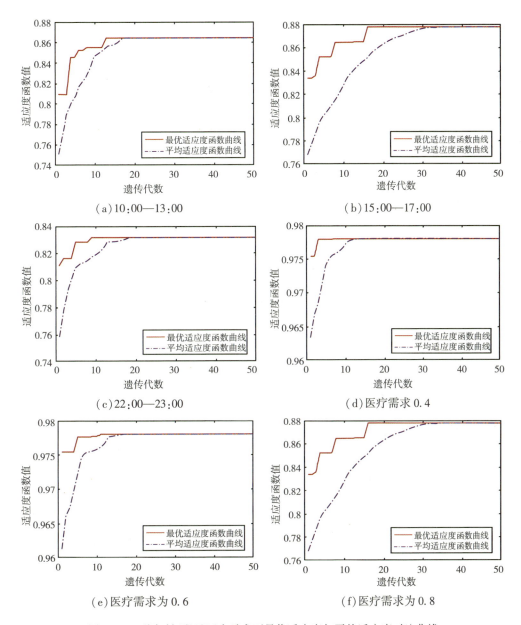

图 8-24 不同时间段及医疗需求下最优适应度与平均适应度对比曲线

从图 8-24 中可以看出，首先，在进化过程中，GA 与 GSAA 两种算法的最优适应度值总是高于平均适应度值，且二者均呈上升趋势，达到一定的代数后收敛。其次，两种算法的平均适应度曲线均无较大的波动，表明本章提出的算法具有较好的寻优能力，体现了算法的稳定性及有效性。最后，在不同参数条件下，适应度函数始终满足上述分析结果，证明算法具有普遍适用性。

3. 算法优化性验证

算法的优化性体现在算法寻优的能力及速度上。本章假设医疗需求为 0.8，时间间隔为 15:00—17:00 的基础上，通过与传统遗传算法比较，验证本章所提出算法的优化效果，如图 8-25 所示。

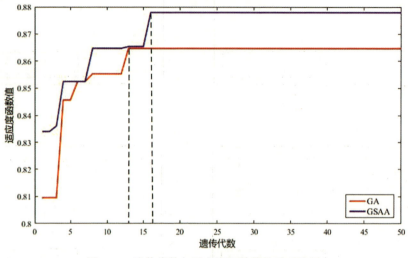

图 8-25　遗传代数与适应度函数值关系对比图

从图 8-25 可以看出，首先，基于 GA 的适应度函数曲线从第 13 代开始收敛，基于 GSAA 的适应度函数曲线从第 16 代开始收敛，这表明 GSAA 不会损失太多搜索速度。其次，基于 GSAA 的适应度函数曲线与基于 GA 的适应度函数曲线相比收敛到了更高的适应度函数值，搜救成功率提高了 1.32%。这证明 GSAA 具有更好的寻优能力及全局收敛效果。综上所述，本章提出的基于 GSAA 的搜救力量调配模型能够得到具有更高搜救成功率的搜救力量配置方案。

与传统船舶优选方法（如层次分析法、模糊相似优先比法等）相比，本章采用的搜救力量调配模型更加注重搜救力量的组合优化，以最大化搜救成功率为目标，寻找最优的搜救力量组合。传统的船舶优选方法更加注重船舶性能，在搜救力量选择过程中，多为单船选择，在制定力量组合方案上存在不足。

8.6.3　任务分配算法分析与评价

1. 算法结果分析

通过本章提出的顾及时空特征的区域任务分配算法，可以得到优化的搜寻任务分配方案，包括搜寻时间、搜寻区域、区域位置、搜寻模式等重要参数。整体搜寻方案如图 8-26 所示。

从图 8-26 中可以看出，距离搜寻区域最近的船只优先搜索中间 POS 最高的区域，且搜寻面积较大。在第二阶段的搜索过程中，会从搜救单元中优先选择距离当前任务区域最近的船舶进行搜寻，以缩短搜寻时间。3 个搜寻单元分两个阶段对 5 个互不重叠的任务区域进行搜寻，从而实现搜索区域的完全覆盖。

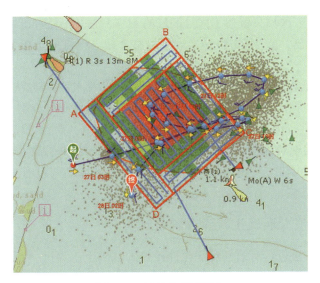

图 8-26 搜救方案可视化

2. 算法优化性评价

任务分配的优化性体现在方案的合理性以及搜救的效率。本章通过对比基于最优搜寻理论以及分治扫描的任务分配算法来验证本章算法的优化性。其中，基于最优搜寻理论的任务分配算法主要针对任务的优先级进行区域任务分配。根据搜寻成功率划分任务区域，优先搜索成功率较高的区域。但该算法存在区域重叠问题，以及搜寻区域覆盖不全等问题，这样就会增加目标遗漏的可能性。基于分治扫描的任务分配算法主要根据船舶的位置及搜寻能力划分搜寻区域，区域的面积根据各船舶的到达时间及搜寻能力计算得到，最先到达的船舶搜索距离其最近的搜寻区域且搜寻面积较大。具体方案见图 8-27。

(a) 为基于最优搜寻理论的任务分配图　　　　(b) 为基于分支扫描算法的任务分配图

图 8-27 任务分配图

从图8-27(a)中可以看出，距离搜寻区域最近的船舶优先搜索概率较高的区域，且搜寻面积较大。3个任务区域只覆盖了搜寻区域的41%，且3个任务区域之间存在重叠。从图8-27(b)中可以看出，3个任务区域实现了对整个搜寻区域的全覆盖，且距离搜寻区域较近的船舶搜寻面积较大。

上述两任务分配方案都有其自身的优点和缺点。本章将两种方法相结合，去劣存优，提出了一种顾及时空特征的区域任务分配算法，形成了最优分配方案。首先，该方案可以对POS最高的区域进行优先搜索，不仅符合搜救行动原则，而且可以有效提高搜救效率。其次，该方案能够实现对搜索区域的全覆盖搜寻，在落水人员的最大存活时间内，搜寻面积扩大了59%，减少了目标遗漏的概率。最后，任务区域之间没有重叠，避免了无效搜索并节省了时间和成本。

8.6.4 海上仿真假人和救生筏漂移搜救试验

在对智能决策方法进行有效性和优化性评价的基础上，为进一步验证智能决策方法，租用部分渔船，开展两次海上假人和救生筏漂移搜救试验。在试验过程中，为了真实模拟海上落水人员的漂流过程，使用北海预报中心发明的仿真人体模型作为参考体。该仿真人体模型具备与真人外形相似的躯体部件和基本结构，具备定位通信功能，包括北斗、铱星等通信传输系统。此外，该仿真人体模型还具备配套的全身覆盖衣物（含头套、手套、鞋子），以模仿真人落水时穿着衣物的情况。仿真人体模型结构和参数如图8-28(a)所示，处于海上试验中的仿真人体模型如图8-28(b)所示。

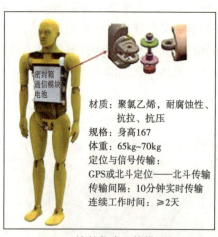

(a) 搜救仿真人体模型　　　　　　(b) 处于海上试验中的仿真人体模型

图8-28　搜救仿真人体模型相关介绍

海上试验除了仿真假人漂移搜救之外，还进行救生筏的漂移搜救，海上救生筏布放如图8-29所示。

海上仿真假人和救生筏漂移搜救试验的具体方案如下：

图 8-29 海上试验渔船与救生筏

(1)指派一艘渔船,在指定的起始位置投放仿真假人和救生筏,仿真假人和救生筏均具备 GNSS 定位功能,将收集漂移轨迹数据用于后期分析。

(2)经过指定时间后(大于 10h),根据起始点遇险信息,使用"国家海上搜救环境保障服务平台"进行漂移预测,并调用集成的搜救方案智能决策功能进行搜救方案规划,将搜救方案发送至位于各船舶试验人员的智能移动设备。

(3)试验人员根据智能搜救方案中的规划路线和任务动作,指挥其所在船舶的航行动作(航向、航速等),对搜寻区域进行分工协作搜索,GNSS 定位设备将实时记录并反馈船舶定位信息。服务端的搜救方案智能决策功能将根据各船舶的定位反馈,对搜救方案进行动态优化和更新,并下发至各船舶试验人员。

(4)当搜救船舶发现仿真假人(救生筏)目标后,将对其进行打捞,本次试验结束。

8.6.5 国家海上搜救环境保障服务平台

为了进一步实现本章方法的集成与应用,本章将算法分为搜寻区域确定、搜救力量调度与搜寻任务分配三部分,开发海上搜救辅助决策模块并部署于"国家海上搜救环境保障服务平台",为海上搜救相关部门提供决策支持。算法的核心是基于最优搜寻理论实现海上搜救方案的规划。辅助决策模块的主要功能包括数据的集成与利用、搜救目标漂移预测、海上搜救力量调度、海上搜寻任务分配等。

1. 系统架构设计

框架是一种微体系结构,为特定领域内的软件系统提供完全可以实现的模板,是一个将要被扩展或复用的子系统。传统的算法仿真程序大多基于 C/S 架构,共享性差且维护及部署成本高。本章采用面向服务(Service-Oriented Architecture,SOA)的系统框架,以服务为中心,完成系统的搭建。客户端与服务端工作分离,算法模块在服务端进行封装并发布为 Web Service 接口，客户端通过调用接口得到决策结果。客户端与服务端的交互通过 RESTful API 方式实现。平台面向全国海区提供环境保障服务，在三层架构的基础上，进一步将平台逻辑层和数据层进行结构划分，共分为访问层、接口层、管理层、服务层和数据层五部分，框架设计图如图 8-30 所示。

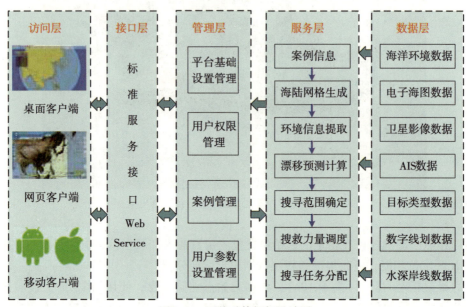

图 8-30　系统总体框架设计图

2. 系统功能概述

（1）海洋环境预报数据集成与利用。风、浪、潮、流、海温等海洋环境预报数据对于海上搜救目标的漂移预测以及辅助决策具有至关重要的作用。其中，风、浪、潮、流数据主要用于衡量海洋动力环境对搜救目标漂移的影响，包括目标的速度、方向等；海温主要用于衡量落水人员的最大存活时间。本系统通过范围请求的方式获取 NC 格式的海洋环境预报数据，通过预处理将数据转换成 GeoJSON 或 PNG 格式，从而实现数据的利用与表达。系统不仅能够直观地展示当前海洋环境状态，而且支持数据的单点查询，使用户能够更加详细地了解海洋环境预报数据的时变信息。海洋环境预报数据可视化如图 8-31 所示。

（2）AIS 数据集成与利用。船舶 AIS 数据的集成是实现搜救力量调度的基础。本系统通过服务接口调用的方式实时获取 AIS 数据并基于 Leaflet 地图引擎，通过前端 Canvas2D 绘图技术实现船舶 AIS 数据的多尺度可视化表达，如图 8-32 所示，支持船舶时空范围查询、船舶详细信息查询、船舶航行轨迹查询、船舶航速分析等。

（3）电子海图的多尺度表达。平台海图数据在数据分层、分块上采用金字塔模型，利用四叉树结构的非叶子节点和叶子节点来分别保存海图块的索引关系和具体的海图数据。在数据调度时，只涉及四叉树索引的加、减和加倍数学计算，实现了较高效率的数据调度。同时，在可视化时，通过计算视景体范围，只绘制可视范围内的数据，提高了操作流畅度，电子海图多尺度表达如图 8-33 所示。

8.6 典型案例分析

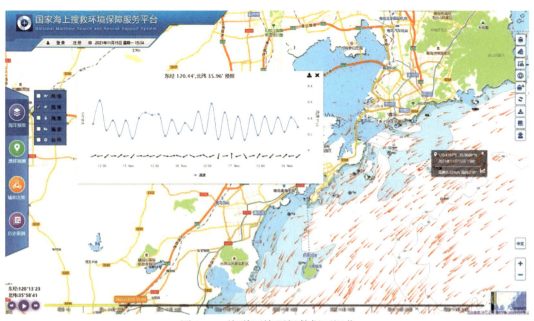

图 8-31　海洋环境预报数据可视化

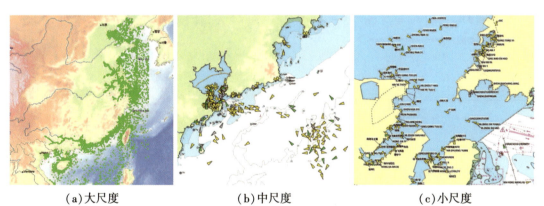

(a) 大尺度　　　　　　　　　(b) 中尺度　　　　　　　　　(c) 小尺度

图 8-32　船舶 AIS 数据可视化表达

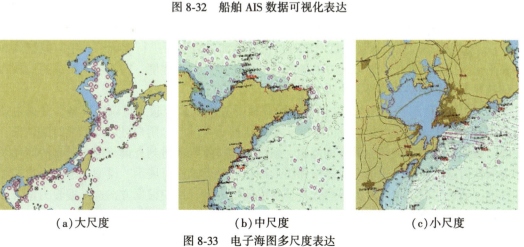

(a) 大尺度　　　　　　　　　(b) 中尺度　　　　　　　　　(c) 小尺度

图 8-33　电子海图多尺度表达

第8章 海上搜救应急处置决策支持

(4)搜救目标漂移预测。搜救目标的漂移预测主要用于确定搜寻区域。本系统通过LEEWAY模型实现搜救目标的漂移预测,并采用蒙特卡洛方法来量化风、浪、流等数值预报信息的不确定性对目标漂移的影响,基于海量数据快速同步与提取、漂移预测并行计算、标准服务封装等关键技术,为用户提供"一键式"漂移预测云计算服务。用户输入事故日期、事故位置、预测时长、事故类型、风流作用参数等信息后,服务端自动提取风、流文件并匹配漂移预测模型,通过计算得到遇险目标的漂移轨迹,参数界面及预测结果如图8-34所示。

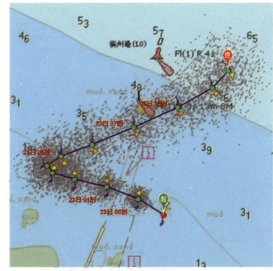

(a)参数输入界面　　　　　　　　　　(b)漂移预测轨迹

图8-34　参数界面及预测结果

(5)搜寻区域确定。通过设置预测轨迹的时刻区间确定搜寻区域,并以此生成概率分布图。

POC概率分布图是一种衡量搜寻区域内目标物存在概率的指标,以特征时刻点为中心向外逐渐减小,红(绿)色代表目标物存在概率大(小)。如图8-35所示。

(6)搜寻模式选择。这里支持用户对扫视宽度和航线间距进行设置。其中,航线间距即在平行线搜寻过程中,船舶搜寻航迹线之间的距离;扫视宽度,即船舶人员或探测器在当前海况下所能观察到的最远距离。

(7)搜救力量调度。本系统主要基于最优搜寻理论构建搜救力量调度模型,并通过遗传模拟退火算法求解得到最优调配方案。在确定搜寻区域后,用户可以以特征时刻位置为中心,根据需求设置搜救力量查询范围,系统自动搜索当前时刻查询范围内所有的船舶及相关属性信息,查询结果信息以表格和图形标注两种形式进行展示。模型会根据周边船舶的性能、到达时间、搜寻能力等参数自动生成调配方案,用户根据方案选择搜救力量开展搜救行动。调配方案展示如图8-36所示。

8.6 典型案例分析

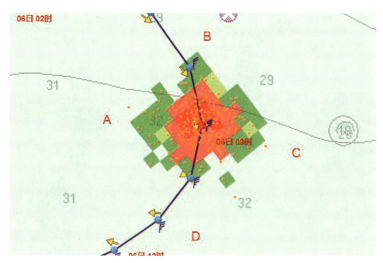

图 8-35 POC 概率分布图

图 8-36 搜救力量调配方案

(8) 搜寻任务分配。在确定搜救力量后,需要为每个搜救力量分配搜寻任务,从而在最短的时间内实现搜救成功率的最大化。本系统全面考虑了多种搜寻模式,用户可根据不同的搜救情况进行模式选择。当只有单个搜救力量时,可选择扩展方形搜寻或扇形搜寻,如图 8-37 所示;当多个搜救力量协同搜救时,可通过顾及时空特征的区域任务分配算法实现多搜救力量的最优任务分配,如图 8-38 所示。

247

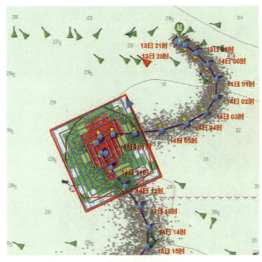

(a) 扩展方形搜寻　　　　　　　　(b) 扇形搜寻

图 8-37　单搜救主体任务规划

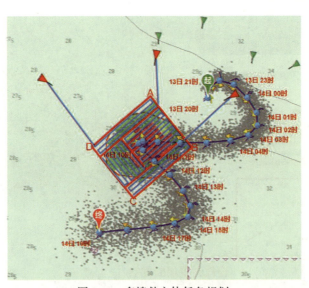

图 8-38　多搜救主体任务规划

(9) 方案结果展示。任务规划完成后，可查看方案的具体结果，包括搜寻区域的总面积、搜寻时间、搜寻区域角点坐标，以及各搜救力量的搜寻面积和搜寻时间。

(10) 历史案例。系统支持搜救漂移预测案例的自动存储，包括案例编号、起始时间、预测时长、经度、纬度、风场参数、流场参数等信息。选中某一案例可实现案例结果的可视化，同时支持 Word 和 Excel 两种方式案例结果导出。

第9章 海洋溢油应急处置决策支持

海洋溢油是指海上石油在开采、运输、装卸和使用过程中发生的溢漏事故，如钻井平台爆炸、海底油气管道泄漏、船舶碰撞等，将会造成严重的环境污染和生态灾难。据国家海洋局统计，我国沿海地区平均每4天就会发生一起溢油事故，1974—2018年我国近岸沿海发生50吨以上重大溢油事故117起，溢油总量达186105吨。由于海洋溢油很难被彻底清除，同时溢油会随着时间扩散漂移，故对海洋生态环境危害极大。本章将介绍我国海洋溢油应急响应体系，建立由溢油事故风险评估、溢油扩散与漂移数值模拟、溢油事故应急资源调度组成的海洋溢油应急处置流程，并构建海洋溢油应急处置决策支持系统，实现科学、高效的溢油处置与决策。

9.1 海洋溢油事故

9.1.1 海洋溢油事故类型

根据海洋溢油应急事件发生的原因、事故地点、泄漏油品类型等因素可以将海洋溢油应急事故分为多种不同的类型。

1. 事故原因

根据海洋溢油事故发生的原因可以分为四类：人为因素导致的溢油事件、设备因素导致的溢油事件、技术因素导致的溢油事件和环境因素导致的溢油事件。人为因素导致的事故是指由于船员的安全意识薄弱、缺乏责任心以及相关管理者对船舶经营管理不善所导致的海洋溢油事故；设备因素导致的事故是指船舶自身的相关硬件设备不合格、船体老化等因素导致的海洋溢油事故；技术因素导致的事故是指相关船舶驾驶人员由于技术失误导致船舶搁浅、碰撞所引起的海洋溢油事故；环境因素导致的事故是指由于海上大风大浪等恶劣天气海况所引起的事故。

2. 事故地点

溢油事故的发生地点可以分为两类：近海域发生的溢油事故以及远海域发生的溢油事故。近海域发生的溢油事故是指发生在一国领海内的溢油事故，远海域发生的溢油事故是指发生在公海领域内的溢油事故。

3. 油品类型

根据泄漏油品类型，可以将溢油事故分为三类：重质油泄漏事故、轻质油泄漏事故以及挥发性油泄漏事故。重质油泄漏事故是指海上发生原油、船舶燃料用油等燃料油泄漏的油品泄漏事故，此类型溢油难挥发、黏稠，多呈暗黑色；轻质油泄漏事故是指海上发生石脑油和常压瓦斯油等轻质油的油品泄漏事故；挥发性油泄漏事故是指海上发生煤油、汽油等具有挥发性特点的油品泄漏事故。

9.1.2 海洋溢油事故特征

1. 危害严重性

海上发生溢油事件对海洋生态环境的破坏非常严重，油品自身有着毒性大、降解难、挥发性强的特点，其毒性将会给事发海域的渔业资源造成毁灭性的打击，相关海产品也会受到油品毒性的污染，威胁周边居民的身体健康，而且对被污染的海域进行溢油清理和环境修复需要支出巨额费用，海洋生态环境很难在短时间内得到修复，影响事故周边社会的正常生产活动以及日常生活，整体造成巨大的经济损失。

2. 突发性和偶然性

海洋溢油事故发生之前很难被察觉，一旦发生事故，会使相关人员以及单位猝不及防，有着巨大的突发性。海洋溢油事件并不经常发生，而且事故发生的原因也让相关人员很难预测到，有着巨大的偶然性。海洋溢油的突发性以及偶然性往往对海上造成"瞬时污染"，同时也使得相关负责机构的救援与清理工作处于被动状态。

3. 事故发生形式的不确定性

海洋溢油事件的发生形式大致可以分为船舶、油品类设施破损较小所导致的持续性溢油以及船舶、油品类设施损害程度较大的爆发性溢油。前者大多是由船舶触角、小强度的船体碰撞以及输油管道小规模破损等原因所导致的溢油事件，后者则是由强度较大的船体碰撞或海上钻井平台发生火灾、爆炸等原因所导致的大规模溢油事故。由于两种溢油事故发生的形式不同，其对应的溢油应急响应措施也不同。

4. 应急响应的困难性

由于海洋溢油事故的突发性以及偶然性，导致溢油事故可以发生在任何时间、任何地点，而且事故发生点的海洋气象环境以及海况均会随着时间不断变化，这将会影响海洋溢油区域污染的严重程度，同时也会在一定程度上影响着有关应急物资的分配与应急物资运输的调度决策。在海况很恶劣的情况下，甚至很难达到相应应急物资的使用条件，给应急响应的执行带来巨大困难。

5. 应急目标区域的不明确性

由于海洋溢油会自主扩散，并且会在洋流、风向的影响下不断进行漂移，致使海上污染区域不断扩大和移动，甚至会产生多个溢油污染区域，这将会导致应急目标区域的锁定难以明确，给相应的海洋溢油应急行动带来困难。

9.2 海洋溢油应急响应体系

9.2.1 海洋溢油应急响应概念

海洋溢油应急响应是指国家政府以及有关部门为了及时应对海洋溢油事件所造成的污染，根据内部联系以及相应秩序所建立的有机统一的系统。对海洋溢油的应急响应系统的建设可以分为两个方面：海洋溢油应急力量的建设，以及海洋溢油制度保障的建设。其中整个应急系统建设的相关内容包括系统组织架构建设、应急预警系统的建设、具体应急响应程序的建设、溢油应急支持保障系统的建设以及灾后重建复原措施体系的建设等。

9.2.2 海洋溢油应急体系

我国的海洋溢油应急体系的建设开始于20世纪90年代，应急系统的建设包括海洋溢油应急预案的设立、海洋溢油应急管理组织架构的建设、应急队伍的组建、应急人员训练计划的拟定以及海洋溢油监管体系的建立等。

现在，我国的海洋溢油应急体系已经基本建成，其中包括国家级溢油应急反应中心，如位于北京市的中国海上搜救中心，以及省级、市级溢油应急反应中心。同时，全国各个港口都设立了各自的海洋溢油应急响应指挥机构，当地的海事机构还设有相应的海洋溢油响应办公室。

在2009年9月9日，为了防止水上船舶及其有关作业污染海洋生态环境，依据《中华人民共和国海洋环境保护法》制定并发布了《防治船舶污染海洋环境管理条约》，并且于2010年3月1日起实施。

在2018年3月20日，交通运输部发布了《国家重大海洋溢油应急处置预案》，界定了负责各个海洋溢油应急响应的相关部门以及单位的定位和工作职责，对各个相关部门的防控措施要求以及监测措施要求进行了明确，同时使得海洋溢油应急响应的工作流程更加清晰，工作流程如图9-1所示，有关海上交通或石油勘探溢油处理流程如图9-2所示。

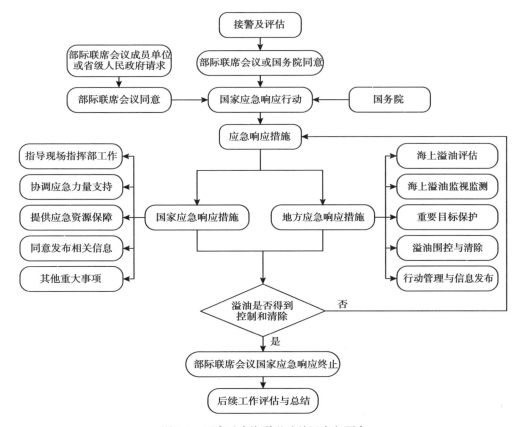

图9-1 国家重大海洋溢油处置应急预案

第9章 海洋溢油应急处置决策支持

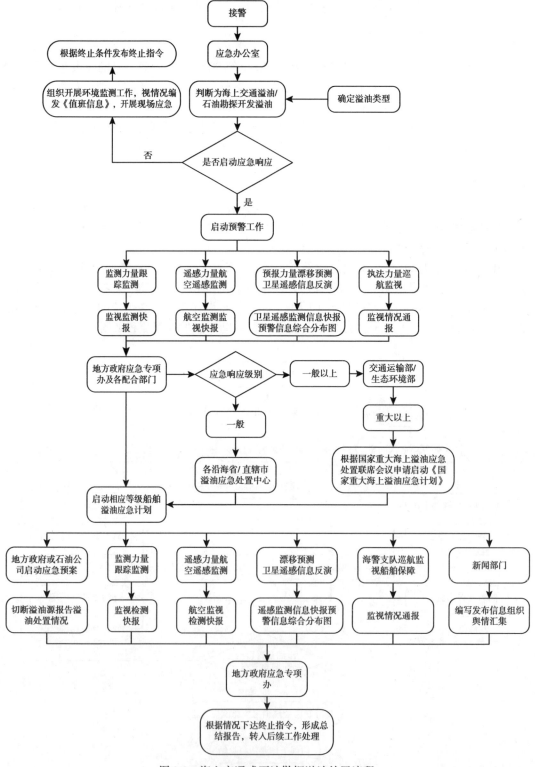

图 9-2 海上交通或石油勘探溢油处置流程

9.2.3 海洋溢油应急处置流程

在海洋溢油事故应急处置方面,我国已建立起成熟的应急反应体系,主要包括应急响应程序、应急处置和灾后处理等方面。物资调度首先需要确定事故类型、环境、规模等信息。规模包括事故等级的确定,不同事故等级启动的应急响应程序不同,采取的处置流程有差异。合理的应急处置能够在最短的时间内有效地控制溢油点污染源,从而减少经济损失,保护水域生态环境。

为建立健全国家重大海洋溢油事故应急处置工作程序,交通运输部于2018年3月8日印发的《国家重大海洋溢油应急处置预案》中指出,需要根据事故类型、溢油量大小、危险程度进行溢油事故分级,采取"分级响应"的概念,启动不同等级下的应急响应程序。由于国内外所处水域环境和建设程度不同,对海洋溢油事故的分级也不同,具体分类见表9-1。

表9-1 **溢油事故等级划分标准**

国际标准:以事故规模和需要的资源进行分析			
等级大小	1	2	3
具体依据	能够通过使用该地的溢油处置资源加以处理和控制	需要地区内其他溢油处置资源协助处理和控制	需要国内甚至国际溢油应急处置力量协助处理与控制
国内标准:根据溢油量和相关规定划分			
等级大小	小型溢油事故	中型溢油事故	大型溢油事故
具体依据	溢油量<10t	10t<溢油量<100t	溢油量>100t

我国在船舶溢油事故方面,又制定了更为详细具体的溢油事故等级划分标准。根据交通运输部行业标准,依据油品泄漏量和经济损失的大小判断事故等级。具体等级划分如表9-2所示。

表9-2 **交通运输部船舶溢油事故等级划分标准**

事故等级	油船货油	船用油	油性混合物
小事故	油品泄漏量<0.5t; 经济损失<3万元	油品泄漏量<0.01t; 经济损失<2万元	经济损失<2万元
一般事故	0.5t<油品泄漏量<5t; 3万元<经济损失<10万元	0.01t<油品泄漏量<0.1t; 2万元<经济损失<5万元	2万元<经济损失<5万元
大事故	5t<溢油泄漏量<10t; 10万元<经济损失<30万元	0.1t<油品泄漏量<1t; 5万元<经济损失<10万元	经济损失>5万元
重大事故	油品泄漏量>10t; 经济损失>30万元	油品泄漏量>1t; 经济损失>10万元	——

发生海洋溢油事故后,各级相关单位及事故方应遵循应急响应程序行动,做好及时报告与及时处理溢油事故前、中、后期的相关处置工作。

1. 溢油风险评估

以客观事实选取反映溢油事故情况及污染程度的评价指标,用于构建评价指标的体系,涉及溢油事故污染评价的各个方面。指标要易于获取或者能够采用直接或间接的方法进行测量,有代表性、信息量大。

分析溢油事故污染程度的影响因素,包括溢油量及油品特性、事故发生区域及溢油处置措施和海洋溢油行为。溢油量是决定溢油事故等级的最直接的因素,油品特性可依据毒性、持久性、易燃性划分,是决定溢油事故等级的重要因素。事故发生区域与溢油事故处置可采取的措施类型密切相关。

根据评估指标分析溢油事故等级,包括评估集确定、评估集各指标的权重确定和各评估指标的风险隶属度分析,构建评估指标的风险隶属度矩阵,并通过风险隶属度矩阵与权重矩阵评估事故等级风险,如图 9-3 所示。

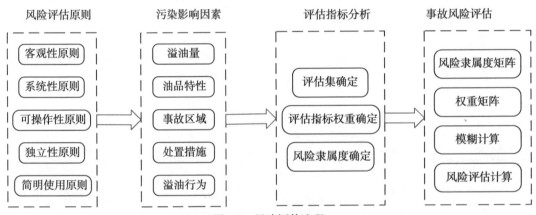

图 9-3　风险评估流程

2. 溢油漂移扩散模拟

溢油进入水体后,会发生扩散、漂移、乳化、蒸发等一系列物理化学变化如图 9-4 所示,同时伴随着油膜、大气和水体间的热量迁移,是一个极其复杂的过程。目前针对这一系列过程的模拟方法主要有两种,一种是基于对流扩散方程直接对溢油进行的数值模拟,另一种则是采用油粒子模型。

结合事故发生区域的海洋水文气象参数,建立溢油模型。其中,溢油漂移扩散模拟的结果可以为溢油事故的风险分析提供帮助;数值模拟结果可以为溢油事故的应急决策和损害评估提供重要参考,如油膜漂移扫海面积、油膜长度和面积、影响范围、到达敏感水域的时间、油品属性变化等。

3. 溢油应急资源调度

以及时性、协作性、协同性为原则,制定及时有效的物资调度方案,切断事故链,避免事故继续升级和扩大,尽快救助人命、财产,并防止事故对环境造成更为严重的破坏,

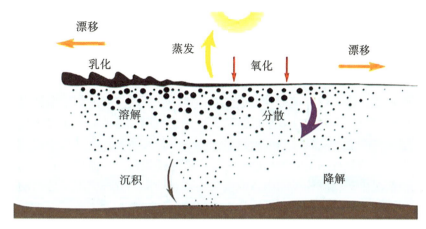

图 9-4　溢油油污在海洋中经历的主要过程

最大限度减少事故带来的人员伤亡、财产损失和环境污染。

建立一种海上溢油事故应急资源调度的多目标组合优化配置模型,包括采集海上溢油事故的位置及溢油面积,采集在溢油事故中各资源供应点的信息,构建海上溢油事故处置不确定条件下的多目标函数模型,构建海上溢油事故处置不确定条件下多目标约束优化模型的约束条件,对海上溢油事故不确定条件下多目标优化模型进行求解得到资源配置解集;从资源配置解集中选择最优配置方案。本模型考虑了实际溢油应急处置过程中的不确定性,使得资源配置更加贴合实际应急需求,并使应急处置过程的资源配置更科学高效。缩短了事故处理的时间、节约了成本、降低了海洋污染。模型具体流程如图 9-5 所示。

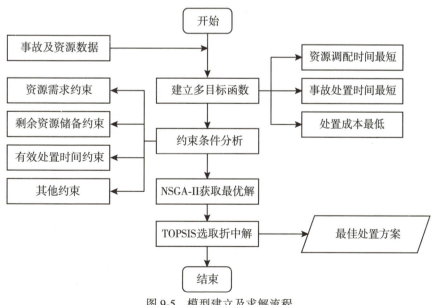

图 9-5　模型建立及求解流程

4. 溢油应急处置策略

根据海洋溢油事故特点，结合交通运输部发布《国家重大海洋溢油应急处置预案》的具体章程。在我国境内，发生重大海洋溢油事故时，应根据不同时期制定相应处置策略。因此从事故前、中、后三个阶段提出针对性的处置策略。

（1）事故发生前。

①监测和风险分析：相关企事业单位和其他生产经营者应及时开展溢油风险评估、建立健全各项风险防控措施和信息共享机制。省级人民政府和行业行政主管单位按照职责分工，加强对辖区内的溢油风险源的风险信息收集、分析和研判。

②预警行动：预警行动主要包括两个方面，一是国家溢油应急中心在接到海洋溢油预警信息后，视情况启动相应等级的应急响应，要求相关部门立即采取预警行动，配合采取信息核实、预评估、应急行动准备、舆论引导等措施；二是利用溢油监测设备，对事故水域的水况、环境进行模拟，跟踪溢油漂移扩散路径，提高溢油漂移扩散预警能力。

③预警解除：相关部门及溢油应急中心在综合预警行动相关信息后，当经多方判断，认为国家重大海洋溢油的可能性已经消除时，应及时报告中国海洋溢油应急中心，宣布预警解除，并妥善处置后续事宜。

（2）事故发生中。

①发布信息报告：溢油事故发生后，相关单位和个人应立即向国家海事局、溢油应急指挥中心等相关部门报告基本情况；接报单位接报，经核实后根据相应规定，立即向溢油应急指挥机构准确报告事故信息；溢油应急指挥中心应立即进一步核实相关信息，并做好报送部门间的信息共享工作；经核实确认后，对于可能发生的国家重大海洋溢油事件，预启动相应等级的溢油应急响应程序，地方海事局或省级相关部门应当立即向政府和国务院报告，报告内容应包括溢油事故地点、时间、溢油种类、事故起因、伤亡情况等。

②应急响应和处置：启动应急响应后，各相关部门应立即实施国家响应措施，组织协调应急处置工作，包括指导现场指挥部制定相应的应急方案；协调各单位参加监视监测污染清除情况；协调各港口应急物资储备库的物资运输；回收污油的运输和处置；对可能受溢油污染的动植物及保护区等目标进行重点保护；需要国际援助时，按照溢油应急国际公约或地区性协议，并做好书面记录，协调相关地区参与应急救援。

（3）事故发生后。

①溢油回收及油污废弃物的处理：现场指挥部应合理处置溢出油品，避免对海洋生态造成二次污染。

②溢油应急处置行动后评估：应急响应行动结束后，应急响应中心应组织相关单位对该次溢油事故应急资源投入使用数量、各种应急物资调度效率、应急组织部门执行情况、海洋敏感区污染程度、造成的财产损失等开展评估，随后向国家相关部门提交评估报告，进行总结分析。

③恢复与重建：溢油应急处置工作结束后，事故水域所在的辖区应立即对事件造成的损失进行评估工作，制定恢复与重建方案，在生态环境修复与维护方面做出相应补偿性措施。

④建立奖惩机制：根据相关规定，在该次应急处置工作中，有突出贡献的个人或单位应给予表彰；对造成溢油事故或在应急处置工作中虚报瞒报的人员或单位，应依法追究责任。

9.3 海洋溢油事故风险评估

9.3.1 溢油事故风险评估原则

(1)客观性原则。评价指标体系的设计必须以客观事实为基础,所选取的评价指标应能全面、真实地反应溢油污染程度的大小,同时还必须以科学理论为依据,指标概念应清晰明确。

(2)系统性原则。评价指标体系的设计要从系统观点出发,要包括溢油污染程度所涉及的各个方面,所设定的具体指标应能够系统地反映出影响评价对象特性的主要因素。所建立的指标体系中,各指标应表达不同层次的从属关系和相互作用关系,从而构成一个有序、系统的层次结构。

(3)可操作性原则。构建评价指标体系时,要考虑在现实条件下所建立的指标体系能付诸实施,进而保证评价工作的顺利进行,且有足够的精确度。一方面指标要易于获取,另一方面所确定的指标应能够用直接或间接的方法测量或估测。

(4)独立性原则。选取的各个指标应内涵清晰、相对独立,同一层次的各指标间应尽量相互不重叠,相互间不存在因果关系。整个指标体系的构成应围绕溢油污染程度层层展开,使最后的评价结论反映评价意图。

(5)简明实用性原则。所选定的各项指标必须简单明了,在建立指标体系过程中,所选择的指标不可能面面俱到,否则会使指标体系十分繁杂,不便操作。因此,合理、正确地选择有代表性、信息量大的指标是构建高效、系统的指标体系的关键。

9.3.2 溢油污染程度影响因素

海洋溢油事故污染程度大小是一个动态变化的过程,用于表示海洋短期溢油污染状况及变化趋势,它受较多因素的影响和制约,而且因素之间是相互作用、互相关联的。溢油事故污染程度判断的恰当与否,将直接影响海洋环境保护是否有效。本节对溢油污染等级的评价,是根据油污的短期生态环境效应来确定污染等级的,从油污可能对海洋环境造成的污染出发分析溢油污染程度大小。

1. 溢油量及油品特性

溢油量是影响溢油污染程度大小最直接、最密切相关的因素,一般来说,溢油量越大,导致的污染程度可能就越大。发生溢油事故时,确定溢油类型及其理化性质是制定应急对策的重要因素,油品性质的差异对海域资源造成的影响是不相同的。海上石油平台生产工艺系统主要进行开采、储存及粗加工原油,本节对油品特性的讨论主要是针对原油的物理化学性质。原油中主要化学成分包括烷烃、环烷烃、芳香烃等,不同的烃类,其毒性不同,对海洋生物产生的影响也不相同,其中以芳香烃的毒性最大。油品主要有以下物理性质影响溢油在海面的行为:密度、沸点、黏度、凝点等,这些性质的不同,对油膜运动、油污回收等均产生较大的影响,导致溢油在海洋中残留量的不同,进而影响溢油污染等级。

2. 事故区域及处置措施

在溢油发生之前,需要详细了解分散剂可以使用和不能使用的海域、应该被优先保护的敏感海滩以及自然资源、溢油发生在哪些区域不需要采取清除措施等，这些信息可以通过区域敏感地图获得。如果溢油发生在偏远海域，可能就不需要采取应急措施。海域内石油平台位置在一定时期内是不变的，因此溢油发生的位置也是相对固定的。海域内存在养殖区、鱼类产卵洄游区、自然保护区、旅游区等，若石油平台周围存在以上敏感区域，一旦发生溢油事故，油污将对附近海域内的生物以及人类活动产生较大的影响。渤海海域内的石油平台大多数处在沿岸地区，而沿岸海域是人类和生物活动的密集区，当油污抵达海岸时，海岸类型的不同导致溢油事故的影响程度不同，如红树林、滩涂地区和沙砾地区相比，从人类对自然资源的保护角度考虑，油污对前者的影响要大于后者。

3. 海洋溢油行为

海上发生溢油事故，油污漂浮在海面，一方面，在风和海流作用下向一定方向运移；另一方面，油膜同时不断向四周扩展，使油膜面积增大。油膜的漂移速度取决于海面风速与表层流，由于时间和空间不同，流速、风速、风向不同，不同地点、不同时刻发生溢油后油膜的漂移轨迹就不同。原油蒸发，一般发生在溢油的初期，蒸发过程受油的性质、油厚度、风，以及油组分、温度等因素的控制。恶劣的天气状况是导致溢油污染等级增大的重要原因。

9.3.3 溢油事故评估指标分析

从可得到的评估指标中，根据专家判断定性法分析筛选参与评估的指标，确定评估指标权重及评估指标风险隶属度，设计空表。通过对中国石油大学、自然资源部北海监测中心和自然资源部北海预报中心等单位的专家进行咨询确定纳入评估范围。

1. 评估集确定

评估集是根据评估事物可能出现的评估结果组成的集合。本项目分为低风险、中风险和高风险三个等级，分别由 0~3 表示，即评估集 $V=\{低风险，中风险，高风险\}=\{[0, 1)$，$[1, 2)$，$[2, 3]\}$。

2. 评估指标权重确定

评估指标的权重是表征各评估指标相对重要性的度量值，通过向专家等发放权重调查表确定。见表9-3。

表9-3　　　　　　　　　　　评估指标权重度

一级指标	二级指标
溢油量(吨)0.2	—
油品属性0.1	—
理化特性0.1	—
影响区域0.3	生态敏感区(保护区)0.5 社会敏感区(旅游区、河口和湿地、景观敏感区)0.3 经济敏感区(养殖区)0.2

续表

一级指标	二级指标
海洋环境监测信息 0.1	石油类浓度 0.5 能见度 0.2 风速 0.1 浪高 0.1 流速 0.1
次生事故 0.1	爆炸/火灾 0.5 海冰 0.5
处置情况 0.1	—

3. 评估指标的风险隶属度

评估指标的风险隶属度是指各评估指标对上述评估集中的每个风险级别的定性或定量描述,通过向专家等发放隶属度调查表确定指标分级和风险隶属度。风险隶属度数值,由专家根据评估集打分确定, $r=\{$低风险,中风险,高风险$\}=\{[0,1),[1,2),[2,3]\}$。见表9-4。

表9-4　　　　　　　　　　评估因子风险隶属度

一级指标	二级指标	指标分级	风险隶属度
溢油量(吨)	—	>500t	高
		100~500t	中
		0.1~100t	低
油品属性	—	原油	高
		燃料油	中
		凝析油	低
理化特性	油品闪点	<20℃	高
		20℃~45℃	中
		>45℃	低
	油品黏度	<2000cst	高
		2000~6000cst	中
		>6000cst	低
	油膜厚度	>2mm	高
		0.025~2mm	中
		<0.025mm	低

续表

一级指标	二级指标	指标分级	风险隶属度
影响区域	生态敏感区（保护区）	24小时	高
		48小时	中
		72小时	低
	社会敏感区（旅游区、人口密集区）	24小时	高
		48小时	中
		72小时	低
	经济敏感区（养殖区）	24小时	高
		48小时	中
		72小时	低
海洋环境监测信息	石油类浓度	>5mg/L	高
		0.5~5mg/L	中
		<0.5mg/L	低
	能见度	<1km	高
		1~10km	中
		>10km	低
	风速	>8m/s	高
		3~8m/s	中
		<3m/s	低
	浪高	>1.25m	高
		0.5~1.25m	中
		<0.5m	低
	流速	>0.4m/s	高
		0.1~0.4m/s	中
		<0.1m/s	低
伴随事故/灾害	火灾/爆炸	已发生	高
		可能发生	中
		不会	低
	海冰	已发生	高
		可能发生	中
		不会	低

一级指标	二级指标	指标分级	风险隶属度
处置情况 （封堵溢油源情况）		未封堵	高
		封堵中	中
		已封堵	低

9.3.4 溢油事故风险评估

通过建立基于层次分析的逐级模糊综合评估模型，进行风险评估，确定最终事故风险等级，给出海洋溢油应急处置建议。

1. 构建二级指标风险隶属度矩阵

构建各级指标的风险隶属度矩阵 R_{ij}，由其下属指标的隶属度子集得到。

$$R_{ij} = \begin{bmatrix} r_{ij1} & \cdots & r_{ijn} \\ \vdots & & \vdots \\ r_{ij1} & \cdots & r_{ijn} \end{bmatrix} \tag{9.1}$$

式中，i 为一级指标的编号，假设所建指标体系有 a 个一级指标，则 $i=1, 2, \cdots, a$；j 为二级指标的编号，假设某一级指标有 b 个二级指标，则 $j=1, 2, \cdots, b$；n 为每个评估指标评估级别的编号，假设有 c 个评估级别，则 $n=1, 2, \cdots, c$。

2. 确定各级指标的权重矩阵 A_{ij}

$$A_{ij} = \begin{bmatrix} A_{ij} & \cdots & A_{ij} \\ \vdots & & \vdots \\ A_{ij} & \cdots & A_{ij} \end{bmatrix} \tag{9.2}$$

式中，i，j 的含义同上。

3. 模糊计算

利用模糊合成算子求得各二级指标的模糊综合评估结果矩阵 B_{ij}，即为风险模糊综合评估结果。

4. 风险评估计算

$$B = A_i \begin{bmatrix} B_1 \\ \vdots \\ B_i \end{bmatrix} \tag{9.3}$$

式中，A 为指标体系中各一级指标的权重分配，$A=(A_1, \cdots, A_i)$，i 含义同上；B_i 为上述二级模糊综合评估的评估结果矩阵。计算得到 B 的数值，结合已设定的评估集即可判断该评估结果所属风险等级。见表 9-5。

表 9-5　　　　　　　　　　　溢油风险等级说明及要求范例

风险等级	要　　求
高	立即执行临时缓解/控制措施；必须采取管理性措施或可行的工程措施作为长期解决方案
中	必须落实降低风险的程序和控制措施，遵循最低合理可行原则
低	通常不需要采取额外的风险降低措施，风险通过现有的措施来控制

9.4　海洋溢油扩散与漂移的数值模拟

9.4.1　油粒子模型介绍

建立在拉格朗日坐标体系上的油粒子模型，是基于"粒子扩散"的概念，与拉格朗日方法相结合，对溢油过程进行数值模拟。对流扩散方程的求解与传统方法不同，该方法在模拟溢油过程的时候，将溢油看做多且小的离散油滴。同时结合了拉格朗日确定性方法和随机走动法，平流过程采用确定性方法模拟，扩散过程采用随机性方法模拟。

Johansen(1982)最早提出了油粒子模型的概念，油膜在海水中被看成一个个离散的油粒子，这些粒子组成为一个整体"云团"进行浓度场的模拟工作，示踪物质用每个粒子代替，油粒子将会随着水流的流动而产生移动和分散。把油粒子看成直径较小的圆球，其直径范围为 $10\sim 1000\mu m$，模拟现实中的一个油膜面积所需的粒子数太庞大，以目前计算机的发展水平想要实现这一庞大数据量的计算是极其困难的。因此，需要在考虑计算机计算能力的基础上来确定适量的粒子数目。我们使用附加体积参数的方法对油粒子进行数值模拟。

定义某个油粒子的体积参数的计算公式如下：

$$V_i = \frac{\pi}{6}(d_i)^3 \tag{9.4}$$

式中，V_i 代表第 i 个油粒子的体积；d_i 代表其直径。

其在油膜总体积的所占比例 f 的计算公式如下：

$$f_i = \frac{\frac{\pi}{6}\cdot(d_i)^3}{\sum_{i=0}^{n}\frac{\pi}{6}\cdot(d_i)^3} \tag{9.5}$$

式中，n 代表油粒子的总数。

每个油粒子的特征体积的计算公式如下：

$$V_i = f_i \cdot V_0 \tag{9.6}$$

式中，V_0 代表溢油的初始体积。

9.4.2 海洋溢油的行为与归宿理论

1. 动力过程

(1)扩展过程。油膜在驱动力和阻力的共同作用下进行扩展过程,其中,驱动力包括重力和表面张力,阻力包括惯性力和黏性力。

油膜扩展程度受很多因素的制约,这些因素包括时间、油的种类、黏度、温度等。对于数量不多的高黏度油和重燃料油在海水中是不易扩展的,而是滞留在水面上呈块状,并且这些高黏度油在低于其倾点温度的环境里是不会产生扩展现象的。

在油膜扩展的研究中,油膜的扩展范围和厚度一直备受关注。Fay(1969)提出了三阶段油膜扩展理论,该理论曾经被广泛应用在扩展模型的研究中。之后,由于该理论的假设存在缺点,例如该理论假设油膜为均匀圆形,而现实中由于风、浪、流的作用,油膜不可能保证圆形形态。研究者们不断修正该理论,Mackay 等(1980)修正了 Fay 理论第二阶段。在考虑风的影响基础上,分别建立了基于厚油膜和薄油膜的扩展模型。其中,假定薄油膜占油膜总面积的 80%~90%,并且厚油膜会逐渐转为薄油膜。本章中,只计算模拟重量为油膜 90%以上的厚油膜。由厚油膜扩展发生变化而产生的油膜面积变化速率 $\widetilde{A}_{tk}$ 的计算公式如下:

$$\widetilde{A}_{tk} = \frac{dA_{tk}}{dt} = K_1 A_{tk}^{\frac{1}{3}} \left(\frac{V_m}{A_{tk}}\right)^{\frac{4}{3}} \tag{9.7}$$

式中,A_{tk} 代表油膜的表面积;V_m 代表油膜体积;K_1 代表延展速率的常数;t 为时间。

(2)漂移过程。油膜的漂移过程是溢油数值模拟过程中极其重要的一个过程,特别是靠近近岸的模拟,漂移过程模拟的准确性就更加重要了。在海洋环境中油膜的漂移过程是风、浪、流共同作用的结果。可以分为两个过程:平流过程和扩散过程。在本章中用拉格朗日粒子追踪方程法对平流过程进行模拟,采用随机走动法对扩散过程进行模拟。

根据拉格朗日方法,用 X_t 表示油粒子在 t 时刻的位置向量:

$$\boldsymbol{X}_t = \boldsymbol{X}_{t-1} + t\boldsymbol{U}_{\text{oil}} \tag{9.8}$$

式中,t 代表时间步长,$\boldsymbol{X}_{t-1}$ 代表第 $t-1$ 时刻表面油粒子的位置;$\boldsymbol{U}_{\text{oil}}$ 代表油膜的漂移速度。$\boldsymbol{U}_{\text{oil}}$ 的计算公式如下:

$$\boldsymbol{U}_{\text{oil}} = \boldsymbol{U}_w + \boldsymbol{U}_c \tag{9.9}$$

式中,$\boldsymbol{U}_w$ 代表的速度分量是因为风的作用产生;$\boldsymbol{U}_c$ 代表的速度分量是因为流的作用产生。

模拟平流过程中,还需要考虑风偏角以及风力因子。因此,将油膜漂移速度分解为东分量和北分量,根据下式计算:

$$\begin{aligned} U_{wc} &= C_1 U_w \\ V_{wc} &= C_1 V_w \end{aligned} \tag{9.10}$$

式中,U_{wc} 代表油膜漂移速度东向分量;V_{wc} 代表油膜漂移速度北向分量;U_w 代表风速度东向分量;V_w 代表风速度北向分量;C_1 代表风力因子,模型默认值为 3.5%。

采用随机走动法对扩散过程进行模拟,油膜的扩散距离可以分解为东、北两个分量,根据下式计算:

$$x_{dd} = \gamma \sqrt{6D_x t}$$
$$y_{dd} = \gamma \sqrt{6D_y t}$$
(9.11)

式中，x_{dd} 代表油膜扩散距离东向量；y_{dd} 代表油膜扩散距离北向量；D_x 代表东西方向的水平扩散系数；D_y 代表南北方向的水平扩散系数；t 代表时间步长；γ 为随机数，γ 的取值范围为 $|\gamma| < 1$。

通常情况下，水平扩散系数 $D_x = D_y$，其典型值见表9-6。

表 9-6　　　　　　　　　　　　　　扩散系数典型值

环境条件	扩散系数(m^2/s)
高能量的开放环境	>10
中等能量水平	5~10
低能量水平	2~3

2. 非动力过程

(1) 蒸发过程。蒸发过程是溢油中密度较小的成分由液态变为气态，向大气进行质量传输的过程。石油中含C原子个数在14以下的组分绝大部分是可以蒸发的。蒸发过程是溢油风化的主要过程之一，也是溢油质量传输的主要过程。

实际上，原油在海面上扩散时，这样暴露出了很大的表面面积，挥发性成分开始快速损失。主要的损失时间在最初的2~3h，然后随着残余物中高沸点成分的比例增加而蒸发过程减缓。理论上，高沸点成分也有蒸汽压，并且最终也会蒸发，但是剩余油增加的黏度和凝固点导致了乳化和固化的过程复杂化，这减少了油膜的表面面积，影响了蒸发率。在溢油事故后一天的时间内，大多数原油会损失25%~30%的轻组分。随后的天气条件，如风和太阳的热辐射，将主导沸点范围中成分的缓慢损失过程。

蒸发不仅改变溢油总量和溢油组成，而且也会使溢油自身性质发生改变，由此也将进一步影响到其他的风化过程。溢油的蒸发速率受油的组分、饱和蒸汽压、空气和海面温度、溢油面积、风速、太阳辐射和油膜厚度等因素的影响。

(2) 溶解过程。溶解过程是溢油粒子逐渐分散于海水中的过程。溢油的溶解量和溶解速率取决于溢油组分自身的物理性质和外界海水环境。溶解过程持续时间短，当溢油事故发生8~12个小时之后，溶解率呈指数关系下降，表明溶解组分含量正逐渐变小，并且受到了水流运动的影响。如在开阔海域内发生溢油事故的几小时内，水中芳烃浓度可达0.01~0.1mg/L，但由于水团的运动，该浓度将会很快降低。

溢油中石油烃组分的溶解量较蒸发量要小得多，大多数情况下在溢油的动态模拟中可以忽略不计。但溶于海水中的石油烃组分都有一定的毒性，如果溶解于海水中的石油烃组分浓度达到0.01~0.1mg/dm^{2}时，将对海洋中生物的生存产生威胁。因此，对溢油的溶解过程进行模拟研究，对评价海洋环境及其对生物的影响具有重要的意义。

(3) 分散过程。分散过程是指溢油中微小油滴与海水不断相互混掺的过程。通常将分散过程分为三个阶段，即为成粒阶段、分散阶段和形成的油粒子在油膜内的聚合阶段。其中，成粒阶段是指油膜在潮流等海洋因素的作用下破碎而逐渐形成油粒子的过程；分散阶段是指油粒子在潮流等海洋因素的共同作用下掺入水体中的过程；而最后的聚合阶段则与溢油的物理化学参数有重要关系。

分散过程中油粒子的尺度非常小，范围区间为 μm 到 mm 量级。溢油中含有的一些特殊组分，对分散过程将产生重要影响，比如溢油表面的溶化剂可有效助长该过程。波浪破碎过程中形成的湍流也会对该过程起到重要作用。另外，溢油自身的特性也是影响分散过程的重要因素。例如，溢油的黏度越大，则其分散的能力越差；相对越高油水之间的物理化学性质差异越小，油粒子就越容易形成，分散程度就相对越高。

(4) 乳化过程。乳化过程是指溢油与海水在风、潮流及波浪的共同作用下不断混合，最终形成油包水或水包油的油水乳化物的过程。油包水乳化物是指水滴被包围在油滴里而形成的物质，呈黑褐色黏性泡沫状，可长期漂浮于海面。由于其包含有大量的水(饱和的油水乳化液一般包含 50%~60%以上的含水量)，体积可比原来增长 5~6 倍，密度接近其周围的水体，颜色开始逐渐经过棕色、橘黄色到红色的变换，故其比重和黏度将进一步变大。

通常在溢油事故刚发生时，溢油海域的水动力条件尚不能对较厚油膜的完整性造成影响，此时油粒子难以形成，因而不满足乳化过程的前提条件。但随着溢油扩展过程的不断进行，油膜厚度也将会不断减小，在各种外力的作用下，将逐渐满足乳化作用的条件而促使乳化过程发生。乳化过程的主要影响因素包括溢油自身的物理化学性质和各种外力作用，据有关试验的研究表明，乳化过程中油在水体中是否垂直分布主要取决于波浪的作用。

(5) 吸附与沉降过程。吸附过程是指水体中的泥沙等颗粒或者浮游生物与部分油粒子黏附在一起的过程。该过程与溢油自身的物理化学性质有关，同时受到外界环境条件的影响。只有少量的原油乳化产生的残留物会因密度大于海水而下沉，大部分的原油乳化物密度比海水小，即使是形成的稳定油包水乳化物，其还是为正的浮力。尽管如此，浮油还是可以接触到密度大的矿物颗粒，如沙子、淤泥等，特别是在海滨地区。在这种情况下，产生的混合物受到的重力要大于其受到的浮力，故而会下沉，溢油因此被带到海床并进入底部沉淀物中，导致溢油降解的过程将会非常缓慢。

9.4.3 海洋溢油数值模拟

1. 溢油理化性质

(1) 油的组成成分。油往往是许多种碳氢化合物组成的混合物，其中各种化学物的性质各不相同，油的总体性质取决于各组分性质和含量。渤海原油的密度为 949.3kg/m³，水的密度为 1025kg/m³，溢油过程中油粒子组分是不断变化的，一方面是由于轻组分更容易蒸发和溶解，故溢油中较重的组分更容易留下；另一方面是由于乳化过程中油膜中的含水率发生变化。本章采用多组分法模拟油粒子中各组分的变化过程。多组分法是将油粒子假设为多种碳氢化合物组成的混合物，分别计算各组分的行为与归宿过程，然后求出总的油粒子组分随时间变化过程。但是由于油的组分变化范围过大，几乎不可能精确地区分油粒子中各个组分，故这里将油组分划成 8 个性质相近的区间。

(2)黏度。由于蒸发和乳化,风化过程中油的黏度将增加,而且黏度受温度的影响很大。首先应用 Kendall-Monroe 公式计算在参考温度 T_{ref} 时的不含水的油膜黏度:

$$V_{T_{\text{ref}}}^{\text{oil}} = \left(\sum_{i=1}^{\infty} X_i V_i^{\frac{1}{3}} \right)^3 \tag{9.12}$$

式中,X_i 为组分 i 的摩尔分数。

再利用公式计算实际温度和含水率时的油膜黏度:

$$\rho = \rho^{\text{oil}} \exp \frac{2.5 y_w}{1 - 0.654 y_w} \tag{9.13}$$

(3)表面张力。油膜的表面张力可利用如下公式进行计算:

$$T = \sum_{i=1}^{\infty} X_i T_i \tag{9.14}$$

溢油模型中采用的原油表面张力系数为 $200\mu\text{N/cm}$。

(4)倾点。对于不含水的油膜,倾点的修正公式为:

$$P_{p\text{oil}} = P_{p0} + K_{p1} \times F_e \tag{9.15}$$

乳化后倾点将会增大,增大值为:

$$P_{p\text{oil-water}} = P_{p\text{oil}} + |P_{p\text{oil}}| \times K_{p2} \times y \tag{9.16}$$

2. 控制方程及参数选取

(1)控制方程。

①扩展:由于重力和净表面张力的作用,油在平静的水面是以很细薄、连续的形式扩散。高蜡含量的原油或成品油的特点是凝固点高,这些物质在海洋溢油后不久就容易固化。

基于以下假设:油膜是各组成成分性质相似;油膜假定作为一个薄的、连续圆形层;油膜没有质量的损失。

本模型油膜面积的改变 A_{oil} 与时间的关系式为:

$$\frac{\mathrm{d}A_{\text{oil}}}{\mathrm{d}t} = K_a A^{\frac{1}{2}}_{\text{oil}} \left(\frac{V_{\text{oil}}}{A_{\text{oil}}} \right)^{\frac{4}{3}} \tag{9.17}$$

②蒸发:蒸发作用导致生成的剩余物的物理特征对油膜清理的对策起着主要的影响。油膜蒸发受油分、溢油面积、太阳辐射和风速等因素的影响。本模型中为模拟溢油蒸发,做合理的假定如下:在油膜内部扩散不受限制。在 0℃ 以上温度下以及油膜厚度小于 5~10cm 时,油膜完全混合;组分分压相对于蒸汽压来说是可忽略的。

由以上假定,溢油的蒸发率通过下式表示为:

$$N_i = \frac{K_{ei} P_i^{\text{SAT}}}{PT \frac{M_i}{P_i} X} \tag{9.18}$$

③扩散:油向水体中的运动机理包括溶解、扩散、沉淀等。扩散是溢油发生后最初几星期内最主要的过程。在恶劣天气状况下,最主要的扩散作用力是波浪破碎,而在平静的天气状况下,最主要的扩散作用力是油膜的伸展压缩运动。

油膜在水中扩散导致的油分损失量可由下式来表达:

$$D = D_a \times D_b \quad (9.19)$$

式中，D_a 是进入到水体的分量；D_b 是进入到水体后没有返回的分量。

$$D_a = \frac{0.11(1 + U_w)^2}{3600} \quad (9.20)$$

④溶解：如果包含溶解过程，油膜体积的计算会减去溶解在水体部分的油膜量。物质传输系数的默认值为 2.36×10^{-6}。本溢油模型中溶解率的计算公式如下：

$$\frac{dV_{dsi}}{dt} = K_{si} C_i^{sat} X_{mol_i} \frac{M_i}{P_i} A_{oil} \quad (9.21)$$

(2) 参数选取。

①时间步长参数：本章节所建立的溢油模型模拟时间为 2 个月，模型采用的时间步长 Δt 为 3600 秒，共计 1440 步。

②水的属性：本模型中海水的密度取 $1025 kg/m^3$，温度取 17.50℃，盐度取 29.84‰。

③风场：溢油在海平面总的漂移速度由下式决定：

$$U_{tot} = C_w(z) U_w + C_a(z) U_a \quad (9.22)$$

式中，U_a 为表面流速；C_w 为风漂移速度，取值一般在 0.03~0.04 之间；C_a 为水对流因数。风漂移量的大小通常假定成与海面上 10m 高处风速的大小成比例。

④大气特征：大气的温度和阴暗度将对溢油的风化产生一定的影响，而且在油包水乳化过程中对属性的计算很重要。本模型中大气温度取 20℃，阴暗度取 0 (即天气晴朗)。

⑤热传导：热量的传输将会对溢油的物理化学性质产生重要影响，从而影响到溢油在海平面上的运动，因此本溢油模型中包括热平衡的计算，充分考虑了气-油和油-水之间的热交换。包括：大气与油膜之间的传热过程、大气与油膜之间的热辐射过程、太阳辐射、蒸发热损失、油膜和水体之间的热量迁移、油膜与水体之间散发和接受的热传递。

⑥界限浓度：本模型中溢油在海水中的界限浓度为 $5 \times 10^{-5} kg/m^3$。

9.5 海洋溢油事故应急资源调度

海上溢油事故多为突发性事件，溢油事故发生后能否迅速而有效地做出溢油事故应急反应并采取应急措施，对控制污染、减少污染损失以及清除污染等都起着关键作用。海洋溢油如果不及时清理、封堵泄漏点，海上受溢油污染的面积会随着洋流、天气等因素逐渐扩大，这会对后续的清理工作造成巨大的困难，甚至会造成清理完一片海域而新的溢油扩散所导致的重复污染。同时，海上溢油事故具有影响因素众多、海上环境复杂多变等特点，所以必须针对海上溢油事故的特点选择合适的应急资源调度方案。

9.5.1 应急物资概述

1. 应急物资特点

应急物资不同于普通物资，其具有需求不确定性、时效性、不可替代性、动态性等特点。溢油事故发生后一般要求应急物资必须在规定时间送到事故点完成应急救助。

(1) 需求不确定性。由于海洋溢油事故具有突发性、不确定性和持续性等特点，溢油发生后溢油点可能随着风浪流等发生漂移扩散，导致物资需求量及参与调度的车辆、船舶等的不确定性。所以，当海上发生溢油事故时，需要对应急物资需求量进行多次预测，配合完成海洋溢油应急物资调度准备工作。

（2）时效性。应急物资只有在特定时间内送到事故点才能发挥其救助的价值。生命救助存在"黄金72小时"的概念，而其他应急物资调度同样具有黄金时间。溢油事故发生初期，如果能够及时配送应急物资到达事故点，则可以最大程度减少损失，避免溢油扩散造成进一步环境污染。因此，对海洋溢油应急物资调度必须以时效性为首要目标。

（3）不可替代性。应急物资的不可替代性表现在溢油事故对应急物资需求的独特性，而普通救助物资不能代替或者很难发挥救助的效果。只有专门的应急救助物资才能有效实现应急事故救助工作。

（4）动态性。溢油事故点受到外界因素影响较大，其对应急物资种类和数量需求是一个动态变化的过程。应急物资调度过程需要考虑众多因素，包括海上气象状况、储备库救助物资数量、船舶数量及事故点信息等。只有实时掌握动态信息，才能更加高效合理地完成应急物资调度。

2. 应急物资种类

海洋溢油事故类型、溢油规模、所处水域海况环境的不同，导致溢油事故对应急物资的需求不尽相同，但总体上溢油应急物资主要包括以下三类：①拦阻溢油类物资，主要为围油栏；②回收溢油类物资，主要为收油机等设备；③其他类，主要为分散溢油类物资和吸油材料，包括化学类物资、无机材料、人工合成材料等。在溢油应急处理的过程中，不同的物资类型和处理方法具有不同的优缺点，总结分析现有的处理方法，汇总如表9-7所示。

表9-7　　　　　　　　　　海洋水体油污染治理方法比较

治理方法	适用类型	优　点	缺　点
围油栏	水面平静的海洋浮油溢油	设备简单，投资小，操作方便	多数情况下用机械方法来回收栏内的浮油，但回收的油水仍需要进行再分离，否则会增加火灾或爆炸的风险
吸油剂	小规模溢油	能有效吸油	不能被海洋生物降解，会造成二次污染
分散剂	大规模溢油	在风浪较大的水域也能处理；成本低	破坏海洋生态平衡
凝油剂	小规模溢油	控制溢油扩散	需要机械方法进一步处理
焚烧法	海洋溢油	针对沿海区较长期的污染损害	破坏海洋生态平衡，把水域的油污转移到空气中
激光法	海洋溢油	不产生吸附产物，保持海洋生态平衡	装置价格昂贵，处理过程复杂

（1）溢油围控类。

① 围控类物资类型。根据交通运输部发布的《围油栏》(JT/T 465—2001)行业标准规

定,其中对围油栏定义是:用于围控水面浮油的机械漂浮栅栏。根据围油栏围控的特点,可将其分为六类:外张力式围油栏、防火围油栏、固体浮子式围油栏、充气式围油栏、岸滩式围油栏和栅栏式围油栏。根据溢油的状况、气象、水文条件及周围环境的不同,围油栏的使用方法主要有包围法、等待法、闭锁法、诱导法、移动法五种铺设方法。浮子式围油栏如图9-6所示。

图9-6 浮子式围油栏

当水面发生溢油时,第一时间为了防止溢油的扩散和漂移所采取的措施除了解决溢油点继续溢油外,就是采取溢油围控措施,将溢油控制在有限范围内,以减少溢油对水体的污染范围,减轻污染损害程度。用于溢油围控的设备和材料有自然资源和工业制造品。自然资源有玉米秸秆、稻草、原木等,工业制造品有围油栏、缆绳、网具等。

围油栏最主要的特点是可以变形,可以随着水流的状况而改变自身形状。此外,围油栏既要保持一定的柔韧性,以随波浪的变化而变形,同时还要具有足够的刚性,以能够储存尽量多的浮油。在同样的水流条件下,低黏度的浮油比高黏度浮油更容易逃逸出围油栏的围控。除河流和潮汐流外,风浪同样也会引起水流加速,导致围油栏内污油溢出或溅出围油栏。

② 围油栏的作用。主要有三项:溢油围控和集中、防止潜在溢油和溢油导流。

发生溢油事故后,在潮流、风等外部因素的作用下,溢油会迅速漂流、扩散,对水域的污染面积会不断扩大。通过及时布放围油栏,能将扩散中的溢油围控,阻止溢油漂流、扩散,减少污染面积。另外,通过拖带围油栏,缩小围拢范围,将油膜集中到较小范围内,增加油膜厚度,便于回收溢油。

由于围油栏自身具有高强度、耐油、耐磨、耐候、使用寿命长等性质,因此适于在江、河、湖、海的码头、港湾和海上石油平台等水域使用。在存在溢油风险或港口码头进行装卸油品的地方,可根据所在水域的水文和地理环境,提前布放围油栏。当真正发生溢油事故时,可以阻止油品的扩散。此外,在溢油事故发生时,对溢油点及时布放围油栏,进行油品的堵截操作，减少潜在溢油对环境的影响。

溢油事故发生后，为便于回收作业或疏导溢油流向指定地点，特别是在河流或近岸水流湍急的区域。要使油品能按照指定流向进行漂移扩散，则需要围油栏等设备进行导流操作，以便于后期的油品回收和避免油品进入敏感区，把围油栏按照一定角度布设，使溢油流向预期区域。溢油导流一般有两种情况：一是采用围油栏长期布放，主要适用于水口和发电厂等；二是临时布放，主要是根据具体情况临时布放围油栏，实现溢油导流。

③适用条件。在溢油事故应急响应中，需要根据不同的溢油品性和溢油水域操作条件等因素选择清污方案，不当的设备选取，不仅会造成资源浪费，还容易影响溢油清污效果。因此，这里有必要对主要溢油清污设备的参数指标进行简单介绍，了解其不同环境下的适用性，根据交通运输部发布的《围油栏》(JT/T 465—2001)，其中在技术要求部分，对围油栏的整体性能和适用条件做出相应规定，如表 9-8 所示。

表 9-8 　　　　　　　　　　　**围油栏整体性能要求及适用条件**

要求	平静水域	平静急流水域	开阔水域	遮蔽水域
总高 H(mm)	$150<H<600$	$400<H<800$	$600<H<1000$	$H>1100$
最小浮重比	3∶1	4∶1	4∶1	8∶1
最小总抗拉强度(N)	6800	23000	23000	45000

注：围油栏的干舷应在总高的 1/3~1/2 之间，但在平静、非开阔水域使用时应尽量取最低值；在平静急流水域和开阔水域时尽量取最高值。表中给出的数据是通常使用围油栏的最低要求，但对于任何情况下的围油栏的使用，其浮重比都不能低于 1/2。

(2)溢油回收类。

①回收类物资类型。对泄漏的污油进行快速有效的回收，是防治污油漂移并污染其他海域的重要回收措施。其中，回收类物资主要为收油机和撇油器。收油机是指用来回收油水混合物和水面溢油，且不会改变油品自身的物理、化学特性的机械装置。收油机主要由收油头、传输系统和动力机三部分组成，主要有堰式收油机(JT/T 1042—2016)、真空净油器(JB/T 5285—2008)、船用刷式收油机(JT/T 37446—2019)、带式收油机(JT/T 1201—2018)、转盘转筒转刷式收油机(JT/T 863—2013)等类型。基本工作原理是利用油水混合物的密度差，考虑到两者流动性不同以及同种材料对油、油水混合物的吸附性不同的性质，从而将油从水面分离出来。

撇油器基本可以分为两大类：抽吸式和茹附式。抽吸式撇油器的基本原理是利用泵或抽气系统抽吸水面上的污油，这种设计在抽吸污油的时候同时也抽吸入大量的水。在回收茹度较高的污油时，这种撇油器有比较大的优势，因为回收茹度较大的污油时，水分可以有效地保持油类的流动性，从而避免油类阻塞吸头或管路。使用这种撇油器时，要有大容量的存储容器与之配套，或者由油水分离装置与其配合使用，因为在使用抽吸式撇油器时，抽吸上来的污油水中水分往往占 90% 以上。从控制溢油的角度讲，使用单纯的静止重力式分离就足够提供所需的容积。

与抽吸式撇油器相比，茹附式撇油器带有用亲油性材料制成的吸油带、吸油鼓、吸油盘或纤维绳索，它们可以以较高的效率将油类从水中茹附上来。尽管带有齿状吸油盘或吸油带的撇油器往往是为回收茹度较高的污油而设计的，但一般情况下，茹附式撇油器用于回收茹性在 100~2000s 之间的中等茹度的污油效果最佳。而那些高茹度的污油，例如重燃料油等。由于非常茹稠，被茹附在吸油带上后很难清除掉，而相比之下，茹稠的"油包水"混合物几乎无法茹附在吸油材料上。尽管低茹度的污油，如润滑油、柴油等，能够吸附在茹附材料上，但它们无法聚集在撇油器的吸附材料表面上形成足够厚的油层以提高回收效率。

②回收类物资的作用。主要有两项：油品回收储存和溢油过滤。回收类物资是对被吸附的溢油采用物理或化学方法（如重力分离法、吸附法、膜分离法、混凝—气浮法、点解絮凝法等）进行油水分离，从而达到回收储存的目的。它是对溢出油品二次回收利用的主要方式。回收类物资通过在溢油区域作业，将溢出的油品进行回收，减少海面溢油量，直接降低溢油对海洋的污染。

③适用条件。选用回收设备首先要考虑水域环境，然后再考虑溢油种类。不同的收油机和撇油器适用于不同的油品和环境，只有在最适合的环境中才能最好地发挥设备应有的作用。在应急行动中，需要结合溢油事故发生的地点、溢油量、环境、油品类型、机器回收效率等因素，调度一种或多种合适的设备到溢油地点，进行溢油回收操作。

(3)其他类。海洋溢油事故发生后，在应急物资的选择使用中，除围控类和回收类物资外，还有吸附材料、溢油分散剂和生物处理剂等类型。

①吸附材料。主要有天然材料、吸附颗粒、吸油毡及吸油拖栏等。主要目的是用于吸附油水中的溢油，达到清除污染、减少环境危害的目的。按其材料属性，可分为人工合成吸附材料及天然吸附材料。

人工合成吸附材料主要有聚苯乙烯纤维、聚氨酯、聚氨酯泡沫填充剂、聚乙烯、尼龙纤维等。由于自身具有亲油性良好、疏水性强、吸油量多、重复使用率高、使用经济性较高等特性，在溢油事故发生时，被广泛使用。使用合成吸油材料的优点是吸油率高、吸油量大、油水分离性好、保油性高、不易漏油等；缺点是成本高，合成费用高昂，并且绝大多数材料不能生物降解，会造成环境污染，表现为焚烧时会产生有害气体，污染大气。填埋时，由于一般为不可降解或难以降解的物质，会污染土壤和地下水。目前，常用的合成吸附材料主要为吸油毡、吸油拖栏和吸油颗粒。

天然吸附材料可分为天然有机吸附材料和天然无机吸附材料。天然有机吸附材料最常用的是自然植物，如稻草、麦秆、木屑、草灰、玉米秸秆、碎玉米芯等。自然植物最适合在近岸或岸线的溢油回收，利用绳子扎成捆，形成自然围油栏，起到围控围油栏和吸油围油栏的作用。如果在河流发生溢油，也可以利用长在岸边的草或芦苇，将其扎成捆，来引导溢油。优点是成本低、吸附能力强、易分解，且不会对环境造成污染；缺点是不易回收、吸油量较小和容易被风吹散等。天然无机吸附材料主要有茹土、砂、雪、火山灰等。这些材料容易获取且数量多吸油能力强，但有的也会吸附水分并沉入水中。优点是价格低廉、可生物降解、吸油能力强；缺点是油水分离性差，部分材料有毒，对人体有害，不易回收等。

②溢油分散剂。根据交通运输部发布的《溢油分散剂技术条件》(GB/T 18188.1—2000)行业标准介绍，溢油分散剂是由表面活性剂的混合物和溶剂组成，可将水面浮油乳化、分散或溶解于水体中的化学制剂，可分为常规型分散剂和浓缩型分散剂两类。考虑到溢油分散剂自身属于人工化学制剂，在溢油为汽油、煤油、高含蜡量等油品时，不宜使用。为避免二次污染，因此对溢油分散剂本身的技术标准和使用条件有着严格的规定。

③生物处理剂。在溢油事件发生后，采用碳氢化合物的氧化菌种可以处理溢出油品或船舱污油的表面油膜，从而减少溢油对环境的破坏，加速受损生态系统的恢复。主要包括酵母菌和微生物等，通过生物处理办法进行生物降解，使其转变成二氧化碳和水，从而达到去除油污、降低溢油危害的作用。

9.5.2 应急物资调度理论

海洋溢油事故的发生具有突发性、不确定性和漂移扩散等特点，溢油应急物资不仅要满足船舶事故点的需求，还要对溢油漂移后的区域进行溢油拦阻回收。因此，及时合理地调度溢油应急物资，对降低由于海洋溢油事故产生的安全隐患和减少对海洋生态造成的破坏尤为重要。

1. 应急物资调度目标和原则

(1)调度目标。海洋溢油应急物资调度问题有别于普通的物资调度问题，运输费用最小化不再是海上应急物资调度的第一目标，而是把运输时间最短作为应急物资调度首要目标。当海上发生溢油事故时，特别是在近岸或者溢油敏感区域，政府部门可能会不惜一切代价实现溢油围堵、回收、清污等工作。迅速高效地实现应急物资调度，不仅是为了避免溢油区域进一步扩散增大救援难度，还能最大程度上减少对海洋生态环境及渔业的危害及经济损失。

(2)调度原则。海洋溢油事故不同于一般应急事故，当近岸区域发生较大溢油事故时，如果不能及时有效地处理，可能带来灾难性后果。对海洋溢油事故应急物资进行调度时需要遵循一定的原则，主要包括及时性、协同性和全局性。

①及时性。海洋溢油事故发生时可能会伴随着火灾事故，如果不能及时进行救助，不仅会导致人员伤亡，还会带来难以恢复的海洋污染问题。受到风浪流等因素的影响，溢油点可能发生漂移扩散，污染到周边区域。因此，对海洋溢油事故应急物资进行调度时要确保及时性即时间紧迫性要求。

②协同性。受到时间约束的要求，当海上发生溢油事故，单个应急点不能有效满足溢油事故点物资需求时，需要多个岸基反应基地协同作业。有时可能需要陆上应急物资储备库和岸基反应基地协同作业，实现应急物资调度过程。

③全局性。无论何种应急事故，都可能需要社会各方面整合资源进行物资调度。汶川地震后，举国上下协同作战，甚至国际社会都给出了一定程度的援助。对于重大海洋溢油事故亦是如此。当海上发生溢油事故时，受到风浪流等因素影响可能会衍生多个事故点。考虑到溢油事故特点，当溢油事故发生后，需要全局性分析，方能实现溢油救助的有效性。从全局出发，在保障应急事故点得到有效救助的情况下尽早发现并及时完成对潜在事故点的救助。因此，对海洋溢油应急物资调度的全局性考虑是十分必要的。

2. 应急物资调度的特点

(1)时间的紧迫性。海洋溢油事故发生后到出动应急救援物资参与溢油事故救援的这段时间,称为应急响应时间。海洋溢油事故发生后其应急响应时间包括四部分,分别是报警和接警时间、核查与评估时间、警报与通告时间、准备与出警时间。根据《国家水上交通安全监管和救助系统布局规划(2005—2020)》《国家重大海洋溢油应急能力建设规划(2015—2020年)》的相关要求,到2020年距离海岸100海里范围内应急到达时间不多于90min,内河重要航段应急到达时间不多于445min。发挥全社会综合救助的优势,重点水域一次溢油综合清除控制能力达到1000吨。海洋溢油应急事故同其他水上应急事故一样,且对救助时间具有较高的要求。海洋溢油事故影响因素众多、救助环境复杂,这对海洋溢油应急物资调度时间提出了更高的要求。如果不能及时送达应急救助物资,一旦海洋溢油事故升级恶化,极有可能带来更加严重的后果。

(2)不确定性。由于海上应急物资调度受到港口船舶装卸效率、海上气象环境等各个方面因素影响,且事故点具有不确定性、随机性的特点,相应的应急物资调度也具有时间不确定性、应急物资需求的不确定性和救援地点的不确定性。时间的不确定性包括事故发生时间和救援物资到达时间的不确定。海洋溢油事故发生后,受到风浪流等因素影响溢油区域发生漂移扩散造成新的溢油点以及应急物资需求量无法定量,因此一般采样后利用数学函数进行估算,从而导致应急物资需求量的不确定性。

(3)多约束性。海洋溢油事故应急物资调度的多约束性主要表现在以下四个方面:时间的多约束性、信息的多约束性、需求物资的多约束性以及载运工具的多约束性。在相应区域距离内应急物资必须在规定时间内送达到事故发生点,否则应急事故发生后应急物资调度实现过程将失去其价值。所以,应急物资调度过程是以限制期内时间最短为首要目标。信息多约束性表现在调度指挥中心不能及时全面了解事故现场及相关信息,以及可能由于各方面原因带来信息不畅等导致调度方案偏差。需求物资多约束表现在事故发生具有偶然性不可预测性的特点,即使岸基反应基地可能储备有一定量的应急物资,但不能满足重大溢油事故对物资种类及数量较高的要求。载运工具的多约束性指救助船舶数量及调度车辆数量的约束。

(4)弱经济性。对于普通物资调度主要考虑运输成本和距离等,首要目标是利润最大化或成本最小化。而海洋溢油事故具有时间紧迫性及不确定等特点,救助部门希望尽可能早地对海洋溢油事故进行救助。特别是严重溢油事故,需要集结社会各方力量实施有效救助,甚至不惜一切代价实施海洋溢油事故救助。因此,海洋溢油事故应急物资调度具有弱经济性的特点。

3. 应急物资调度的影响因素

海洋溢油事故应急物资调度受到多方面因素影响,这些因素多是一些不确定因素。主要有以下几个方面:

(1)应急物资可供应能力。主要指陆上物资储备库的地理位置和应急物资储备量、岸基反应基地的布局和运力水平及装卸效率。陆上应急物资储备库和岸基反应基地的合理布局是应急物资及时可靠调度的保障。如果没有足够的应急资源储备,事故发生后向社会征收应急物资不仅浪费时间,还大大影响物资调度效率。因此,物资储备库的物资配备水平决定了事故发生后可调动的应急物资种类和数量。海上发生溢油事故后一般需要多个集结点配合完成应急物资调度过程。

(2) 事故等级和潜在事故点。不同等级的溢油事故对溢油应急救援时间要求不同。等级越高，对海洋溢油应急物资调度紧迫性越强。高等级溢油事故影响范围更广、污染更为严重、造成损失更大，对应急物资需求紧迫度也就越高。同样，潜在溢油事故点发生的概率越大、等级越高，对溢油应急响应要求越高。因此，对溢油应急物资进行调度时要充分考虑溢油事故等级和潜在事故的发生概率。

(3) 救援环境。这里的救援环境主要指气象和海况。事故发生时和发生后气象状况和海况是不确定的，特别是风浪流等因素的影响，不仅影响出救船舶速度，甚至可能无法启动出救船舶，造成事态进一步扩大升级。

(4) 溢油类型和事故区域。海洋溢油按照类型分为重质炼制油、轻质炼制油和挥发性油品。对于不同类型的溢油，由于其油品性质不同，救援时需要调度的物资类型也不尽相同，即相同量但不同类型的溢油需求救助物资数量和体积不同，因此对应急物资调度也有很大影响。根据溢油事故地点，可分为近海溢油事故、远洋溢油事故。根据区域类型，可分为敏感区域和非敏感区域。对于敏感区域要求第一时间处理，其时效性要求更高。

(5) 运输工具的载运能力。对于海洋溢油应急物资调度，可能包括水陆空一体化应急救援过程。一般的海洋溢油应急物资调度只有水陆两阶段，需要用到的是调度车辆和救援船舶。调度车辆实现应急物资储备库到岸基反应基地的应急物资调度，救援船舶实现岸基反应基地到事故点应急物资配送。一般情况下，物资储备库车辆运力水平和岸基反应基地船舶运力水平在一定程度上限制了海洋溢油应急物资调度。

9.5.3 应急物资调配模型设计与求解

1. 模型设计与研发

针对海洋溢油应急资源调度问题，本节从多应急资源供应点、单事故点情况下的应急资源调度问题入手。具体可描述为：假设某海域发生了溢油事故，溢油事故点 P 的位置已知，溢油事故处置需要 m 类应急资源 B_1，B_2，…，B_m，现有 n 个应急资源供应点 A_1，A_2，…，A_n，供应点 A_i 对应急资源 B_j 的存储量为 a_{ij}。溢油事故点 P 与各供应点的距离为 d_i，各供应点的运输速度为 V_i，处理该事故对应急资源 B_j 的需求量为模糊数 $\tilde{b}_j$，要求给出应急资源调度方案，即确定参与应急处置的供应点和每个供应点提供的各类应急资源的数量，在尽可能满足资源约束的情况下，该方案使得应急处置的开始时间最短以及需求满意度最大。

为了使模型更加贴近实际状况，做出以下约束：

假设一：为最大限度保证应急系统的时效性，该溢油应急资源调度为一次性消耗单向流，不考虑调度完成后应急船舶折返回应急资源供应点。

假设二：溢油事故处置的开始时间为各供应点的配送船只全部到达的时间；本节不考虑船舶的运力约束。

(1) 决策变量分析。

①符号说明:

A_i: 第 i 个应急资源供应点(i = 1, 2, $\cdots$, n);

B_j: 第 j 类应急资源(j = 1, 2, $\cdots$, m);

a_{ij}: 第 i 个应急资源供应点储存的第 j 类资源的数量;

$\tilde{b}_j$: 事故点对第 j 类应急资源的需求模糊数;

d_i: 事故点距离第 i 个应急资源供应点的距离;

V_i: 第 i 个应急资源供应点的应急物资运输最大速度;

P_i: 如果第 i 个资源点向事故点供应资源,则 P_i = 1;

C_j: 溢油事故点实际接收第 j 类资源的数量。

②决策变量:

x_{ij}: 第 i 个应急资源供应点向事故点供应的第 j 类资源的数量。

(2)约束条件分析。

①资源需求约束。各供应点所供应的第 j 类应急资源的数量之和应当大于事故点对 j 类资源需求的最小值,即:

$$C_j = \sum_{i=1}^{n} x_{ij} > N_j^L \tag{9.23}$$

②剩余资源储备约束。由于溢油事故点附近容易发生次生灾害,所以当溢油事故发生时,不能无限制地从最近的应急资源供应点调配资源,导致潜在事故发生时,顾此失彼,要预留一定的备用资源以满足潜在事故发生时对资源的需求。故有以下剩余资源储备约束:

$$x_{ij} \leqslant (1 - \rho_i) \times a_{ij} \tag{9.24}$$

式中,ρ_i 表示供应点 i 的资源储备率。

③有效处置时间约束。海洋溢油事故极易引发爆炸等次生灾害,因此,一旦溢油事故发生,初期处置显得极为重要,如果事故初期处置使得油污能够得到很好的控制,将会节省大量的人力、物力。于是便存在一个溢油事故有效处置时间约束,即保证所需要的应急资源要在有效时间内到达事故点:

$$\tilde{t}_i \leqslant T_V \tag{9.25}$$

式中,$\tilde{t}_i$ 表示供应点 i 最可能运输时间,T_V 表示事故有效处置时间。

(3)评价指标分析。根据海洋溢油应急处置的业务流程,构建了以最小化时间和最小化处置费用的优化模型。模型的目标函数主要从海上突发事件处置的时效性和成本两方面进行考虑。

$$\min f_1 = \min \left\{ \max_{i=1,2,\cdots,N} \tilde{t}_i P_i + \frac{S}{\sum_{j=1}^{M} Ef_j \sum_{j=1}^{N} x_{ij}} \right\} \tag{9.26}$$

$$\min f_2 = \min \sum_{j=1}^{M} \Pr_j \sum_{i=1}^{N} x_{ij}$$

①最小化溢油事故处置时间。海洋溢油事故应急处置时间主要分为资源的调配时间和

事故处置时间，前者主要取决于出救点距离事故点的距离以及各出救点船舶的运输速度，而后者与资源的数量以及资源的效率相关，因此应急处置方案的时效性可以从这两个方面加以保证。

资源调配时间：事故点距离应急资源供应点 i 的距离 d_i 以及供应点 i 的最大物资运输速度 V_i 已知，可以计算出运输时间的最可能值 $t_i^M = d_i/V_i$，但是由于海洋环境的复杂多变性，海风洋流等因素的实时变化造成航行时间具有极大的不确定性，因此根据经验公式计算出航行时间的最大可能值 $t_i^R = \gamma t_i^M$ 以及最小可能值 $t_i^L = \beta t_i^M$（其中，经验倍数 γ、β 可以根据不同的海况由行业专家给出）。至此，可以用三角模糊数 $\widetilde{t_i} = (t_i^L, t_i^M, t_i^R)$ 对供应点 i 的物资运输时间进行表征。

其三角隶属度函数为：

$$\mu_{\widetilde{T\_1}}(T) = \begin{cases} \dfrac{T - T^L}{T^M - T^L}, & T^L < T < T^M \\ \dfrac{T - T^M}{T^R - T^M}, & T^M < T < T^R \\ 0, & 其他 \end{cases} \tag{9.27}$$

由此可以进一步得到最早开始时间的期望值：

$$T\_1 = \frac{1}{2}[T^M + \delta T^L + (1 - \delta)T^R] \tag{9.28}$$

式中，δ 表示决策者的乐观程度，即对运输船舶能够尽可能快地达到事故地点的信心程度。

事故处置时间：事故处置时间可以分为两类。第一类是相对固定的时间，即处置时间与溢油面积或者溢油量相关，与其资源的数量相关性较小，例如围油栏的布放，一旦溢油面积确定，所需的围油栏的长度也随之确定，从而布放时间固定。第二类是随着资源数量变化的时间，例如收油机回收油的时间与收油机的数量息息相关，于是收油机的数量多少直接影响事故处置时间，从而在我们指定应急资源调配计划时需要考虑这部分相对变化的时间，使之能最大程度减小。综上，本节应考虑的事故处置时间为：

$$T\_2 = \frac{S}{\sum_{j=1}^{K}\left(Ef_j \sum_{i=1}^{N} x_{ij}\right)} \tag{9.29}$$

故关于时效性的目标表达式可以表示为：

$$\min T = \min(T\_1 + T\_2) \tag{9.30}$$

②最小化成本。由于海洋溢油事故处置过程中，不同的处置资源之间具有一定的替代性，因此，倘若有足够量的资源调配方案供选择，选择搜寻资源利用率最高同时搜索成本最低的方案是目标函数应考虑的因素之一，该目标可以表示成如下形式：

$$\min C = \min \sum_{j=1}^{M}\left(\Pr_j \sum_{i=1}^{N} x_{ij}\right) \tag{9.31}$$

式中，$\Pr_j$ 表示第 j 种资源的单位使用成本。

2. 模型求解

溢油事故应急处置资源调度模型求解算法设计与研发包含规则推理算法和混合遗传算

法两部分，概念图可由图 9-7 表示。

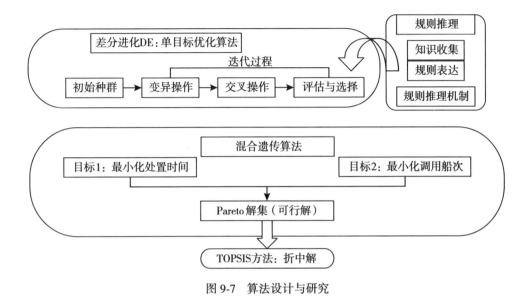

图 9-7　算法设计与研究

（1）规则推理。

①规则知识获取：通过总结海洋溢油事件应急处置业务人员经验、查阅相关书籍资料、开展现场调研等方法，总结与梳理海洋溢油事件应急处置资源在实际过程中的运用规则与操作流程，包括专业救助船和飞机等各种搜救力量信息，海上气象、海流、海浪等气象水文环境等知识以及各种险情的应急救助预案和操作规程。

②规则知识表示。根据海上溢油应急设备的规则和特点，采用规则知识表示方法对规则进行存储，决策规则的表示形式为：

Rule "规则名称"

　　<属性><属性值>

When

　　　<前提条件>

Then

　　　<对应策略>

End

按照上述表示方法将所有的规则标准化表示之后，建立决策规则库，且保证规则库的数据字段与设备信息、资源供应信息的字段保持一致。

③规则推理机。规则推理机是整个规则推理决策模型的关键部分，控制着决策过程的运行。而推理方法又是决策推理机的核心，其任务是模拟海上突发事件应急处置资源及选择实体决策人员的思维过程，按照一定的推理策略控制并执行整个决策推理过程，求得最终的决策结果。在决策推理过程中，决策推理所依据的态势信息由大量态势要素构成，这

些态势要素随时间动态变化并且几乎无穷。本节采用正向推理策略并适当利用规则代换和特殊情况处理的知识推理模式进行推理,给出海洋溢油事件应急处置资源方案,指导具体的处置工作。本模型所采取的规则推理机制如图 9-8 所示。

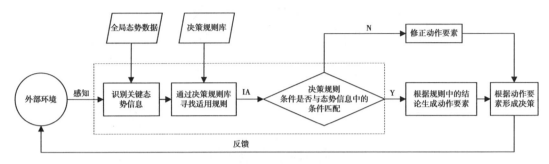

图 9-8　资源选择的规则推理机制

使用规则推理方法的目的是利用已有海上突发事件应急处置资源运用知识,对海上突发事件应急处置过程中需要完成的搜救行动和运用何种资源进行决策指导,即通过构建得到的系统规则库,采用将事实与规则对比的匹配方法,推理形成实用的决策,经过此步骤能初步对所有资源进行筛选,根据经验规则得到可行的资源集,为下一步资源方案奠定基础。

(2) 混合遗传算法。由于本节所针对的海洋溢油应急处置资源调配问题是一个典型的多目标优化问题,即需要优化的目标之间往往存在冲突。也就是说,不可能使所有的子目标函数同时达到最优,相反,我们只能得到这些优化目标的妥协解,这是 Rao 提出的帕累托(Pareto)最优性问题,该解集称为帕累托最优集或非支配集,其他解集称为支配集,解决多目标优化问题的关键在于如何找到 Pareto 最优集合,并根据 Pareto 最优集合的偏好找到最合适的解。

为了求解所构建的多目标优化模型,构建了基于非支配排序遗传算法(Non dominated sorting genetic algorithm Ⅱ, NSGA-Ⅱ)和差分进化算法(Differential Evolution, DE)的混合遗传算法,用来快速求解该模型。NSGA-Ⅱ 是一种多目标进化算法(Multiobjective Evolutionary Algorithm, MOEA),它使用非支配排序和共享变量的方法有效地保持了帕累托前沿的多样性,已被证明在解决两个目标优化问题上具有有效性。本节还将使用 eNSGA-Ⅱ 和 eMOEA 算法作为对比,eMOEA 是一种稳态的多目标优化算法,它使用 e-dominance 归类方法来记录不同的帕累托最优解集。eNSGA-Ⅱ 将 NSGA-Ⅱ 的分代搜索与 e-dominance 归类方法相结合,以保证算法的收敛。它使用非支配排序和共享变量方法来有效保持帕累托边界的多样性。但是传统的 NSGA-Ⅱ 算法在可行域中的搜索精度和解空间的多样性等方面存在一些缺陷。为提高 NSGA-Ⅱ 的搜索精度和多样性,本节采用差分进化算子替换 NSGA-Ⅱ 中的交叉运算,以提高局部搜索能力和搜索精度。针对该模型的特点,将 NSGA-Ⅱ 与 DE 结合,设计了以下求解算法。

步骤 1:定义算法的参数,包括种群大小,迭代次数,交叉概率,并将计数器设置为 0。

步骤 2：初始化种群。初始种群是随机产生的，个体编码结构与单目标优化提到的相同。

步骤 3：对种群进行排序。根据目标函数和约束条件，对个体进行评估。对初始种群进行非支配排序以获得 Pareto 解集。然后给予个体排名和拥挤距离值，对种群执行二进制选择操作。

步骤 4：变异和交叉。基于 DE 的变异算子，被用于变异种群。同时，通过一定概率对每个个体进行交叉操作来获得新的种群 Q。

步骤 5：评估临时种群。临时种群由当前种群 P 和后代种群 Q 组成，通过比较个体的排名和拥挤距离值，对临时种群进行非支配排序。

步骤 6：生成新的种群。从临时种群中挑选最好的个体来创造新的种群。

步骤 7：进化和迭代。如果达到迭代次数，则输出帕累托最优解；否则，计数器加 1，并继续步骤 3。

9.6 海洋溢油应急处置决策支持系统

海洋溢油应急处置决策支持系统能够对海上溢油事故处置流程进行动态模拟仿真，支持事故处置整体流程的推演以及实时消息的推送，实现从溢油险情接警、预警到溢油漂移预测到资源调配最后资源处置规划的整体流程。系统主界面以地图显示为载体，由险情接警模块、险情预警模块、险情指挥模块、险情处置模块、信息集成模块五部分组成。

9.6.1 系统架构设计

针对复杂的海洋溢油应急处置流程，按照低耦合、高内聚的原则，搭建面向服务的系统架构，在用户层、业务层和方法数据层上实现溢油事件应急处置决策支持功能。

（1）用户层。面向系统用户，通过数据实时解析、业务流及数据流的可视化、处置场景的渲染等实现海洋溢油应急处置流程交互式实时可视化。用户经统一可视化界面登录系统后，可进行人机交互、数据查询，并根据用户类型，分别赋予不同账户权限，可执行险情接警、事故预警、应急指挥、应急处置等功能模块，根据事故事态发展的情况，提出相应的决策支持的需求。

（2）业务层。负责溢油应急处置的核心业务，根据事件决策的具体需求，启动溢油风险评估模型，进行溢油事故等级判断，通过溢油漂移预测模型进行漂移轨迹预测，通过应急资源调配，自动生成备选方案，以及处置规划方案，并对备选方案进行分析评价；结合任务完成情况，动态调整分发方案，更好地完成任务协作。

（3）方法数据层。该层包含溢油应急处置流程、溢油应急监测数据、历史案例场景数据以及应急处置数据平台等，通过高效分布式存储计算技术驱动模型运行，通过标准化接口，为应急处置决策提供数据、模型和方法等支持。

系统架构设计图如图 9-9 所示。

第9章 海洋溢油应急处置决策支持

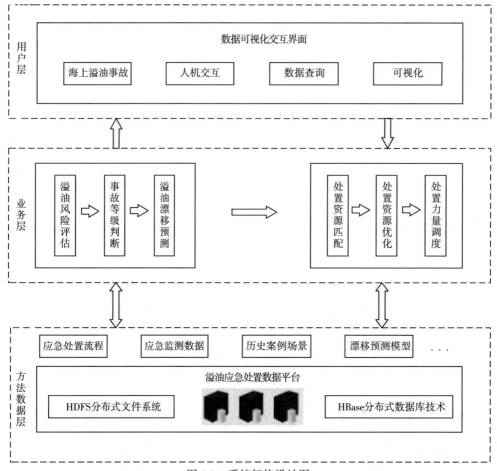

图 9-9 系统架构设计图

9.6.2 系统功能概述

(1) 海上溢油险情接警。系统用户通过填写溢油险情接警初步信息表，填写与溢油险情相关的信息，包括接警信息、溢油信息、油品参数等。

(2) 海上溢油险情预警。海洋溢油预警流程包括责任区判断、险情判断、险情等级判断、应急流程查看、接警信息上传、任务分工 6 个步骤。

(3) 海上溢油漂移预测。海上溢油的漂移预测主要用于确定溢油的分布范围。系统向用户提供多类型溢油漂移预测服务。利用用户输入的溢油密度、溢油总量、排放时长等事故信息，服务端根据事故范围自动提取海洋环境场数据，选择漂移预测模型，通过模型计算生成溢油漂移轨迹。溢油漂移预测结果如图 9-10 所示。

(4) 资源调度方案。系统采用智能算法求解海上溢油处置的最优力量调度方案，考虑溢油密度、溢油量、溢油面积等要素信息，从多个处置基地进行处置力量选择，生成溢油处置方案。方案中包含处置力量或设备名称、数量以及处置基地名称等相关信息，用户可根据方案展开溢油事故应急处置行动。

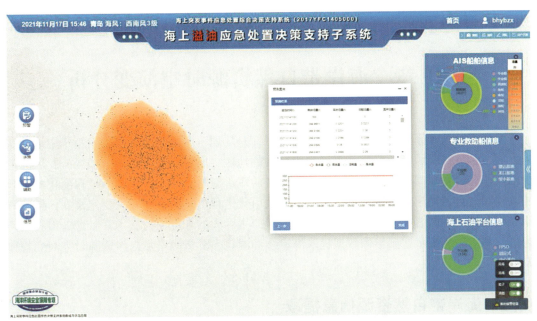

图 9-10　溢油漂移预测结果

(5) 处置方案规划。系统提供面向处置力量的溢油处置方案规划功能。系统根据用户为溢油处置力量设定的处置任务，自动规划围油栏布放轨迹，并将规划结果在地图界面进行可视化展示。溢油处置方案结果如图 9-11 所示。

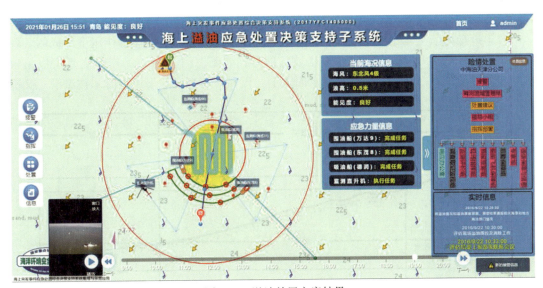

图 9-11　溢油处置方案结果

第10章　海岸带自然资源时空演变分析

海岸带是地球系统中最有生机的部分之一，是陆地、海洋和大气之间相互作用最活跃的界面，是自然资源和社会经济资源最为富集的地区，已经成为人类生存和经济发展的重要场所。同时，海岸带生态环境受陆地和海洋的双重影响，对于各种自然过程变化所引起的波动和人类活动十分敏感。近年来，随着城市化进程的加快，海岸线变化剧烈，导致海岸带生态环境不断恶化，对海岸带可持续发展产生巨大的环境压力。本章以青岛市胶州湾为例，利用历年卫星遥感影像数据提取海岸线和湿地，分析海岸带自然资源时空演变规律及驱动机理。

10.1 海岸带自然资源信息提取

10.1.1 海岸带

海岸线是陆地和海洋的分界线，由于潮位变化和风引起的增水-减水作用，海岸线处于不断的变动之中。水位升高便被淹没，水位降低便露出的狭长地带即是海岸带。目前，世界上约有2/3的人口居住在狭长的沿海地带，海岸带的地貌形态及其变化对人类的生活和经济活动具有重大意义。

海岸带是海陆交互作用的地带。海岸地貌是在波浪、潮汐、海流等作用下形成的。现代海岸带一般包括海岸、海滩和水下岸坡三部分，如图10-1所示。海岸是高潮线以上狭窄的陆上地带，大部分时间裸露于海水面之上，仅在特大高潮或暴风浪时才被淹没，又称

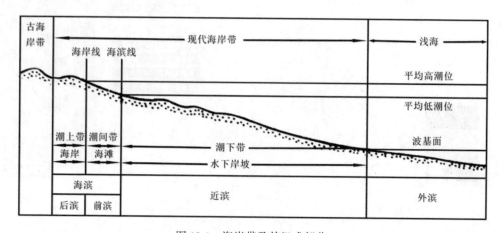

图 10-1　海岸带及其组成部分

潮上带。海滩是高低潮之间的地带，高潮时被水淹没，低潮时露出水面，又称潮间带。水下岸坡是低潮线以下直到波浪作用所能到达的海底部分，又称潮下带，其下限相当于1/2波长的水深处，通常为10~20m。

海岸发育过程受多种因素影响，交叉作用十分复杂，故海岸形态也错综复杂，国内外至今没有一个统一的海岸分类标准。《全国海岸带和海涂资源综合调查简明规程》将中国海岸分为河口岸、基岩岸、砂砾质岸、淤泥质岸、珊瑚礁岸和红树林岸六种基本类型。

10.1.2 海岸带自然资源及分布特征

中国海岸带是多种自然资源的综合体，根据自然属性特征，可分为海岸带资源和海岸带特有资源。其中，海岸带所在资源指与海洋无成因联系，但分布于海岸带内的自然资源，包括土地、森林、矿产、地热、淡水等；海岸带特有资源指与海洋有成因联系的资源，包括滩涂、海岸带生物、港口、风景旅游、海水动力、海水化学等。海岸带是岩石圈、水圈、大气圈和生物圈四个圈层接触最直接、最密切、最广泛的地带，各种自然因素互相作用使海岸带自然资源表现出了一定的特殊性，即海岸带自然资源具有多样性、变动性、周期性、段域性、层次性及开放性。

以海岸带生物为例，生物资源多样，包括植被、浮游生物、水生生物、底栖生物等要素，特点是能够通过生物的繁殖、发育、生长和新老替代实现不断更新和补充，并具有一定的自我调节功能，达到数量上相对稳定平衡的能力。它们在海陆过渡带中构成了相互制约、相互影响的"食物链"系统。生物种类、丰度表征着海洋气候、海水、土地环境的优劣程度和碳汇潜能。

再如海水动能资源，在渤海海域、南海海域等日潮性质显著的海域，大、小潮差均较小，一般分别为 0.42~2.09m，0.27~1.33m。而对于黄海海域、东海海域半日潮性质显著的海域，大、小潮差变化较大，一般分别为 1.12~4.44m，0.41~1.50m。

由于沿海地区地貌类型和组成物质的不同、入海江河携带泥沙和营养盐性质与含量的差异、海水动力(海流、潮汐)强弱的不同，形成了复杂的海岸带土地资源类型，包括滩涂、沼泽、湿地等，涉及分布面积、土壤理化性质、为栖居生物提供生境条件等方面。

10.1.3 海岸带自然资源信息获取

海岸带是人口聚集、资源丰富、开发程度较高，但生态环境脆弱的地区。随着我国沿海地区经济高速度发展，城市化过程不仅改变了沿海土地利用的类型和产业结构，而且使海岸带及其近海的环境状况发生显著变化。这些变化信息依靠常规的调查勘测手段难以获取，而卫星遥感技术则成为定期监测海岸带及其近海资源环境变化的有效手段。如何利用多源、多通道、多时相、主被动融合的星载遥感数据获取海岸带及其近海资源环境信息，是遥感应用的一项重要任务。

近年来，复旦大学波散射和遥感信息教育部重点实验室联合华东师范大学河口海岸国家重点实验室、上海水产大学、国家卫星海洋应用中心、国家海洋信息中心等有关单位，针对中国海岸带及其近海的资源环境问题，以遥感应用技术为手段，在国家重点基础研究项目(973计划)"复杂自然环境时空定量信息获取与融合处理的理论与应用"、国家高技术研究计划(863计划)"模块化海洋遥感信息提取技术",以及"中国海岸带及近海卫星遥感综合应用系统技术"等项目以及国家海洋局、交通部、水利部的有关业务部门的支持下,开展了海岸带及其近海的遥感应用研究。研究成果在一些业务部门得到了推广和应用,取得了显著的社会效益和经济效益。在开展海岸带及近海资源环境监测的遥感信息应用技术研究的过程中,上海海产大学与美国国家海洋和大气局(National Oceanic and Atmospheric Administration,NOAA)合作,在上海水产大学建立了中国海洋遥感监测网,并在2006年与上海水产大学合作建立中美海洋遥感及渔业信息研究中心,将研究领域从海岸带及其近海拓展到大洋。

1. 海岸线提取

海岸线是陆地与海洋的交界处,人类活动集中,同时受到自然因素和人为因素的影响,具有高度的动态性。《海道测量规范》(GB12327—1998)中规定海岸线为"平均大潮高潮时水陆分界的痕迹线",遥感影像中的海岸线为拍摄时的瞬时水边线,对于真实水边线的获取还需要根据DEM数据和潮汐数据进行潮位校正,因此,对于海岸线信息的提取,一般为瞬时水边线的提取,目前用得较多的方法有阈值分割方法、边缘检测算子方法、数据挖掘方法。阈值分割方法简单有效,但是面对复杂的陆地背景时效果欠佳。边缘检测算子对噪声敏感,连续性较差。数据挖掘方法则是利用了人工神经网络、聚类分析技术、支持向量机等数据挖掘方法来自动提取海岸线,但是需要一定的人工干预,并不能实现完全的自动提取。目前深度学习方法在光学图像的目标检测、图像分割中取得了巨大成功,但深度学习在海岸线提取方面的应用较少,而瞬时水边线提取本质上是一个二分类问题,各种方法具体介绍如下:

(1)阈值分割法:依据遥感影像中地物目标与其他地物的特征信息差异,选择相应的阈值进行分类操作,适用于目标和背景占据不同灰度级范围的图像,该方法的关键在于确定最佳的阈值。阈值分割法因其具有操作简便且容易实现的特点而广泛应用于海岸线的提取中。但是,阈值的确定是该方法的关键因素,并且存在相应的难度。此外,当海岸带与其他地物边界较复杂时,用该方法提取海岸线的误差较大。

(2)边缘检测算法:根据边界上像元点周围的像元灰度值变化差异较大的原理,通过检测每个像元与其直接相邻像元的状态,来判定该像元是否处于边界上。常用的一阶微分边缘检测算子有Prewitt算子、Sobel算子、Roberts算子,二阶微分边缘检测算子有Laplacian算子、LoG算子、Canny算子。

Sobel算子:一阶导数算子,引入局部平均运算,对噪声具有平滑作用,抗噪声能力强,计算量较大,但定位精度不高,得到的边缘比较粗,适用于精度要求不高的场合。

Laplacian算子:二阶微分算子,具有旋转不变性,容易受噪声影响,不能检测边缘的方向,一般不直接用于检测边缘,而是判断明暗变化。很少用该算子检测边缘,而是用来判断边缘像素视为与图像的明区还是暗区。

Canny算子:一种完善的边缘检测算法,抗噪能力强,用高斯滤波平滑图像,用一阶偏导的有限差分计算梯度的幅值和方向,对梯度幅值进行非极大值抑制,采用双阈值检测和连接边缘。优点在于,使用两种不同的阈值分别检测强边缘和弱边缘,并且当弱边缘和强边缘相连时,才将弱边缘包含在输出图像中。

(3) 区域生长提取法：基本原理是将具有相似性质的像元点合并到同一区域，该方法需要先在每个区域内选取一个种子点，然后将种子点周围邻域的像元点与种子点进行比较，对具有相似性质的点合并之后继续向外生长，直到没有满足条件的像元被包括进来为止。利用区域生长提取法所提取的海岸线具有连续性，其中阈值的选择对区域生长的终止具有关键作用，阈值的选择不当，将会影响海岸线的提取精度。该方法受噪声干扰较大，容易导致区域生长产生误差。

(4) 面向对象分类法：面向对象方法通过对遥感影像进行分割，在分割后的影像对象上对目标信息进行分类，与以往以像元作为基本处理单位的分类方法完全不同，可以实现较高层次的遥感影像分类和目标地物提取，由于面向对象分类方法不仅利用了对象的光谱信息，也结合了对象形状、纹理等信息，提高了分类准确度，避免了"同谱异物"和"异物同谱"等现象的产生。

(5) 活动轮廓模型：本质上是一种基于变分法和偏微分方程的模型，它将图像中目标的边界（海岸线）视为一条可以活动的轮廓线，通过定义能量函数使得曲线在能量函数递减的引导下逐渐逼近实际目标边界。按照能量泛函包含的基本信息，活动轮廓模型可分为边缘活动轮廓模型和区域活动轮廓模型。

边缘活动轮廓模型方法：边缘活动轮廓模型主要利用图像边缘的梯度信息，包括 Snake 模型和测地线活动轮廓模型等。用 Snake 模型对原始图像的预处理结果精细化后，得到准确的海岸线。但其无法提取凹陷边缘的位置信息，而基于梯度矢量流 GVF 的主动轮廓模型解决了这个问题，然而，GVF Snake 模型并不可控，其演化方程的迭代取决于边缘检测算子的性能且在某些局部区域不稳定。Snake 模型用于海岸线的提取，提高了轮廓演化的速度。但当背景复杂时，仍需一定的人为干预才能得到准确的提取结果。

区域活动轮廓模型方法：基于区域的活动轮廓模型利用图像区域的整体灰度信息。它起始于 Mumford-Shah 模型，但该模型求解困难，难以计算。因此，Chan 和 Vese 通过简化 Mumford-Shah 模型，得到 CV 模型，并引入水平集函数，使得处理曲线的拓扑变化更加方便自然。Silveira 和 Heleno 均是运用基于区域的水平集方法提取出海岸线。虽然水平集函数的引入具有一定的优势，但同时也带来了很大的计算负担。

(6) 数据挖掘 DM(Data Mining)：是从大量、不完全、有噪的、模糊、随机数据中，提取出隐含在其中的有用信息和知识的过程。随着该技术的发展，许多学者将其运用到海岸线的提取中。相对于传统的海岸线提取方法，人工神经网络、聚类分析技术、模糊逻辑技术和支持向量机等数据挖掘方法使用智能手段，从大量的数据信息中找出频繁出现的规律性事物，且检测过程实现了自动化。但对于高分辨率影像，要求较高的定位精度时，上述基于单一数据挖掘技术的海岸线提取方法的效果并不是很理想，因此，在高分辨率影像海岸线的提取中需要结合多种方法以达到更好的提取效果。

(7) 极化方法：在合成孔径雷达(Synthetic Aperture Radar, SAR)极化系统中，信息包含在从目标物体反射回来的电磁波中，而该信息可以调制在电磁波的频谱、强度或极化方向等分量中。极化雷达可以通过 HH、HV、VH、VV 四种电磁波极化方式度量目标的散射矩阵，其中，H 和 V 分别表示水平极化与垂直极化。因此，可采用一种或融合多种极化方式实现海岸线的提取。总体来说，极化方法可分为单极化方法和多极化方法，两种方法提取海岸线的效果都较好。但海平面上升至潮间带内时，两种方法的提取性能都有所下降。单极化方法在海陆对比度较高时无需人工参与，而在海陆对比度较低或提取区域较复杂时，需要对提取结果手动细化；而多极化方法在一般情况下均无需人工参与。在处理速度方面，单极化方法耗时较长，而多极化方法只需要几秒钟的时间。

（8）神经网络模型：是人类神经系统一阶近似的数学模型，被广泛用于解决各类非线性问题。其采用多层拓扑结构，给定误差精度后通过多次迭代训练，直到误差稳定为止。神经网络分类法对信息的处理具有自组织、自学习的特点，对于地物类型相对复杂的海岸，在图像本身特征的基础上，可以利用以往分类过程中积累的经验不断训练修改其自身的结构及其识别方式，以获得更准确的结果。

2. 海岸带典型地物信息提取

海岸带作为水陆交接的过渡地带，有异常复杂的自然动力条件以及丰富多彩的自然现象，同时又是人类经济社会活动最集中、最频繁的地区。作为全球环境变化最为敏感和脆弱的地区之一，海岸带土地利用的变化可引起多种资源与生态过程的改变。借助遥感技术手段可快速准确地提取海岸带土地利用信息，及时掌握该区域土地利用类型的空间分布和特点，具有重要的意义。

海岸带土地利用状况复杂，不同区域受环境气候影响而利用方式不同，最常见的土地利用类型主要有潮滩、河流、盐田和养殖池，这些地物信息提取的传统方法一般为人工目视解译，精度高，但费时费力。

图像的空间分辨率是遥感图像提取和分类选择方法的重要依据，对于低、中分辨率的遥感图像，常使用基于像素和对象的分类方法，对于高分辨率的遥感图像，一般选择基于对象的方法。通常，基于对象的遥感图像的分类效果会比基于像素的监督和无监督的遥感图像的分类结果好，这主要是因为高分辨率的遥感图像蕴含着更丰富的光谱信息和纹理信息等上下文信息。

基于像素的遥感图像提取分类方法是对遥感图像中的每一个像素点给出具体的类别标签。以像素点为单元的遥感图像分类，包括无监督的分类方法，如 K-means、ISODATA；有监督的分类方法，如最大似然估计、传统的神经网络结构、决策树、支持向量机、随机森林等；也有将无监督和有监督的分类方法融合在一起的半监督分类方法。基于像素的分类方法仅仅依靠一个像素的灰度或者 RGB 值就给定一个类别标签，这种分类方法是不精确的，特别是在高分辨率的遥感图像中，对一个像素点进行分类是没有意义的，没有充分利用图像的上下文信息和语义信息。随着 IKONOS 和 QuickBird 卫星的发射，可以获得更高分辨率的遥感图像。高分辨率遥感图像的出现对遥感图像分类方法的研究，带来了新的机遇。基于光谱特征的遥感图像的分类方法可以获得比基于像素点的分类方法更好的分类效果和精度。但是也存在着局限性，因为随着遥感图像空间分辨率的提高，光谱中包含了不同复杂的小目标物体，此外，不同的物体也有着相似的光谱特性，使得遥感图像的分类变得更加困难。

目前遥感图像处理技术的发展趋势是实现自动化和智能化，并最终建立只需少量甚至无需人工干预的智能图像处理系统，来自动识别和解释图像。进一步引进人工智能、专家系统等技术，真正达到快速、准确、系统、全面掌握信息的目的。深度学习作为一种新的机器学习方式，其改革和发展为遥感图像的分类任务带来了新的机遇。在机器学习方面，神经网络经历了两次重大的变革，一次是在1986年，Hinton等人在 *Nature* 上发表了反向传播（Backpropagation，BP）的介绍，打开了神经网络学习的第一扇门。虽然反向传播网络结构被应用在很多有监督的神经网络的学习过程中，直到现在的许多深度学习网络也在使用，但在1980—1990年间，研究者在研究中遇到了一些问题使基于神经网络的学习方法并没有崛起。问题主要来源于两个方面：缺少大规模的训练数据和计算能力不足。一方面，研究者发现反向传播网络含有大量的参数，在小规模数据集上训练，容易出现严重的过拟合现象，导致测试精确度低；另一方面，在1980—1990年间，计算机的计算能力有限，对大量参数的学习能力有限。因此，在这个时期采用机器学习的方法主要是用少量的数据和其他学习方法进行学习，如支持向量机、决策树等方法，因为上述原因，这些方法训练得到的结果会比反向传播网络的效果要好。随着卫星遥感技术和计算机科学的快速发展，特别是机器学习在图像领域取得的进步，对大面积海岸带监测产生了重要的应用价值。各种方法具体介绍如下：

(1) 卷积神经网络（Convolutional Neural Network，CNN），是一种模拟生物神经网络结构和功能的网络，是近年来深度学习领域常见的神经网络之一，主要结构包括输入层、卷积层、池化层、激活函数和全连接层等。CNN凭借其多层卷积、权值共享、旋转位移不变性等特点，在遥感影像分类、典型地物识别和提取等任务中取得较好效果。以CNN能提取到遥感影像中更深层、更复杂的光谱特征为基础，提取海岸带土地利用信息进行分类。实验平台通常使用Windows操作系统，CPU为Inter Xeon Processor E5-2609v4，GPU为NVIDIA GeForce GTX1070Ti。深度学习框架采用谷歌公司的Tensorflow1.2.1，它具有极高的执行效率、灵活的异构性和强大的可视化性能。轻量级卷积神经网络是借鉴卷积神经网络的多级构架，利用少量典型数据训练得到滤波器在卷积层进行图像特征提取，具有网络简单高效且特征提取能力强的特点，可获得更好地海岸带提取效果。

(2) 支持向量机（Support Vector Machines，SVM），基本原理是：设训练样本集 $D=\{(x_1,y_1),(x_2,y_2),\cdots,(x_n,y_n)\}$，$n$ 为样本个数，样本向量 $x_i \in X = \mathbf{R}^d$，类别标志 $y_i \in Y=\{+1,-1\}$。选择一个最优超平面将两类别分开，即：

$$w \cdot \varphi(x) + b = 0 \tag{10.1}$$

式中，w 为超平面的法向量；$\varphi(x)$ 将 x_i 从之前 d 维特征空间 X 映射到高维特征空间；$b \in \mathbf{R}$ 为偏移量。要求分类间隔最大且分类面对所有样本均能正确分类，则找出最优分类超平面的过程可以转化为一个最优化问题，即：

$$\min \frac{\|w\|^2}{2} + c\zeta_i \tag{10.2}$$

$$\text{s.t}: y_i[w \cdot \varphi(x) + b] - 1 \geq 1 - \zeta_i \tag{10.3}$$

式中，ζ_i 为松弛变量，$\zeta_i \geq 0$（$i=1,2,\cdots,k$）；c 为惩罚系数。SVM具有高维空间超平面分割和局部最优解的特征，但是，在运算过程中对参数的依赖性较大，容易导致泛化能力下降，且随着样本数量的增加，其支持向量的数量成线性增加，从而影响提取效率。最小二乘支持向量机（Least Square SVM，LSSVM）是由SUYKEN等提出的一种SVM的扩展，它是以损失二次函数为经验风险，用等式约束代替SVM中的不等式约束，将SVM的优化问题转化为求解线性方程组问题，从而很好地解决了其中存在的鲁棒性、稀疏性和大规模运算等问题，提高了运算的精度和效率，且已在作物监测、岩性识别等方面取得了较成功的应用。

（3）随机森林，是由 Leo Breiman 与 Adele Cutler 于 2001 年提出的一种机器学习方法，是一种基于决策树的分类器，分类效果与提升方法（Boosting）和 SVM 相当。在不增加原样本集样本的情况下通过拔靴法选择样本子集构建一组分量分类器，然后利用投票机制综合分量分类器的结果得到最终分类结果，在构建分量分类器时，未被选中的样本组成袋外数据集（Out of Bag, OOB），用 OOB 进行测试得到袋外误差。除了具有不需要对数据预处理、对多类问题处理方便快捷、不会过拟合、分类结果稳定等优点，随机森林一个重要的特点是可以在样本训练的过程中实现特征重要性的评估，特征 f 的重要性通过随机置换 OOB 中的采样特征后，统计置换前后分类精度差异确定，也称作平均精度差异，由下式计算：

$$FI^{(t)}(f) = \frac{\sum_{x_i \in B^{c(t)}} I(l_j = c_i^{(t)})}{|B^{c(t)}|} - \frac{\sum_{x_i \in B^{c(t)}} I(l_j = c_{i,\pi f}^{(t)})}{|B^{c(t)}|} \tag{10.4}$$

其中，$B^{c(t)}$ 为分类树 t 的 OOB 采样，$t \in \{1, \cdots, T\}$，$c_i^{(t)}$ 和 $c_{i,\pi f}^{(t)}$ 为置换前后 x_i 的预测类别，如果特征 f 不在分类树 t 中，$FI^{(t)}(f) = 0$ 特征 f 的重要性特征值取所有树的均值：

$$FI(f) = \frac{\sum_T FI^{(t)}(f)}{T} \tag{10.5}$$

其中，T 为分类树的个数。

尽管深度学习的理论和方法在自然图像的边界提取、图像分类和语义分割取得了不错的成绩，但是遥感图像的边界提取和分类任务和自然图像是有差别的。具体表现在：①遥感图像的分辨率大小对边界提取和分类任务有一定的影响，深层次的网络结构并不适合遥感图像的分类；②遥感图像的尺寸大小、方向位置信息也是影响结果的重要因素。

当前的海岸带地物提取和分类研究取得了丰硕的成果，同时也面临着一些问题：①由于海岸带多云多雨以及卫星回归周期的限制，利用卫星遥感手段对海岸带土地利用/覆盖的连续变化信息提取能力不足；②利用无人机遥感可以在一定程度上克服这一不足，但无人机由于低空平台的限制，难以应用于大范围的海岸带土地利用/覆盖信息提取，同时适用于无人机搭载的小型化多光谱/光谱传感器尚未普及，其进行高精度定量化信息提取的能力仍明显不足；③目前研究仍偏重于海岸带信息的提取，对于其内部深层次的变化驱动因子、海岸带生态环境质量、生态价值等方面的研究仍然较为薄弱，有待进一步研究。

10.2 胶州湾海岸线时空演变分析

胶州湾作为青岛市的重要海湾，对青岛市的经济发展起着重要的推动作用。现代以来，大量人工建设活动导致胶州湾容纳潮水总量减小，自我净化能力减弱，污染加重，环境恶化,很多以海岸带为栖息环境的生物灭绝。随着人类活动对胶州湾影响的日益加剧,对胶州湾海岸带生态环境以及社会经济的研究,尤其是对海岸线的变迁特点及驱动因素的分析,逐渐成为研究的热点和重点。

海岸线的剧烈变化导致并加剧了海岸带和近海区域的多种问题,加强对海岸线资源的保护、管理与可持续利用刻不容缓。随着卫星技术的迅速发展,传统的测量方法已经不再适用于复杂多变的环境,难以实现海岸线的动态监测。遥感以其覆盖范围广、重复周期短、获取成本低等特点,在海岸线研究和监测中表现出显著优势,成为海岸线研究中的重要手段。基于遥感技术的海岸线研究所用到的数据源主要是光学影像,包括 Landsat TM/ETM+、MODIS、FPRMOSA-2、SPOT、CBERS、资源三号卫星等,其中使用最普遍的是 Landsat 系列数据。同时,LiDAR 也在海岸线研究中有一定程度应用,受制于其成本高的缺点,其目前仅应用于小范围的海岸线研究。海岸线的提取多采用边缘提取算子,如 Canny 算子和 Sobel 算子,或利用归一化水体指数(Normalized Difference Water Index,NDWI)、修复归一化水体指数(Modified Normalized Difference Water Index,MNDWI)法进行水陆分离后,利用轮廓边界跟踪技术进行海岸线提取。在此基础上,结合影像上各类型海岸线的地理及光学特征,建立海岸线解译准则,并对海岸线类型进行人工目视解译,确定其类型。基于遥感影像的海岸线分类在一定程度上受到影像空间分辨率制约,误差较大,其在分类精度上仍有很大提升空间。高空间分辨率遥感影像的应用将有助于改善海岸线的提取精度。

10.2.1 胶州湾海岸带的环境特征

胶州湾位于山东半岛南部,沿岸地带均属于青岛市。地理范围为 35°38′~36°18′N,120°04′~120°23′E,以团岛头与薛家岛脚子石连线为界,与黄海相通的扇形半封闭海湾,自西向东顺时针分别与黄岛区、胶州市、城阳区、李沧区、市北区相邻。平均水域面积为 340km^2,平均深度为 7m,通向黄海,在连接至黄海的狭窄入口附近的最大深度为 60~70m。湾内宽阔开敞,自然条件有相对的独立性。位于温带季风气候区,受该气候影响,一年四季温度较为适宜。年均温为 12.7℃,年平均降雨量为 662.1mm。胶州湾的潮汐为典型的半日潮,强流区位于团岛—海西半岛—黄岛三角区内。潮流流速由湾口向内逐渐减小,在垂线上变化不大,流速基本一致。由于气候适宜,环境较好,以胶州湾海岸带为栖息地的生物种类十分丰富。

在经济方面,青岛是中国第一批沿海对外开放城市,海洋经济逐渐成为主要经济发展对象。胶州湾是青岛港所在地,青岛港是世界 20 大贸易港口之一,海洋出口贸易成绩显著。近年来,青岛市经济总量达到万亿元以上,海洋经济占比在 25% 以上(青岛市统计局)。在人口方面,青岛市常住人口持续增多,城镇化水平达到 70% 以上。在胶州湾沿岸的黄岛区、市北区常住人口超 100 万人,其中黄岛区的常住人口最多,共计 160.82 万人(青岛市统计局)。胶州湾是沿海地区开荒严重的典型地区,土地开垦造成的海域减少,改变了胶州湾的水动力,给沿海环境带来严重问题。

近年来,为谋求经济发展,快速大范围的滩涂围垦、填海造陆、城市扩建等对湿地的过度开发活动,导致湿地面积逐年减少,湿地生态系统逐渐脆弱,近海生物栖息地遭到破坏,湿地退化严重。除人类活动的影响,在全球气候变暖与潮汐变化的影响下,滨海湿地景观的空间格局每年也会出现不同程度的变化。有研究显示,在过去50年中,中国已经损失了53%的温带滨海湿地、73%的红树林和80%的珊瑚礁。2006—2010年,平均每年有近4万公顷的滨海湿地被围填,人工湿地的面积在增加,而天然湿地则在减少。2010年,建有人工海堤的海岸线已经达到1.1万公里,占中国海岸线总长度的61%。湿地退化导致沿海区域生态失衡,经济发展受阻,如不采取有效保护措施,将会引发更多生态和社会问题。因此,分析湿地演变规律,探究湿地退化的原因,为湿地的保护、管理与可持续利用提供科学参考依据具有重要意义。

目前,青岛市政府已经设定胶州湾保护区,胶州湾保护对象主要包括胶州湾海洋环境和资源、沿岸环境和特色风貌、湿地及其生物资源。2016年青岛市规划局颁布《胶州湾保护条例》,参照有关海岸带规划控制范围的规定,划定胶州湾保护范围为胶州湾海域和胶州湾沿岸陆域两部分。

胶州湾海域为胶州湾保护控制线的围合区域。胶州湾保护控制线,是指经市人民代表大会常务委员会批准的,东起团岛湾头,沿沧口湾、红岛、河套、海西湾,西至凤凰岛脚子石的连线,与海岸线基本一致。胶州湾沿岸陆域为自胶州湾保护控制线至陆域控制线的区域。陆域控制线,是指东起团岛湾头,沿团岛路、团岛一路、四川路、冠县路、新疆路、胶济铁路、仙山西路、双元路、河东路、华中路、胶州湾高速、双积路、红柳河路、千山北路、淮河东路、江山路、嘉陵江路、漓江东路,西至凤凰岛脚子石的连线。本章节的主要研究内容即为胶州湾海岸线与胶州湾陆域保护控制线范围内的土地利用类型的时空演变特征。如图10-2所示。

图10-2 研究区地理位置

10.2.2 海岸线分类与提取

目前，最常用的海岸线定义是平均大潮高潮线。虽然遥感影像获取的为瞬时水边线，但胶州湾90%为人工岸线，海岸线位置受潮汐影响较小，不影响后续对整个胶州湾海岸线历史演变的分析研究。因此，可以将此次研究中提取的瞬时水边线看作海岸线进行分析。

海岸线的类型有很多，对同一类型的海岸线有着很多不同的定义，不同的区域范围对海岸线的分类也不相同。结合胶州湾的实际情况及影像特征将胶州湾海岸线分为河口岸线、基岩岸线、砂砾质岸线、港口岸线、养殖岸线、堤坝岸线六类，见表10-1。对于细长的码头岸线和河口内岸线不做分析。

表 10-1　　　　　　　　　　　　　**各类型海岸线定义**

一级分类	二级分类	影像判读标志	描　　述
自然岸线	基岩岸线		由基岩组成，岸线曲折。突出的海岬以及深入陆地的海湾出现的频率较高，近岸水深较大。
	砂砾质岸线		海滩的干燥部分呈亮白色，含水量较高的部分亮度则较低，岸线位置应该取亮度发生明显转折处。
	河口岸线		河口两侧明显转折点的连线或者为河口区域由海向陆遇到的第一个道路、桥梁或闸门的边界线。

一级分类	二级分类	影像判读标志	描 述
人工岸线	堤坝岸线	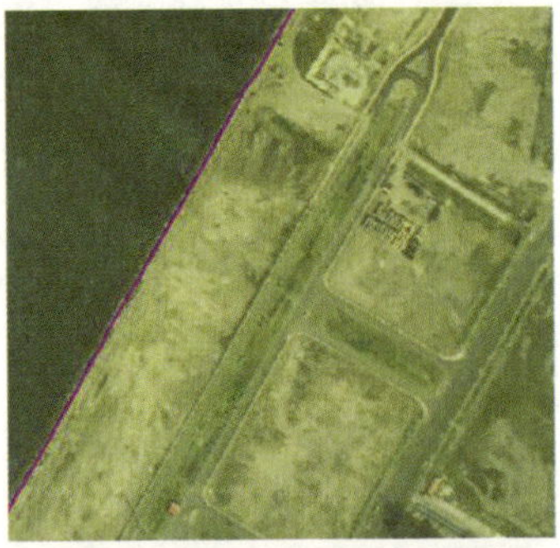	人工修建的隔海隔陆的海岸保护工程，岸线较为平直。亮度分布不均匀，几何特征明显。
	港口岸线		港口和码头的边缘，边界平直，位置确定在港口码头向海一侧的外缘。亮度分布不均匀，几何特征明显。
	养殖岸线	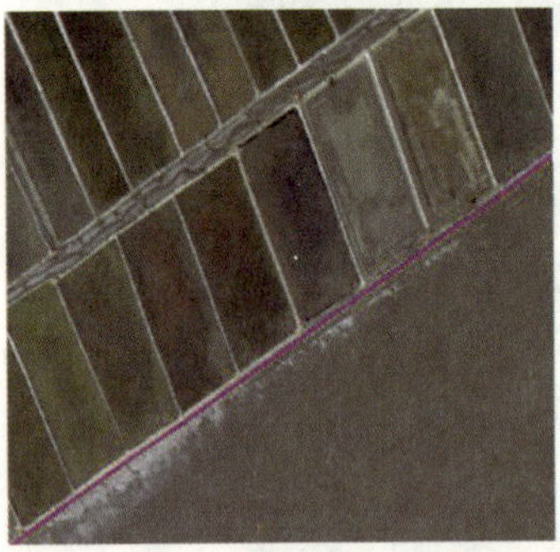	养殖池形状规则，呈正方形或长方形，位置确定在围堤的向海外缘。亮度分布不均匀，几何特征明显。

使用阈值分割方法来提取海岸线。首先，计算 Landsat 影像的 NDWI 对水和陆地进行分离(McFeeters, 1996)，再利用 Otsu 阈值分割法(Otsu, 1979)提取海岸线，如图 10-3 所示。NDWI 计算公式如下：

$$NDWI = \frac{GREEN - NIR}{GREEN + NIR} \tag{10.6}$$

式中，GREEN 和 NIR 分别代表影像中的绿光波段和近红外波段。

利用该方法对影像进行粗分割提取海岸线，再根据 Google Earth 的高分辨率影像人工辅助进行海岸线的修改，并进行海岸线类型的判读。

(a)原始影像　　　　(b)NDWI 提取结果　　(c)Otsu 阈值分割结果　　(d)修正后结果

图 10-3　2019 年影像岸线提取

10.2.3　海岸线研究方法

根据提取的海岸线信息，分析海岸线的长度及类型变化，划分土地利用类型，明确土地类型转换，得到海岸带的利用信息，计算陆地、海洋面积变化，从而得到海岸线变化的原因。还可以结合数学方法研究海岸线的变迁速度，较为常用的方法有端点变化速率、线性回归速率、加权线性回归速率，它们可以定量分析海岸线变迁程度，准确描述海岸线沉积和侵蚀的位置，确定快速变化的区域。研究者主要从定性和定量两个方面总结海岸线的变化规律，并利用现有数据建立海岸线变迁的评价模型，用评价结果与卫星岸线进行对比，寻找精度较高、可信赖的研究方法预测海岸线的变化趋势，从而对海岸线的管理提出建议。

1. 岸线分形维数

分形代表了一个由局部到整体的对事物的认识过程，而分形维数则是用来描述分形不规则特征的参数。在对海岸线进行长度测量时，测量的尺度不同，得到的结果也不相同。测量时，所用的尺度越小，得到的结果精度越高，海岸线长度越长；反之，所用的测量尺度越大，得到的结果精度越低，海岸线长度越短。因此，用于海岸线测量的尺度会影响到岸线的测量结果。而 Mandelbro 在分析了海岸线长度的不确定性问题之后，提出了海岸线分形和分维的概念。理论上来说，在测量方式确定的情况下，无论测量尺度如何，海岸线的分形维数越大，说明其形状越复杂；海岸线的分形维数越小，说明其形状越规则。

目前，量规法和网格法是我们常用的海岸线分维计算方法。使用网格法计算海岸线的分形维数，其基本思路是：使用长度不同的网格连续并且不重叠的覆盖被测海岸线，计算覆盖的网格数目。当正方形的网格长度 r 变化时，海岸线覆盖的网格数目 $N(r)$ 也随之改变，根据分形理论，有以下方程式成立：

$$N(r) \propto r^{-D} \tag{10.7}$$

对式(10.7)两边同时取对数，可以得到：

$$\ln N(r) = -D\ln r + C \tag{10.8}$$

其中，C 为待定常数，D 为被测海岸线的分形维数。采用不同的 r 值与 $N(r)$ 值，采用最小二乘法，通过回归分析，得到分形维数 D。

研究使用的是空间分辨率为 1m 的遥感影像,相当于测量时用的最小测尺精度可以为 1m。结合网格长度选取要求,选取的网格长度分别为 2m、6m、10m、20m、50m、100m、250m、500m。利用 ArcMap 软件 ArcToolbox 中的要素转栅格工具,将像元大小分别设置为以上 8 个长度,可以统计不同长度对应的网格数目。得到 r 与 $N(r)$ 的双对数散点图,根据式(10.8)利用最小二乘法拟合,得到分形维数 D。

2. 岸线类型多样性指数

岸线类型多样性指数(Index of Coastline Type Diversity,ICTD)是一种根据海岸线类型数量及各类型长度去衡量该研究区域内海岸线类型多样性变化的指标,本章构建胶州湾区域内的 ICTD 进行岸线类型多样性分析,公式如下:

$$\text{ICTD} = 1 - \frac{\sum_{i=1}^{n} L_i^2}{\left(\sum_{i=1}^{n} L_i\right)^2}, \quad \text{ICTD} \in (0, 1) \tag{10.9}$$

其中,n 为海岸线类型的总数量,L_i 为第 i 种类型海岸线的长度。

岸线类型多样性指数的取值范围为(0~1)。当 ICTD 接近于 0 时,表明研究区域内海岸线类型比较单一,多样性较低;当 ICTD 接近于 1 时,表明研究区域内海岸线类型较复杂,各类型长度百分较为均匀,多样性较高。因此,当研究区域内海岸线类型较少时,海岸线类型多样性相应地会比较低;或者,当区域内岸线类型结构倾向性较明显,即某一类海岸线类型长度百分比明显大于其他海岸线类型时,海岸线类型多样性也比较低。

3. 岸线利用综合程度指数

利用程度指数(Utilization Degree)能够简单、有效地反映人类活动对生态景观的影响程度。2014 年,毋亭将它运用到海岸线的研究中,称其为岸线利用程度综合指数(Index of Coastline Utilization Degree,ICUD),该指数能够反映人类活动对海岸线的利用程度与影响程度。在 ICUD 的计算中,人力作用强度指数至关重要。本章参考毋亭对中国大陆的每种海岸线类型赋予的人力作用强度指数,结合胶州湾的实际情况,对不同类型的海岸线赋予不同的人力作用强度指数值,如表 10-2 所示。

表 10-2 胶州湾各类型海岸线的人力作用强度指数

岸线类型	自然岸线			人工岸线		
利用方式	河口岸线	砂砾岸线	基岩岸线	港口码头岸线	围垦养殖岸线	人工堤坝岸线
指数	1	1	1	4	2	3

通过构建胶州湾区域内的岸线利用程度综合指数,揭示胶州湾沿岸人类活动对海岸带地区的影响特征,公式如下:

$$\text{ICUD} = \sum_{i=1}^{n} (A_i \times C_i) \times 100 \tag{10.10}$$

其中,n 为海岸线类型的总数量,A_i 为第 i 类海岸线的人力作用强度指数,C_i 为第 i 类海岸线的长度百分比。

4. 端点变化速率

Thielerd 和 Himmelstoss（2018）开发了 Digital Shoreline Analysis System（DSAS）功能模块，并将其集成于 ArcGIS 中，让我们方便地对海岸线的时空演变进行定量分析。基于 ArcGIS 10.4.1 中的 DSAS 5.0 模块，利用其提供的端点变化速率（End Point Rates，EPR）计算方法对胶州湾海岸线的位置变化进行定量分析。具体操作步骤为：

结合胶州湾六个时期的海岸线矢量数据，利用 ArcMap 做缓冲区分析，得到六个时期的向陆延伸 1000m 的缓冲区，将缓冲区由面转为线，经过多次的拟合、调整，得到岸线分析计算的基线。

在基线的向海岸线一侧做与海岸线相交的、采样间隔为 100m、长度为 1500m 的垂线序列。结合提取的研究区海岸线矢量数据，进行多次调整和修改之后，得到 1417 条与海岸线相交的剖面线，基线与剖面线如图 10-4 所示。

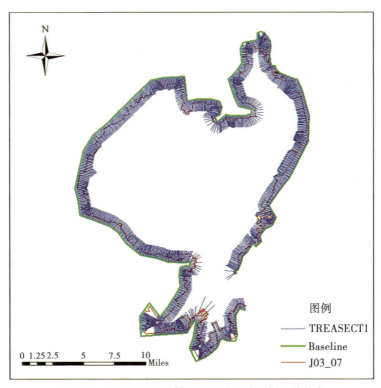

图 10-4 用于 DSAS 计算的胶州湾基线和剖面线分布

将两个不同时相的海岸线数据放在一个要素类中，以 DATE_字段区分，利用 DSAS 插件中的 Calculate rates 工具，计算两个时相的海岸线端点变化速率，分析不同时期的位置变化。端点变化速率计算公式如下：

$$\mathrm{EPR}_{i,j} = \frac{L_j - L_i}{\Delta Y_{j,i}} \tag{10.11}$$

其中，$EPR_{i,j}$ 为端点变化速率；L_i 与 L_j 分别为同一条剖面线 n 与第 i 时相和第 j 时相的海岸线的交点到基线的距离；$\Delta Y_{j,i}$ 表示第 j 年与第 i 年海岸线的年份差值。

研究中，以±3m/a 为界，EPR 在(-∞, -3]范围内对应海岸线呈现向陆后退的变化趋势，在(-3, +3)范围内表示海岸线未发生变化，在[+3, +∞)对应海岸线呈现向海扩张的变化趋势。

10.2.4 研究结果分析

1. 海岸线类型结构及类型多样性变化

统计 2000—2019 年间胶州湾各类型海岸线的长度（表 10-3），胶州湾岸线总长度在 2000 年、2005 年、2010 年、2015 年和 2019 年依次为 195.6km、191km、187.1km、184.6km 和 184.0km，总体呈减少趋势，但减少幅度逐渐下降。胶州湾自然岸线总长度呈先减少后增多趋势，整体呈减少趋势，由 23.8km 减少至 18.4km。其中，2000—2005 年 5 年间减少了 9.8km，减少幅度接近 50%。胶州湾人工岸线在 2000—2005 年间总长度增多，而后逐年减少，总体呈减少趋势。其中，养殖岸线长度减少一半以上，堤坝岸线和港口岸线长度均有所增长。

表 10-3　　　　　　2000—2019 年胶州湾各类型海岸线长度　　　　　（单位：km）

	年份 类型	2000	2005	2010	2015	2019
自然岸线	基岩岸线	7.8	4.5	3.7	3.1	3
	砂砾质岸线	13.8	7.2	7	10.3	11.4
	河口岸线	2.2	2.3	4.2	3.8	4
	小计	23.8	14	14.9	17.2	18.4
人工岸线	港口岸线	35.5	51	56	58.6	58.6
	养殖岸线	85.9	72.9	49.1	39.1	34.1
	堤坝岸线	50.4	53.1	67.1	69.7	72.9
	小计	171.8	177.0	172.2	167.4	165.6
	合计	195.6	191.0	187.1	184.6	184

结合胶州湾各类型海岸线长度（表 10-3）、胶州湾各类型海岸线长度（图 10-5）和胶州湾海岸线类型的空间分布（图 10-6）可以看出，港口岸线主要分布在黄岛区和市北区，两个市区的港口岸线长度占港口岸线总长度的 85% 左右，剩下的港口岸线分布在城阳区和市南区。黄岛区港口的建设使该区的港口岸线长度由 15.5km 增加至 34.1km，是近 20 年来胶州湾港口岸线增加的主要原因，同时，也使该区的基岩岸线由 4.1km 减少至 0.3km。养殖岸线分布在黄岛区、胶州市和城阳区，岸线总长度由 85.9km 减少至 34.1km，各区养殖岸线长度均减少。到 2019 年，城阳区养殖岸线长度为 31km，其余两区养殖岸线总长

10.2 胶州湾海岸线时空演变分析

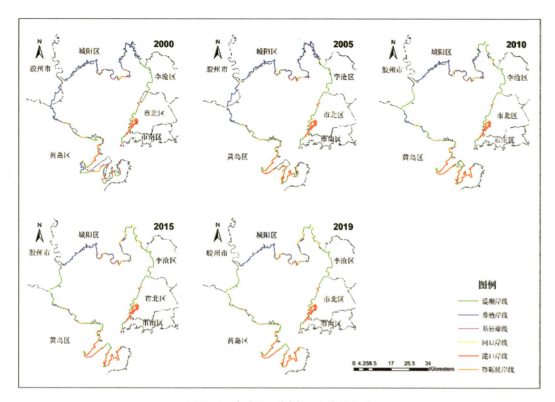

图 10-5 各市区不同类型海岸线长度

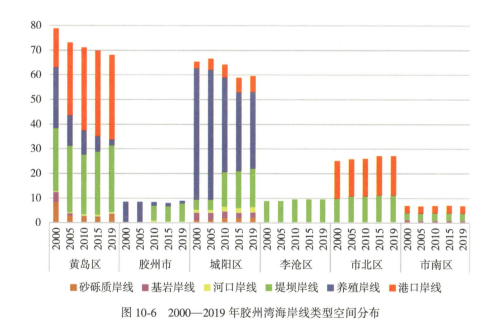

图 10-6 2000—2019 年胶州湾海岸线类型空间分布

度仅为 3.1km，但城阳区也存在着大量养殖岸线转化为其他岸线的情况，该区养殖岸线的长度占该区岸线总长度的比例由 77.6% 下降至 48%。堤坝岸线在 6 个市区均有分布，且

297

每个市区堤坝岸线的长度在近20年来均有所增长。2000年，胶州市养殖岸线长度占胶州市总岸线长度的97.1%；2005—2010年大部分养殖岸线转化为堤坝岸线；到2019年，胶州市养殖岸线长度仅占胶州市总岸线长度的6.5%，堤坝岸线长度占比由0增至85.2%。

在6个市区中，岸线类型最为丰富的是黄岛区和城阳区，而李沧区仅有堤坝岸线和河口岸线两种岸线类型。胶州市海岸线由两种类型增加至三种类型，其余5个市区海岸线类型没有发生改变。2015年之前，胶州湾岸线总长度变化明显，与各类岸线长度的增加或减少有关。2015年之后，胶州湾岸线总长度基本不变，但存在着各种岸线类型相互转化的情况。

胶州湾岸线类型由养殖岸线为主导逐渐转变为以堤坝岸线和港口岸线为主导的结构，这一变化过程可以从ICTD的变化趋势中体现出来，如图10-7所示。2000年，胶州湾所有岸线类型中养殖岸线长度为106.5km，占总岸线长度的43.9%，明显大于其他类型海岸线的长度，岸线结构倾向性明显，岸线类型多样性最低；2010年，三种类型的人工岸线长度相差不大，长度百分比均在30%左右，三种自然岸线长度占比相当，岸线类型多样性指数最高，此时的胶州湾海岸线类型最为复杂。2010—2019年，砂砾质岸线逐渐增多，长度明显大于基岩岸线和河口岸线；人工岸线中，堤坝岸线长度达到90.4km，而养殖岸线下降至42.2km，岸线结构向堤坝岸线和港口岸线转变，岸线多样性指数下降。岸线结构由2000年养殖岸线这一种岸线倾向性明显转变为2019年两种岸线倾向性明显，因此，2019年岸线多样性指数虽然下降，但仍然略高于2000年。

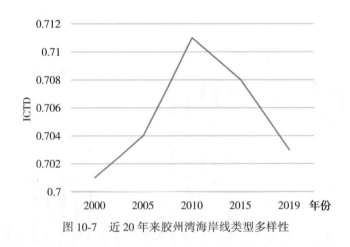

图10-7 近20年来胶州湾海岸线类型多样性

2. 海岸线利用程度变化

近20年来，自然岸线呈先增多后减少的趋势，堤坝岸线和港口岸线长度百分比一直在增加，养殖岸线长度百分比一直呈减少趋势。岸线利用程度综合指数呈增加趋势，但增幅逐渐减小，人类活动对岸线的利用程度增大，影响增强。2000—2005年间，岸线利用程度综合指数增量最多，为15.4，主要是因为港口岸线长度百分比增加了8.6%；2005—2010年间次之，岸线利用程度综合指数增加了10.7，主要是因为堤坝岸线增加了8.1%；2010—2019年间，港口岸线和堤坝岸线长度百分比均有所增加，但增幅不大，岸线利用程度综合指数增量较小,如图10-8所示。

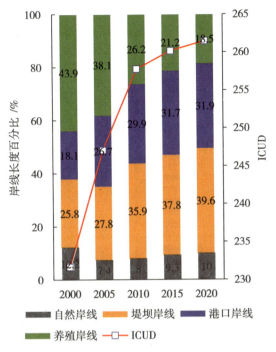

图10-8 近20年间胶州湾岸线类型百分比(%)及利用程度综合指数

总体来说,岸线利用程度的变化主要体现在人工岸线的变化上,人为作用强度大的堤坝岸线和港口岸线起决定性作用,其长度百分比增长得越快,岸线利用程度就越高。胶州湾90%都为人工岸线,因此,胶州湾岸线利用程度综合指数较大,均在230以上,岸线整体的利用程度较高,人类活动对岸线影响较大。

3. 海岸线位置变化

2000—2005年间,胶州湾海岸线大部分处于稳定状态,约占76.7%;向海洋扩张的海岸线仅占21.2%,但海岸线最大扩张速度为487.1m/a,平均扩张速度为118.1m/a。该时期内,最大后退速度为-99.7m/a,平均后退速度为-26.6m/a。黄岛区的港口建设是海岸线迅速向海扩张的主要原因。2005—2010年间,大部分海岸线依旧处于稳定状态,平均扩张速度下降至86.7m/a,但最大扩张速率高达527.5m/a,位于胶州市沿岸;3.4%的海岸线处于向陆后退状态,平均后退速度为-30.7m/a,最大后退速度为-205.5m/a,位于城阳区墨水河和白沙河河口附近(图10-9)。2010—2015年间,处于稳定状态的海岸线比例上升,平均扩张速度下降幅度接近一半,仅为35.7m/a,向陆后退的平均速度基本不变,为-26.6m/a。最大扩张速度和最大后退速度也减少,分别为148.1m/a和-109m/a。2015—2019年间,93.5%的海岸线处于稳定状态,平均扩张速度与平均后退速度减小。各种人工建设活动基本完成,海岸线处于稳定不变的阶段。

结合图10-10来看,海岸线平均扩张速度呈减慢趋势,平均扩张占比也逐渐下降;平

第10章 海岸带自然资源时空演变分析

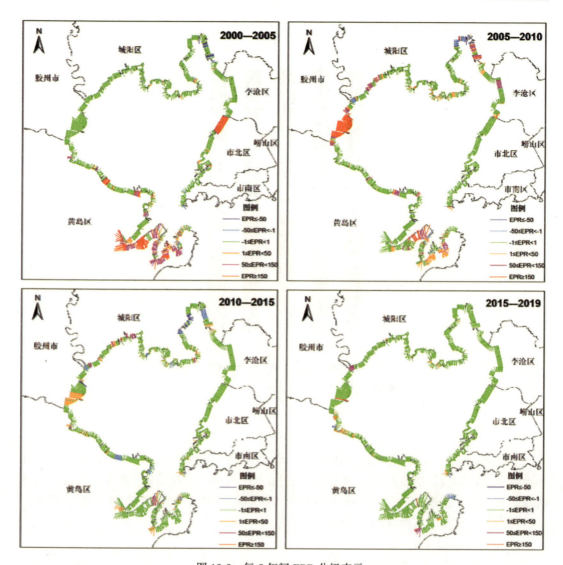

图 10-9 每 5 年间 EPR 分级表示

均后退速度整体也呈减小趋势；海岸线的平均移动速率也逐渐下降。随着胶州湾沿岸各项人工建设活动逐渐完成，胶州湾处于稳定状态的海岸线占比逐渐升高。总体来说，人为干预对海岸线的位置变化有着巨大的作用。海岸线出现平均扩张速率与平均后退速率较大的情况时，都是人为干预的结果。在自然状态下，没有人工干预时，海岸线的正常变化趋势应该是有进有退。2015 年和 2019 年在人为干预相对较小的情况下，胶州湾的海岸线趋于稳定。

4. 胶州湾湾体变化侵蚀/淤积的土地利用类型变化

连接胶州湾起点与终点，计算胶州湾的湾体面积，见表 10-4。近 20 年间，湾体面积共减少了 24.5 km^2，2000—2005 年间减少最多，约 13 km^2；2005—2010 年间次之；之后胶州湾湾体面积逐渐趋于稳定。

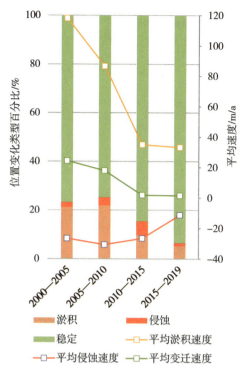

图 10-10 海岸线位置变化类型百分比(%)和平均变化速度(m/a)

表 10-4   **2000—2019 年胶州湾湾体面积**   (单位：km^2)

年份	2000	2005	2010	2015	2019
面积	361.8	348.9	339.1	337.9	337.3

结合图 10-11 来看，2000—2005 年间，胶州湾向海扩张的陆地面积为 13.1 km^2，占总变化面积的 97%，而向陆后退的面积仅占 3%。黄岛区填海造陆和建设港口造成陆地面积增加；少部分养殖池拆除造成的海岸线向陆后退主要发生在城阳区的墨水河和白沙河河口附近。

2005—2010 年间，增加的陆地面积为 10.6 km^2，占总变化面积的 93.8%，减少的陆地面积为 0.7 km^2。黄岛区的薛家岛街道填海造陆建设维多利亚港湾，胶州市的九龙街道沿岸养殖池全部拆除，将养殖用地及填海造陆的新土地变成道路、房屋等建筑用地，这两个地方的人为活动是 5 年间胶州湾湾体面积减少的主要原因；胶州湾北部城阳区的养殖池拆除转变为建筑用地，此处的海岸线有进有退，陆地面积有增有减。

2010—2015 年间，变化的陆地面积显著下降。增加的陆地面积为 2.2 km^2，占总变化面积的 71%，在这个阶段内，海岸线仍以向海扩张为主。除了填海造陆外，城阳区约 1.3 km^2 的养殖池的增加也是陆地面积增加的主要原因；城阳区红岛街道的东北部沿岸拆除大量养殖池，退还为沿海滩涂，海岸线也由养殖岸线转变为砂砾质岸线。

2015—2019 年间，胶州湾湾体面积基本不变。增加的陆地面积为 0.6 km^2，占总变化面积的 90.9%。养殖池的变化使大沽河河口位置发生改变，海岸线位置也随之改变。

第 10 章 海岸带自然资源时空演变分析

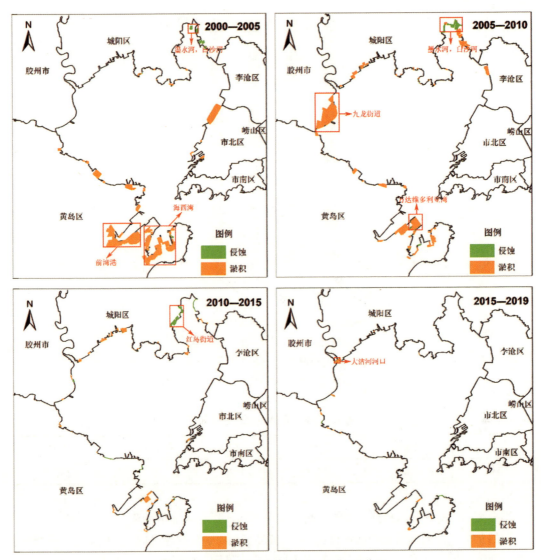

图 10-11 胶州湾侵蚀淤积的土地面积及位置

10.3 胶州湾湿地时空演变分析

  遥感影像是海岸带土地利用/覆盖分类的主要数据源。遥感技术可以获取大范围长时间的湿地分布信息，有助于分析其变化趋势及影响因素等。近几年，无人机因其灵活方便、监测精度高等特点，在国内外海岸带监测中发挥越来越多的作用，成为当前海岸带遥感分类的重要数据源之一。海岸带土地利用/覆盖分类一般结合遥感影像、地表高程、岸线和坡度等辅助数据，以人工调绘或已有的专题图为依据获取地物样本，对影像进行监督解译，获取最终的结果。早期多利用中低分辨率的卫星遥感数据获取土地利用/覆盖信息，其中 Landsat TM/ETM+ 影像是最为可靠和廉价的数据源，其宽广的覆盖范围、30m 空间分辨率和多波段光谱信息使其在区域性的海岸带遥感中得到广泛应用。然而，由于空间分辨率的限制，中低分辨率遥感影像难以满足精细的土地利用/覆盖变化监测等应用需求。随着对海岸带监测逐步精细化，基于高分辨率遥感影像（如 SPOT5、QuickBird、IKONOS、WorldView）的海岸带土地利用/覆盖分类等应用越来越广泛。

海岸带湿地一直是海岸带土地利用/覆盖分类中的重要研究对象。湿地是水陆交界的过渡地带，与森林、海洋并称为地球的三大生态系统，被誉为"地球之肾"，具有防洪、抗旱、调节气候等其他生态系统所不能代替的功能，是应对气候变化和海平面上升的重要生态系统。中国湿地资源丰富，湿地总面积居世界第四位。从内陆到沿海，从平原到高原山区都有湿地分布，分布在沿海地区的滨海湿地，也是自然界富有生物多样性和较高生产力等特点的生态区。按国际湿地公约的定义，滨海湿地的下限为海平面以下 6m 处（习惯上常把下限定在大型海藻的生长区外缘），上限为大潮线之上与内河流域相连的淡水或半咸水湖沼以及海水上溯未能抵达入海河的河段。据《中国海洋报》刊载，我国滨海湿地面积约为 594.17 万公顷，主要分布于东部及南部沿海自辽宁到广西的 14 个省、市、自治区内。滨海湿地是重要的环境资源，可为近海野生动植物提供良好的栖息繁殖环境，维持区域和全球生态平衡；其土壤碳含量较高，可以净化自然环境，缓解气候变化。滨海湿地不仅具有生态效益，还具有经济效益，湿地生态系统风景优美，极具观赏价值，同时，各类产业的发展，如养殖业、旅游业，也会带来巨大的经济利润，对人类的生产生活至关重要。

胶州湾湿地是山东半岛面积最大的海湾型滨海湿地，是青岛重要的滨海湿地，青岛的快速发展，离不开对胶州湾湿地的开发与利用。胶州湾湿地总面积约 17.76 万公顷，占青岛面积的 16.7%，其中胶州湾浅海湿地和大沽河口湿地列入国家重要湿地保护名录，由于其特殊的地理位置和丰富的湿地生物资源，胶州湾湿地成为亚太地区水鸟迁徙的重要停歇地和越冬地。但是，当前湿地的保护状况堪忧，20 世纪 50 年代的盐田改建，70 年代的填海造陆，80 年代的围海养殖，90 年代的港口建设，以及地产开发，工业开发，"保护性"开发，过量污染给胶州湾湿地带来了极大的破坏，侵占了大面积的沿海滩涂，导致胶州湾湿地面积缩小了近 1/3，破坏了胶州湾湿地的空间格局，湿地质量明显下降。

随着遥感技术的发展与不断成熟，遥感监测是目前研究湿地多年动态变化的主要手段，刘迪等人以鄂尔多斯落叶松国家级自然保护区为例提出了一种融合光谱混合分析（Spectral Mixture Analysis，SMA）和变化向量分析（Change Vector Analysis，CVA）优点的湿地动态变化识别的综合变化检测方法，汪爱华等（2002）基于 RS 和 GIS 研究了三江平原沼泽湿地动态变化，田波等（2015）使用 FORMOSAT 和 Landsat TM 影像检测了中国上海的湿地变化。

本书利用 1983—2019 年十期的 Landsat 影像与 QuickBird 影像，利用监督分类、目视解译，结合现场调查，开展不同年份的胶州湾滨海湿地土地利用类型遥感影像信息提取，进行不同土地利用类型位置、面积等空间分布的统计，从类型转移矩阵和景观格局指数方面，定量分析了胶州湾湿地的空间配置变化，并结合胶州湾滨海湿地相关资料分析湿地演变驱动机制，讨论了影响分析结果的不确定性因素，为胶州湾海岸带管理与滨海湿地的保护提供科学参考。

10.3.1 湿地分类与提取

结合胶州湾的影像特征及实际情况将胶州湾湿地分为两大类、四小类。两个一级类分为

第 10 章　海岸带自然资源时空演变分析

自然湿地和人工湿地，其中，自然湿地分为河流水面、沿海滩涂两个二级类；人工湿地分为坑塘水面、盐田两个二级类，非湿地用地类型作为湿地变化的对比地类，仅分为三大类：建设用地、农用地、硬化地表。其中，建设用地包括住宅用地、工业用地、港口码头用地等，农用地包括耕地、果园、林地等，硬化地表包括空闲地、露天堆放场等。见表10-5。

表 10-5　　　　　　　　　　　　遥感解译标志集

一级分类	二级分类	影像判读标志	描　　述
湿地	沿海滩涂		面积比较广阔，退潮含水量比较大，在影像中呈现蓝灰色。
	河流水面		水面比较平静，在河流两侧有岸堤或植被，中间有时也有少量植被，在影像中呈深蓝色条带状。
	坑塘水面		遥感影像中为紧密排列的方格状，方格内水体呈深蓝色，周围的堤坝多为土质，在影像中呈灰白色。
	盐田		现场有不同大小的水池，即蒸发池、结晶池等，在遥感影像中为由大到小的比较规则的方格，最小的格子呈灰白色，即结晶池。

续表

一级分类	二级分类	影像判读标志	描　述
非湿地	建设用地		形状规则，连片分布，由于建筑物形态结构不同，颜色各异。
	农用地		不规则形状，块状、条带状，零星分布，多位于内陆，在真彩色影像中呈现绿色，假彩色影像中呈现红色，色调深浅不一。
	硬化地表		斑状，零星分布，颜色多为土黄色或灰色。

结合胶州湾四种湿地类型的特点以及遥感卫星影像中成像的形状、大小、颜色、阴影、位置、纹理、环境等要素特征，构建了胶州湾湿地的遥感解译标志，开展胶州湾湿地类型分布状况信息提取工作。

利用1983—2019年的 Landsat 影像，将空间分辨率为0.61m的相同年份的 QuickBird 影像作为辅助数据，采用目视解译，结合现场调查，开展不同年份的胶州湾滨海湿地类型遥感影像信息提取；提取湿地类型之后，利用1983—2019年十期的 Landsat 影像，运用 ENVI 5.3 监督分类的方法，提取胶州湾陆域控制线内除水体之外的非湿地类型土地利用信息，为湿地变迁分析提供参考对比数据。使用混淆矩阵对监督分类结果进行精度评价，总体分类精度均达到90%以上，Kappa 系数为0.8~0.9。最后，将所提取数据的投影坐标系都转化为 CGCS2000_3_Degree_GK_Zone_40，来进行面积统计，由此得到胶州湾湿地

1983—2019 年土地利用/土地覆盖变化(Land-Use and Land-Cover Change,LUCC)情况,如图 10-12 所示。

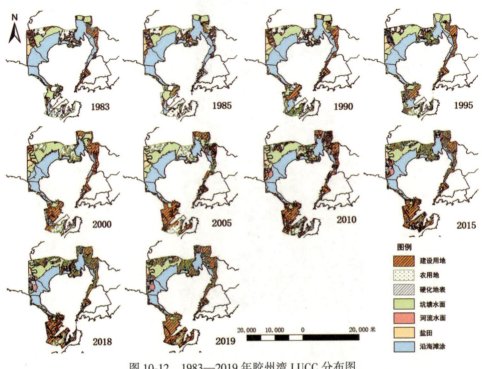

图 10-12　1983—2019 年胶州湾 LUCC 分布图

10.3.2　湿地研究方法

在研究湿地变化方面,LUCC 是环境变化的重要组成部分,它在结构和功能上影响着整个生态系统的服务功能,湿地区域土地利用/覆被变化会导致资源和生态过程的变化,从而对湿地生态稳定起到关键作用;景观格局反映了在整个湿地区域各种生态过程在不同尺度上综合作用的结果,通过对景观数据进行空间分析,揭示景观空间配置和动态变化趋势;将元胞自动机和马尔可夫过程模型引入到湿地演变分析中来,可以明晰湿地的历史动态变化,同时预测湿地未来的变化趋势。

1. 土地利用/土地覆盖变化

LUCC 是国际地圈生物圈计划(International Geosphere-Biosphere Program,IGBP)与全球变化人文计划(International Human Dimensions Programme on Global Environmental Change,IHDP)两大国际项目合作进行的纲领性交叉科学研究课题,其目的在于提示人类赖以生存的地球环境系统与人类日益发展的生产系统(农业化、工业化/城市化等)之间相互作用的基本过程。

自然、社会两种生态系统在不同的时间和空间尺度上相互作用引起的土地利用类型的综合变化,是人类学者对 LUCC 的基本定义,它在结构和功能上影响着整个生态系统的服务功能，对维持生态系统的稳定性起着决定性作用。人类社会最早涉及土地利用/覆被变化相关方面的探索可以追溯到19世纪30年代，当时针对该领域的研究相对粗糙，主要是对土地的利用类型进行勘察以及现状分析。目前，国外的相关研究主要围绕对不同空间范围内土地利用/覆被变化的直接监测、时空变化、驱动力因素、环境效应以及修复模型和预测评估等方面的分析探究。我国从20世纪60年代开始相关方面的研究，起步较国外稍晚，但随着我国现代化建设的不断推进，土地利用/覆被变化研究在城乡开发进程中发展迅速，通过结合航空航天遥感和地理信息技术建立相关模型，探究驱动土地利用/覆被变化的主要影响因子及其所带来生态环境效应等相关应用已经日趋成熟。

2. 土地利用类型转移矩阵

土地利用类型转移矩阵可以准确识别土地类型变化的方向，量化土地类型转移量，制作起始年份到终止年份的土地利用类型转移矩阵和土地利用转移图，统计胶州湾湿地类型与非湿地类型之间的转换量，以及各湿地类型内部的转换量，统计湿地面积的净变化量，从空间特征和统计特征分析胶州湾湿地变化规律。

3. 景观格局

景观格局指数能够概括一个地区的景观分布水平，体现景观的空间结构和人类干扰程度等，景观格局分析也是反映生态系统状态的重要方式。景观格局指数分为斑块水平指数、斑块类型指数和景观水平指数。本节用Fragstats 4.2计算胶州湾每年景观格局指数，从斑块类型指数和景观水平指数两方面对胶州湾湿地景观格局进行分析，综合胶州湾景观特点，斑块类型水平选取斑块密度（Patch Density，PD）、最大斑块指数（Largest Patch Index，LPI）、景观形状指数（Landscape Shape Index，LSI）、斑块凝聚度（Patch Cohesion，COHESION）4个指标，景观水平选取蔓延度指数（Contagion Index，CONTAG）、散布与并列指数（Interspersion Juxtaposition Index，IJI）、香农多样性指数（Shannon's Diversity Index，SHDI）、香农均匀度指数（Shannon's Evenness Index，SHEI）4个指标。

10.3.3 研究结果分析

1. 湿地面积变化特征

受不同时段潮汐的影响，胶州湾潮滩面积由于低潮线的变动一直处于变化之中，因此，选取近40年来其中一年的平均低潮线作为沿海滩涂的最低潮，对每年的沿海滩涂只进行高潮线位置的对比分析。下面从空间和数量上对胶州湾湿地面积变化进行分析。

由图10-12可以看出胶州湾湿地的空间分布特征，胶州湾坑塘水面以养殖坑塘为主，主要分布在城阳区，并且呈现先扩张后缩小的趋势，也有少量分布在黄岛区、胶州市；河流水面自西向东分布主要有位于黄岛区的辛安后河、胶州市的跃进河和大沽河，位于城阳区的羊毛沟、墨水河、白沙河，位于李沧区的娄山河、李村河，还有位于市北区的海泊河，水面面积均有逐渐扩大的趋势；沿海滩涂分布广泛，在黄岛区、胶州市、城阳区、李沧区、市北区均有分布，并且滩涂的高潮线逐渐向海移动；盐田分布在胶州市跃进河与大沽河之间的地区，分布面积逐渐缩小；建设用地中，住宅用地主要分布在城阳区和李沧区，随着港口码头的修建，建设用地逐年增加，黄岛区维多利亚港的修建，使得黄岛区沿海工业用地增加最为明显；农用地主要分布在城阳区的红岛，分布面积时多时少，可能与遥感影像选取的时间季节有关；硬化地表分布零散，2010—2015 年间，由部分盐田转变为的硬化地表主要分布在大沽河南侧。

结合图 10-13 可以看出胶州湾湿地的数量统计特征，胶州湾湿地面积总体呈减少趋势，1983—2019 年间减少近 40km²，非湿地面积总体呈上升趋势，增加 63.10km²。其中，盐田面积逐年减少，大沽河西南侧的盐田有部分变成坑塘水面，2010—2015 年大沽河西南侧盐田被填，盐田面积大幅度减少，共减少 2.5km²；河流水面的面积在前几年基本稳定不变，2010 年胶州市跃进河改造为人工湖，河流水面面积大幅度增加；坑塘水面的面积呈现先增加后减少的趋势，在 2000 年达到面积最大值，近 70km²；而硬化地表则呈现先减少后增加的趋势，在 1990 年达到最低值 7.34km²；沿海滩涂的面积逐年减少，建设用地的面积变化与其恰恰相反，呈逐年增加的趋势；农用地面积呈现波动变化，但总体上面积是减少的。

图 10-13　1983—2019 年胶州湾 LUCC 面积变化

2. 土地利用类型变化特征

1983—2019 年，胶州湾湿地面积总计减少 39.88km²，其中沿海滩涂的面积减少最多，非湿地面积增加 63.11km²，建设用地增加最多。由表 10-6 土地利用类型转移矩阵可以看出，湿地面积减少 68.46km²，增加 28.32km²，净变化 -40.14km²，非湿地面积减少 69.4km²，增加 109.54km²，净变化 +40.14km²。

大部分土地利用类型都转化为建设用地，在增加的 108km² 的建设用地中，有 31.92km² 是由农用地转移来，坑塘水面和沿海滩涂分别转移了 16.4km² 和 16.31km²；而建设用地转移为坑塘水面最多(6.33km²)，占其转出总面积的 35%，建设用地在 1983—2019 年间净增加 60.03km²。很少有土地类型转移为沿海滩涂，沿海滩涂净减少 39.54km²，除了转移为建设用地，有 23% 转移为坑塘水面，22% 转为硬化地表，12% 转为河流水面，并且，硬化地表、坑塘水面与河流水面的最大转移量均来自沿海滩涂，这与填海造陆、围海养殖的发展状态有关。

表 10-6　　　　　　　　　1983—2019 年土地利用类型转移矩阵　　　　　　　（单位：km²）

1983年\2019年	建设用地	农用地	硬化地表	坑塘水面	河流水面	盐田	沿海滩涂	总计
建设用地	—	3.793	5.574	6.325	1.567	0.049	0.673	17.981
农用地	31.915	—	3.237	0.459	0.027	0.000	0.201	35.839
硬化地表	10.177	1.915	—	2.206	0.112	0.000	1.169	15.579
坑塘水面	16.404	0.273	3.331	—	0.140	0.000	0.003	20.151
河流水面	0.558	0.030	0.297	0.609	—	0.000	0.000	1.494
盐田	2.642	0.000	2.408	0.078	0.098	—	0.000	5.226
沿海滩涂	16.310	1.420	9.258	9.443	5.157	0.000	—	41.588
总计	78.006	7.431	24.105	19.120	7.101	0.049	2.046	137.858

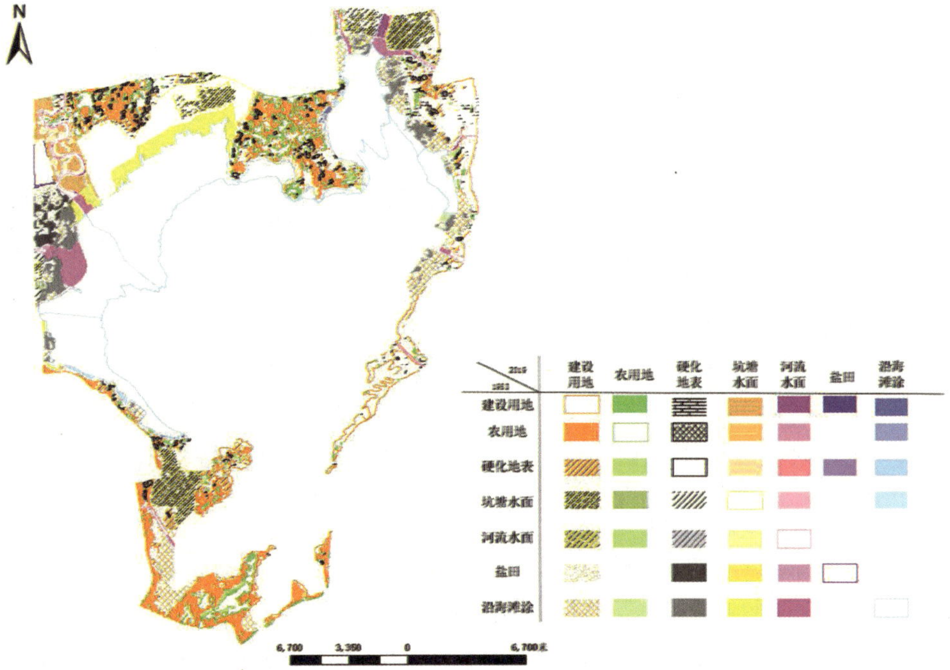

图 10-14　1983—2019 年土地利用空间转移图

在分析了整个时期内土地类型的转换量之后，制作了 1983—2019 年土地利用空间转移图，如图 10-14 所示，由此可以看出胶州湾湿地在空间上的总体变化。从图中可以看出，建设用地增加范围广泛，河流水面、坑塘水面、硬化地表等转移变化较多，沿海滩涂、盐田、农用地变化不大，其空间转换特征总结为以下三个方面：

(1)湿地转换为非湿地类型主要分布在黄岛区、城阳区北部和东部，还有李沧区。黄岛区胶州湾西部维多利亚港湾填海造陆，修建港口码头与维多利亚小区，海岸线向海扩张，沿海滩涂和坑塘水面均变为港口码头用地和住宅用地，如图 10-15(a)所示；胶州湾北部城阳区进行城市建设，修建了红岛国际会展中心和青岛市全民健身中心体育馆等，拆除了该地区养殖池塘，转变为建筑用地，如图 10-15(b)所示；胶州湾东部李沧区进行大量人工建设活动,主要表现为修建青岛海水稻研究发展中心与白泥地公园,陆地向海扩张,致使该地区沿海滩涂转变为硬化地表和绿化草地,如图10-15(c)所示。

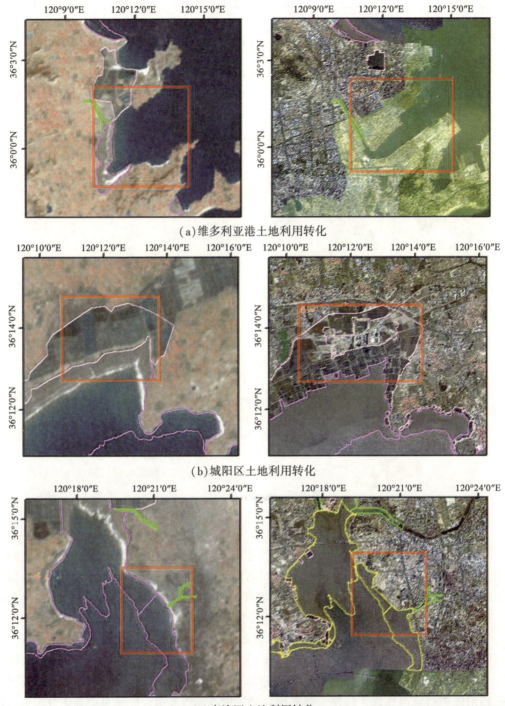

(a)维多利亚港土地利用转化

(b)城阳区土地利用转化

(c)李沧区土地利用转化

图10-15 湿地类型转化为非湿地类型

（2）非湿地转化为湿地类型主要分布在大沽河两侧、墨水河，还有红岛东侧和黄岛区北部沿岸。大沽河两侧主要是建设用地转为坑塘水面、水库等，大沽河被称为青岛的"母亲河"，是青岛城市发展最重要的水源地，随着经济和社会的发展，流域内已有2座大型水库、7座中型水库及大量小型水库、塘坝工程。大中型水库兴利库容量约 $3.97 \times 10^8 m^3$，占青岛市大中型水库的 60.33%（不含棘洪滩水库），如图 10-16(a)所示。墨水河是青岛市北部区域的一条入海河流，主要流经城阳区和即墨区，20世纪90年代以来，当地经济社会发展迅速，但由于市政管网、污水处理厂等环境基础设施建设严重滞后，大量工业和生活污水排入河道中，墨水河变成了名副其实的"墨水"河。2015年起，青岛市开始对墨水河进行综合整治，建筑用地转为河流水面，逐渐恢复墨水河流域水清岸绿的自然景观，将墨水河沿线建成市民生活、休闲、健身、亲水的生态长廊，如图 10-16(b)所示。红岛东侧和黄岛区北部沿岸有少量非湿地转为沿海滩涂，填海造陆造成的湿地损失不可逆转，因此，非湿地转为沿海滩涂很大程度上是受潮汐、季节等自然因素的影响。

(a) 大沽河附近土地利用转化

(b) 墨水河附近土地利用转化

图 10-16　非湿地类型转化为湿地类型

(3)湿地类型内部的转化主要是城阳区南部沿海滩涂转为养殖坑塘,该地区海岸线逐渐平直并且向海推进,如图 10-17(a)所示,因城市扩建,改造跃进河,河口入海口处大面积沿海滩涂转为河流水面,海岸线向海推进,如图 10-17(b)所示。

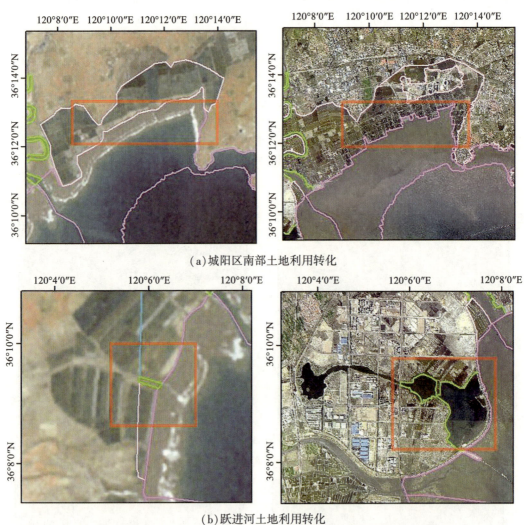

(a)城阳区南部土地利用转化

(b)跃进河土地利用转化

图 10-17　湿地类型内部转化

3. 景观格局变化特征

斑块类型指标可以反映景观中不同斑块类型各自的结构特征,从图 10-18 可以看出,1983—2019 年胶州湾不同土地利用类型的斑块类型水平指标变化各异。

斑块密度:硬化地表的斑块密度最大,表明其景观破碎化严重,分布零散;其次为建设用地,农用地的斑块密度呈逐年上升趋势,坑塘水面与河流水面斑块密度均呈先增大后减小的趋势,沿海滩涂和盐田斑块密度最小。

最大斑块指数:其变化反映了人类活动的方向和强弱;沿海滩涂的最大斑块指数最

大，并且呈逐年下降的趋势，相反，建设用地和坑塘水面的最大斑块指数呈总体上升的趋势，说明近40年来，胶州湾湿地受人类活动干扰强度较大，海岸线向海扩张，沿海滩涂面积逐渐缩小，建设用地、养殖坑塘、水库等人工湿地逐渐增多。

景观形状指数（LSI）：反映了斑块边缘形状的发育程度，非湿地类型的LSI普遍较高，表明其景观形状复杂，曲折程度较高，人类干扰较强。受固定低潮线的影响，沿海滩涂的LSI基本没有变化，盐田位置固定，其LSI也基本不变；河流与坑塘的LSI呈现先增大后减小的趋势，表明其景观形状受到人类干扰而发生变化。斑块凝聚度：各类土地类型的斑块凝聚度都较高且比较稳定，只有硬化地表与河流稍低，并且总体上有增加的趋势。

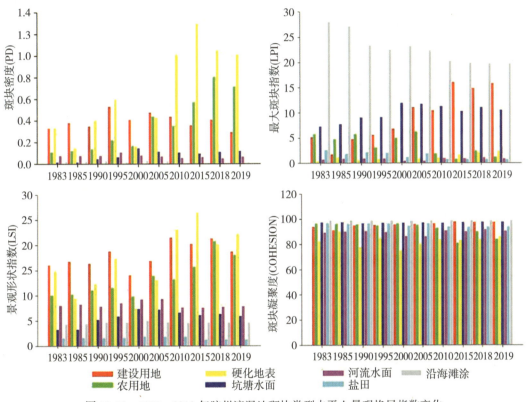

图10-18 1983—2019年胶州湾湿地斑块类型水平上景观格局指数变化

景观水平的指标可以反映景观整体的结构特征，由图10-19看出，整个研究区的香农多样性指数（SHDI）与香农均匀度指数（SHEI）均比较稳定，没有较大的变化幅度，2010年SHDI与SHEI均达到最大值，表明2010年景观异质程度最大，景观类型多样化。蔓延度指数（CONTAG）在1983—1995年、2000—2010年、2015—2018年间均呈下降趋势，表明这几年间研究区的景观优势度下降，受人类活动的干扰程度较强，在城市建设过程中，道路、居民点等景观的增加导致景观内部各斑块间连通性总体下降；1995—2000年、2010—2015年、2018—2019年间CONTAG增加，表明这几年间胶州湾湿地环境得到较好的改善，景观格局具有较好的完整性。散布与并列指数（IJI）总体上呈现下降趋势，只有

1985—1990年、2015—2019年间增加，表明斑块类型之间相互邻接的程度逐渐降低，景观逐渐破碎化。

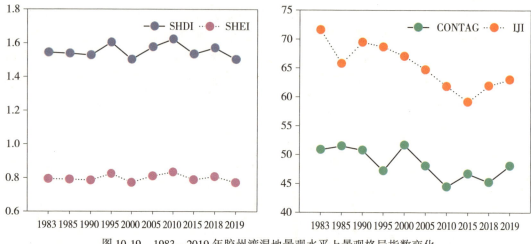

图 10-19　1983—2019 年胶州湾湿地景观水平上景观格局指数变化

10.4　胶州湾海岸带自然资源演变驱动力分析

20 世纪以来，全球气候变暖引起的海平面上升是造成海岸线侵蚀与湿地退化的重要因素之一，世界各地的海岸带都面临着这个问题，而地质、地貌、气候等因素随着海岸带所处区域的不同有较大差异。自然因素是海岸线与湿地变迁的基础作用力，但随着人类活动空间向海洋的逐渐推进，人类活动对海岸带变迁的影响已经超过了自然因素，成为引起海岸带变化的主要驱动力。开发港口、建设公路和工厂等填海活动使海岸线形态和湿地区域用地类型以更快的速度改变，带来巨大的经济效益，在一定程度上缓解了沿海地区的用地压力。但围垦活动使海岸线向海洋方向扩张，与海平面上升的变化趋势相反，这种变化趋势破坏了海洋的生态环境。

自然因素和人为干预从不是单独作用于海岸带，它们相互影响，共同改变着海岸带的生态环境。本节通过相关分析、建立模型等方法定量分析地质特征、降雨量、风浪、河流泥沙等因素与海岸带时空变迁的关系，分析其对沿海地区的潜在影响。计算特定地区海堤或大坝建造前后侵蚀和淤积的面积变化，分析其正面和负面影响，为合理建造海堤、大坝，保护沿海地区提供参考。人类活动影响着海岸带形态的塑造过程，反过来又受到海岸带变化的驱动。自然岸线与自然湿地的丧失和海岸带性质的变化会对人类活动产生影响，海岸带功能区的划分和建筑物的建设都应建立在科学合理的基础上，这样既能保护沿海地区，又能降低人为干预对生态系统的影响。

10.4.1　自然因素

从自然因素来看，胶州湾岸线变化主要受到海平面变化及气候的影响，气候变暖使得全球海平面上升，胶州湾也受到相应影响。近20年来，中国沿海海平面呈加速上升趋势，2019年，山东沿海海平面比2018年高24mm（数据来源于《2019年中国海平面公报》），沿海地区面临的海平面上升风险进一步加大。对胶州湾来说，除了极小部分自然岸段的侵蚀外，海平面上升会淘蚀堤防岸基等人工岸段，影响堤防安全，但总体来说影响不大，从宏观来讲对海岸形态的改变能力非常有限。

海平面上升虽然对胶州湾海岸线变迁影响不大，但会造成沿海防护工程功能降低，加剧风暴潮、海岸侵蚀等灾害，对沿海地区社会经济可持续发展和人民生产生活造成不利影响。应该将海平面上升作为空间规划要考虑的关键因素，优化海岸带空间布局。在科学评估未来海平面上升影响的基础上，推进海岸带修复和防护林等生态工程建设，预留滨海生态系统后退空间。在保障已建海堤防护能力的前提下，推进海堤生态化改造，因地制宜发挥生态减灾的效益。注重基于生态系统的自然防护，保护海草床和盐沼等生态系统，充分发挥沿海生态系统的天然防护作用，兼顾碳封存和水质改善，增加海岸带的弹性恢复力，形成抵御和缓解海平面上升的天然屏障。

参考1980—2020年《青岛市统计年鉴》中青岛市1983—2019年的平均气温和降水情况，如图10-20所示，可见，青岛市气温总体呈上升趋势，而降水量基本保持不变，2007年降水量达1000mm以上，是因为当年青岛地区发生了"7·18"暴雨天气，降雨时间集中，强度大，对湿地没有造成很大影响。青岛市总体温度持续升高，使得蒸发量大于降水量，湿地含水量减少，地表逐渐硬化；水分是湿地环境中最重要的影响因子，水分的减少会造成湿地土壤养分的流失，进而破坏湿地生态系统，加重湿地破坏的程度，造成湿地大面积减少。

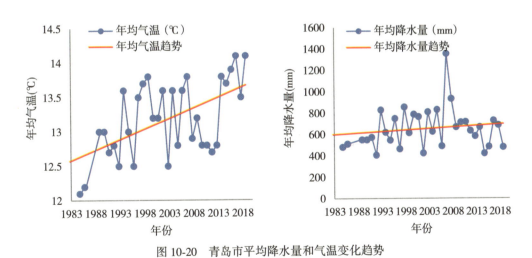

图10-20 青岛市平均降水量和气温变化趋势

10.4.2 社会经济因素

胶州湾海岸带演变的因素除自然原因外，还有人为因素，人类活动对自然景观的改变与破坏往往不可逆转，因此，选取人口、全市生产总值、社会消费品零售额等社会经济指标多方面进行分析,通过主成分分析法构造因子变量,得到各因子方差贡献及累计贡献率,经 Bartlett 球体检验,显著性概率为 0.00,检验样本 KMO 系数为 0.861,效果较好。前 3 个主成分方差贡献率分别为 88.98%、7.22%和 2.02%,累计贡献率已达 98.22%,其特征值分别为 10.678、0.866 和 0.243。方差极大化旋转后前 3 个主成分在各变量上的载荷见表 10-7。

由表 10-7 可以看出,第一主成分在人口、全市生产总值、公共财政预算收支等指标方面载荷较大,可以总结为人口和经济综合因素;第二主成分在工业总产值、港口货物吞吐量等方面载荷较大,可以概括为工业和运输要素;第三主成分在平均粮食产量指标上载荷最大,可以概括为农业要素。

表 10-7　　　　　　　　　旋转成分矩阵

指标	主成分一	主成分二	主成分三
人口	0.520	0.675	0.407
市区人口	0.894	0.400	0.172
全市生产总值	0.698	0.675	0.234
农林牧渔业总产值	0.607	0.681	0.384
工业总产值	0.486	0.838	0.195
人均国内生产总值	0.675	0.691	0.251
社会消费品零售额	0.753	0.624	0.198
港口货物吞吐量	0.593	0.772	0.171
农民人均年纯收入	0.690	0.676	0.253
每一播亩平均粮食产量	0.137	0.176	0.971
公共财政预算收入	0.771	0.612	0.167
公共财政预算支出	0.786	0.591	0.171

下面从这 3 个主成分方面对胶州湾湿地演变的驱动因子进行分析。

1. 人口和经济综合因素

由胶州湾海岸线演变的时空特征可知,胶州湾的海岸线表现为长度减少、湾体面积缩小、向海扩张的趋势。胶州湾 90%左右为人工岸线,对海岸线的利用程度较高,人为因素是胶州湾海岸线变迁的主要驱动力。

20 年来,青岛市经济生产总值快速增加,常住人口也逐年增多,由 2005 年的 819.55 万人增至 2019 年的 949.98 万人(数据来源于青岛市统计局)。常住人口的增加会导致住房拥挤、交通堵塞等一系列问题,围填海造陆是沿海城市发展空间的有效手段,是缓解土地供求矛盾的一种重要途径。黄岛区、胶州市均向海扩展了城市建设用地(图 10-21),市南区与市北区是青岛老城区,开发时间早,城镇化水平高。80%的填海造陆均发生在黄岛区和胶州市(图 10-22),这是青岛市城市化进程的必然结果。

10.4 胶州湾海岸带自然资源演变驱动力分析

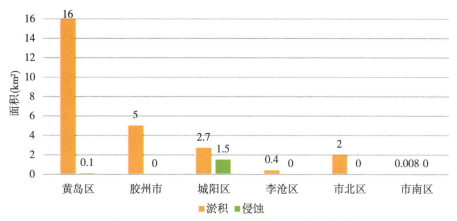

图 10-21　2000—2019 年侵蚀淤积土地所在位置

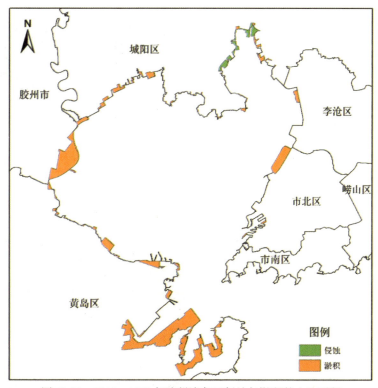

图 10-22　2000—2019 年胶州湾各区侵蚀与淤积的土地面积

人口的增长也会带动经济的迅速增长，1980 年青岛全市生产总值为 48.65 亿元，到 2019 年已达到 11741.31 亿元，人均生产总值到 2019 年达到 12.43 万元，养殖产业作为沿海城市的特色产业，围海修建养殖池给青岛市带来巨大经济效益的同时也给胶州湾海岸带环境带来不可逆转的破坏。

海洋经济一直是青岛市经济的重要组成部分，所占比重不断增加。2001 年，青岛市主要海洋产业总产值达到 308.7 亿元；2011 年，青岛市海洋经济生产总值为 1112 亿元，占经济生产总值的 16.8%；到 2018 年，青岛市海洋经济生产总值为 3327 亿元，占经济生产总值的 27.7%（数据来源于青岛市统计局）。从这些统计数据完全可以看出，海洋给青岛市带来了巨大的经济效益。胶州湾人为活动建设阶段早期主要为养殖池建设，在后期港口码头建设增多。在 18、19 世纪，在整个经济结构中，第一产业占比较大，对于海洋经济来说也是如此。海洋渔业、养殖业作为海洋第一产业在 18、19 世纪是海洋经济的重要组成部分。胶州市与城阳区沿岸建设了大量养殖池，如图 10-23(a)、图 10-24(a) 所示，自然岸线基本上全部转变为养殖岸线。

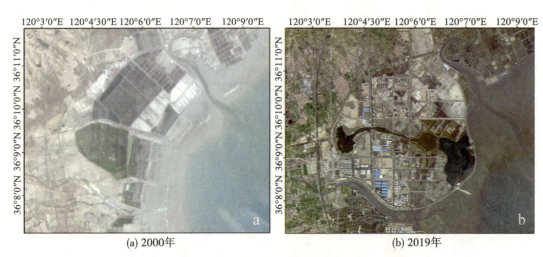

(a) 2000 年　　　　　　　　　　　　(b) 2019 年

图 10-23　胶州市养殖池变化

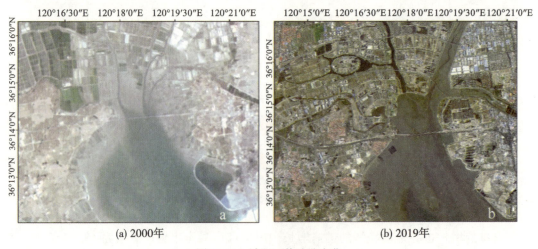

(a) 2000 年　　　　　　　　　　　　(b) 2019 年

图 10-24　城阳区养殖池变化

1983—2019 年胶州湾养殖区面积呈现先增加后减少的趋势，如图 10-25 所示。根据 1980—2020 年《青岛市统计年鉴》，青岛市水产品总量同样呈先增加后减少的趋势，但渔业总产值总体呈上升趋势,如图 10-26 所示。这与胶州湾湿地面积变化基本相同,1983—2019 年胶州湾湿地总面积呈现先增加后减少的趋势,但是近 30 年总体上呈减少趋势,说明水产养殖业的发展对胶州湾湿地的变化影响较大。

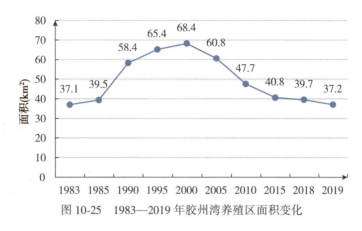

图 10-25　1983—2019 年胶州湾养殖区面积变化

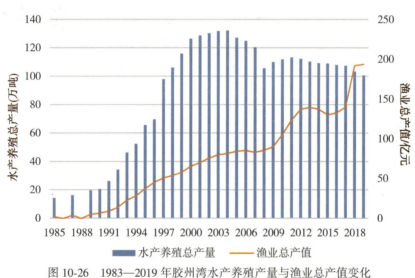

图 10-26　1983—2019 年胶州湾水产养殖产量与渔业总产值变化

2. 工业和运输要素

改革开放之后,青岛成为首批沿海开放城市,在"挺进西海岸"等城市发展的战略指导下,青岛市经济高速发展,工业用地的增长也最为迅速,多地区建立科技工业区,同时,沿海湿地面积特别是滩涂面积开始减少。在中华人民共和国成立以前青岛市就有了一定的工业积淀,城市工业结构始终以轻工业为主,20 世纪 90 年代市委市政府做出工业重型化的决策,直到 2005 年青岛市重工业占比首次超过轻工业,重工业相对来说占地大、资金密集,还需要大范围的港口建设,因此工业用地在 2005 年之后迅速增长,同时胶州湾湿地在 2005—2010 年面积减少最多(16.8km²),沿海滩涂减少约 7km²。另外,因工业快速发展给胶州湾生态环境带来的负面效应越来越显著,2010 年之后青岛市工业用地布局开始逐步调整优化,李沧区、市北区一些国有老企业进行了搬迁。因西海岸前湾港与城阳区流亭机场在运输方面发挥的作用越来越大,黄岛区和胶州湾北岸借此优势继续增加工业用地,聚集了许多高端制造业,沿海养殖池塘逐渐被工业用地所取代(图10-27)。结合一系列环保政策的实施,胶州湾沿岸工业用地布局逐步优化,胶州湾湿地面积减少幅度变小。2010—2015年沿海滩涂减少速率为0.08 km²/a,到2018—2019年减少速率下降为0.05 km²/年,湿地面积逐渐稳定不变。

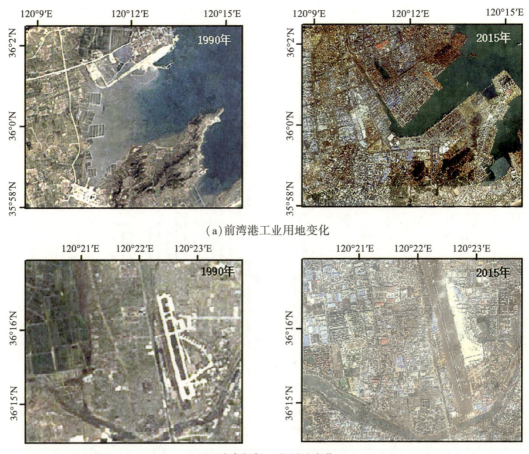

(a) 前湾港工业用地变化

(b) 流亭机场工业用地变化

图10-27 胶州湾工业用地变化

2014年青岛被确定为"一带一路"新亚欧大陆经济走廊主要节点城市和海上合作战略支点,2016年青岛城市定位提升为国家沿海重要中心城市、国际性港口城市,这些举措,使得青岛市经济发展的重心逐渐转移到第二产业和第三产业,城市建设发展的需求逐渐增大。作为沿海开放城市,青岛因港而生、向港而兴,胶州湾作为天然的优良港湾,港口的建设十分必要。有120多年历史的青岛港老港区显然不能满足海洋交通运输业以及经济发展的需要,海西湾港区、前湾港区等港口和维多利亚湾滨海住宅区的建设,以及造船、港口物流等产业的兴起,使黄岛区经济迅速发展的同时,也使港口建设等围填海活动急剧增加(图10-28),青岛市港口吞吐量由2000年的0.87亿吨增至2019年5.77亿吨(数据来源于青岛市统计局),该区的海岸带得到了大规模的开发和利用,海岸线出现明显向海扩张的趋势。

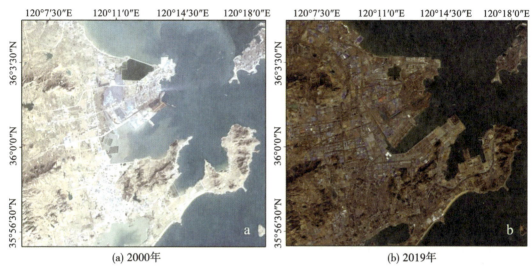

图 10-28　黄岛区影像图

3. 农业要素

青岛作为沿海城市,农业生产主要以滨海农田为主,滨海农田面临的问题很多,如海水倒灌、土壤盐渍化、鱼虾养殖池占用耕地等,在胶州湾开发早期,主要通过围垦海涂来扩张农业用地,大量的围垦农田使得湿地生境破碎,自然湿地逐渐被农田湿地所取代;2000年以后,随着旅游业的发展,休闲农业也逐渐发展起来,伴随住宿、餐饮等设施需求的增加,污水排放加快了滨海湿地生境破坏,使沿海湿地水体富营养化,农民不得不再次占用天然滩涂开垦农田。为避免农业生产持续占用沿海滩涂这一恶性循环,2016年青岛市发布一系列农业发展规划,转换农业发展方向,使农业产值提高,农民收入增加,同时,合理布局与优化发展减少了对天然滩涂的影响,保护了胶州湾的天然湿地。

10.4.3　政策因素

1984年1月5日国务院批准了青岛市城市总体规划,并在批复中要求把青岛市建成经济繁荣、环境优美的社会主义现代化的风景游览区和港口城市。这一批复对青岛的城市性质、城市功能作出定位,胶州湾的发展前景得以确立。1985年,青岛海洋资源研究开发保护委员会成立,组织各方面专家开展了对胶州湾的研究工作。一系列研究及其取得的成果为后来胶州湾及邻近海岸带功能区划创造了有利条件。1994年,胶州湾规划、保护联席会议成立,会同相关部门和单位组织,对环胶州湾进行了全面调查。在此基础上编写了《胶州湾及邻近海岸带功能区划》,为合理开发、保护胶州湾提供了科学依据。1983—1995年间,胶州湾一直处于资源开发与经济建设的阶段,围海筑池、建造养殖区使人工湿地总面积增加 27.02km², 自然湿地面积减少 19.76km², 非湿地每年的增长速率在 1983—1985 年间年均 1.16km², 到 1990—1995 年间增长为年均 1.42km²。

　　1995 年 5 月通过的《青岛近岸海域环境保护规定》《青岛海岸带规划管理规定》两部法规, 将开发、保护胶州湾正式纳入法制轨道。2005 年市人大城建环保委员会提出了第 9 号议案——"关于切实加强胶州湾水域及近海岸线保护的议案", 提出了保护胶州湾水域及近海岸线的六条建议, 包括有效控制填海, 严格控制占用海域和海岸线的项目建设等。从 2005 年开始, 因为一系列保护胶州湾以及近海岸线的议案、政策和规划等的提出, 使得胶州湾人工湿地面积占湿地总面积的比例逐年下降, 相应的, 自然湿地面积占湿地总面积的比例逐年上升。2007 年, 青岛市委提出"环湾保护, 拥湾发展"的发展新战略, 强调"环湾保护"先行, 走生态文明发展之路。2010 年, 青岛市启动胶州湾海洋生态综合整治活动, 对胶州湾实施有史以来最严格的保护。2011 年, 国务院批复《山东半岛蓝色经济区发展规划》, 为推动海洋经济区域发展, 迫切需要加强湿地保护; 2014 年, 青岛市人大常委会审议通过了《青岛市胶州湾保护条例》, 从立法角度对胶州湾湿地保护与恢复工程奠定了坚实基础, 同时, 划定胶州湾滨海湿地海洋特别保护区, 保证滨海湿地不被污染与破坏。2016 年 10 月 28 日, 青岛市印发《关于加强胶州湾保护工作的实施意见》, 严格控制围填海活动, 推进胶州湾保护控制线内填海项目清理, 加快推进湿地修复工程, 组织开展岸线整治修复。经过多年来对胶州湾滨海湿地的保护与治理, 到 2019 年, 胶州湾自然湿地面积为 94.45km², 与前几年相比没有继续减少, 基本稳定。

　　保护性政策出台之后, 青岛市开始严格控制占用海域和海岸线的项目建设, 最大限度地清除湾底各类养殖池, 进行"退池还海"恢复原貌。青岛市海、淡水养殖面积由 2000 年的 5.54 万公顷减少至 2019 年的 3.4 万公顷(数据来源于青岛市统计局), 胶州湾养殖岸线长度也大幅度下降, 城阳区红岛街道东部沿岸拆除养殖池后恢复为砂砾质岸线, 近海域拆除养殖池后恢复了一定的水域面积。部分养殖池拆除后, 青岛市开始建设胶州湾国家级海洋公园和生态湿地, 修复胶州湾的生态环境(图 10-23(b)、图 10-24(b)), 到 2019 年, 胶州湾优良水质面积达到 74.8%。胶州湾海洋经济逐渐由渔业、养殖业为主向运输业、滨海旅游业等第三产业转换。

参 考 文 献

[1] 冯士筰,李凤岐,李少菁.海洋科学导论[M].北京:高等教育出版社,1999.
[2] 黄志行.海洋地理信息系统现状及发展趋势[J].科技创新导报,2017,14(10):139-140.
[3] 宋欣茹.我国海洋地理信息系统发展研究[J].海洋信息,2010(04):3-5.
[4] 宋远方,王兴涛,翟世奎.应用全球定位系统、地理信息系统和遥感技术实现海洋资源与环境的可持续发展[J].中国海洋大学学报(自然科学版),2006(01):26-30.
[5] 苏奋振,吴文周,平博,等.海洋地理信息系统研究进展[J].海洋通报,2014,33(04):361-370.
[6] 苏奋振,周成虎,等.海洋地理信息系统[M].北京:海洋出版社,2005.
[7] 苏奋振,周成虎,邵全琴,等.海洋渔业地理信息系统的发展 应用与前景[J].水产学报,2002(02):169-174.
[8] 苏奋振,周成虎,杨晓梅,等.海洋地理信息系统理论基础及其关键技术研究[J].海洋学报(中文版),2004(06):22-28.
[9] 王芳,朱跃华.海洋地理信息系统研究进展[J].科技导报,2007(23):69-73.
[10] 王兴涛,翟世奎.地理信息系统的发展及其在海洋领域中的应用[J].海洋地质与第四纪地质,2003(02):123-127.
[11] 薛存金,苏奋振,杜云艳.海洋地理信息系统集成技术分析[J].海洋学报(中文版),2008(04):56-62.
[12] 杨晓梅,苏奋振,周成虎.海洋地理信息系统——原理、技术与应用[M].北京:海洋出版社,2005.
[13] 于志刚,张亭禄.海洋技术[M].北京:海洋出版社,2009.
[14] 袁勘省.现代地图学教程[M].北京:科学出版社,2014.
[15] 张欢,郑连福,初凤友,等.海洋地理信息系统的应用现状及其发展趋势[J].海洋地质前沿,2013,29(07):11-17.
[16] 赵玉新,李刚.地理信息系统及海洋应用[M].北京:科学出版社,2012.
[17] 周成虎,苏奋振,等.海洋地理信息系统原理与实践[M].北京:科学出版社,2013.
[18] 朱光文.我国海洋观测技术的现状、差距及其发展[J].海洋技术,1991(03):1-22.
[19] 艾波,姜英超,王振华,等.基于深度学习的海表温度遥感反演模型[J].遥感信息,2018,33(05):15-20.
[20] 陈端伟.区域空气污染预报的风场数值模拟[D].上海:上海华东师范大学,2005.
[21] 方国洪,曹德明,黄企洲.南海潮汐潮流的数值模拟[J].海洋学报(中文版),1994

(04):1-12.

[22] 傅刚,张涛,周发琇.一次黄海海雾的三维数值模拟研究[J].青岛海洋大学学报(自然科学版),2002(06):859-867.

[23] 高山红,齐伊玲,张守宝,等.利用循环3DVAR改进黄海海雾数值模拟初始场Ⅰ:WRF数值试验[J].中国海洋大学学报(自然科学版),2010(40):1-9.

[24] 高山红,张守宝,齐伊玲,等.利用循环3DVAR改进黄海海雾数值模拟初始场Ⅱ:RAMS数值试验[J].中国海洋大学学报(自然科学版),2010(40):1-10.

[25] 谷汉斌.波浪与建筑物作用的数学模型研究与应用[D].天津:天津大学,2005.

[26] 官志鑫.铁山湾海域潮流及风浪数值模拟研究[D].长沙:长沙理工大学,2012.

[27] 郭敬天.海雾形成与发展机制的观测分析与数值模拟研究[D].青岛:中国海洋大学,2008.

[28] 韩桂军,李冬,马继瑞,等.数据同化在海洋数值产品制作及预报中的应用研究[J].海洋通报,1999(05):54-62.

[29] 黄彬,阎丽凤,杨超,等.我国海洋气象数值预报业务发展与思考[J].气象科技进展,2014,4(3):5.

[30] 刘长东.海洋多源数据获取及基于多源数据的海域管理信息系统[D].青岛:中国海洋大学,2008.

[31] 黄文骞.海洋测量信息处理技术的发展[J].测绘工程,2004(03):1-4.

[32] 蒋兴伟,何贤强,林明森,等.中国海洋卫星遥感应用进展[J].海洋学报,2019,41(10):113-124.

[33] 蒋兴伟,林明森,张有广.中国海洋卫星及应用进展[J].遥感学报,2016,20(05):1185-1198.

[34] 李四海,刘百桥.海洋遥感特征及其发展趋势[J].遥感技术与应用,1996(02):68-72.

[35] 李子昂,陈剑利,李进,等.基于Argo海洋观测资料分析2005—2015年全球比容海平面变化的时空特征[J].大地测量与地球动力学,2018,38(09):923-929.

[36] 林明森,何贤强,贾永君,等.中国海洋卫星遥感技术进展[J].海洋学报,2019,41(10):99-112.

[37] 林明森,张有广,袁欣哲.海洋遥感卫星发展历程与趋势展望[J].海洋学报,2015,37(01):1-10.

[38] 刘娜,王辉,凌铁军,等.一个基于MOM的全球海洋数值同化预报系统[J].海洋通报,2018,37(02):139-148.

[39] 刘涛,王璇,王帅,等.深海载人潜水器发展现状及技术进展[J].中国造船,2012,53(03):233-243.

[40] 刘现鹏,邵利民,魏海亮.WRF模式垂直分辨率对海雾模拟影响的个例研究[J].海洋技术学报,2014,33(06):85-89.

[41] 刘子琪,兰世泉,杨绍琼,等.基于水下滑翔机平台的海洋声学探测技术发展现状与展望[J].数字海洋与水下攻防,2021,4(01):8-14.

[42] 陆雪,高山红,饶莉娟,等.春季黄海海雾WRF参数化方案敏感性研究[J].应用气象学报,2014,25(03):312-320.

[43] 路晓磊,张丽婷,王芳,等.海底声学探测技术装备综述[J].海洋开发与管理,2018,35(06):91-94.

[44] 钱成春,沈育疆.南海西南部海域M2分潮波传播分布研究[J].海洋学报(中文版),1994(05):25-33.

[45] 阮锐,邵海涛.多波束测深系统内部参数的检测与分析[J].海洋测绘,2001(04):51-54.

[46] 桑金.水深测量中的声速改正问题研究[J].海洋测绘,2006(03):17-20.

[47] 隋立春,张熠斌,柳艳,等.基于改进的数学形态学算法的LiDAR点云数据滤波[J].测绘学报,2010,39(04):390-396.

[48] 隋世峰,蔡清贵,陈荣裕,等.台风波浪数值预报的CHGS法——Ⅲ.风浪的成长和涌浪的消衰[J].热带海洋学报,1989(02):13-20.

[49] 孙健翔,黄辉军,张苏平,等.海雾对沿海地区的影响程度初探——2008年春季两次黄海海雾过程分析[J].海洋与湖沼,2017,48(03):483-497.

[50] 孙文川,暴景阳,金绍华,等.一种多波束换能器横摇角度偏差二次校准方法[J].武汉大学学报(信息科学版),2016,41(11):1440-1444.

[51] 孙文心,秦曾灏,冯士筰.超浅海风暴潮的数值模拟(一)——零阶模型对渤海风潮的初步应用[J].海洋学报(中文版),1979(02):193-211.

[52] 陶建华.水波的数值模拟[M].天津:天津大学出版社,2005.

[53] 汪文杰,贾东宁,许佳立,等.全球海洋遥感卫星发展综述[J].测绘通报,2020(05):1-6.

[54] 王辉,万莉颖,秦英豪,等.中国全球业务化海洋学预报系统的发展和应用[J].地球科学进展,2016,31(10):1090-1104.

[55] 王凯,侯一筠,冯兴如,等.福建沿海浪潮耦合漫堤风险评估:以台风天兔为例[J].海洋与湖沼,2020,51(01):51-58.

[56] 王培涛,于福江,刘秋兴,等.福建沿海精细化台风风暴潮集合数值预报技术研究及应用[J].海洋预报,2010,27(05):7-15.

[57] 王文质,陈俊昌,黎满球,等.BSCS海浪数值预报方法[J].热带海洋,1990(04):9-15.

[58] 王喜年.风暴潮预报知识讲座[J].海洋预报,2002(02):64-70.

[59] 王跃山.数据同化——它的缘起、含义和主要方法[J].海洋预报,1999(01):12-21.

[60] 王祎,高艳波,齐连明,等.我国业务化海洋观测发展研究——借鉴美国综合海洋观测系统[J].海洋技术学报,2014,33(06):34-39.

[61] 吴培中.卫星海洋遥感及其在我国的应用和发展目标[J].国土资源遥感,1993(01):1-7.

[62] 文圣常.海浪理论与计算原理[M].北京:科学出版社,1984.

[63] 文圣常.海浪模拟的新途径[A].面向21世纪的科技进步与社会经济发展(上册)[C].

杭州：中国科学技术协会学会学术部，1999：245.

[64] 辛红梅. 中国 ARGO 计划发展状况[J]. 海洋信息，2003(02)：12-13.

[65] 许建平，朱伯康. ARGO 全球海洋观测网与我国海洋监测技术的发展[J]. 海洋技术，2001(02)：15-17.

[66] 杨悦，高山红. 黄海海雾 WRF 数值模拟中垂直分辨率的敏感性研究[J]. 气象学报，2016(74)：974-988.

[67] 杨益新，韩一娜，赵瑞琴，等. 海洋声学目标探测技术研究现状和发展趋势[J]. 水下无人系统学报，2018，26(05)：367，369-386.

[68] 于福江，张占海，林一骅. 一个稳态 Kalman 滤波风暴潮数值预报模式[J]. 海洋学报，2002，24(05)：26-35.

[69] 岳岩裕，牛生杰，张羽，等. 南海沿岸海雾特征的观测研究[J]. 大气科学学报，2015，38(05)：694-702.

[70] 张海涛，唐秋华，周兴华，等. 多波束测深系统换能器的安装校准分析[J]. 海洋通报，2009，28(01)：102-107.

[71] 赵长进. 长江口及其邻近海区无结构网格风暴潮模式的建立与应用[D]. 上海：华东师范大学，2014.

[72] 郑沛楠，宋军，张芳苒，等. 常用海洋数值模式简介[J]. 海洋预报，2008(04)：108-120.

[73] 郑秋红，田晓阳. Argo 全球海洋观测十五年[N]. 中国气象报，2016-04-06(003).

[74] 祝捍皓，郑红，汤云峰，等. 海洋技术类专业课程的教学方法探讨——以《水声探测技术》的教学为例[J]. 管理观察，2016(17)：108-109，112.

[75] 朱伯康，许建平. 全球 Argo 实时海洋观测网建设及应用进展[J]. 海洋技术，2007(01)：69-76.

[76] 季民，靳奉祥，周成虎，等. 基于格网的海洋时空数据组织策略研究[J]. 测绘通报，2009(07)：6-8，18.

[77] 邵全琴. 海洋 GIS 时空数据表达研究[D]. 北京：中国科学院地理科学与资源研究所，2001.

[78] 季民. 海洋渔业 GIS 时空数据组织与分析[D]. 青岛：山东科技大学，2004.

[79] 刘凯，夏苗，杨晓梅. 一种平面点集的高效凸包算法[J]. 工程科学与技术，2017，49(05)：109-116.

[80] 刘人午，杨德宏，李燕，等. 一种改进的最小凸包生成算法[J]. 大地测量与地球动力学，2011，31(3)：130-133.

[81] 潘中华，陈性义，门林杰，等. 基于两级格网的 LiDAR 数据组织与改进坡度滤波[J]. 测绘工程，2011，20(06)：5-8.

[82] 任玉新，陈海昕. 计算流体力学基础[M]. 北京：清华大学出版社，2006.

[83] 仇天宇，周成虎，邵全琴. 海洋 GIS 数据模型与结构[J]. 地球信息科学，2003(04)：25-29.

[84] 孙德成，艾波，于梦超，等. 基于角动量模型的流场涡旋提取方法[J]. 海洋通报，

2020, 39(02): 206-214.

[85] 付帅, 艾波. 一种面向全球表层流场可视化的粒子系统数据结构设计[J]. 海洋信息, 2019, 34(04): 19-22.

[86] 林瑶瑶, 唐新明, 薛玉彩, 等. JPEG 2000 编码参数对遥感影像压缩质量的影响[J]. 地理信息世界, 2019, 26(02): 30-36.

[87] 方京, 艾波, 辛文鹏, 等. 粒子系统的流场动态制图优化方法[J]. 测绘科学, 2018, 43(12): 72-76, 84.

[88] 吕冠南, 艾波, 李显. 基于 WebGIS 的海洋预报信息发布系统的设计与实现[J]. 测绘与空间地理信息, 2018, 41(07): 110-113.

[89] 刘艳梅, 艾波, 高松, 等. 基于地图载负量的海洋流场欧拉法多尺度表达[J]. 海洋技术学报, 2018, 37(03): 49-55.

[90] 石教英, 蔡文立. 科学计算可视化算法与系统[M]. 北京: 科学出版社, 1996: 22-25.

[91] 陈为, 沈则潜, 陶煜波. 数据可视化[M]. 北京: 电子工业出版社, 2019.

[92] 崔铁军. 地理空间数据可视化原理[M]. 北京: 科学出版社, 2017.

[93] 胡星, 杨光. 流线可视化技术研究与进展[J]. 计算机应用研究, 2002, 19(5): 8-11.

[94] 李思昆, 蔡勋, 王文珂, 等. 大规模流场科学计算可视化[M]. 北京: 国防工业出版社, 2013.

[95] 李晓聪. 海洋流场涡旋特征提取及可视化研究[D]. 青岛: 中国海洋大学, 2009.

[96] 柳有权, 刘学慧, 朱红斌, 等. 基于物理的流体模拟动画综述[J]. 计算机辅助设计与图形学学报, 2005, 17(12): 2581-2589.

[97] 邵绪强, 刘艺林, 杨艳, 等. 流体的旋涡特征提取方法综述[J]. 图学学报, 2020, 41(05): 687-701.

[98] 申家双, 张晓森, 冯伍法, 等. 海岸带地区陆海图的差异分析[J]. 测绘科学技术学报, 2006, 23(6): 400-403.

[99] 王显玲. 海洋环境信息可视化网格数据共享技术研究[D]. 青岛: 中国海洋大学, 2009.

[100] 艾波, 唐新明, 艾廷华, 等. 利用透明度进行时空信息可视化[J]. 武汉大学学报(信息科学版), 2012, 37(02): 229-232, 259.

[101] 蔡勋. 三维标量数据场体可视化技术研究与软件系统实现[D]. 长沙: 国防科技大学, 1998.

[102] 贾玥. 三维布料动态仿真[D]. 大连: 辽宁师范大学, 2013.

[103] 马建林. 基于多波束和 ArcGIS 的数字海底地形研究及其实现[D]. 杭州: 浙江大学, 2005.

[104] 唐泽圣. 三维数据场可视化[M]. 北京: 清华大学出版社, 1999.

[105] 王杰臣. 2 维空间数据最小凸包生成算法优化[J]. 测绘学报, 2002(01): 85-89.

[106] 王想红. 基于三维虚拟地球的海洋环境数据动态可视化研究[D]. 阜新: 辽宁工程技术大学, 2013.

[107] 魏蔚. 针对 LIDAR 点云中的地面点与非地面点的分离[J]. 西安工程大学学报, 2010,

24(03):310-314.

[108]董庆亮,王伟平.EM1002型多波束测深系统及参数校正[J].海洋测绘,2004(05):23-26.

[109]韩李涛,阳凡林,孔巧丽,等.多波束测深系统校正参数求解方案及可视化实现[J].测绘科学,2011,36(04):108-110.

[110]何正斌,田永瑞.机载三维激光扫描点云非地面点剔除算法[J].大地测量与地球动力学,2009,29(4):97-101.

[111]李鹏程,王慧,刘志青,等.一种基于扫描线的数学形态学LiDAR点云滤波方法[J].测绘科学技术学报,2011,28(04):274-277,282.

[112]温连发,于彩霞,林海峰,等.海陆地形模型的统一表达探讨[J].北京测绘,2014(5):16-18,11.

[113]吴文周,李利番,王结臣.平面点集凸包Graham算法的改进[J].测绘科学,2010,35(06):123-125.

[114]阳凡林,暴景阳,胡兴数.水下地形测量[M].武汉:武汉大学出版社,2017.

[115]杨建思.机载/地面海量点云数据组织与集成可视化方法研究[D].武汉:武汉大学,2011.

[116]张昌赛,刘正军,杨树文,等.基于LiDAR数据的布料模拟滤波算法的适用性分析[J].激光技术,2018,42(3):410-416.

[117]张皓,贾新梅,张永生,等.基于虚拟网格与改进坡度滤波算法的机载LIDAR数据滤波[J].测绘科学技术学报,2009,26(03):224-227,231.

[118]朱庆,李德仁.多波束测深数据的误差分析与处理[J].武汉测绘科技大学学报,1998(01):3-5.

[119]陈昌海.探讨电子海图显示与信息系统设计与实现[J].中国水运(下半月),2013,13(10):84-85,87.

[120]郭绍义,张强,等.电子海图显示与信息系统[M].大连:大连海事大学出版社,2015.

[121]郝振钧.电子海图显示与信息系统新技术的实施[J].产业与科技论坛,2018,17(22):65-66.

[122]黄斌.浅谈电子海图显示与信息系统在航海中的作用[J].农家参谋,2018(20):248.

[123]金伟.ECDIS(电子海图显示与信息系统)的发展与应用[J].信息通信,2019(03):65-66.

[124]廖志军,钱辉.电子海图显示与信息系统在海上搜救中的应用研究[J].中国水运(下半月),2017,17(11):79-81,85.

[125]刘晓峰.电子海图显示与信息系统(ECDIS)的风险因素分析与对策[J].广州航海学院学报,2014,22(01):15-18.

[126]王红霞,李艳.水文气象数据与电子海图的交互式信息融合技术[J].舰船科学技术,2017,39(02):100-102.

[127]谢步新.电子海图显示与信息系统(ECDIS)培训和应用探讨[J].珠江水运,2014

(12)：48-49.

[128] 徐文坤，刘爱超，钱程程，等. 基于 ArcGIS 的电子海图显示系统[J]. 海洋信息，2019，34(01)：19-25.

[129] 张吉平，等. 电子海图显示与信息系统[M]. 大连：大连海事大学出版社，2014.

[130] 张振华，王远斌，叶玲. 基于 S-57 标准的电子海图的设计与实现[J]. 舰船电子工程，2015，35(02)：94-98.

[131] 支家茂. 电子海图航路线采集及雷达传递[J]. 上海船舶运输科学研究所学报，2015，38(04)：53-56.

[132] 孙晶，高井祥，史绍雨，等. 分布式空间数据库在海量卫星影像管理中的应用[J]. 测绘通报，2017(05)：56-61.

[133] 张玉娟，史绍雨，孙晶，等. 基于分布式数据库的海洋动力环境数据云存储[J]. 海洋预报，2017，34(02)：72-79.

[134] 侯雪燕，郭振华，崔要奎，等. 海洋大数据：内涵、应用及平台建设[J]. 海洋通报，2017，36(04)：361-369.

[135] 陈鹏，王少朋，李玉婷，等. 浅谈大数据背景下海洋地理信息系统的发展[J]. 海洋信息，2019，34(02)：14-18.

[136] 黄冬梅，邹国良. 海洋大数据[M]. 上海：上海科学技术出版社，2016.

[137] 曹兵. 极值波高统计分析方法比较研究[D]. 南京：河海大学，2007.

[138] 曹德明，方国洪，黄企洲，等. 南沙及其西南海域的潮波系统[J]. 海洋与湖沼，1997，28(2)：198-208.

[139] 陈兴旺. 广义极值分布理论在重现期计算的应用[J]. 气象与减灾研究，2008，31(04)：52-54.

[140] 程竞姣. 风、波浪数据库集成设计与波高长期统计方法探讨[D]. 上海：上海交通大学，2010.

[141] 崔益彪，朱熊明，沈建国，等. 基于 Kafka 消息的云化计费系统研究与实现[J]. 江苏通信，2019，35(01)：58-62.

[142] 方钟圣，戴顺孙，金承仪. 海洋特征波高和周期的长期联合分布及其应用[J]. 海洋学报(中文版)，1989(05)：535-543.

[143] 丰鉴章. 年极值重现期波高的探讨[J]. 海岸工程，1989(03)：1-7.

[144] 甘朝华. 无缝多尺度电子海图数据组织及其应用研究[D]. 武汉：武汉大学，2014.

[145] 耿焕同，黄涛，薛丰昌. 多源异构海量数据实时处理平台研究与应用[J]. 计算机应用与软件，2014，31(01)：43-46，61.

[146] 顾媛媛. 船舶设计中波浪与风的统计分析和数据库集成[D]. 上海：上海交通大学，2008.

[147] 何涛. 面向海量空间数据并行高效处理的存储模式设计与研究[D]. 成都：电子科技大学，2014.

[148] 黄杰. 海洋环境综合数据时空建模与可视化研究[D]. 杭州：浙江大学，2008.

[149] 李永亮. Spark 与 NoSQL 数据库集成技术的研究与实现[D]. 长沙：国防科学技术大

学, 2016.

[150] 刘金凤. 基于 Hadoop 的海洋数据存储处理系统[D]. 青岛：中国海洋大学, 2015.

[151] 马伟霞, 田丰林, 纪鹏波, 等. 海洋多源异构数据转换系统的设计与实现[J]. 计算机工程与设计, 2014, 35(08)：2917-2922.

[152] 钱程程, 陈戈. 海洋大数据科学发展现状与展望[J]. 中国科学院院刊, 2018, 33(08)：884-891.

[153] 邵芳, 王勇. 基于 HBase 的大数据平台负载均衡算法分析与优化[J]. 软件导刊, 2019, 18(01)：104-107.

[154] 孙靖超, 芦天亮. 基于 HBase 的列存储压缩策略的选择优化[J]. 计算机应用研究, 2019, 36(05)：1419-1423.

[155] 王菊, 徐董冬. 基于 Hadoop 平台的数据压缩技术研究[J]. 数字技术与应用, 2016(08)：94-95.

[156] 夏璐一, 栾曙光, 张超. 西北行路径台风浪的特征分析[J]. 大连海洋大学学报, 2014, 29(06)：654-658.

[157] 谢怡, 王航, 刘新瀚, 等. 大数据环境下数据读取关键技术研究[J]. 计算机技术与发展, 2015, 25(02)：113-116.

[158] 薛荷. 大数据存储优化及快速检索技术研究[D]. 成都：电子科技大学, 2018.

[159] 俞子波. HBase 分布式缓存策略的研究与设计[D]. 北京：北京交通大学, 2017.

[160] 张玉娟. 海洋动力环境数据的分布式云存储和统计分析研究[D]. 青岛：山东科技大学, 2017.

[161] 陈仁丽, 王宜强, 刘柏静, 等. 基于 GIS 和 AIS 的渤海海上船舶活动时空特征分析[J]. 地理科学进展, 2020, 39(07)：1172-1181.

[162] 陈影玉, 杨神化, 索永峰. 船舶行为异常检测研究进展[J]. 交通信息与安全, 2020, 38(05)：1-11.

[163] 江玉玲, 熊振南, 唐基宏. 基于轨迹段 DBSCAN 的船舶轨迹聚类算法[J]. 中国航海, 2019, 42(03)：1-5.

[164] 金梁. 基于 AIS 数据的船舶行为可视分析研究[D]. 武汉：武汉理工大学, 2016.

[165] 马文耀, 吴兆麟, 杨家轩, 等. 基于单向距离的谱聚类船舶运动模式辨识[J]. 重庆交通大学学报(自然科学版), 2015, 34(05)：130-134.

[166] 马文耀. 船舶异常行为的一致性检测[D]. 大连：大连海事大学, 2018.

[167] 乔永杰, 吴绍玉, 陈传庚, 等. 船舶跟踪系统的研发及应用[J]. 物探装备, 2018, 28(03)：198-200, 144.

[168] 任迎春, 刘静, 翟振刚, 等. 基于支持向量机的浙江近海渔船捕捞方式识别[J]. 嘉兴学院学报, 2020, 32(06)：82-88.

[169] 盛凯, 刘忠, 周德超, 等. 基于运动模式的船舶轨迹分段压缩算法[J]. 海军工程大学学报, 2018, 30(06)：50-57.

[170] 孙璐, 周伟, 姜佰辰, 等. 一种时空联合约束的多源航迹相似性度量模型[J]. 系统工程与电子技术, 2017, 39(11)：2405-2413.

[171] 王会平, 王知. 海洋地理信息在航运中的运用与发展趋势[J]. 水运管理, 2010, 32(08): 4-6, 21.

[172] 王晋晶. 雷达目标跟踪算法研究与实现[D]. 西安: 西安电子科技大学, 2018.

[173] 王智勇, 陈斯怡. 动态海图显示在船舶监控信息系统中的应用研究[J]. 舰船科学技术, 2016, 38(06): 70-72.

[174] 魏照坤, 周康, 魏明, 等. 基于AIS数据的船舶运动模式识别与应用[J]. 上海海事大学学报, 2016, 37(02): 17-22.

[175] 袁冠, 夏士雄, 张磊, 等. 基于结构相似度的轨迹聚类算法[J]. 通信学报, 2011, 32(09): 103-110.

[176] 张春玮, 马杰, 牛元森, 等. 基于行为特征相似度的船舶轨迹聚类方法[J]. 武汉理工大学学报(交通科学与工程版), 2019, 43(03): 517-521.

[177] 张胜茂, 程田飞, 王晓璇, 等. 基于北斗卫星船位数据提取拖网航次方法研究[J]. 上海海洋大学学报, 2016, 25(01): 135-141.

[178] 郑贵文. 雷达目标航迹建立和管理的设计与实现[J]. 现代导航, 2015, 6(04): 378-381.

[179] 周海, 陈姚节, 陈黎. 船舶轨迹聚类分析与应用[J]. 计算机仿真, 2020, 37(10): 113-118.

[180] 高松, 徐江玲, 艾波, 等. 基于SOA架构的国家海上搜救环境服务保障平台研发与应用[J]. 海洋预报, 2019, 36(03): 71-77.

[181] 胡宏启, 陈建华. 基于遗传算法的海上搜索力量优化研究[J]. 舰船电子工程, 2016, 36(12): 101-104.

[182] 黄娟, 徐江玲, 高松, 等. 基于海上试验对海上漂移物运移轨迹影响因素的分析[J]. 海洋预报, 2014, 31(04): 97-104.

[183] 李苯帅. 基于最优搜寻理论的海上搜救方案规划方法研究[D]. 青岛: 山东科技大学, 2020.

[184] 李程. 基于SELFE模型的海上溢油数值模拟研究[D]. 青岛: 中国海洋大学, 2014.

[185] 李勤荣. 美英人员落水险情搜救截止时间研究[J]. 水运管理, 2018, 40(09): 17-19.

[186] 刘同木, 张炜, 曹永港, 等. 基于受力分析的落水人员漂移轨迹预测研究[J]. 海洋预报, 2017, 34(01): 66-71.

[187] 汪强. 海上溢油事故多物资应急调度问题研究[D]. 厦门: 集美大学, 2020.

[188] 王光源, 刘建东, 章尧卿, 等. 海上遇险目标发现概率建模研究[J]. 指挥控制与仿真, 2017, 39(01): 1-4.

[189] 王光源, 刘建东, 章尧卿, 等. 海上遇险目标漂移与搜寻区域优化确定分析[J]. 舰船电子工程, 2017, 37(12): 21-24.

[190] 吴翔, 周江华. 海上搜救中发现概率的研究[J]. 中国安全生产科学技术, 2015, 11(1): 28-33.

[191] 肖方兵. 海上搜救决策支持系统关键技术的研究[D]. 大连: 大连海事大学, 2011.

[192] 邢胜伟. 海上立体搜寻全局优化模型及仿真研究[D]. 大连: 大连海事大学, 2012.

[193] 中国海上搜救中心. 国家海上搜救手册[M]. 大连:大连海事大学出版社,2011.

[194] 朱凋,牟林,王道胜,等. 海上搜救辅助决策技术研究进展[J]. 应用海洋学学报, 2019,38(03):440-449.

[195] 白景峰,黄窈蕙,周斌,等. DX 新型高效天然吸油材对海上溢油治理的研究[J]. 交通环保,2002,23(03):4.

[196] 陈泽旭. 海上溢油事故中应急物资的调度优化研究[D]. 大连:大连海事大学,2020.

[197] 程东,殷佩海,蒋廷琥. 溢油应急处理的优化决策[J]. 海洋环境科学,2000(01):35-39.

[198] 郭健. 滨海近岸溢油风险模拟及对附近环境敏感区的影响[D]. 上海:上海海洋大学,2017.

[199] 李品芳,陈鹭玲. 关于化学消油剂的几点思考[J]. 交通环保,2002(03):30-32.

[200] 李世珍,侯正田. 沿海地区溢油污染防治技术研究[J]. 海洋技术,1995(03):105-114.

[201] 林建,朱跃姿,蔡俊清,等. 海上溢油的回收及处理[J]. 福建能源开发与节约,2001(01):6-8.

[202] 刘洁. 渤海海域海上石油平台溢油污染等级评估方法研究[D]. 青岛:中国海洋大学,2010.

[203] 刘军英. 基于油粒子模型的珠江狮子洋溢油模型研究[J]. 广东化工,2020,47(13):41-43,55.

[204] 刘晓春,李玉琪,张中华,等. 面向 21 世纪的环境生物技术[J]. 重庆环境科学,1995(03):34-37.

[205] 宋朋远. 渤海油田溢油扩散与漂移的数值模拟研究[D]. 青岛:中国海洋大学,2013.

[206] 孙云明,刘会峦,陈国华,等. 淀粉系列海上溢油凝油剂的制备与凝油性能[J]. 海洋科学,2001(08):37-41.

[207] 王忠贤. 国外水面浮油污染处理介绍[J]. 船舶,1994(02):26-36.

[208] 易绍金,向兴金,肖稳发. 海面浮油的生物处理技术[J]. 油气田环境保护,2002(02):4-6.

[209] 于沉鱼,曹立新,李玉琴. 消油剂乳化率影响因素研究[J]. 交通环保,2000(01):18-23.

[210] 张可. 海上溢油事故应急物资调度研究[D]. 厦门:集美大学,2018.

[211] 张楠. 海洋溢油运动轨迹预测模型的研究与应用[D]. 大连:大连海事大学,2014.

[212] 陈劲松,郭善昕,等. 海岸带生态环境变化遥感监测[M]. 北京:科学出版社,2020.

[213] 韩震,金亚秋,恽才兴. 我国海岸带及其近海资源环境监测的遥感技术应用[J]. 遥感信息,2006(05):64-66,71,77.

[214] 姜正龙,王兵,姜玲秀,等. 中国海岸带自然资源区划研究[J]. 资源科学,2020,42(10):1900-1910.

[215] 赖祖龙. 基于 LiDAR 点云与影像的海岸线提取和地物分类研究[D]. 武汉:武汉大学,2013.

[216] 李雪红, 赵莹. 基于遥感影像的海岸线提取技术研究进展[J]. 海洋测绘, 2016, 36(04): 67-71.

[217] 刘晓芳. 基于深度学习的遥感图像海岸线提取和地物分类[D]. 厦门: 厦门大学, 2017.

[218] 裴凯洋, 张胜茂, 樊伟, 等. 浙江省帆张网捕捞强度分布的提取方法[J]. 水产学报, 2020, 44(11): 1913-1925.

[219] 任安乐, 史同广, 吴孟泉, 等. 基于深度学习的海岸带土地利用信息提取方法[J]. 鲁东大学学报(自然科学版), 2020, 36(02): 161-167.

[220] 王彬, 王国宇. 基于改进的深度学习网络的SAR图像瞬时海岸线自动提取算法[J]. 系统工程与电子技术, 2021, 43(08): 2108-2115.

[221] 王小芬. 海洋卫星遥感图像对比度特征同步检测方法研究[J]. 舰船科学技术, 2019, 41(16): 136-138.

[222] 吴庭天, 丁山, 陈宗铸, 等. 基于LUCC和景观格局变化的海南东寨港红树林湿地动态研究[J]. 林业科学研究, 2020, 33(05): 154-162.

[223] 吴一全, 刘忠林. 遥感影像的海岸线自动提取方法研究进展[J]. 遥感学, 2019, 23(04): 582-602.

[224] 张安定, 王霞, 孙云华, 等. 基于遥感技术的海岸带土地利用、覆被信息提取方法研究[J]. 测绘科学, 2011, 36(04): 200, 221-222.

[225] 张安民, 刘禹, 张殿君, 等. 基于GIS的天津港船舶大气污染空间分布规律[J]. 测绘科学技术学报, 2018, 35(06): 622-626.

[226] 张华, 王敏. 基于纹理特征与LSSVM的青土湖地物提取[J]. 干旱区地理, 2018, 41(04): 802-808.

[227] 张鹰, 邱永红. 海岸带地物特征的遥感信息提取方法[J]. 海洋预报, 2002(03): 14-21.

[228] Martin S. An introduction to ocean remote sensing[M]. Cambridge: Cambridge University Press, 2014.

[229] Schiller A, Brassington G B. Operational oceanography in the 21st century[M]. Berlin: Springer Science & Business Media, 2011.

[230] Wright D J. Marine and Coastal Geographica Information System[M]. London: Taylor & Francis, 1999.

[231] Yang X, Sun L, Tang X, et al. An improved fmask method for cloud detection in GF-6 WFV based on spectral-contextual information[J]. Remote Sensing, 2021, 13(23): 4936.

[232] Matthews A J, Singhruck P, Heywood K J. Deep ocean impact of a Madden-Julian Oscillation observed by Argo floats[J]. Science, 2007, 318(5857): 1765-1769.

[233] Ai B, Yu M, Guo J, et al. A spatiotemporal interactive processing bias correction method for operational ocean wave forecasts[J]. Journal of Ocean University of China, 2022, 21(2): 277-290.

[234] Brown R, Roach W T. The physics of radiation fog: II—a numerical study[J]. Quarterly

参考文献

Journal of the Royal Meteorological Society, 1976, 102(432): 335-354.

[235] Chapman P. The world ocean circulation experiment (WOCE)[J]. Marine Technology Society Journal, 1998, 32:23-36.

[236] Dietrich J C, Zijlema M, Westerink J J, et al. Modeling hurricane waves and storm surge using integrally-coupled, scalable computations[J]. Coastal Engineering, 2011, 58(1): 45-65.

[237] Feder T. Argo begins systematic global probing of the upper oceans[J]. Phys. Today, 2000, 53.

[238] Fujita T. Pressure distribution within typhoon[J]. Geophys. Mag., 1952, 23: 437-451.

[239] Holland G J. An Analytic Model of the Wind and Pressure Profiles in Hurricanes[J]. Monthly Weather Review, 1980, 108(8):1212-1218.

[240] Koračin D, Lewis J, Thompson W T, et al. Transition of stratus into fog along the California coast: Observations and modeling[J]. Journal of the Atmospheric Sciences, 2001, 58(13): 1714-1731.

[241] McPhaden M J, Busalacchi A J, Cheney R, et al. The tropical ocean-global atmosphere observing system: a decade of progress[J]. Journal of Geophysical Research: Oceans, 1998, 103(C7): 14169-14240.

[242] Metzger E J, Smedstad O M, Thoppil P G, et al. US Navy operational global ocean and Arctic ice prediction systems[J]. Oceanography, 2014, 27(3): 32-43.

[243] Metzger E J, Smedstad O M, Thoppil P, et al. Validation TestReport for the Global Ocean Forecast System V3. 0-1 / 12° HY-COM / NCODA: Phase II[R]. Naval Research Laboratory, Ocea-nography Division, Stennis Space Center, 2010.

[244] Oka E, Kouketsu S, Toyama K, et al. Formation and subduction of central mode water based on profiling float data, 2003—2008[J]. Journal of Physical Oceanography, 2011, 41(1): 113-129.

[245] Roemmich D, Gilson J. The 2004—2008 mean and annual cycle of temperature, salinity, and steric height in the global ocean from the Argo Program[J]. Progress in Oceanography, 2009, 82(2): 81-100.

[246] Arvidsson S, Gullstrand M, Sirmacek B, et al. Sensor fusion and convolutional neural networks for indoor occupancy prediction using multiple low-cost low-resolution heat sensor data[J]. Sensors, 2021, 21(4): 1036.

[247] Cabral B, Leedom L C. Imaging vector fields using line integral convolution[A]. Proceedings of the 20th annual conference on Computer graphics and interactive techniques[C]. 1993: 263-270.

[248] Ai B, Liu Y, Wang Z, et al. Evaluation of multi-scale representation of ocean flow fields using the Euler method based on map load[J]. Journal of Spatial Science, 2020, 65(3): 539-551.

[249] Fang Y, Ai B, Fang J, et al. Multi-scale flow field mapping method based on real-time

feature streamlines[J]. ISPRS International Journal of Geo-Information, 2019, 8(8): 335.

[250] Garland M, Heckbert P S. Surface simplification using quadric error metrics [C]. Proceedings of the 24th annual conference on Computer graphics and interactive techniques, 1997: 209-216.

[251] Helman J, Hesselink L. Representation and display of vector field topology in fluid flow data sets[J]. Computer, 1989, 22(08): 27-36.

[252] Thomas J J. Illuminating the Path: The Research and Development Agenda for Visual Analytics[M]. IEEE Computer Society, 2005.

[253] Koopman B O. The theory of search I. Kinematic bases[J]. Operations Research, 1956, 4(3): 324-346.

[254] Li L, Shen H W. Image-based streamline generation and rendering[J]. IEEE Transactions on Visualization and Computer Graphics, 2007, 13(3): 630-640.

[255] Shi Q, Ai B, Wen Y, et al. Particle system-based multi-hierarchy dynamic visualization of ocean current data [J]. ISPRS International Journal of Geo-Information, 2021, 10(10): 667.

[256] Spencer B, Laramee R S, Chen G, et al. Evenly spaced streamlines for surfaces: An image—based approach[C]. Computer Graphics Forum. Oxford, UK: Blackwell Publishing Ltd, 2009, 28(6): 1618-1631.

[257] Weiskopf D. GPU-based interactive visualization techniques[M]. Berlin: Springer, 2007.

[258] Wiebel A, Scheuermann G. Eyelet particle tracing-steady visualization of unsteady flow [C]. VIS 05. IEEE Visualization, 2005: 607-614.

[259] Zhang Z, W Wang, et al. Oceanic mass transport by mesoscale eddies[J]. Science, 2014, 18: 322-324.

[260] Ai B, Wang L, Yang F, et al. Continuous-scale 3D terrain visualization based on a detail-increment model[J]. ISPRS International Journal of GEO-Information, 2019, 8(10): 465.

[261] Graham R L, Yao F F. Finding the convex hull of a simple polygon [J]. Journal of Algorithms, 1983, 4(4): 324-331.

[262] Lorensen W E, Cline HE. Marching Cubes: A high resolution 3D surface construction algorithm[J]. Computer Graphics, 1987, 21(4): 163-169.

[263] Luettich R A, Westerink J J, Scheffner N W. ADCIRC: An advanced three-dimensional circulation model for shelves, coasts, and estuaries. Report 1, Theory and methodology of ADCIRC-2DDI and ADCIRC-3DL[R]. Dredging Research Program Tech. Rep. DRR-92-6. Vicksburg, Miss: Coastal Eng. Res. Cent., 1992.

[264] Manley T O, Tallet J A. Volumetric visualization: an effective use of GIS technology in the field of oceanography[J]. Oceanography, 1990, 3(1): 23-29.

[265] Zhang W, Qi J, Wan P, et al. An easy-to-use airborne LiDAR data filtering method based on cloth simulation[J]. Remote Sensing, 2016, 8(6): 501.

[266] Dean J, Ghemawat S. MapReduce: simplified data processing on large clusters [J].

Communications of the ACM, 2008, 51(1): 107-113.

[267] Hu D H, Xue-Jun Y, Fei H. Designing and implementation of agile framework based on Lift[A]. The 2nd International Conference on Information Science and Engineering[C]. IEEE, 2010: 1-3.

[268] Gupta M, Sinha A. Distributed temporal data prediction model for wireless sensor network [J]. Wireless Personal Communications, 2021, 119(4): 3699-3717.

[269] Qian C, Huang B, Yang X, et al. Data science for oceanography: from small data to big data[J]. Big Earth Data, 2021: 1-15.

[270] Zhao H, Ai S Y, Lv Z H, et al. Parallel accessing massive NetCDF data based on MapReduce[A]. International Conference on Web Information Systems and Mining[M]. Springer, Berlin, Heidelberg, 2010: 425-431.

[271] Zhang Y, Liu A, Liu C, et al. A track initiation algorithm using residual threshold for shore-based radar in heavy clutter environments[J]. Journal of Marine Science and Engineering, 2020, 8(8): 614.

[272] Sun L, Zhou W. A multi-source trajectory correlation algorithm based on spatial-temporal similarity[A]. 2017 20th International Conference on Information Fusion (Fusion)[C]. IEEE, 2017: 1-7.

[273] Abi-Zeid I, Nilo O, Lamontagne L. A constraint optimization approach for the allocation of multiple search units in search and rescue operations[J]. INFOR: Information Systems and Operational Research, 2011, 49(1): 15-30.

[274] Ai B, Jia M, Xu H, et al. Coverage path planning for maritime search and rescue using reinforcement learning[J]. Ocean Engineering, 2021, 241: 110098.

[275] Agbissoh Otote D, Li B, Ai B, et al. A decision-making algorithm for maritime search and rescue plan[J]. Sustainability, 2019, 11(7): 2084.

[276] Fisheries and Oceans Canada, Canadian Coast Guard. SAR Seamanship Reference Manual [M]. The Minister of Public Works and Government Services, 2000.

[277] Frost J R, Stone L D. Review of search theory: advances and applications to search and rescue decision support[R]. U.S.Coast Guard Office of Operations(G-OPR), 2001.

[278] Abi-Zeid I, Frost J R.SARPlan: a decision support system for Canadian search and rescue operations[J]. European Journal of Operational Research, 2005, 162(3): 630-653.

[279] Koopman B O. The theory of search: III. The optimum distribution of searching effort[J]. Operations research, 1957, 5(5): 613-626.

[280] Kratzke T M, Stone L D, Frost J R. Search and rescue optimal planning system[A].2010 13th International Conference on Information Fusion[C]. IEEE, 2010: 1-8.

[281] Roshani A, Giglio D. Simulated annealing algorithms for the multi-manned assembly line balancing problem: minimising cycle time[J]. International Journal of Production Research, 2017, 55(10): 2731-2751.

[282] Stone L D. Theory of optimal search[M]. New York, USA: Harcourt Brace Jovanovich

Press, 1975: 1586-1589.

[283] Zhang X, Lin J, Guo Z, et al. Vessel transportation scheduling optimization based on channel-berth coordination[J]. Ocean Engineering, 2016, 112: 145-152.

[284] Nordvik A B. The technology windows-of-opportunity for marine oil spill response as related to oil weathering and operations[J]. Spill Science & Technology Bulletin, 1995, 2(1): 17-46.

[285] River B V, Device S B D. Fast water oil spill control technology for rivers and vessel sweep systems[J]. Spill Science & Technology Bulltin, 2001, 6(5-6): 363-364.

[286] Mullin J V, Champ M A. Introduction/overview to in situ burning of oil spills[J]. Spill Science & Technology Bulletin, 2003, 8(4): 323-330.

[287] Saito M, Ishii N, Ogura S, et al. Development and water tank tests ofsugi bark sorbent (SBS)[J]. Spill Science & Technology Bulletin, 2003, 8(5-6): 475-482.

[288] Ai B, Wen Z, Wang Z, et al. Convolutional neural network to retrieve water depth in marine shallow water area from remote sensing images[J]. IEEE Journal of Selected Topics in Applied Earth Observations and Remote Sensing, 2020, 13: 2888-2898.

[289] Ballanti L, Byrd K B, Woo I, et al. Remote sensing for wetland mapping and historical change detection at the Nisqually River Delta[J]. Sustainability, 2017, 9(11): 1919.

[290] ChenS. The Shore line as a baseline for global database—A pilot study in China. Building database for Global Science[J]. International Geographical Union, Taylor and Francis, 1988: 202-215.

[291] Chen Y Y, Lu X G. The wetland function and research tendency of wetland science[J]. Wetland Science, 2003, 1(1): 7-11.

[292] Cui L J, Stephane A. The wetland restoration handbook: guiding, principles and case studies[J]. China Architecture and Building Press, Beijing, China (in Chinese), 2006.

[293] Huang W, Wang D, Fan Z, et al. The degradation of the reasons and countermeasures of coastal wetlands ecosystem in Beibu Gulf[A]. 2015 International Conference on Economics, Management, Law and Education[M]. Atlantis Press, 2015.

[294] Xi M, Zhang X, Kong F, et al. CO_2 exchange under different vegetation covers in a coastal wetland of Jiaozhou Bay, China[J]. Ecological Engineering, 2019, 137: 26-33.

[295] Myers V A. Characteristics of United States hurricanes pertinent to levee design for Lake Okeechobee, Florida[M]. US Government Printing Office, 1954.

[296] Sizo A, Noble B, Bell S. Futures analysis of urban land use and wetland change in Saskatoon, Canada: An application in strategic environmental assessment[J]. Sustainability, 2015, 7(1): 811-830.

[297] Tian Y, Li J, Wang S, et al. Spatio-temporal changes and driving force analysis of wetlands in Jiaozhou Bay[J]. Journal of Coastal Research, 2022, 38(2): 328-344.

[298] Zhou F. Progresses on Coastal Geospatial Data Integration and Visualization[D]. Ohio State University, 2007.